应用时间序列分析

黄红梅◎编著

清华大学出版社

北京

内 容 简 介

本书主要介绍了时间序列分析的一些经典和常用分析方法，主要包括 ARMA 模型、ADF 单位根检验、残差自回归模型、ARIMA 模型、季节性模型、GARCH 类模型、VAR 模型、协整和误差修正理论。本书在介绍基本理论的同时，注重厘清在建模实践过程中容易困扰初学者的典型问题。例如在 ADF 单位根检验过程中如何选择合适的检验模型来进行检验，趋势平稳过程和差分平稳过程的区分以及分别适用于何种建模方法，VAR 模型识别过程中变量先后次序的重要性，协整和误差修正模型中何时应加入截距或时间趋势项等。书中针对各种模型，以应用实例的方式介绍了 EViews 软件中的建模实践过程和注意事项，以帮助初学者掌握时间序列实证分析方法。同时，对每个应用实例还列示了相应的 R 语言实现命令及其结果，以方便习惯使用 R 语言的初学者掌握基本的时间序列建模方法。

本书可作为经济、统计、管理或金融类本科生或研究生的入门教材，也可作为时间序列分析实际工作者的应用型参考书。

图书在版编目（CIP）数据

应用时间序列分析/黄红梅编著. —北京：清华大学出版社，2016（2021.2 重印）
21 世纪统计学系列精品教材
ISBN 978-7-302-42278-5

I. ①应… II. ①黄… III. ①时间序列分析-高等学校-教材 IV. ①O211.61

中国版本图书馆 CIP 数据核字（2015）第 283603 号

责任编辑：苏明芳
封面设计：刘 超
版式设计：魏 远
责任校对：赵丽杰
责任印制：刘海龙

出版发行：清华大学出版社
网 址：http://www.tup.com.cn，http://www.wqbook.com
地 址：北京清华大学学研大厦 A 座 **邮 编：**100084
社 总 机：010-62770175 **邮 购：**010-62786544
投稿与读者服务：010-62776969，c-service@tup.tsinghua.edu.cn
质量反馈：010-62772015，zhiliang@tup.tsinghua.edu.cn
课件下载：http://www.tup.com.cn，010-62788951-223

印 装 者：三河市龙大印装有限公司
经 销：全国新华书店
开 本：185mm×230mm **印 张：**18.5 **字 数：**389 千字
版 次：2016 年 3 月第 1 版 **印 次：**2021 年 2 月第 4 次印刷
定 价：55.00 元

产品编号：056256-02

前　言

随着时间序列理论研究的不断深入，自然科学和社会科学各领域应用时间序列分析技术的实践研究也日益广泛和深入。特别是在经济、统计、管理和金融等学科领域，应用时间序列分析方法对研究对象进行建模分析，已经成为这些学科开展实证研究的主流方法。本书在介绍时间序列分析方法过程中的实例主要以经济类的应用为主，介绍不同性质的时间序列数据应如何进行分析和建模。

时间序列分析实践应用能力的提高，一定是建立在必要的理论知识积累基础上的。因此，本书中的内容都是以理论知识和应用实例相结合的方式进行介绍。为了适应数学基础不是特别扎实的学习者的需求，本书在理论知识部分，重要公式的推导过程都力求详细。即使本书已经尽量考虑了学习者在数学基础上的差异，但为了更好地学习和掌握本书中的内容，学习者需要掌握必要的概率统计、回归分析和线性代数基础知识。本书几乎在每章中都设置有应用实例，目的是帮助实践研究者熟悉实际问题的研究方法和研究步骤，以及具体研究过程中的一些细节性问题。本书中的所有应用实例都借助 EViews 7 软件给出了详细的建模分析操作过程示例。同时，为了方便习惯使用 R 语言的学习者，也在每章的最后给出了所有实例在 R 语言中实现的编程命令和相应的输出结果（本书中的 R 语言编程命令和输出结果是借助于 RStudio 软件系统输出的）。为了更好地理解本书中应用实例的操作过程，学习者需要具备 EViews 软件或 R 语言操作的基础知识。由于 EViews 软件涉及更多的操作步骤（而 R 语言只是通过编程输出结果），为了方便不具备 EViews 软件操作基础的学习者，本书在书后附录中简要介绍了 EViews 软件操作的基础知识。

本书是在笔者讲授“应用时间序列分析”课程的过程中逐渐成稿的，书中的内容注重应用性兼顾理论阐释，定位为针对初学者的应用型参考书。虽然是针对初学者，但由于时间序列的波动性建模和多变量建模已经非常普遍，因此本书在重点介绍经典的 ARMA 建模方法之余，对 GARCH 类模型、VAR 模型、协整和误差修正理论也都进行了较为细致的理论阐述和实例分析，从而希望拓宽初学者对时间序列分析方法认识的广度，同时也希望他们对这些方法的应用不只是在一知半解基础上的错误应用，而是在对各项重要的细节问题思路清晰基础上的正确应用。

本书主要介绍了时间序列分析的一些经典和常用分析方法，主要包括 ARMA 模型、ADF 单位根检验、残差自回归模型、ARIMA 模型、季节性模型、GARCH 类模型、VAR

模型、协整和误差修正理论。本书在介绍基本理论的同时，注重厘清在建模实践过程中容易困扰初学者的典型问题。例如，在 ADF 单位根检验过程中如何选择合适的检验模型来进行检验，趋势平稳过程和差分平稳过程的区分以及分别适用于何种建模方法，VAR 模型识别过程中变量先后次序的重要性，协整和误差修正模型中何时应加入截距或时间趋势项等。特别值得强调的是，初学者在应用协整理论进行实证分析时往往存在很多误解，或者在具体的分析过程中对某些重要的细节性问题的理解存在偏误，从而得出错误的分析结论。本书对协整理论应用过程中的很多重要问题都特别进行了详细的阐述，例如 EG 协整检验过程中模型确定性回归变量的选择问题，不同变量作为被解释变量时 EG 协整检验出现检验结果矛盾时的处理方法，Johansen 协整检验的检验模型选择问题等。

参与本书编写工作的人员还有马利敏、孙利荣、袁中扬、陈娟、董亚娟，黄红梅对全书进行审阅、修改和定稿，并对全书负责。

在本书出版之际，我要感谢浙江工商大学统计与数学学院的赵卫亚老师和吴鑑洪老师给予的建议和帮助，也要感谢统计与数学学院的各位领导和同仁的关心和帮助。同时也要感谢母校吉林大学商学院的导师石柱鲜教授和各位老师，在他们的指导下我对时间序列分析的理论和实践产生了浓厚的兴趣。还要感谢东北财经大学的高铁梅教授和南开大学的张晓峒教授，他们曾多次在相关理论知识方面帮助我答疑解惑。清华大学出版社的苏明芳编辑也为本书的出版付出了大量的时间和精力，她严谨的工作态度令人印象深刻，与她的交流和合作是令人愉快的。最后，我要感谢家人对我的关爱、付出、理解和宽容。

由于作者水平有限，书中难免有疏漏、不当甚至错误之处，恳请同行专家和读者批评指正。联系邮箱：economicdoc09@163.com。

黄红梅

目　录

第 1 章　时间序列基础知识

本章导读

时间序列分析的一个重要特点，是对平稳时间序列和非平稳时间序列分别采取不同的建模策略。为了更好地理解平稳时间序列模型的性质，首先需要对平稳性有一个充分的认识；而了解线性差分方程解的表示，对于深入理解平稳性及模型相关性质都具有重要意义。

本章结构如下：1.1 节介绍时间序列的基本概念；1.2 节介绍平稳性的含义；1.3 节介绍在时间序列建模中起到基石作用的白噪声过程；1.4 节简要介绍线性差分方程及其求解。

1.1　时间序列的基本概念

时间序列（time series）是按照时间顺序排列的一组随机变量。时间序列与随机过程紧密相关，在时间序列的理论研究过程中经常将其理解为一个随机过程。**随机过程**（stochastic process）是一组有序的随机变量，可以记为$\{y(t), t\in T\}$。随机过程一般是定义在连续集合上的，而定义在离散集合上的随机过程则通常称为时间序列。离散的时间集合 T 可以表示为 $T=\{\cdots, -2, -1, 0, 1, 2, \cdots\}$，此时 $y(t)$是离散时间 t 的随机函数，时间序列通常表示为$\{y_t, t=\cdots, -2, -1, 0, 1, 2, \cdots\}$。

时间序列在特定时间段上的观测样本可以视为随机过程的一次实现，通常称为**样本序列**，记为$\{y_0, y_1, y_2, \cdots, y_T\}$。理论上说，时间序列可以有无限个观测时间点，然而从实际可获得的样本数据来看，样本序列都是有限的。更加重要的是，由于时间的不可重复性，时间序列通常仅有一次实现，即只有一个样本序列。因此时间序列的经验研究的一个显著特点是，只能在唯一可观测到的样本序列的基础上来推测时间序列的总体特性。

简便起见，本书中有些时候将随机过程简称为过程，将时间序列简称为序列，都简记为$\{y_t\}$。在不会导致混淆的情况下，样本序列也用$\{y_t\}$表示。

1.1.1　时间序列的数字特征

我们用 y_t 表示时间序列$\{y_t\}$中 t 时刻的随机变量，用 y_k 表示 k 时刻的随机变量，并作如下定义：

$$\mu_t = E(y_t) \tag{1-1}$$

$$\sigma_t^2 = E(y_t - \mu_t)^2 \tag{1-2}$$

$$\gamma(t,k) = \mathrm{Cov}(y_t, y_k) = E(y_t - \mu_t)(y_k - \mu_k) \tag{1-3}$$

$$\rho(t,k) = \frac{\gamma(t,k)}{\sqrt{\sigma_t^2 \times \sigma_k^2}} = \frac{\gamma(t,k)}{\sigma_t \times \sigma_k} \tag{1-4}$$

式（1-1）和式（1-2）表明 y_t 的均值定义为 μ_t、方差定义为 σ_t^2。这里用下标 t 来标识特定时间点上随机变量的均值和方差。当 t 取尽所有可能时间点时，便形成了对应于时间序列 $\{y_t\}$ 的均值序列和方差序列。

式（1-3）表明 y_t 和 y_k 之间的自协方差定义为 $\gamma(t,k)$，这里之所以称其为“自”是由于它是取自于同一个时间序列不同时间点随机变量间的协方差。当 t 和 k 取尽所有可能时间点时，形成关于 t 和 k 的二元离散函数 $\gamma(t,k)$，称为**自协方差函数**。应当看到，当 $k=t$ 时，自协方差就等于 t 时刻的方差，即

$$\gamma(t,t) = \sigma_t^2 \tag{1-5}$$

式（1-4）表明 y_t 和 y_k 之间的**自相关系数**定义为 $\rho(t,k)$，该定义与随机变量间相关系数的定义类似，都揭示了标准化的相关关系。

1.1.2 时间序列自协方差和自相关系数的性质

1. 时间序列自协方差的性质

（1）对称性

$$\gamma(t,k) = \gamma(k,t) \tag{1-6}$$

（2）非负定性

对任意 m 个时间点 $t_1, t_2, \cdots, t_m$，自协方差矩阵 $\boldsymbol{\Gamma}_m$ 是对称非负定矩阵。

$$\boldsymbol{\Gamma}_m = \begin{bmatrix} \gamma(t_1,t_1) & \gamma(t_1,t_2) & \cdots & \gamma(t_1,t_m) \\ \gamma(t_2,t_1) & \gamma(t_2,t_2) & \cdots & \gamma(t_2,t_m) \\ \vdots & \vdots & \vdots & \vdots \\ \gamma(t_m,t_1) & \gamma(t_m,t_2) & \cdots & \gamma(t_m,t_m) \end{bmatrix} \tag{1-7}$$

2. 时间序列自相关系数的性质

（1）规范性

$$\rho(t,t) = 1 \text{ 且 } |\rho(t,k)| \leqslant 1 \tag{1-8}$$

（2）对称性

$$\rho(t,k) = \rho(k,t) \tag{1-9}$$

（3）非负定性

对任意 m 个时间点 $t_1, t_2, \cdots, t_m$，自相关系数矩阵 $\boldsymbol{P}_m$ 是对称非负定矩阵。

$$\boldsymbol{P}_m = \begin{bmatrix} \rho(t_1,t_1) & \rho(t_1,t_2) & \cdots & \rho(t_1,t_m) \\ \rho(t_2,t_1) & \rho(t_2,t_2) & \cdots & \rho(t_2,t_m) \\ \vdots & \vdots & \vdots & \vdots \\ \rho(t_m,t_1) & \rho(t_m,t_2) & \cdots & \rho(t_m,t_m) \end{bmatrix} \tag{1-10}$$

1.2 平 稳 性

在进行时间序列分析时，针对时间序列的平稳（stationary）和非平稳特性需要采取不同的建模方法进行研究，因此区分研究对象是平稳时间序列还是非平稳时间序列是时间序列分析的首要步骤。

时间序列分析理论中有两种平稳性定义，即所谓严平稳（strictly stationary）和弱平稳（weakly stationary）。严平稳也称强平稳（strongly stationary），它是在时间序列中各时刻随机变量联合分布函数的基础上定义的更为严格的平稳性。粗略地说，严平稳时间序列的所有统计性质都不随时间的变化而改变。

弱平稳也称协方差平稳（covariance stationary）、二阶平稳（second-order stationary）或宽平稳（wide-sense stationary），它是在时间序列二阶矩基础上定义的平稳性。简单来说，弱平稳时间序列的一阶矩和二阶矩不随时间的变化而改变。

一般来说，满足严平稳的序列也具有弱平稳性，但严平稳却并不能全部涵盖弱平稳。例如，如果一个严平稳时间序列不存在二阶矩或一阶矩（如柯西分布），则它就不满足弱平稳性。

另外，一个弱平稳序列的分布不一定满足不随时间的变化而改变，因此弱平稳序列并不一定严平稳。但如果时间序列为正态序列，则由于二阶矩描述了正态分布的所有统计性质，因此弱平稳的正态序列也是严平稳的。

1.2.1 平稳性的定义

【定义 1.1】 如果时间序列$\{y_t\}$的二阶矩有限，且满足

$$E(y_t) = E(y_{t-j}) = \mu \tag{1-11}$$

$$\mathrm{Var}(y_t) = \mathrm{Var}(y_{t-j}) = \sigma^2 \tag{1-12}$$

$$\mathrm{Cov}(y_t, y_{t-s}) = \mathrm{Cov}(y_{t-j}, y_{t-j-s}) = \gamma_s \tag{1-13}$$

对所有的 t，j 和 s 成立，其中μ，σ^2 和γ_s均为常数，则称时间序列$\{y_t\}$是**弱平稳**的。

弱平稳定义中，式（1-11）和式（1-12）表明弱平稳时间序列具有有限的常数均值和方差，式（1-13）表明弱平稳时间序列的自协方差只与时滞 s 有关，而与时间的起始位置 t 无关。概括来说，弱平稳时间序列的一阶矩和二阶矩都是不随时间的变化而改变的常数。

由于**弱平稳时间序列**的自协方差只与时滞 s 有关，而与 t 无关，因此式（1-13）中将二元函数形式的**自协方差 $\mathrm{Cov}(y_t, y_{t-s})$简记为仅与时滞 s 相关的一元函数形式γ_s**。例如γ_1表示滞后 1 期的自协方差，γ_2表示滞后 2 期的自协方差等。值得注意的是，当 $s=0$ 时，γ_0就等同于方差，有

$$\gamma_0=\sigma^2 \tag{1-14}$$

此外，与自协方差类似，平稳时间序列的自相关系数也只与时滞 s 有关，因此**平稳时间序列的自相关系数也可以简记为与时滞 s 相关的一元函数形式ρ_s**，并有

$$\rho_s=\frac{\gamma_s}{\gamma_0}=\frac{\gamma_s}{\sigma^2} \tag{1-15}$$

由于平稳时间序列的自相关系数是时滞 s 的函数，因此通常也称 ρ_s 为**自相关函数**（Auto-Correlation Function，ACF），ρ_s 对时滞 s 作图通常称为**自相关图**（correlogram）。

在本书所涉及的时间序列建模理论中，只考虑弱平稳性即可，因此***本书中后续涉及的平稳性都指弱平稳性***。

1.2.2 平稳时间序列的应用特性

从平稳时间序列的定义可以看到，平稳时间序列$\{y_t\}$中任一时间点上随机变量的一阶矩和二阶矩都为相同的有限常数。虽然如此，这些常数一阶矩和二阶矩的估计却仍是一个问题。因为通常情况下，由于时间的不可重复性，一个时间序列仅能够获得一个观测值序列，即时间序列中每个时间点上的随机变量仅有一个单一样本。通常情况下，通过每个时间点上所能观测到的单一的样本来估计对应随机变量的一阶矩和二阶矩是不可行的。

幸运的是，平稳时间序列在一定条件下①，可以通过所有时间点上各样本的集合来估计这些常数一阶矩和二阶矩。例如，假设平稳时间序列$\{y_t\}$有 T 个观测值，分别用

---

① 协方差平稳的时间序列在满足遍历性（ergodicity）要求时，其观测值序列各时间点上单一样本集合的特定函数形式的时间平均，才依概率收敛于对应的总体数字特征。例如，当 $T\to\infty$ 时，$\bar{y}=\frac{1}{T}\sum_{t=1}^{T}y_t$ 依概率收敛于 $E(y_t)=\mu$，则称该协方差平稳序列是关于均值遍历的；当 $T\to\infty$ 时，$\frac{1}{T-s}\sum_{t=1}^{T-s}(y_t-\bar{y})(y_{t+s}-\bar{y})$ 依概率收敛于 $\mathrm{Cov}(y_t,y_{t-s})=\gamma_s$，则称该协方差平稳序列是关于二阶矩遍历的。协方差平稳时间序列关于均值遍历和关于二阶矩遍历的条件参见汉密尔顿[1]所著的《时间序列分析》。

$y_1, y_2, \cdots, y_T$ 表示，用 $\hat{\mu}$，$\hat{\sigma}^2$，$\hat{\gamma}_s$ 和 $\hat{\rho}_s$ 分别表示 μ，σ^2，γ_s 和 ρ_s 的估计，则有[①]

$$\hat{\mu} = \bar{y} = \frac{1}{T}\sum_{t=1}^{T} y_t \tag{1-16}$$

$$\hat{\sigma}^2 = \frac{1}{T-1}\sum_{t=1}^{T}(y_t - \bar{y})^2 \tag{1-17}$$

$$\hat{\gamma}_s = \hat{\gamma}_{-s} = \frac{1}{T-s}\sum_{t=1}^{T-s}(y_t - \bar{y})(y_{t+s} - \bar{y}) \tag{1-18}$$

$$\hat{\rho}_s = \hat{\rho}_{-s} = \frac{\hat{\gamma}_s}{\hat{\gamma}_0} \tag{1-19}$$

其中，$\hat{\mu}$，$\hat{\sigma}^2$，$\hat{\gamma}_s$ 和 $\hat{\rho}_s$ 分别为**样本均值**、**样本方差**、**样本自协方差**和**样本自相关函数**，式（1-18）和式（1-19）还表明样本自协方差和样本自相关函数具有对称性。

1.3　白噪声过程

时间序列分析的主要内容是对时间序列建模，而时间序列模型中的随机性往往是通过白噪声（white noise）过程[②]来引入的。白噪声过程可谓是时间序列模型构建的基石。

【定义 1.2】 若 $\{\varepsilon_t\}$ 满足零均值、同方差和非自相关，即

$$E(\varepsilon_t) = 0 \tag{1-20}$$

$$\mathrm{Var}(\varepsilon_t) = \sigma_\varepsilon^2 \tag{1-21}$$

$$E(\varepsilon_t \varepsilon_{t-s}) = 0 \tag{1-22}$$

对所有的 t 和 $s \neq t$ 成立，则称 $\{\varepsilon_t\}$ 为**白噪声过程**，通常可记作 $\varepsilon_t \sim \mathrm{WN}(0, \sigma_\varepsilon^2)$。特别地，如果 ε_t 服从正态分布，则称 $\{\varepsilon_t\}$ 为**正态白噪声过程**或**高斯白噪声过程**。

从白噪声过程的定义可以看出，它满足平稳性条件，因此白噪声过程是一种特殊的平稳过程。白噪声过程的显著特点是高度的随机性，也称**纯随机性**，即各时刻随机变量之间互不相关，因此就没有必要构建时间序列模型再去研究其相关关系。一般情况下，对一个时间序列进行研究，当各时刻随机变量之间所有的相关关系都已经通过建模被识别后，剩下的无须进一步研究的部分通常都是白噪声过程，也就是在这种意义上，白噪声过程成了时间序列模型的基本构件。

---

① 大样本情形下，自协方差的估计也可为 $\hat{\gamma}_s = \frac{1}{T}\sum_{t=1}^{T-s}(y_t - \bar{y})(y_{t+s} - \bar{y})$。

② 之所以称之为白噪声过程，是由于白噪声过程的功率谱密度在整个频域内均匀分布，即在所有频率上的能量相同，这与“白光”的特性类似，因此而得名。

本书中接下来都用$\{\varepsilon_t\}$来表示白噪声过程，如果涉及不同的白噪声过程，则用$\{\varepsilon_{1t}\}$和$\{\varepsilon_{2t}\}$等来表示。

【例 1-1】EViews 软件中通过在命令行输入命令：

```
series e=nrnd
```

可以生成一个服从 $N(0,1)$的标准正态白噪声过程的样本序列 e，该序列的时序图[①]如图 1-1 所示。

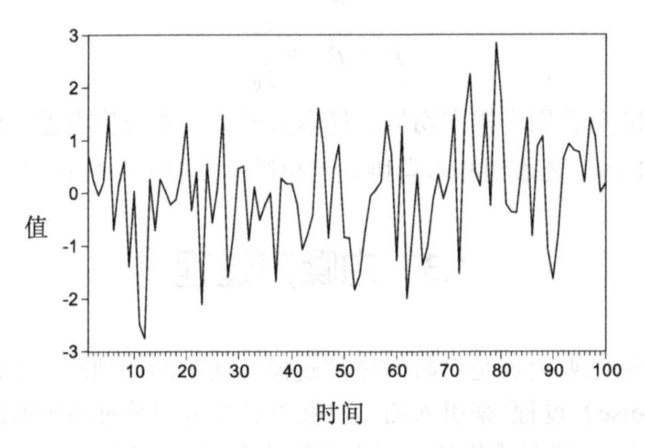

图 1-1　标准正态白噪声过程样本序列时序图

1.4　线性差分方程

时间序列建模的显著特点是关注相继的一些随机变量之间的相关关系，也因为如此，时间序列模型一般都为动态模型。这一建模特点使得线性时间序列模型在很大程度上与线性差分方程类似，事实上可以将多数线性时间序列模型看作包含随机成分的线性差分方程。因此在介绍时间序列建模理论之前，首先需要介绍线性差分方程及其求解，这对于理解时间序列模型的各项统计性质及各种分析方法都具有非常重要的意义。

1.4.1　滞后算子

假设已知时间序列$\{y_t\}$和$\{z_t\}$有如下关系

$$z_t = y_{t-1} \tag{1-23}$$

① 时序图是指以时间点为横轴标识，对应时间序列为纵轴标识的顺序曲线图。

这一关系式也可以用**滞后算子**（也称延迟算子）L 表示为

$$z_t = Ly_t \tag{1-24}$$

式（1-23）和式（1-24）意味着在各时间点上，时间序列$\{y_t\}$和$\{z_t\}$的对应关系如表 1-1 所示。

表 1-1　$z_t = Ly_t$ 关系下时间序列$\{y_t\}$和$\{z_t\}$的对应关系

时期 / 序列	1	2	3	4	5	6	7	8	9	10	…
y_t	y_1	y_2	y_3	y_4	y_5	y_6	y_7	y_8	y_9	y_{10}	…
z_t	—	y_1	y_2	y_3	y_4	y_5	y_6	y_7	y_8	y_9	…

因此，滞后算子 L 的作用就是将时间序列逐项推后一期。关于滞后算子有下面的一些关系式成立：

$$Ly_t = y_{t-1} \tag{1-25}$$

$$L^j y_t = y_{t-j} \tag{1-26}$$

其中，j 为整数。则根据式（1-26），当 $j=0$ 时，$L^0 y_t = y_t$；当 $j=-i$ 时，$L^{-i} y_t = y_{t+i}$。

另外，滞后算子具有如下性质。

（1）对常数施加滞后算子仍为常数，即

$$Lc = c \tag{1-27}$$

其中，c 表示常数。

（2）滞后算子适用分配率，即

$$(L^i + L^j)y_t = L^i y_t + L^j y_t = y_{t-i} + y_{t-j} \tag{1-28}$$

（3）滞后算子适用结合率，即

$$L^i L^j y_t = L^i (L^j y_t) = L^i y_{t-j} = y_{t-i-j} \tag{1-29}$$

滞后算子还可以通过线性运算，构造**滞后算子多项式**来对时间序列进行更加复杂的运算。典型的 p 阶滞后算子多项式有如式（1-30）等号右边的形式，并可将其简记为 $A(L)$。

$$A(L) = \alpha_0 + \alpha_1 L + \alpha_2 L^2 + \cdots + \alpha_p L^p \tag{1-30}$$

则滞后算子多项式 $A(L)$施加于时间序列$\{y_t\}$时有

$$\begin{aligned} A(L)y_t &= (\alpha_0 + \alpha_1 L + \alpha_2 L^2 + \cdots + \alpha_p L^p)y_t \\ &= \alpha_0 y_t + \alpha_1 L y_t + \alpha_2 L^2 y_t + \cdots + \alpha_p L^p y_t \\ &= \alpha_0 y_t + \alpha_1 y_{t-1} + \alpha_2 y_{t-2} + \cdots + \alpha_p y_{t-p} \end{aligned} \tag{1-31}$$

特别地，当 $p \to \infty$ 且滞后算子多项式中的系数 $\alpha_j = a^j$ 时，则构成特殊的无限期滞后算子多项式

$$1 + aL + a^2L^2 + a^3L^3 + \cdots = \sum_{j=0}^{\infty} a^j L^j \tag{1-32}$$

若 $|a|<1$，则式（1-32）可记为

$$1 + aL + a^2L^2 + a^3L^3 + \cdots = \sum_{j=0}^{\infty} a^j L^j = \frac{1}{1-aL} \tag{1-33}$$

1.4.2 差分算子

1. 一阶差分

时间序列分析过程中，经常会用到差分运算。对于时间序列 $\{y_t\}$，差分运算可以表示为

$$\Delta y_t = y_t - y_{t-1} = (1-L)y_t \tag{1-34}$$

其中，Δ 为**差分算子**。对于差分后的时间序列 $\{\Delta y_t\}$ 来说，它与原序列 $\{y_t\}$ 之间的关系如表 1-2 所示。

表 1-2 时间序列 $\{y_t\}$ 和差分序列 $\{\Delta y_t\}$ 的对应关系

序列 \ 时期	1	2	3	4	5	6	7	8	…
y_t	y_1	y_2	y_3	y_4	y_5	y_6	y_7	y_8	…
Δy_t	—	y_2-y_1	y_3-y_2	y_4-y_3	y_5-y_4	y_6-y_5	y_7-y_6	y_8-y_7	…

2. 高阶差分

差分后的序列 $\{\Delta y_t\}$ 仍然可以再次进行差分，即 $\{\Delta\Delta y_t\}$，这相对于原序列 $\{y_t\}$ 来说是做了 2 次差分，方便起见差分后再差分记作 Δ^2，并称之为 **2 阶差分**。2 阶差分序列 $\{\Delta^2 y_t\}$ 与原序列 $\{y_t\}$ 之间的关系可以表示为

$$\begin{aligned}\Delta^2 y_t &= \Delta\Delta y_t = \Delta(y_t - y_{t-1}) = (y_t - y_{t-1}) - (y_{t-1} - y_{t-2}) \\ &= y_t - 2y_{t-1} + y_{t-2} \\ &= (1-2L+L^2)y_t\end{aligned}$$

或

$$\begin{aligned}\Delta^2 y_t &= \Delta y_t - \Delta y_{t-1} = (y_t - y_{t-1}) - (y_{t-1} - y_{t-2}) \\ &= y_t - 2y_{t-1} + y_{t-2} \\ &= (1-2L+L^2)y_t\end{aligned}$$

因此，可以认为差分运算没有顺序，即如果考虑更高阶的 **p 阶差分**，有

$$\Delta^p = \Delta\Delta^{p-1} = \Delta\Delta\Delta^{p-2}\cdots = \underbrace{\Delta\cdots\Delta}_{p} = \cdots = \Delta^{p-2}\Delta\Delta = \Delta^{p-1}\Delta \tag{1-35}$$

3. *s* 步差分

另外，差分运算还可以运用于更多间隔的时间点之间。考虑

$$\Delta_s y_t = y_t - y_{t-s} = (1-L^s)y_t \tag{1-36}$$

其中，Δ_s 称为 **s 步差分**。

s 步差分的典型用处是测算季度或月度时间序列数据的同比变化，因此也称**季节性差分**。例如，一个季度时间序列每年有 4 个季度的数据，如果希望了解每年数据与上年同期相比的变化情况，则可以用 4 步差分序列来刻画。时间序列与其 4 步差分序列之间的对应关系如表 1-3 所示。

表 1-3　时间序列$\{y_t\}$和 4 步差分序列$\{\Delta_4 y_t\}$的对应关系

时期 / 序列	1	2	3	4	5	6	7	8	…
y_t	y_1	y_2	y_3	y_4	y_5	y_6	y_7	y_8	…
$\Delta_4 y_t$	—	—	—	—	y_5-y_1	y_6-y_2	y_7-y_3	y_8-y_4	…

4. 联合 *p* 阶差分和 *s* 步差分

对于一个时间序列来说，除了可以单独进行 p 阶差分和 s 步差分，有时还需要将两种差分运算联合进行。例如，在后面的时间序列建模过程中经常看到 1 阶 4 步差分 $\Delta\Delta_4$ 或 1 阶 12 步差分 $\Delta\Delta_{12}$ 的情况。值得注意的是，p 阶差分和 s 步差分联合运算时，没有先后顺序之分，即对于时间序列$\{y_t\}$，有

$$\Delta^p\Delta_s y_t = \Delta_s\Delta^p y_t \tag{1-37}$$

1.4.3　求解 *p* 阶线性差分方程的特征根法

一个典型的 p 阶线性差分方程具有如下形式：

$$y_t = c + \alpha_1 y_{t-1} + \alpha_2 y_{t-2} + \cdots + \alpha_p y_{t-p} + x_t \tag{1-38}$$

其中，c 和 α_i（$i=0,1,\cdots,p$）为常数系数，$\alpha_p \neq 0$，x_t 代表对 y_t 产生影响的一系列可能情况，例如时间、其他变量的当期或滞后期值、随机扰动项或这些情况的组合，这里称这些情况为**推动过程**。显然，线性差分方程的显著特征是 y_t 受到其滞后变量 y_{t-i}（$i=0,1,\cdots,p$）的影响。

所谓线性差分方程的解，就是将 y_t 表示为序列 $\{x_t\}$、时间 t 以及某些初始条件（例如已知的 $y_0, y_1, \cdots$）的函数。解线性差分方程可以采用迭代法，也可以采用特征根法，其中迭代法比较直观，适合于较简单的低阶线性差分方程的求解；特征根法较为系统，适合于所有线性差分方程的求解。下面首先介绍特征根法求解线性差分方程的步骤，然后以一阶线性差分方程为例，演示一下特征根法与迭代法两种方法求解结果的一致性。

特征根法求解线性差分方程的步骤如下。

（1）求齐次线性差分方程的齐次解。

（2）求非齐次线性差分方程的特解。

（3）将上述齐次解和特解线性组合为通解。

（4）如果有初始条件，则代入通解中求得齐次解的任意常数系数。

每一个步骤的具体求解方法如下。

1. 齐次线性差分方程的齐次解

首先，看一下最简单的 1 阶齐次线性差分方程

$$y_t = \alpha_1 y_{t-1} \tag{1-39}$$

通过迭代法可以非常直观地得到 y_t 的解

$$y_t = \alpha_1 y_{t-1} = \alpha_1^2 y_{t-2} = \cdots = \alpha_1^t y_0 \tag{1-40}$$

事实上 1 阶齐次线性差分方程的解中所展现的 t 次幂的形式，是齐次线性差分方程解的通常形式。因此对于 p 阶齐次线性差分方程

$$y_t = \alpha_1 y_{t-1} + \alpha_2 y_{t-2} + \cdots + \alpha_p y_{t-p} \tag{1-41}$$

试探 $y_t = k\lambda^t$（$k, \lambda \neq 0$）形式的解，并将其代入 p 阶齐次线性差分方程（1-41），有

$$k\lambda^t = \alpha_1 k\lambda^{t-1} + \alpha_2 k\lambda^{t-2} + \cdots + \alpha_p k\lambda^{t-p} \tag{1-42}$$

式（1-42）等号两端同时除以 $k\lambda^{t-p}$，有

$$\lambda^p = \alpha_1 \lambda^{p-1} + \alpha_2 \lambda^{p-2} + \cdots + \alpha_p \tag{1-43}$$

即

$$\lambda^p - \alpha_1 \lambda^{p-1} - \alpha_2 \lambda^{p-2} - \cdots - \alpha_p = 0 \tag{1-44}$$

式（1-44）即为一元 p 次方程，称为**特征方程**。解该特征方程可以得到 λ 的 p 个解，$\lambda_1, \lambda_2, \cdots, \lambda_p$ 称为**特征根**。则通过这 p 个特征根可以给出 p 阶齐次线性差分方程式（1-41）所有齐次解的表示形式，并将其特别地记为**齐次解** y_t^h。根据特征根的取值，齐次解的表示有如下三种情况。

（1）当所有的 λ_i（$i = 1, 2, \cdots, p$）都是相异实根时，齐次解表示为

$$y_t^h = k_1\lambda_1^t + k_2\lambda_2^t + \cdots + k_p\lambda_p^t \tag{1-45}$$

（2）当所有的λ_i都是实根，但有 m 个重根（$m \leqslant p$）都等于λ_1时，齐次解表示为

$$y_t^h = (k_1 + k_2 t + \cdots + k_m t^{m-1})\lambda_1^t + k_{m+1}\lambda_{m+1}^t + \cdots + k_p\lambda_p^t \tag{1-46}$$

（3）当存在复数根时，仅以一对复数根 $\lambda_1 = a + bi$，$\lambda_2 = a - bi$ 为例，齐次解表示为

$$\begin{aligned} y_t^h &= k_1\lambda_1^t + k_2\lambda_2^t + \cdots + k_p\lambda_p^t \\ &= k_1(a+bi)^t + k_2(a-bi)^t + k_3\lambda_3^t + \cdots + k_p\lambda_p^t \end{aligned} \tag{1-47}$$

或者将复数根表示为指数形式

$$y_t^h = r^t(k_1\mathrm{e}^{it\theta} + k_2\mathrm{e}^{-it\theta}) + k_3\lambda_3^t + \cdots + k_p\lambda_p^t \tag{1-48}$$

又或者将复数根表示为三角函数形式

$$y_t^h = g_1 r^t \cos(\theta t + g_2) + k_3\lambda_3^t + \cdots + k_p\lambda_p^t \tag{1-49}$$

其中，$k_1, k_2, \cdots, k_p$ 和 g_1, g_2 都为任意常数，$r = \sqrt{a^2 + b^2}$，$\cos\theta = a/r$。

2. 非齐次线性差分方程的特解

非齐次线性差分方程是相对于齐次线性差分方程来说的，其典型形式其实就如式（1-38）。在求非齐次线性差分方程的特解时，采用滞后算子多项式来表示差分方程会使得求解过程更加简单。将式（1-38）做部分移项后也可以写作

$$y_t - \alpha_1 y_{t-1} - \alpha_2 y_{t-2} - \cdots - \alpha_p y_{t-p} = c + x_t \tag{1-50}$$

利用滞后算子多项式

$$A(L) = 1 - \alpha_1 L - \alpha_2 L^2 - \cdots - \alpha_p L^p \tag{1-51}$$

可将式（1-50）记作

$$A(L) y_t = c + x_t \tag{1-52}$$

等式两端同时除以滞后算子多项式 $A(L)$，即可以得到非齐次线性差分方程的特解，将其特别地记为 y_t^p，则有

$$y_t^p = \frac{c + x_t}{A(L)} = \frac{c}{A(1)} + \frac{x_t}{A(L)} \tag{1-53}$$

其中，$A(1) = 1 - \alpha_1 - \alpha_2 - \cdots - \alpha_p$。

3. 线性差分方程的通解

如式（1-38）所示的 p 阶线性差分方程的通解等于齐次解 y_t^h 与特解 y_t^p 的线性组合。不妨假设特征方程有 m 个重根（$m < p-2$）都等于λ_1，有一对复数根 $\lambda_{m+1} = a + bi$，$\lambda_{m+2} = a - bi$，其余的 $p - m - 2$ 个特征根为相异实根，则通解 y_t 为

$$
\begin{aligned}
y_t &= y_t^h + y_t^p \\
&= (k_1 + k_2 t + \cdots + k_m t^{m-1})\lambda_1^t + k_{m+1}(a+bi)^t + k_{m+2}(a-bi)^t \\
&\quad + k_{m+3}\lambda_{m+3}^t + \cdots + k_p\lambda_p^t + \frac{c}{A(1)} + \frac{x_t}{A(L)}
\end{aligned} \tag{1-54}
$$

4. 关于齐次解中的任意常数系数

在已知初始条件 $y_0, y_1, \cdots, y_{p-1}$ 的情况下，还可以将这些初始条件代入 p 阶线性差分方程通解表达式（1-54）中，进一步求得齐次解中的任意常数系数 $k_1, k_2, \cdots, k_p$ 的具体值。

1.4.4 求解 1 阶线性差分方程的特征根法和迭代法

1.4.3 节阐明了 p 阶线性差分方程的最一般求解方法。本小节以最简单的 1 阶线性差分方程为例，演示一个具体的 1 阶线性差分方程通解的求解过程。前面已经提到时间序列建模关注包含随机成分的线性差分方程，这里的随机成分通常是以白噪声过程的形式体现于线性差分方程表达式（1-38）的推动过程，即 x_t 项中。因此，这里的例子中考虑最简单的情况，x_t 项为白噪声过程 ε_t 的情形。而在后续介绍的时间序列模型中，会看到 x_t 项的更复杂情况。

【例 1-2】 特征根法解 1 阶线性差分方程 $y_t = 0.5 + 0.8y_{t-1} + \varepsilon_t$，其中 $y_0 = 3$。

解：特征方程：$\lambda - 0.8 = 0$

特征根：$\lambda = 0.8$

齐次解：$y_t^h = 0.8^t k$

特解：
$$
\begin{aligned}
y_t^p &= \frac{0.5}{1-0.8} + \frac{\varepsilon_t}{1-0.8L} \\
&= 2.5 + \sum_{i=0}^{\infty} 0.8^i L^i \varepsilon_t \\
&= 2.5 + \sum_{i=0}^{\infty} 0.8^i \varepsilon_{t-i} \\
&= 2.5 + \varepsilon_t + 0.8\varepsilon_{t-1} + 0.8^2\varepsilon_{t-2} + \cdots
\end{aligned}
$$

通解：$y_t = y_t^h + y_t^p = 0.8^t k + 2.5 + \sum_{i=0}^{\infty} 0.8^i \varepsilon_{t-i}$

已知：$y_0 = 3$

则：$0.8^0 k + 2.5 + \sum_{i=0}^{\infty} 0.8^i \varepsilon_{-i} = 3$

$$k = 0.5 - \sum_{i=0}^{\infty} 0.8^i \varepsilon_{-i} = 0.5 - \sum_{i=t}^{\infty} 0.8^{i-t} \varepsilon_{t-i} = 0.5 - 0.8^{-t} \sum_{i=t}^{\infty} 0.8^i \varepsilon_{t-i}$$

将 k 代入通解中有

$$\begin{aligned} y_t &= 0.8^t \left(0.5 - 0.8^{-t} \sum_{i=t}^{\infty} 0.8^i \varepsilon_{t-i} \right) + 2.5 + \sum_{i=0}^{\infty} 0.8^i \varepsilon_{t-i} \\ &= 2.5 + 0.5 \times 0.8^t - \sum_{i=t}^{\infty} 0.8^i \varepsilon_{t-i} + \sum_{i=0}^{\infty} 0.8^i \varepsilon_{t-i} \\ &= 2.5 + 0.5 \times 0.8^t + \sum_{i=0}^{t-1} 0.8^i \varepsilon_{t-i} \end{aligned}$$

【例 1-3】 迭代法解 1 阶线性差分方程 $y_t = 0.5 + 0.8 y_{t-1} + \varepsilon_t$，其中 $y_0 = 3$。

解：
$$\begin{aligned} y_t &= 0.5 + 0.8 y_{t-1} + \varepsilon_t \\ &= 0.5 + 0.8 \left(0.5 + 0.8 y_{t-2} + \varepsilon_{t-1} \right) + \varepsilon_t \\ &= 0.5 + 0.5 \times 0.8 + 0.8^2 y_{t-2} + \varepsilon_t + 0.8 \varepsilon_{t-1} \\ &= 0.5 + 0.5 \times 0.8 + 0.8^2 \left(0.5 + 0.8 y_{t-3} + \varepsilon_{t-2} \right) + \varepsilon_t + 0.8 \varepsilon_{t-1} \\ &= 0.5 + 0.5 \times 0.8 + 0.5 \times 0.8^2 + 0.8^3 y_{t-3} + \varepsilon_t + 0.8 \varepsilon_{t-1} + 0.8^2 \varepsilon_{t-2} \\ &= \cdots \\ &= 0.5 \left(1 + 0.8 + \cdots + 0.8^{t-1} \right) + 0.8^t y_0 + \varepsilon_t + 0.8 \varepsilon_{t-1} \cdots + 0.8^{t-1} \varepsilon_1 \\ &= 0.5 \frac{1 - 0.8^t}{1 - 0.8} + 0.8^t \times 3 + \sum_{i=0}^{t-1} 0.8^i \varepsilon_{t-i} \\ &= 2.5 - 2.5 \times 0.8^t + 3 \times 0.8^t + \sum_{i=0}^{t-1} 0.8^i \varepsilon_{t-i} \\ &= 2.5 + 0.5 \times 0.8^t + \sum_{i=0}^{t-1} 0.8^i \varepsilon_{t-i} \end{aligned}$$

从例 1-2 和例 1-3 的结果可以看出，利用特征根法和迭代法求解同一个 1 阶线性差分方程的结果是一致的。

习题及参考答案

1．证明：对于时间序列$\{y_t\}$，有 $\Delta\Delta_4 y_t = \Delta_4 \Delta y_t$。

证明：
$$\begin{aligned} \Delta\Delta_4 y_t &= \Delta(\Delta_4 y_t) = \Delta(y_t - y_{t-4}) = (y_t - y_{t-4}) - (y_{t-1} - y_{t-5}) \\ &= (y_t - y_{t-1}) - (y_{t-4} - y_{t-5}) = \Delta_4 (y_t - y_{t-1}) = \Delta_4 \Delta y_t \end{aligned}$$

2．假设2阶齐次线性差分方程 $y_t=\alpha_1 y_{t-1}+\alpha_2 y_{t-2}$（$\alpha_2\neq 0$）的两个特征根为相同的实数 λ，证明：$k_1\lambda^t$，$k_2 t\lambda^t$ 和 $k_1\lambda^t+k_2 t\lambda^t$（其中 k_1 和 k_2 为常数，k_1，k_2，$\lambda\neq 0$）都是该2阶齐次线性差分方程的解。

证明：由于2阶齐次线性差分方程 $y_t=\alpha_1 y_{t-1}+\alpha_2 y_{t-2}$ 的两个特征根为相同的实数 λ，即特征方程 $\lambda^2-\alpha_1\lambda-\alpha_2=0$ 有两个相同实根 λ，这要求

$$\alpha_1^2+4\alpha_2=0$$

此时

$$\lambda=\frac{\alpha_1}{2}$$

（1）证明 $k_1\lambda^t$ 是2阶齐次线性差分方程 $y_t=\alpha_1 y_{t-1}+\alpha_2 y_{t-2}$ 的解。

将 $y_t=k_1\lambda^t$ 代入2阶齐次线性差分方程，有

$$k_1\lambda^t=\alpha_1 k_1\lambda^{t-1}+\alpha_2 k_1\lambda^{t-2}$$

已知 k_1，$\lambda\neq 0$，因此等号两端可以同时除以 $k_1\lambda^{t-2}$，有

$$\lambda^2=\alpha_1\lambda+\alpha_2$$

因此，若 $y_t=k_1\lambda^t$ 为2阶齐次线性差分方程的解，要求 λ 满足

$$\lambda^2-\alpha_1\lambda-\alpha_2=0$$

因此，满足特征方程 $\lambda^2-\alpha_1\lambda-\alpha_2=0$ 的特征根 λ 的函数形式 $k_1\lambda^t$ 是2阶齐次线性差分方程 $y_t=\alpha_1 y_{t-1}+\alpha_2 y_{t-2}$ 的解。

（2）证明 $k_2 t\lambda^t$ 是2阶齐次线性差分方程 $y_t=\alpha_1 y_{t-1}+\alpha_2 y_{t-2}$ 的解。

将 $y_t=k_2 t\lambda^t$ 代入2阶齐次线性差分方程，有

$$k_2 t\lambda^t=\alpha_1 k_2(t-1)\lambda^{t-1}+\alpha_2 k_2(t-2)\lambda^{t-2}$$

已知 k_2，$\lambda\neq 0$，因此等号两端可以同时除以 $k_2\lambda^{t-2}$，有

$$t\lambda^2=\alpha_1(t-1)\lambda+\alpha_2(t-2)$$

因此，若 $y_t=k_2 t\lambda^t$ 为2阶齐次线性差分方程的解，要求 λ 满足

$$t\lambda^2-\alpha_1(t-1)\lambda-\alpha_2(t-2)=0$$

即

$$(\lambda^2-\alpha_1\lambda-\alpha_2)t+(\alpha_1\lambda+2\alpha_2)=0$$

由于已知特征方程 $\lambda^2-\alpha_1\lambda-\alpha_2=0$ 具有相同实根 $\lambda=\frac{\alpha_1}{2}$，这意味着 $\alpha_1^2+4\alpha_2=0$。将 $\lambda=\frac{\alpha_1}{2}$ 代入 $(\lambda^2-\alpha_1\lambda-\alpha_2)t+(\alpha_1\lambda+2\alpha_2)$ 有

$$0\times t+\left(\frac{\alpha_1^2}{2}+2\alpha_2\right)=\frac{\alpha_1^2+4\alpha_2}{2}=0$$

因此，具有相同实根的特征方程 $\lambda^2-\alpha_1\lambda-\alpha_2=0$ 的特征根 $\lambda=\frac{\alpha_1}{2}$ 满足方程 $t\lambda^2-\alpha_1(t-1)\lambda-\alpha_2(t-2)=0$ 或者 $(\lambda^2-\alpha_1\lambda-\alpha_2)t+(\alpha_1\lambda+2\alpha_2)=0$，从而表明特征根 λ 的函数形式 $k_2t\lambda^t$ 是 2 阶齐次线性差分方程 $y_t=\alpha_1y_{t-1}+\alpha_2y_{t-2}$ 的解。

（3）证明 $k_1\lambda^t+k_2t\lambda^t$ 是 2 阶齐次线性差分方程 $y_t=\alpha_1y_{t-1}+\alpha_2y_{t-2}$ 的解。

将 $y_t=k_1\lambda^t+k_2t\lambda^t$ 代入 2 阶齐次线性差分方程，有

$$k_1\lambda^t+k_2t\lambda^t=\alpha_1[k_1\lambda^{t-1}+k_2(t-1)\lambda^{t-1}]+\alpha_2[k_1\lambda^{t-2}+k_2(t-2)\lambda^{t-2}]$$

依 k_1 和 k_2 合并同类项，有

$$k_1(\lambda^t-\alpha_1\lambda^{t-1}-\alpha_2\lambda^{t-2})+k_2\lambda^{t-2}[t\lambda^t-\alpha_1(t-1)\lambda^{t-1}-\alpha_2(t-2)\lambda^{t-2}]=0$$

因此，若 $y_t=k_2t\lambda^t$ 为 2 阶齐次线性差分方程的解，要求 λ 满足

$$k_1\lambda^{t-2}(\lambda^2-\alpha_1\lambda-\alpha_2)+k_2\lambda^{t-2}[t\lambda^2-\alpha_1(t-1)\lambda-\alpha_2(t-2)]=0$$

（1）和（2）的证明过程表明，具有相同实根的特征方程 $\lambda^2-\alpha_1\lambda-\alpha_2=0$ 的特征根 $\lambda=\frac{\alpha_1}{2}$ 满足方程 $t\lambda^2-\alpha_1(t-1)\lambda-\alpha_2(t-2)=0$，因此在这里也满足方程 $k_1\lambda^{t-2}(\lambda^2-\alpha_1\lambda-\alpha_2)+k_2\lambda^{t-2}[t\lambda^2-\alpha_1(t-1)\lambda-\alpha_2(t-2)]=0$，从而表明特征根 λ 的函数形式 $k_1\lambda^t+k_2t\lambda^t$ 是 2 阶齐次线性差分方程 $y_t=\alpha_1y_{t-1}+\alpha_2y_{t-2}$ 的解。

3．令 $A(L)=1-\alpha_1L-\alpha_2L^2-\cdots-\alpha_pL^p$，证明：$\frac{c}{A(L)}=\frac{c}{A(1)}$，其中 c 为常数，$A(1)=1-\alpha_1-\alpha_2-\cdots-\alpha_p$。

证明：不妨设 $\frac{1}{A(L)}=\psi(L)=\sum_{j=0}^{\infty}\psi_jL^j$，则有

$$\frac{1}{A(1)}=\psi(1)=\sum_{j=0}^{\infty}\psi_j$$

由于已知 $Lc=c$，因此

$$\frac{c}{A(L)}=\psi(L)c=\sum_{j=0}^{\infty}\psi_jL^jc=\sum_{j=0}^{\infty}\psi_jc=\psi(1)c=\frac{c}{A(1)}$$

4．请用特征根法求 2 阶线性差分方程 $y_t=0.6+0.3y_{t-1}+0.4y_{t-2}+\varepsilon_t$ 的通解。

解：特征方程：$\lambda^2-0.3\lambda-0.4=0$

特征根：$\lambda_1=0.8$，$\lambda_2=-0.5$

齐次解：$y_t^h=k_10.8^t+k_2(-0.5)^t$

特解：$y_t^p = \dfrac{0.6}{1-0.3-0.4} + \dfrac{\varepsilon_t}{1-0.3L-0.4L^2}$

$$
\begin{aligned}
&= 2 + \frac{\varepsilon_t}{(1-0.8L)(1+0.5L)} \\
&= 2 + \frac{8}{13} \times \frac{\varepsilon_t}{1-0.8L} + \frac{5}{13} \times \frac{\varepsilon_t}{1+0.5L} \\
&= 2 + \frac{8}{13}\sum_{i=0}^{\infty} 0.8^i L^i \varepsilon_t + \frac{5}{13}\sum_{i=0}^{\infty} (-0.5)^i L^i \varepsilon_t \\
&= 2 + \sum_{i=0}^{\infty}\left[\frac{8}{13} \times 0.8^i + \frac{5}{13} \times (-0.5)^i\right]\varepsilon_{t-i} \\
&= 2 + \varepsilon_t + 0.3\varepsilon_{t-1} + 0.49\varepsilon_{t-2} + \cdots
\end{aligned}
$$

通解：$y_t = y_t^h + y_t^p = k_1 0.8^t + k_2(-0.5)^t + 2 + \sum_{i=0}^{\infty}\left[\dfrac{8}{13} \times 0.8^i + \dfrac{5}{13} \times (-0.5)^i\right]\varepsilon_{t-i}$

参 考 文 献

[1] （美）詹姆斯 · D. 汉密尔顿．时间序列分析[M]．刘明志，译．北京：中国社会科学出版社，1999．

第 2 章　平稳时间序列模型

本章导读

本章主要介绍平稳时间序列的经典模型——自回归移动平均（ARMA）模型。理论是实践的基础，若希望对平稳时间序列构建合适的模型，首先需对 ARMA 模型的性质和特点具有全面深入的了解。因此，本章花费了大量篇幅介绍 ARMA 模型的统计性质和特点。

本章结构如下：2.1 节介绍 ARMA 模型的各种表示形式；2.2 节在计算均值、方差和自协方差的基础上推导 ARMA 模型的平稳性条件；2.3 节介绍 ARMA 模型的可逆性条件；2.4 节介绍 ARMA 过程的自相关函数；2.5 节介绍 ARMA 过程的偏自相关函数；2.6 节在总结 ARMA 过程的自相关函数和偏自相关函数特征的基础上，介绍平稳时间序列的 Box-Jenkins 建模方法；2.7 节介绍基于 ARMA 模型的最小均方误差预测方法；2.8 节介绍一个平稳时间序列建模的应用实例。

2.1　ARMA 模型的形式

自回归移动平均（Auto-Regressive Moving Average，ARMA）模型是平稳时间序列分析的经典方法，是利用时间序列本身的滞后序列和随机扰动项及其滞后序列来描述时间序列发展规律的一种分析方法。从另一个角度来看，在了解了线性差分方程的基础上，不难发现 ARMA 模型可以视作一种线性差分方程，其中推动过程$\{x_t\}$为白噪声过程$\{\varepsilon_t\}$及其滞后序列的特定线性组合形式。因此，在对 ARMA 模型性质的阐述过程中，经常会用到线性差分方程的一些分析方法和结论。

2.1.1　ARMA 模型的典型形式

一个平稳时间序列$\{y_t\}$的自回归移动平均模型的典型形式如下

$$y_t = c + \alpha_1 y_{t-1} + \alpha_2 y_{t-2} + \cdots + \alpha_p y_{t-p} + \varepsilon_t - \beta_1 \varepsilon_{t-1} - \beta_2 \varepsilon_{t-2} - \cdots - \beta_q \varepsilon_{t-q} \tag{2-1}$$

其中，c，α_i（$i=0,1,\cdots,p$）和β_i（$i=0,1,\cdots,q$）为常数系数，$\{\varepsilon_t\}$为随机扰动项序列，通常要求其为白噪声过程，表示为$\varepsilon_t \sim WN(0,\sigma_\varepsilon^2)$。该模型通常记作 **ARMA($p$, q)模型**；参数p表示自回归部分的滞后阶数，而α_i（$i=0,1,\cdots,p$）称作自回归系数；参数q表示

移动平均部分的滞后阶数，而β_i（$i=0,1,\cdots,q$）称作移动平均系数；通常称满足式（2-1）的平稳时间序列$\{y_t\}$为ARMA(p,q)过程。

当移动平均部分滞后阶数$q=0$时，ARMA(p,q)模型简化为自回归（Auto-Regressive，AR）模型，即

$$y_t=c+\alpha_1 y_{t-1}+\alpha_2 y_{t-2}+\cdots+\alpha_p y_{t-p}+\varepsilon_t \tag{2-2}$$

该模型通常记作**AR(p)模型**，此时称$\{y_t\}$为AR(p)过程。

当自回归部分滞后阶数$p=0$时，ARMA(p,q)模型简化为移动平均（Moving Average，MA）模型，即

$$y_t=c+\varepsilon_t-\beta_1\varepsilon_{t-1}-\beta_2\varepsilon_{t-2}-\cdots-\beta_q\varepsilon_{t-q} \tag{2-3}$$

该模型通常记作**MA(q)模型**，此时称$\{y_t\}$为MA(q)过程。

从上述AR、MA和ARMA模型的表达式可见，AR(p)和MA(q)模型可以看作是ARMA(p,q)模型的特例，因此后续内容中提到ARMA模型时，非特指情况下也涵盖AR和MA模型。

值得注意的是，通常情况下AR(p)、MA(q)和ARMA(p,q)模型中，自回归滞后阶数p和移动平均滞后阶数q都是有限的。但某些情况下ARMA模型的自回归滞后阶数或移动平均滞后阶数也可以是无限的，当它们为无限时，模型变为无限阶模型。但无限阶模型只是理论上的，现实中总可以用有限的方式对无限阶模型进行近似，或者更加精确地通过另外的模型形式进行表示。下面将展示，当采用滞后算子多项式来表示ARMA模型（包括AR和MA模型）时，可以很容易地将AR(p)、MA(q)和ARMA(p,q)模型转换成AR(∞)模型或MA(∞)模型形式，反之亦然。

2.1.2 ARMA模型的滞后算子多项式表示形式

令

$$A(L)=1-\alpha_1 L-\alpha_2 L^2-\cdots-\alpha_p L^p \tag{2-4}$$

$$B(L)=1-\beta_1 L-\beta_2 L^2-\cdots-\beta_q L^q \tag{2-5}$$

则ARMA(p,q)模型可以简化表示为

$$A(L)y_t=c+B(L)\varepsilon_t \tag{2-6}$$

AR(p)模型可以简化表示为

$$A(L)y_t=c+\varepsilon_t \tag{2-7}$$

MA(q)模型可以简化表示为

$$y_t=c+B(L)\varepsilon_t \tag{2-8}$$

而 $A(L)$也被称作**自回归（AR）系数多项式**，$B(L)$称作**移动平均（MA）系数多项式**[①]。

2.1.3　ARMA 模型的传递形式和逆转形式

对于 ARMA(p, q)模型式（2-6）和 AR(p)模型式（2-7），在这两个等式两端同时除以 $A(L)$，则可以将这两个模型表示为 MA(∞)模型形式，通常也称作序列的**传递形式**，即

$$y_t = \frac{c + B(L)\varepsilon_t}{A(L)} = \frac{c}{A(1)} + \frac{B(L)}{A(L)}\varepsilon_t \tag{2-9}$$

和

$$y_t = \frac{c + \varepsilon_t}{A(L)} = \frac{c}{A(1)} + \frac{\varepsilon_t}{A(L)} \tag{2-10}$$

其中，$A(1) = 1 - \alpha_1 - \alpha_2 - \cdots - \alpha_p$。

对于 ARMA(p, q)模型式（2-6）和 MA(q)模型式（2-8），在等式两端同时除以 B(L)，则可以将其表示为 AR(∞)模型形式，通常也称作序列的**逆转形式**，即

$$\varepsilon_t = \frac{A(L)y_t - c}{B(L)} = \frac{A(L)y_t}{B(L)} - \frac{c}{B(1)} \tag{2-11}$$

和

$$\varepsilon_t = \frac{y_t - c}{B(L)} = \frac{y_t}{B(L)} - \frac{c}{B(1)} \tag{2-12}$$

其中，$B(1) = 1 - \beta_1 - \beta_2 - \cdots - \beta_p$。

2.1.4　格林函数

平稳的 ARMA(p, q)过程和 AR(p)过程都可以表示为 MA(∞)模型形式，即如式（2-9）或式（2-10）的传递形式。不妨设传递形式中 ε_{t-j} 前的系数为 ψ_j，则可将 ARMA(p, q)过程或 AR(p)过程的传递形式表示为

$$\begin{aligned} y_t &= \frac{c}{A(1)} + \sum_{j=0}^{\infty}\psi_j\varepsilon_{t-j} \\ &= \frac{c}{A(1)} + \psi_0\varepsilon_t + \psi_1\varepsilon_{t-1} + \psi_2\varepsilon_{t-2} + \cdots \end{aligned} \tag{2-13}$$

其中，权系数 ψ_j 通常被称为**格林（Green）函数**。

---

① 这里，自回归系数多项式 $A(L)$和移动平均系数多项式 $B(L)$具有类似的函数形式，原因是我们在式（2-1）中描述 ARMA 模型形式的时候刻意地将移动平均部分的系数取为负号。当然也可以不做这样的限定，但在后面可以看到这样做有诸多好处，例如对模型平稳性和可逆性的分析过程将趋于一致。

令

$$\psi(L)=\sum_{j=0}^{\infty}\psi_j L^j=\psi_0+\psi_1 L+\psi_2 L^2+\cdots \tag{2-14}$$

则可以将式（2-13）简记为滞后算子多项式表示形式

$$y_t=\frac{c}{A(1)}+\psi(L)\varepsilon_t \tag{2-15}$$

1．AR(p)过程的格林函数递推公式

对于 AR (p)过程，比较式（2-10）和式（2-15），则有

$$\frac{1}{A(L)}=\psi(L) \tag{2-16}$$

即

$$A(L)\psi(L)=1 \tag{2-17}$$

将滞后算子多项式 $A(L)$ 和 $\psi(L)$ 的具体形式代入式（2-17），有

$$\left(1-\sum_{i=1}^{p}\alpha_i L^i\right)\left(\sum_{j=0}^{\infty}\psi_j L^j\right)=1 \tag{2-18}$$

式（2-18）中，等号左端两个多项式相乘展开后的常数项为ψ_0，则根据等号右端常数项为 1，可知$\psi_0=1$。

式（2-18）的等号左端可以进一步表示为

$$\begin{aligned}\left(1-\sum_{i=1}^{p}\alpha_i L^i\right)\left(\sum_{j=0}^{\infty}\psi_j L^j\right)&=\left(1-\sum_{i=1}^{p}\alpha_i L^i\right)\left(1+\sum_{j=1}^{\infty}\psi_j L^j\right)\\&=1+\sum_{j=1}^{\infty}\psi_j L^j-\sum_{i=1}^{p}\alpha_i L^i\sum_{j=0}^{\infty}\psi_j L^j\\&=1+\sum_{j=1}^{\infty}\left(\psi_j-\sum_{i=1}^{j}\alpha_i'\psi_{j-i}\right)L^j\end{aligned} \tag{2-19}$$

其中，$\alpha_i'=\begin{cases}\alpha_i\,, i\leqslant p\\ 0, i>p\end{cases}$ 。

由于式（2-18）的等号右端没有滞后算子 L 的表达式，因此等号左端所有 L^j 前面的系数都为零，即$\psi_j=\sum_{i=1}^{j}\alpha_i'\psi_{j-i}$ （$j=1,2,\cdots$ ）。因此，**AR(p)过程的格林函数递推公式为**

$$\psi_j=\begin{cases}1, j=0\\ \sum_{i=1}^{j}\alpha_i'\psi_{j-i}\,, j\geqslant 1\end{cases} \tag{2-20}$$

其中，$\alpha_i' = \begin{cases} \alpha_i, i \leqslant p \\ 0, i > p \end{cases}$。

为了更好地理解式（2-19）中最后一步的运算

$$\sum_{i=1}^{p} \alpha_i L^i \sum_{j=0}^{\infty} \psi_j L^j = \sum_{j=1}^{\infty} \left(\sum_{i=1}^{j} \alpha_i' \psi_{j-i} \right) L^j \tag{2-21}$$

下面将以 $p=3$ 为例，更加详尽地描述式（2-21）的运算过程：

$$\begin{aligned} \sum_{i=1}^{3} \alpha_i L^i \sum_{j=0}^{\infty} \psi_j L^j &= \left(\alpha_1 L + \alpha_2 L^2 + \alpha_3 L^3\right)\left(\psi_0 + \psi_1 L + \psi_2 L^2 + \psi_3 L^3 + \cdots\right) \\ &= \alpha_1 \psi_0 L + \left(\alpha_1 \psi_1 + \alpha_2 \psi_0\right) L^2 + \left(\alpha_1 \psi_2 + \alpha_2 \psi_1 + \alpha_3 \psi_0\right) L^3 \\ &\quad + \left(\alpha_1 \psi_3 + \alpha_2 \psi_2 + \alpha_3 \psi_1\right) L^4 + \left(\alpha_1 \psi_4 + \alpha_2 \psi_3 + \alpha_3 \psi_2\right) L^5 + \cdots \\ &= \sum_{j=1}^{\infty} \left(\sum_{i=1}^{j} \alpha_i' \psi_{j-i} \right) L^j \end{aligned} \tag{2-22}$$

其中，$\alpha_i' = \begin{cases} \alpha_i, i \leqslant 3 \\ 0, i > 3 \end{cases}$。

2．ARMA(p, q)过程的格林函数递推公式

对于 ARMA(p, q)过程，比较式（2-9）和式（2-15），则有

$$\frac{B(L)}{A(L)} = \psi(L) \tag{2-23}$$

即

$$A(L)\psi(L) = B(L) \tag{2-24}$$

将滞后算子多项式 $A(L)$、$B(L)$ 和 $\psi(L)$ 的具体形式代入式（2-24），有

$$\left(1 - \sum_{i=1}^{p} \alpha_i L^i\right)\left(\sum_{j=0}^{\infty} \psi_j L^j\right) = 1 - \sum_{j=1}^{q} \beta_j L^j \tag{2-25}$$

式（2-25）中，等号左端两个多项式相乘展开后的常数项为 ψ_0，则根据等号右端常数项为 1，可知 $\psi_0 = 1$。

进一步地，式（2-25）的等号左端与式（2-18）的等号左端完全相同，可以表示为

$$\left(1 - \sum_{i=1}^{p} \alpha_i L^i\right)\left(\sum_{j=0}^{\infty} \psi_j L^j\right) = 1 + \sum_{j=1}^{\infty} \left(\psi_j - \sum_{i=1}^{j} \alpha_i' \psi_{j-i} \right) L^j$$

其中，$\alpha_i' = \begin{cases} \alpha_i, i \leqslant p \\ 0, i > p \end{cases}$。

由于式（2-25）的等号右端为滞后 q 阶的多项式形式 $B(L) = 1 - \beta_1 L - \beta_2 L^2 - \cdots - \beta_q L^q$，

因此，当$1 \leqslant j \leqslant q$时，等号左端所有$L^j$前面的系数都为$-\beta_j$，即$\psi_j = \sum_{i=1}^{j} \alpha_i' \psi_{j-i} - \beta_j$；当$j > q$时，等号左端所有$L^j$前面的系数都为零，即$\psi_j = \sum_{i=1}^{j} \alpha_i' \psi_{j-i}$。

因此，**ARMA (p, q)过程的格林函数递推公式为**

$$\psi_j = \begin{cases} 1, j = 0 \\ \sum_{i=1}^{j} \alpha_i' \psi_{j-i} - \beta_j, 1 \leqslant j \leqslant q \\ \sum_{i=1}^{j} \alpha_i' \psi_{j-i}, j > q \end{cases} \tag{2-26}$$

其中，$\alpha_i' = \begin{cases} \alpha_i, i \leqslant p \\ 0, i > p \end{cases}$。

2.2 ARMA 模型的平稳性条件

在 ARMA 模型中，有一个前提条件，即$\{y_t\}$是平稳时间序列，相应的 AR(p)、MA(q)和 ARMA(p, q)模型也应满足平稳性条件，从而保证$\{y_t\}$的平稳性。接下来介绍 AR、MA 和 ARMA 模型的平稳性条件。

2.2.1 AR 模型的平稳性条件

考虑如式（2-2）的 AR(p)模型

$$y_t = c + \alpha_1 y_{t-1} + \alpha_2 y_{t-2} + \cdots + \alpha_p y_{t-p} + \varepsilon_t$$

前面已经提到，ARMA 模型是对平稳时间序列$\{y_t\}$建模。既然如此，则 AR(p)模型式（2-2）应保证$\{y_t\}$为平稳时间序列，这意味着自回归系数α_i（$i = 0, 1, \cdots, p$）应满足某些限定条件。

回顾定义 1.1 中对平稳性的阐述，接下来只需确认α_i（$i = 0, 1, \cdots, p$）满足什么条件时，$\{y_t\}$具有有限的常数均值和方差，同时自协方差只与时滞s有关。

在 AR(p)模型中，一个重要的已知条件是$\{\varepsilon_t\}$为白噪声过程，其数字特征是已知的。因此如果将 AR(p)模型变换为全部通过随机扰动项表示的 MA 模型，将可以利用白噪声的数字特征来描述 AR(p)模型的数字特征。

1．AR(p)过程格林函数的具体形式

考虑如式（2-15）的 AR(p)模型的传递形式，即 MA(∞)模型形式

$$y_t = \frac{c}{A(1)} + \psi(L)\varepsilon_t$$

其中，$\psi(L) = \psi_0 + \psi_1 L + \psi_2 L^2 + \cdots$。

权系数 ψ_j 可以根据如式（2-20）的 AR (p)过程的格林函数递推公式计算得到

$$\psi_j = \begin{cases} 1, j = 0 \\ \sum_{i=1}^{j} \alpha_i' \psi_{j-i}, j \geqslant 1 \end{cases}$$

其中，$\alpha_i' = \begin{cases} \alpha_i, i \leqslant p \\ 0, i > p \end{cases}$。

如式（2-20）的递推公式的更具体形式为

$$\begin{cases} \psi_0 = 1 \\ \psi_1 = \alpha_1 \psi_0 = \alpha_1 \\ \psi_2 = \alpha_1 \psi_1 + \alpha_2 \psi_0 = \alpha_1^2 + \alpha_2 \\ \psi_3 = \alpha_1 \psi_2 + \alpha_2 \psi_1 + \alpha_3 \psi_0 = \alpha_1(\alpha_1^2 + \alpha_2) + \alpha_2 \alpha_1 + \alpha_3 \\ \quad \vdots \\ \psi_{p-1} = \alpha_1 \psi_{p-2} + \alpha_2 \psi_{p-3} + \cdots + \alpha_{p-1} \psi_0 \\ \psi_p = \alpha_1 \psi_{p-1} + \alpha_2 \psi_{p-2} + \cdots + \alpha_p \psi_0 \\ \psi_{p+1} = \alpha_1 \psi_p + \alpha_2 \psi_{p-1} + \cdots + \alpha_p \psi_1 \\ \quad \vdots \end{cases} \tag{2-27}$$

观察式（2-27）可知，ψ_j 满足

$$\psi_j = \alpha_1 \psi_{j-1} + \alpha_2 \psi_{j-2} + \cdots + \alpha_p \psi_{j-p} \tag{2-28}$$

事实上，式（2-28）的齐次线性差分方程与 AR(p)模型式（2-2）所对应的齐次线性差分方程本质上是一致的。AR(p)模型式（2-2）所对应的齐次线性差分方程为

$$y_t = \alpha_1 y_{t-1} + \alpha_2 y_{t-2} + \cdots + \alpha_p y_{t-p} \tag{2-29}$$

虽然式（2-28）与式（2-29）的序列名（ψ 和 y）和时间标识方式（j 和 t）不同，但两个差分方程的各项系数完全相同，这意味着两个差分方程的特征方程和特征根完全相同，从而两个差分方程解的表示完全相同，因此式（2-28）与式（2-29）本质上是相同的。

根据齐次线性差分方程齐次解的求解公式，即式（1-45）~式（1-47），考虑特征根的所有可能情形，可以假设式（2-28）的特征方程有 m 个重根（$m < p-2$）都等于λ_1，并有一对复数根 $\lambda_{m+1} = a + bi, \lambda_{m+2} = a - bi$，其余的 $p-m-2$ 个特征根为相异实根，则齐次线性差分方程式（2-28）的解可以典型地记作

$$\psi_j = (k_1 + k_2 j + \cdots + k_m j^{m-1})\lambda_1^j + k_{m+1}(a+bi)^j + k_{m+2}(a-bi)^j + k_{m+3}\lambda_{m+3}^j + \cdots + k_p\lambda_p^j \tag{2-30}$$

其中，常数k_i（$i=1,2,\cdots,p$）的具体数值，可以根据式（2-27）中递推算得的格林函数的初始值计算得到。

2. AR(p)模型的平稳性条件

简单起见，仅考虑齐次线性差分方程式（2-28）的特征根为相异实根的情形[①]，即

$$\psi_j = k_1\lambda_1^j + k_2\lambda_2^j + \cdots + k_p\lambda_p^j \tag{2-31}$$

则如式（2-13）的AR(p)模型的传递形式可以详细表示为

$$\begin{aligned} y_t &= \frac{c}{A(1)} + \sum_{j=0}^{\infty}\psi_j\varepsilon_{t-j} \\ &= \frac{c}{A(1)} + \sum_{j=0}^{\infty}\left(k_1\lambda_1^j + k_2\lambda_2^j + \cdots + k_p\lambda_p^j\right)\varepsilon_{t-j} \end{aligned} \tag{2-32}$$

显然，由于$\{\varepsilon_t\}$为白噪声过程，均值为零，即$E(\varepsilon_t)=0$，因此有

$$E(y_t) = \frac{c}{A(1)} = \frac{c}{1-\alpha_1-\alpha_2-\cdots-\alpha_p} \tag{2-33}$$

式（2-33）表明AR(p)过程$\{y_t\}$的均值为常数，而其方差和自协方差为

$$\begin{aligned} \mathrm{Var}(y_t) &= E[y_t - E(y_t)]^2 \\ &= E\left[y_t - \frac{c}{A(1)}\right]^2 \\ &= E\left[\sum_{j=0}^{\infty}\left(k_1\lambda_1^j + k_2\lambda_2^j + \cdots + k_p\lambda_p^j\right)\varepsilon_{t-j}\right]^2 \end{aligned} \tag{2-34}$$

$$\begin{aligned} \mathrm{Cov}(y_t, y_{t-s}) &= E[y_t - E(y_t)][y_{t-s} - E(y_{t-s})] \\ &= E[y_t - \frac{c}{A(1)}][y_{t-s} - \frac{c}{A(1)}] \\ &= E\left[\sum_{j=0}^{\infty}\left(k_1\lambda_1^j + \cdots + k_p\lambda_p^j\right)\varepsilon_{t-j}\right]\left[\sum_{j=0}^{\infty}\left(k_1\lambda_1^j + \cdots + k_p\lambda_p^j\right)\varepsilon_{t-s-j}\right] \end{aligned} \tag{2-35}$$

其中，$s \geqslant 1$。

[①] 特征根中出现相同实根和复根时，也可以得到类似的结论。

由于白噪声过程同方差且非自相关，即 $\mathrm{Var}(\varepsilon_t)=\sigma_\varepsilon^2$ 且 $E(\varepsilon_t\varepsilon_{t-s})=0,\ \forall s\neq t$，因此式（2-34）和式（2-35）可分别表示为

$$\mathrm{Var}(y_t)=\left(\sum_{i=1}^{p}k_i^2\sum_{j=0}^{\infty}\lambda_i^{2j}+2\sum_{1\leqslant h<i\leqslant p}k_hk_i\sum_{j=0}^{\infty}\lambda_h^j\lambda_i^j\right)\sigma_\varepsilon^2 \tag{2-36}$$ [①]

和

$$\mathrm{Cov}(y_t,y_{t-s})=\left[\sum_{h=1}^{p}\lambda_h^sk_h\sum_{i=1}^{p}k_i\sum_{j=0}^{\infty}\lambda_h^j\lambda_i^j\right]\sigma_\varepsilon^2 \tag{2-37}$$ [②]

其中，$s\geqslant 1$。

显然，只有当 p 阶齐次线性差分方程式（2-28），同时也是 AR(p)模型式（2-2）所对应的齐次线性差分方程式（2-29）的所有特征根 λ_i（$i=1,2,\cdots,p$）都在单位圆内，或者说所有特征根的模都小于 1，即

$$|\lambda_i|<1\quad(i=1,2,\cdots,p) \tag{2-38}$$

---

① 式（2-36）的推导过程如下：

$$\begin{aligned}\mathrm{Var}(y_t)&=E\left[\sum_{j=0}^{\infty}\left(k_1\lambda_1^j+k_2\lambda_2^j+\cdots+k_p\lambda_p^j\right)\varepsilon_{t-j}\right]^2=\sum_{j=0}^{\infty}\left(k_1\lambda_1^j+k_2\lambda_2^j+\cdots+k_p\lambda_p^j\right)^2E\varepsilon_{t-j}^2\\&=\left(\sum_{j=0}^{\infty}\sum_{i=1}^{p}k_i^2\lambda_i^{2j}+2\sum_{j=0}^{\infty}\sum_{1\leqslant h<i\leqslant p}k_hk_i\lambda_h^j\lambda_i^j\right)\sigma_\varepsilon^2=\left(\sum_{i=1}^{p}k_i^2\sum_{j=0}^{\infty}\lambda_i^{2j}+2\sum_{1\leqslant h<i\leqslant p}k_hk_i\sum_{j=0}^{\infty}\lambda_h^j\lambda_i^j\right)\sigma_\varepsilon^2\end{aligned}$$

② 式（2-37）的推导过程如下：

$$\begin{aligned}\mathrm{Cov}(y_t,\ y_{t-s})&=E\left[\sum_{j=0}^{\infty}\left(k_1\lambda_1^j+\cdots+k_p\lambda_p^j\right)\varepsilon_{t-j}\right]\left[\sum_{j=0}^{\infty}\left(k_1\lambda_1^j+\cdots+k_p\lambda_p^j\right)\varepsilon_{t-s-j}\right]\\&=\left(k_1\lambda_1^s+\cdots+k_p\lambda_p^s\right)\left(k_1+\cdots+k_p\right)E(\varepsilon_{t-s}^2)\\&\quad+\left(k_1\lambda_1^{s+1}+\cdots+k_p\lambda_p^{s+1}\right)\left(k_1\lambda_1+\cdots+k_p\lambda_p\right)E(\varepsilon_{t-s-1}^2)\\&\quad+\left(k_1\lambda_1^{s+2}+\cdots+k_p\lambda_p^{s+2}\right)\left(k_1\lambda_1^2+\cdots+k_p\lambda_p^2\right)E(\varepsilon_{t-s-2}^2)+\cdots\\&=\left[\lambda_1^sk_1\left(k_1+k_2+\cdots+k_p\right)+\cdots+\lambda_p^sk_p\left(k_1+k_2+\cdots+k_p\right)\right]\sigma_\varepsilon^2\\&\quad+\left[\lambda_1^sk_1\left(k_1\lambda_1^2+k_2\lambda_1\lambda_2+\cdots+k_p\lambda_1\lambda_p\right)+\cdots+\lambda_p^sk_p\left(k_1\lambda_p\lambda_1+k_2\lambda_p\lambda_2+\cdots+k_p\lambda_p^2\right)\right]\sigma_\varepsilon^2\\&\quad+\left[\lambda_1^sk_1\left(k_1\lambda_1^4+k_2\lambda_1^2\lambda_2^2+\cdots+k_p\lambda_1^2\lambda_p^2\right)+\cdots+\lambda_p^sk_p\left(k_1\lambda_p^2\lambda_1^2+k_2\lambda_p^2\lambda_2^2+\cdots+k_p\lambda_p^4\right)\right]\sigma_\varepsilon^2\\&\quad+\cdots\\&=\left(\lambda_1^sk_1\sum_{j=0}^{\infty}\sum_{i=1}^{p}k_i\lambda_1^j\lambda_i^j+\cdots+\lambda_p^sk_p\sum_{j=0}^{\infty}\sum_{i=1}^{p}k_i\lambda_p^j\lambda_i^j\right)\sigma_\varepsilon^2\\&=\left(\lambda_1^sk_1\sum_{i=1}^{p}k_i\sum_{j=0}^{\infty}\lambda_1^j\lambda_i^j+\cdots+\lambda_p^sk_p\sum_{i=1}^{p}k_i\sum_{j=0}^{\infty}\lambda_p^j\lambda_i^j\right)\sigma_\varepsilon^2\\&=\left[\sum_{h=1}^{p}\lambda_h^sk_h\sum_{i=1}^{p}k_i\sum_{j=0}^{\infty}\lambda_h^j\lambda_i^j\right]\sigma_\varepsilon^2\end{aligned}$$

时，才有 $\sum_{j=0}^{\infty}\lambda_i^{2j}=\frac{1}{1-\lambda_i^2}$，$\sum_{j=0}^{\infty}\lambda_h^j\lambda_i^j=\frac{1}{1-\lambda_h\lambda_i}$，此时 AR($p$)过程 $\{y_t\}$ 的方差为有限常数，自协方差只与时滞 s 有关，而与时间的起始位置 t 无关。即有

$$\begin{aligned}\mathrm{Var}(y_t)&=\left(\sum_{i=1}^{p}k_i^2\sum_{j=0}^{\infty}\lambda_i^{2j}+2\sum_{1\leqslant h<i\leqslant p}k_hk_i\sum_{j=0}^{\infty}\lambda_h^j\lambda_i^j\right)\sigma_\varepsilon^2\\&=\left(\sum_{i=1}^{p}\frac{k_i^2}{1-\lambda_i^2}+2\sum_{1\leqslant h<i\leqslant p}\frac{k_hk_i}{1-\lambda_h\lambda_i}\right)\sigma_\varepsilon^2\end{aligned}\tag{2-39}$$

$$\begin{aligned}\mathrm{Cov}(y_t,y_{t-s})&=\left[\sum_{h=1}^{p}\lambda_h^sk_h\sum_{i=1}^{p}k_i\sum_{j=0}^{\infty}\lambda_h^j\lambda_i^j\right]\sigma_\varepsilon^2\\&=\left[\sum_{h=1}^{p}\lambda_h^sk_h\sum_{i=1}^{p}k_i\frac{1}{1-\lambda_h\lambda_i}\right]\sigma_\varepsilon^2\end{aligned}\tag{2-40}$$

其中，$s\geqslant 1$。

由此可见，**AR(p)模型的平稳性条件**为：

p 阶齐次线性差分方程 $y_t=\alpha_1y_{t-1}+\alpha_2y_{t-2}+\cdots+\alpha_py_{t-p}$ 的所有特征根 λ_i（$i=1,2,\cdots,p$）都在单位圆内，或者说所有特征根的模都小于 1，即 $|\lambda_i|<1$（$i=1,2,\cdots,p$）。

由于自回归系数多项式的根与特征方程的特征根恰好为倒数关系，因此 **AR(p)模型的平稳性条件**也可以等价地表述为：

自回归系数多项式 $A(L)=1-\alpha_1L-\alpha_2L^2-\cdots-\alpha_pL^p=0$ 的所有根都在单位圆外。

3. AR(1)模型的平稳性条件

考虑 AR(1)模型

$$y_t=c+\alpha_1y_{t-1}+\varepsilon_t\tag{2-41}$$

根据平稳性的特征根判别条件，1 阶齐次线性差分方程 $y_t=\alpha_1y_{t-1}$ 的特征方程为 $\lambda-\alpha_1=0$，求得特征根为 $\lambda=\alpha_1$。因此，该 AR(1)模型的平稳性条件为 $|\lambda|=|\alpha_1|<1$。

上述讨论表明，当模型的自回归系数 $|\alpha_1|<1$ 时，AR(1)模型满足平稳性条件，模型中的序列 $\{y_t\}$ 平稳；否则，当 $|\alpha_1|\geqslant 1$ 时，AR(1)模型不满足平稳性条件，模型中的序列 $\{y_t\}$ 非平稳。因此，对于 AR(1)模型来说，仅通过自回归系数就可以很容易地判断平稳性。

【例 2-1】 讨论图 2-1 所示的模型是否满足平稳性条件，其中 $\{\varepsilon_t\}$ 为白噪声过程。

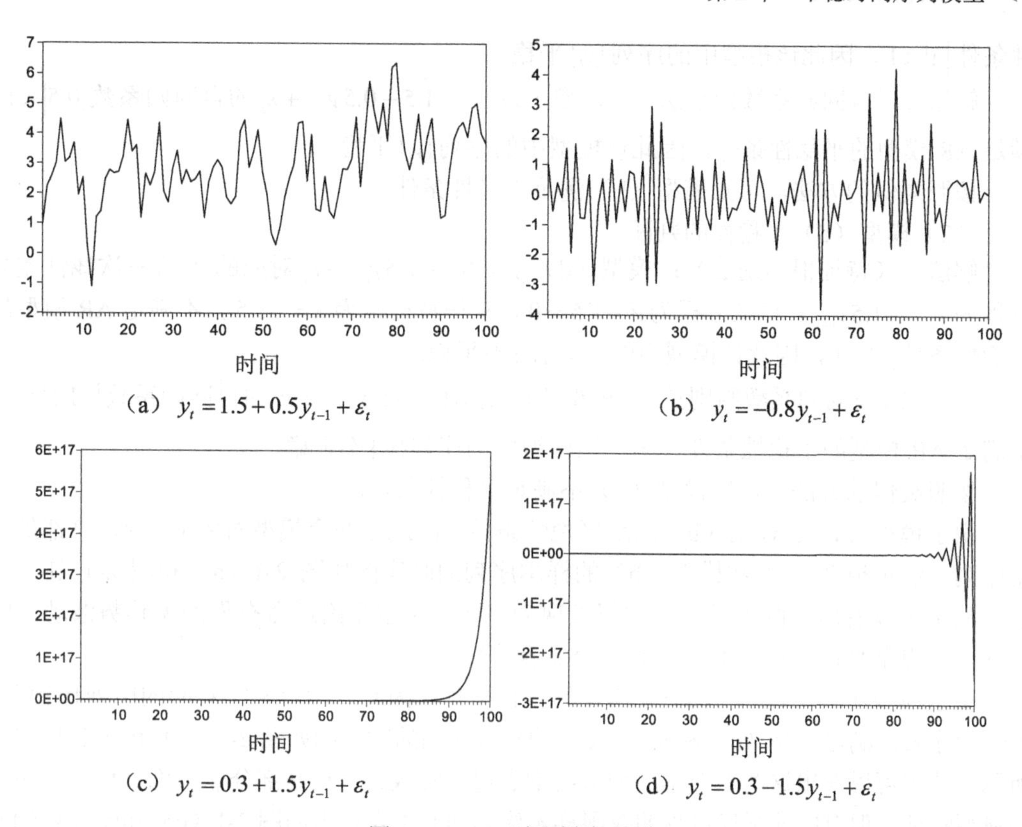

（a）$y_t = 1.5 + 0.5y_{t-1} + \varepsilon_t$

（b）$y_t = -0.8y_{t-1} + \varepsilon_t$

（c）$y_t = 0.3 + 1.5y_{t-1} + \varepsilon_t$

（d）$y_t = 0.3 - 1.5y_{t-1} + \varepsilon_t$

图 2-1　AR(1)过程样本序列

在 EViews 软件中通过在命令行或程序文件中输入如下命令：

```
smpl 1 100
series y
y(1)=1
smpl 2 100
y=1.5+0.5*y(-1)+e
smpl 1 100
```

结果可以生成样本数为 100 的满足模型（a）$y_t = 1.5 + 0.5y_{t-1} + \varepsilon_t$ 的样本序列$\{y\}$，其中$\{e\}$为一个已生成的白噪声过程。该样本序列$\{y\}$如图 2-1（a）所示。满足其他模型的样本序列按照类似方式生成。

解：（1）模型（a）平稳性的判断

解法一（特征根判别法）：模型（a）$y_t = 1.5 + 0.5y_{t-1} + \varepsilon_t$ 对应的 1 阶齐次线性差分方程为 $y_t = 0.5y_{t-1}$，特征方程为 $\lambda - 0.5 = 0$，求得特征根为 $\lambda = 0.5$，满足 AR 模型的平稳

性条件$|\lambda|<1$，因此该模型中的序列$\{y_t\}$平稳。

解法二（自回归系数判别法）：模型（a）$y_t=1.5+0.5y_{t-1}+\varepsilon_t$的自回归系数$|0.5|<1$，满足AR模型的平稳性条件，因此该模型中的序列$\{y_t\}$平稳。

按照类似的方法，可知模型（b）满足平稳性条件。

（2）模型（d）平稳性的判断

解法一（特征根判别法）：模型（d）$y_t=0.3-1.5y_{t-1}+\varepsilon_t$对应的1阶齐次线性差分方程为$y_t=-1.5y_{t-1}$，特征方程为$\lambda+1.5=0$，求得特征根为$\lambda=-1.5$，不满足AR模型的平稳性条件$|\lambda|<1$，因此该模型中的序列$\{y_t\}$不平稳。

解法二（自回归系数判别法）：模型（d）$y_t=0.3-1.5y_{t-1}+\varepsilon_t$的自回归系数$|-1.5|>1$，不满足AR模型的平稳性条件，因此该模型中的序列$\{y_t\}$不平稳。

按照类似的方法，可知模型（c）不满足平稳性条件。

由于模型（a）和模型（b）满足平稳性条件，因此这两个模型对应的序列$\{y_t\}$都是平稳序列。满足模型（a）和模型（b）的样本序列的时序图如图2-1（a）和图2-1（b）所示，从中可以看出这两个样本序列都表现为“在一定水平附近做有界的无趋势波动”的特性，这也是平稳过程样本序列的一个显著特征。

由于模型（c）和模型（d）不满足平稳性条件，因此这两个模型对应的序列$\{y_t\}$都不是平稳序列。满足模型（c）和模型（d）的样本序列的时序图如图2-1（c）和图2-1（d）所示，从中可以看出这两个样本序列最终都表现为发散，这也是部分非平稳过程样本序列的典型特征。但有些非平稳过程的**有限**样本序列却并不表现出如图2-1（c）和图2-1（d）所示这样直观的发散特征，典型的如随机游走过程。

【例2-2】随机游走模型$y_t=y_{t-1}+\varepsilon_t$的样本序列图如图2-2所示，其中$\{\varepsilon_t\}$为白噪声过程。讨论其平稳性。

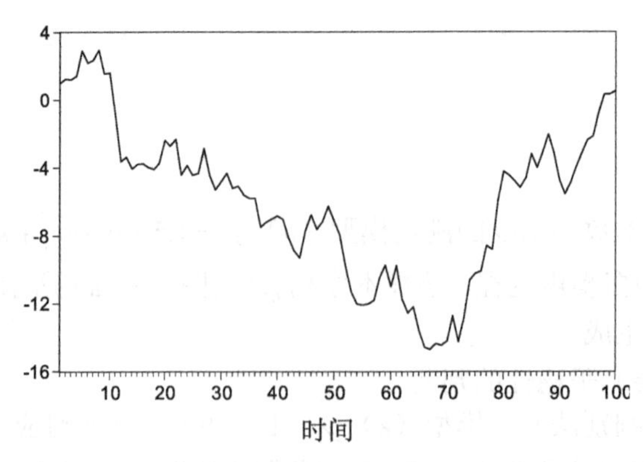

图2-2　随机游走过程

由于随机游走模型 $y_t = y_{t-1} + \varepsilon_t$ 的自回归系数等于 1，不满足 AR(1)模型自回归系数绝对值小于 1 的平稳性条件，因此随机游走过程$\{y_t\}$不平稳。从样本序列的时序图来看，虽然没有如图 2-1（c）和图 2-1（d）表现出直观的发散特征，但也与图 2-1（a）和图 2-1（b）中“在一定水平附近有界波动”的特性不符。随机游走过程是一类非常典型的非平稳过程，后续还会对其进行诸多的讨论。

4．AR(2)模型的平稳性条件

考虑 AR(2)模型

$$y_t = c + \alpha_1 y_{t-1} + \alpha_2 y_{t-2} + \varepsilon_t \tag{2-42}$$

根据平稳性的特征根判别条件，2 阶齐次线性差分方程 $y_t = \alpha_1 y_{t-1} + \alpha_2 y_{t-2}$ 的特征方程为 $\lambda^2 - \alpha_1\lambda - \alpha_2 = 0$，求得特征根为 $\lambda_1, \lambda_2 = \dfrac{\alpha_1 \pm \sqrt{\alpha_1^2 + 4\alpha_2}}{2}$。因此，该 AR(2)模型的平稳性条件为 $|\lambda_1, \lambda_2| < 1$，即 $|\lambda_1| = \left|\dfrac{\alpha_1 - \sqrt{\alpha_1^2 + 4\alpha_2}}{2}\right| < 1$ 且 $|\lambda_2| = \left|\dfrac{\alpha_1 + \sqrt{\alpha_1^2 + 4\alpha_2}}{2}\right| < 1$。

（1）当λ_1和λ_2为相异实根时，有 $\alpha_1^2 + 4\alpha_2 > 0$，设 $\lambda_1 < \lambda_2$，则平稳性条件为 $\lambda_1 > -1$ 和 $\lambda_2 < 1$。

由 $\lambda_1 > -1$，有 $\dfrac{\alpha_1 - \sqrt{\alpha_1^2 + 4\alpha_2}}{2} > -1$，即 $\sqrt{\alpha_1^2 + 4\alpha_2} < 2 + \alpha_1$，两边平方有平稳性条件

$$\alpha_2 - \alpha_1 < 1 \tag{2-43}$$

由 $\lambda_2 < 1$，有 $\dfrac{\alpha_1 + \sqrt{\alpha_1^2 + 4\alpha_2}}{2} < 1$，即 $\sqrt{\alpha_1^2 + 4\alpha_2} < 2 - \alpha_1$，两边平方有平稳性条件

$$\alpha_2 + \alpha_1 < 1 \tag{2-44}$$

（2）当λ_1和λ_2为相同实根时，有 $\alpha_1^2 + 4\alpha_2 = 0$，此时 $\lambda_1 = \lambda_2 = \dfrac{\alpha_1}{2}$，因此平稳性条件为 $\left|\dfrac{\alpha_1}{2}\right| < 1$，即

$$|\alpha_1| < 2 \tag{2-45}$$

（3）当λ_1和λ_2为共轭复根时，有 $\alpha_1^2 + 4\alpha_2 < 0$，同时平稳性条件为 $|\lambda_1, \lambda_2| = r < 1$，即 $\sqrt{\left(\dfrac{\alpha_1}{2}\right)^2 + \left(\dfrac{\sqrt{\alpha_1^2 + 4\alpha_2}}{2}\right)^2} = \sqrt{\dfrac{\alpha_1^2 - \left(\alpha_1^2 + 4\alpha_2\right)}{4}} = \sqrt{-\alpha_2} < 1$，因此有平稳性条件

$$-1 < \alpha_2 < 0 \tag{2-46}$$

这些平稳性条件刻画在以自回归系数α_1为横坐标，以自回归系数α_2为纵坐标的直角坐标系中，如图 2-3 所示。

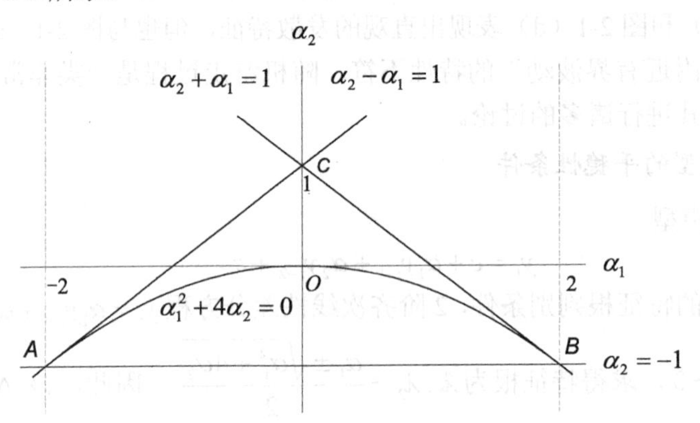

图 2-3　AR(2)模型的平稳域

从图 2-3 可以看出，平稳性条件式（2-43）~式（2-46）恰好对应三角形 *ABC* 以内的区域，因此这一区域也称作 AR(2)模型的平稳域。具体地，AR(2)模型的平稳域（即三角形 *ABC* 以内的区域）由下面三个不等式决定：

$$\begin{cases}\alpha_2>-1\\ \alpha_2+\alpha_1<1\\ \alpha_2-\alpha_1<1\end{cases} \tag{2-47}$$

除此之外，AR(2)模型的平稳域位于三角形 *ABC* 以内的区域还意味着

$$|\alpha_1|<2 \tag{2-48}$$

和

$$|\alpha_2|<1 \tag{2-49}$$

图 2-3 表明，当自回归系数取值(α_1,α_2)位于曲线$\alpha_1^2+4\alpha_2=0$以上和两条直线$\alpha_2-\alpha_1<1$、$\alpha_2+\alpha_1<1$所夹的燕形区域（*AOBC*）内时，AR(2)模型有两个绝对值都小于 1 的相异实根；当自回归系数取值(α_1,α_2)位于曲线$\alpha_1^2+4\alpha_2=0$上$|\alpha_1|<2$之间的曲线段（*AOB*）时，AR(2)模型有绝对值小于 1 的相同实根；当自回归系数取值(α_1,α_2)位于曲线$\alpha_1^2+4\alpha_2=0$以下和直线$\alpha_2=-1$所夹的弧形区域（*AOBA*）内时，AR(2)模型有一对模都小于 1 的共轭复根。总之，只要 AR(2)模型的自回归系数取值(α_1,α_2)位于三角形 *ABC* 以内的区域，即平稳域内，该模型都满足平稳性条件。

【例 2-3】讨论图 2-4 所示模型是否满足平稳性条件，其中$\{\varepsilon_t\}$为白噪声过程。

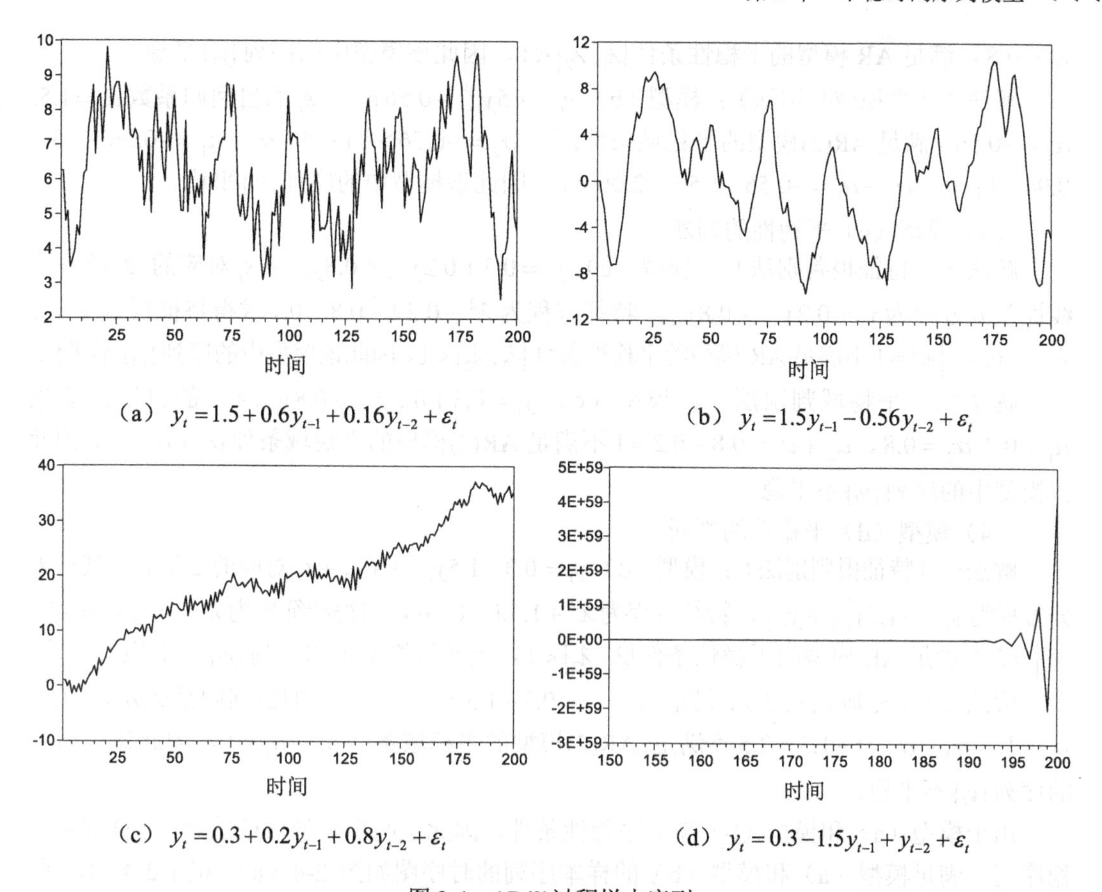

（a）$y_t = 1.5 + 0.6y_{t-1} + 0.16y_{t-2} + \varepsilon_t$　　（b）$y_t = 1.5y_{t-1} - 0.56y_{t-2} + \varepsilon_t$

（c）$y_t = 0.3 + 0.2y_{t-1} + 0.8y_{t-2} + \varepsilon_t$　　（d）$y_t = 0.3 - 1.5y_{t-1} + y_{t-2} + \varepsilon_t$

图 2-4　AR(2)过程样本序列

解：（1）模型（a）平稳性的判断

解法一（特征根判别法）：模型（a）$y_t = 1.5 + 0.6y_{t-1} + 0.16y_{t-2} + \varepsilon_t$ 对应的 2 阶齐次线性差分方程为 $y_t = 0.6y_{t-1} + 0.16y_{t-2}$，特征方程为 $\lambda^2 - 0.6\lambda - 0.16 = 0$，求得特征根为 $\lambda_1 = -0.2, \lambda_2 = 0.8$，满足 AR 模型的平稳性条件 $|\lambda_1, \lambda_2| < 1$，因此该模型中的序列 $\{y_t\}$ 平稳。

解法二（平稳域判别法）：模型（a）$y_t = 1.5 + 0.6y_{t-1} + 0.16y_{t-2} + \varepsilon_t$ 的自回归系数 $\alpha_1 = 0.6, \alpha_2 = 0.16$，满足 AR(2)模型的平稳域条件：① $\alpha_2 = 0.16 > -1$；② $\alpha_2 + \alpha_1 = 0.16 + 0.6 = 0.76 < 1$；③ $\alpha_2 - \alpha_1 = 0.16 - 0.6 = -0.44 < 1$，因此该模型中的序列 $\{y_t\}$ 平稳。

（2）模型（b）平稳性的判断

解法一（特征根判别法）：模型（b）$y_t = 1.5y_{t-1} - 0.56y_{t-2} + \varepsilon_t$ 对应的 2 阶齐次线性差分方程为 $y_t = 1.5y_{t-1} - 0.56y_{t-2}$，特征方程为 $\lambda^2 - 1.5\lambda + 0.56 = 0$，求得特征根为 $\lambda_1 = 0.7$,

$\lambda_2=0.8$，满足 AR 模型的平稳性条件$|\lambda_1,\lambda_2|<1$，因此该模型中的序列$\{y_t\}$平稳。

解法二（平稳域判别法）：模型（b）$y_t=1.5y_{t-1}-0.56y_{t-2}+\varepsilon_t$的自回归系数$\alpha_1=1.5$, $\alpha_2=-0.56$，满足 AR(2)模型的平稳域条件：① $\alpha_2=-0.56>-1$；② $\alpha_2+\alpha_1=-0.56+1.5=0.94<1$；③ $\alpha_2-\alpha_1=-0.56-1.5=-2.06<1$，因此该模型中的序列$\{y_t\}$平稳。

（3）模型（c）平稳性的判断

解法一（特征根判别法）：模型（c）$y_t=0.3+0.2y_{t-1}+0.8y_{t-2}+\varepsilon_t$对应的 2 阶齐次线性差分方程为$y_t=0.2y_{t-1}+0.8y_{t-2}$，特征方程为$\lambda^2-0.2\lambda-0.8=0$，求得特征根为$\lambda_1=1$, $\lambda_2=-0.8$，$|\lambda_1|=1$不满足 AR 模型的平稳性条件$|\lambda_1,\lambda_2|<1$，因此该模型中的序列$\{y_t\}$不平稳。

解法二（平稳域判别法）：模型（c）$y_t=0.3+0.2y_{t-1}+0.8y_{t-2}+\varepsilon_t$的自回归系数$\alpha_1=0.2,\alpha_2=0.8$，$\alpha_2+\alpha_1=0.8+0.2=1$不满足 AR(2)模型的平稳域条件$\alpha_2+\alpha_1<1$，因此该模型中的序列$\{y_t\}$不平稳。

（4）模型（d）平稳性的判断

解法一（特征根判别法）：模型（d）$y_t=0.3-1.5y_{t-1}+y_{t-2}+\varepsilon_t$对应的2阶齐次线性差分方程为$y_t=-1.5y_{t-1}+y_{t-2}$，特征方程为$\lambda^2+1.5\lambda-1=0$，求得特征根为$\lambda_1=0.5,\lambda_2=-2$，$|\lambda_2|=2$不满足 AR 模型的平稳性条件$|\lambda_1,\lambda_2|<1$，因此该模型中的序列$\{y_t\}$不平稳。

解法二（平稳域判别法）：模型（d）$y_t=0.3-1.5y_{t-1}+y_{t-2}+\varepsilon_t$的自回归系数$\alpha_1=-1.5$, $\alpha_2=1$，$\alpha_2-\alpha_1=1+1.5=2.5$不满足 AR(2)模型的平稳域条件$\alpha_2-\alpha_1<1$，因此该模型中的序列$\{y_t\}$不平稳。

由于模型（a）和模型（b）满足平稳性条件，因此这两个模型对应的序列$\{y_t\}$都是平稳序列。满足模型（a）和模型（b）的样本序列的时序图如图 2-4（a）和图 2-4（b）所示，从中可以看出这两个样本序列都表现为“在一定水平附近做有界的无趋势波动”的特性，符合平稳过程样本序列的显著特征。

由于模型（c）和模型（d）不满足平稳性条件，因此这两个模型对应的序列$\{y_t\}$都不是平稳序列。满足模型（c）和模型（d）的样本序列的时序图如图 2-4（c）和图 2-4（d）所示，从中可以看出这两个样本序列最终都表现为发散，符合非平稳过程样本序列的典型特征。

5. AR(p)模型平稳性的必要条件和充分条件

至此，已经讨论了 AR(1)和 AR(2)模型的平稳性条件，并从基本的特征根判别条件推导出相应的自回归系数判别条件（或称之为平稳域判别条件），这使得低阶 ARMA 模型平稳性可以直接从自回归系数角度直观地进行判断。而超过 3 阶的 AR(p)模型的自回归系数判别条件则越来越复杂，还不如采用特征根法进行判断。但对于某些特例情形，还是可以直接从自回归系数得到结论的。

考虑 AR(p)模型 $y_t = c + \alpha_1 y_{t-1} + \alpha_2 y_{t-2} + \cdots + \alpha_p y_{t-p} + \varepsilon_t$，其对应的 p 阶齐次差分方程为 $y_t = \alpha_1 y_{t-1} + \alpha_2 y_{t-2} + \cdots + \alpha_p y_{t-p}$，特征方程为 $\lambda^p - \alpha_1\lambda^{p-1} - \alpha_2\lambda^{p-2} - \cdots - \alpha_p = 0$，设其所有解为 $\lambda_1, \lambda_2, \cdots, \lambda_p$。若 AR($p$)模型满足平稳性条件，则必有 $|\lambda_i| < 1$（$i = 1, 2, \cdots, p$）。令 $f(\lambda) = \lambda^p - \alpha_1\lambda^{p-1} - \alpha_2\lambda^{p-2} - \cdots - \alpha_p$，不妨设 λ_p 为最大的特征根，则有 $f(1) = 1 - \alpha_1 - \alpha_2 - \cdots - \alpha_p > f(\lambda_p) = 0$（$\lambda > \lambda_p$ 时单调递增，当 $\lambda \to +\infty$ 时 $f(\lambda) \to +\infty$），因此必有

$$\sum_{i=1}^{p} \alpha_i < 1 \tag{2-50}$$

注意式（2-50）是 $|\lambda_i| < 1$（$i = 1, 2, \cdots, p$）的必要非充分条件。即使式（2-50）成立，AR(p)模型也不一定满足平稳性条件；但当式（2-50）不成立，则可以直接判定 AR(p)模型不满足平稳性条件。

类似地，可以证明

$$\sum_{i=1}^{p} |\alpha_i| < 1 \tag{2-51}$$

是 $|\lambda_i| < 1$（$i = 1, 2, \cdots, p$）的充分非必要条件。只要式（2-51）成立，则 AR(p)模型一定满足平稳性条件；但也存在式（2-51）不成立，AR(p)模型仍满足平稳性条件的情况。

2.2.2 MA 模型的平稳性条件

1. MA(q)模型

考虑如式（2-3）的 MA(q)模型

$$y_t = c + \varepsilon_t - \beta_1\varepsilon_{t-1} - \beta_2\varepsilon_{t-2} - \cdots - \beta_q\varepsilon_{t-q}$$

考察其均值、方差和自协方差

$$E(y_t) = c \tag{2-52}$$

$$\begin{aligned}
\mathrm{Var}(y_t) &= E[y_t - E(y_t)]^2 \\
&= E[y_t - c]^2 \\
&= E\left[\varepsilon_t - \beta_1\varepsilon_{t-1} - \beta_2\varepsilon_{t-2} - \cdots - \beta_q\varepsilon_{t-q}\right]^2 \\
&= E(\varepsilon_t^2) + \beta_1^2 E(\varepsilon_{t-1}^2) + \beta_2^2 E(\varepsilon_{t-2}^2) + \cdots + \beta_q^2 E(\varepsilon_{t-q}^2) \\
&= (1 + \beta_1^2 + \beta_2^2 + \cdots + \beta_q^2)\sigma_\varepsilon^2
\end{aligned} \tag{2-53}$$

$$
\begin{aligned}
&\mathrm{Cov}(y_t, y_{t-s}) \\
&= E[y_t - E(y_t)][y_{t-s} - E(y_{t-s})] \\
&= E[y_t - c][y_{t-s} - c] \\
&= E[\varepsilon_t - \beta_1\varepsilon_{t-1} - \cdots - \beta_q\varepsilon_{t-q}][\varepsilon_{t-s} - \beta_1\varepsilon_{t-s-1} - \cdots - \beta_q\varepsilon_{t-s-q}] \\
&= \begin{cases} -\beta_s E(\varepsilon_{t-s}^2) + \beta_1\beta_{s+1}E(\varepsilon_{t-s-1}^2) + \cdots + \beta_{q-s}\beta_q E(\varepsilon_{t-q}^2) 1 \leqslant s \leqslant q \\ 0, s > q \end{cases} \\
&= \begin{cases} (-\beta_s + \beta_1\beta_{s+1} + \cdots + \beta_{q-s}\beta_q)\sigma_\varepsilon^2,\ 1 \leqslant s \leqslant q \\ 0, s > q \end{cases}
\end{aligned}
\tag{2-54}
$$

由此可见，有限阶的 MA(q)模型一定平稳。

2. MA(∞)模型

虽然有限阶的 MA(q)模型一定平稳，但无限阶的 MA(∞)模型则需要一定的限定条件才能保证平稳性。

考虑 MA(∞)模型

$$
\begin{aligned}
y_t &= c + \sum_{j=0}^{\infty}\psi_j\varepsilon_{t-j} \\
&= c + \varepsilon_t + \psi_1\varepsilon_{t-1} + \psi_2\varepsilon_{t-2} + \cdots
\end{aligned}
\tag{2-55}
$$

其中，$\psi_0 = 1$。

考察其均值、方差和自协方差

$$E(y_t) = c \tag{2-56}$$

$$
\begin{aligned}
\mathrm{Var}(y_t) &= E[y_t - E(y_t)]^2 \\
&= E[y_t - c]^2 \\
&= E\left[\varepsilon_t + \psi_1\varepsilon_{t-1} + \psi_2\varepsilon_{t-2} - \cdots\right]^2 \\
&= E(\varepsilon_t^2) + \psi_1^2 E(\varepsilon_{t-1}^2) + \psi_2^2 E(\varepsilon_{t-2}^2) + \cdots \\
&= (1 + \psi_1^2 + \psi_2^2 + \cdots)\sigma_\varepsilon^2
\end{aligned}
\tag{2-57}
$$

$$
\begin{aligned}
\mathrm{Cov}(y_t, y_{t-s}) &= E[y_t - E(y_t)][y_{t-s} - E(y_{t-s})] \\
&= E[y_t - c][y_{t-s} - c] \\
&= E\left[\varepsilon_t + \psi_1\varepsilon_{t-1} + \psi_2\varepsilon_{t-2} - \cdots\right]\left[\varepsilon_{t-s} + \psi_1\varepsilon_{t-s-1} + \psi_2\varepsilon_{t-s-2} - \cdots\right] \\
&= \psi_s E(\varepsilon_{t-s}^2) + \psi_1\psi_{s+1}E(\varepsilon_{t-s-1}^2) + \psi_2\psi_{s+2}E(\varepsilon_{t-s-2}^2) + \cdots \\
&= (\psi_s + \psi_1\psi_{s+1} + \psi_2\psi_{s+2} + \cdots)\sigma_\varepsilon^2
\end{aligned}
\tag{2-58}
$$

其中，$s \geqslant 1$。

因此，MA(∞)模型平稳的条件为

$$(1+\psi_1^2+\psi_2^2+\cdots)\text{ 和 }(\psi_s+\psi_1\psi_{s+1}+\psi_2\psi_{s+2}+\cdots)\text{ 有限} \tag{2-59}$$

其中，$s\geqslant 1$。

事实上，也可以将式（2-59）中的 MA(∞)模型平稳的两个条件合并为

$$(\psi_s+\psi_1\psi_{s+1}+\psi_2\psi_{s+2}+\cdots)\text{ 有限} \tag{2-60}$$

其中，$s\geqslant 0$。

2.2.3　ARMA 模型的平稳性条件

ARMA(*p*, *q*)模型可以看作是 AR(*p*)模型和 MA(*q*)模型的合并。容易想到，ARMA(*p*, *q*)模型的平稳性条件与 AR(*p*)模型的平稳性条件相同。

事实上，ARMA(*p*, *q*)模型平稳性条件的理论推导过程与 AR(*p*)模型平稳性条件的推导过程类似。也考虑如式（2-15）的 ARMA(*p*, *q*)模型的传递形式，即 MA(∞)模型形式

$$y_t=\frac{c}{A(1)}+\psi(L)\varepsilon_t$$

其中，$\psi(L)=\psi_0+\psi_1L+\psi_2L^2+\cdots$。

权系数ψ_j可以根据如式（2-26）的 ARMA(*p*, *q*)过程的格林函数递推公式计算得到

$$\psi_j=\begin{cases}1, j=0\\ \sum_{i=1}^{j}\alpha_i'\psi_{j-i}-\beta_j, 1\leqslant j\leqslant q\\ \sum_{i=1}^{j}\alpha_i'\psi_{j-i}, j>q\end{cases}$$

其中，$\alpha_i'=\begin{cases}\alpha_i, i\leqslant p\\ 0, i>p\end{cases}$。

分析如式（2-26）的 ARMA(*p*, *q*)过程的格林函数递推公式可知，*q* 期以后 ARMA(*p*, *q*)过程的格林函数ψ_j也满足如式（2-28）的齐次线性差分方程

$$\psi_j=\alpha_1\psi_{j-1}+\alpha_2\psi_{j-2}+\cdots+\alpha_p\psi_{j-p}$$

该齐次线性差分方程恰好等同于 ARMA(*p*, *q*)模型的自回归部分。经过与 AR(*p*)模型平稳性相类似的推导过程可知，ARMA(*p*, *q*)模型的平稳性也最终取决于自回归部分的特征根是否在单位圆内。

ARMA(*p*, *q*)模型的平稳性条件与 AR(*p*)模型的平稳性条件完全相同，即由模型的自回归部分决定。ARMA(*p*, *q*)模型的平稳性条件为

p 阶齐次线性差分方程 $y_t = \alpha_1 y_{t-1} + \alpha_2 y_{t-2} + \cdots + \alpha_p y_{t-p}$ 的所有特征根 λ_i（$i = 1, 2, \cdots, p$）都在单位圆内，或者说所有特征根的模都小于 1，即 $|\lambda_i| < 1$（$i = 1, 2, \cdots, p$）。

或等价地表述为：

自回归系数多项式 $A(L) = 1 - \alpha_1 L - \alpha_2 L^2 - \cdots - \alpha_p L^p = 0$ 的所有根都在单位圆外。

显然，ARMA(1, q)和 ARMA(2, q)模型的平稳性条件，与 AR(1)和 AR(2)模型的平稳性条件完全相同。

2.3 MA 模型的可逆性条件

前面已经看到，有限阶的 MA(q)模型一定满足平稳性条件。虽然如此，MA(q)模型却存在另外一个问题有待探讨，这就是 MA(q)模型的可逆性。

2.3.1 MA(q)模型的可逆性条件

当一个 MA(q)模型可以写成收敛的 AR(∞)表示形式时，称该 **MA(q)模型是可逆的**。

考虑如式（2-3）的 MA(q)模型

$$y_t = c + \varepsilon_t - \beta_1 \varepsilon_{t-1} - \beta_2 \varepsilon_{t-2} - \cdots - \beta_q \varepsilon_{t-q}$$

该 MA(q)模型对应的 AR(∞)模型形式，即逆转形式如式（2-12）所示：

$$\varepsilon_t = \frac{y_t - c}{B(L)} = \frac{y_t}{B(L)} - \frac{c}{B(1)}$$

不妨设逆转形式中 y_{t-j} 前的系数为 η_j，则可将 MA(q)过程的逆转形式表示为

$$\begin{aligned}\varepsilon_t &= -\frac{c}{B(1)} + \sum_{j=0}^{\infty} \eta_j y_{t-j} \\ &= -\frac{c}{B(1)} + \eta_0 y_t + \eta_1 y_{t-1} + \eta_2 y_{t-2} + \cdots\end{aligned} \tag{2-61}$$

其中，权系数 η_j 通常被称为**逆函数**。

令

$$H(L) = \sum_{j=0}^{\infty} \eta_j L^j = \eta_0 + \eta_1 L + \eta_2 L^2 + \cdots \tag{2-62}$$

则可以将式（2-61）简记为滞后算子多项式表示形式，即

$$\varepsilon_t = -\frac{c}{B(1)} + H(L) y_t \tag{2-63}$$

与 AR(p)过程格林函数的递推公式推导过程类似，比较式（2-12）和式（2-63），则有

$$\frac{1}{B(L)}=H(L) \tag{2-64}$$

即

$$B(L)H(L)=1 \tag{2-65}$$

将滞后算子多项式 $B(L)$ 和 $H(L)$ 的具体形式代入式（2-65），有

$$\left(1-\sum_{i=1}^{q}\beta_i L^i\right)\left(\sum_{j=0}^{\infty}\eta_j L^j\right)=1 \tag{2-66}$$

式（2-66）中，等号左端两个多项式相乘展开后的常数项为 η_0，则根据等号右端常数项为 1，可知 $\eta_0=1$。

进一步地，式（2-66）的等号左端可以表示为

$$\begin{aligned}\left(1-\sum_{i=1}^{q}\beta_i L^i\right)\left(\sum_{j=0}^{\infty}\eta_j L^j\right)&=\left(1-\sum_{i=1}^{q}\beta_i L^i\right)\left(1+\sum_{j=1}^{\infty}\eta_j L^j\right)\\&=1+\sum_{j=1}^{\infty}\eta_j L^j-\sum_{i=1}^{q}\beta_i L^i\sum_{j=0}^{\infty}\eta_j L^j\\&=1+\sum_{j=1}^{\infty}\left(\eta_j-\sum_{i=1}^{j}\beta_i'\eta_{j-i}\right)L^j\end{aligned} \tag{2-67}$$

其中，$\beta_i'=\begin{cases}\beta_i, i\leqslant q\\0, i>q\end{cases}$。

由于式（2-66）的等号右端没有滞后算子 L 的表达式，因此等号左端所有 L^j 前面的系数都为零，即 $\eta_j=\sum_{i=1}^{j}\beta_i'\eta_{j-i}$（$j=1,2,\cdots$）。

因此，**MA(q)过程的逆函数递推公式**为

$$\eta_j=\begin{cases}1, j=0\\\sum_{i=1}^{j}\beta_i'\eta_{j-i}, j\geqslant 1\end{cases} \tag{2-68}$$

其中，$\beta_i'=\begin{cases}\beta_i, i\leqslant q\\0, i>q\end{cases}$。

观察式（2-68）可知，η_j 满足如下齐次线性差分方程

$$\eta_j=\beta_1\eta_{j-1}+\beta_2\eta_{j-2}+\cdots+\beta_q\eta_{j-q} \tag{2-69}$$

事实上，式（2-69）的齐次线性差分方程与 MA(q)模型式（2-3）的移动平均部分所

对应的齐次线性差分方程本质上是一致的。MA(q)模型式（2-3）的移动平均部分所对应的齐次线性差分方程为

$$\varepsilon_t = \beta_1\varepsilon_{t-1} + \beta_2\varepsilon_{t-2} + \cdots + \beta_q\varepsilon_{t-q} \tag{2-70}$$

根据齐次线性差分方程齐次解的求解公式，即式（1-45）~式（1-47），考虑特征根的所有可能情形，可以假设式（2-28）的特征方程有 m 个重根（$m < q-2$）都等于λ_1，并有一对复数根 $\lambda_{m+1} = a+bi, \lambda_{m+2} = a-bi$，其余的 $q-m-2$ 个特征根为相异实根，则齐次线性差分方程式（2-69）的解可以典型地记作

$$\begin{aligned}\eta_j = &(k_1 + k_2 j + \cdots + k_m j^{m-1})\lambda_1^j + k_{m+1}(a+bi)^j + k_{m+2}(a-bi)^j \\ &+ k_{m+3}\lambda_{m+3}^j + \cdots + k_q\lambda_q^j\end{aligned} \tag{2-71}$$

其中，常数 k_i（$i = 1, 2, \cdots, q$）的具体数值，可以根据式（2-68）中递推算得的逆函数的初始值计算得到。

由式（2-71）可知，只有当 q 阶齐次线性差分方程式（2-69），同时也是 MA(q)模型式(2-3)的移动平均部分所对应的齐次线性差分方程式(2-70)的所有特征根λ_i($i = 1, 2, \cdots$, q）都在单位圆内，或者说所有特征根的模都小于 1，即

$$|\lambda_i| < 1 \quad (i = 1, 2, \cdots, q) \tag{2-72}$$

时，才有 $j \to \infty$ 时，η_j 收敛。此时，如 MA(q)模型式（2-3）的逆转形式式（2-61）才是收敛的 AR(∞)表示形式。

因此，**MA(q)模型的可逆性条件为：若 q 阶齐次线性差分方程**

$$\varepsilon_t - \beta_1\varepsilon_{t-1} - \beta_2\varepsilon_{t-2} - \cdots - \beta_q\varepsilon_{t-q} = 0 \tag{2-73}$$

的所有特征根λ_i($i = 1, 2, \cdots, q$)都在单位圆内，或者说所有特征根的模都小于 1，即$|\lambda_i| < 1$（$i = 1, 2, \cdots, q$），则该 MA(q)模型一定可逆。

MA(q)模型的可逆性条件也可以等价地表述为：**移动平均系数多项式 $B(L) = 1 - \beta_1 L - \beta_2 L^2 - \cdots - \beta_q L^q = 0$ 的所有根都在单位圆外。**

相应地，ARMA(p, q)模型也存在可逆性问题，其判别条件与 MA(q)模型的可逆性条件完全相同。

可以看出，由于 2.1.1 节在 ARMA 模型式（2-1）的形式设定中，刻意地将移动平均部分的系数取为负号，因此使得自回归系数多项式与移动平均系数多项式具有类似的函数形式，从而使得 AR(p)模型平稳性和 MA(q)模型可逆性的判别，在形式上并没有本质的差别。

2.3.2　MA(1)模型的可逆性条件

考虑 MA(1)模型

$$y_t = c + \varepsilon_t - \beta_1 \varepsilon_{t-1} \tag{2-74}$$

根据可逆性的特征根判别条件，1 阶齐次线性差分方程 $\varepsilon_t - \beta_1 \varepsilon_{t-1} = 0$ 的特征方程为 $\lambda - \beta_1 = 0$，求得特征根为 $\lambda = \beta_1$。因此，该 MA(1)模型的可逆性条件为 $|\lambda| = |\beta_1| < 1$。

上述讨论表明，当模型的移动平均系数 $|\beta_1| < 1$ 时，MA(1)模型满足可逆性条件，该模型可以表示为收敛的 AR 模型形式；否则，当 $|\beta_1| \geqslant 1$ 时，MA(1)模型不满足平稳性条件，该模型不能表示为收敛的 AR 模型形式。可以看出，MA(1)模型可逆性的判别与 AR(1)模型平稳性的判别在形式上完全相同。

【例 2-4】 讨论下列模型是否满足可逆性条件，其中 $\{\varepsilon_t\}$ 为白噪声过程。

（I） $y_t = 1.5 + \varepsilon_t - 0.5\varepsilon_{t-1}$；　　（II） $y_t = 1.5 + \varepsilon_t - 2\varepsilon_{t-1}$

解：（1）模型（I）可逆性的判断

解法一（特征根判别法）：模型（I） $y_t = 1.5 + \varepsilon_t - 0.5\varepsilon_{t-1}$ 对应的 1 阶齐次线性差分方程为 $\varepsilon_t - 0.5\varepsilon_{t-1} = 0$，特征方程为 $\lambda - 0.5 = 0$，求得特征根为 $\lambda = 0.5$，满足 MA 模型的可逆性条件 $|\lambda| < 1$，因此该 MA(1)模型可逆。

解法二（移动平均系数判别法）：模型（I） $y_t = 1.5 + \varepsilon_t - 0.5\varepsilon_{t-1}$ 的移动平均系数 $|0.5| < 1$，满足 MA(1)模型的可逆性条件，因此该 MA(1)模型可逆。

（2）模型（II）可逆性的判断

解法一（特征根判别法）：模型（II） $y_t = 1.5 + \varepsilon_t - 2\varepsilon_{t-1}$ 对应的 1 阶齐次线性差分方程为 $\varepsilon_t - 2\varepsilon_{t-1} = 0$，特征方程为 $\lambda - 2 = 0$，求得特征根为 $\lambda = 2$，不满足 MA 模型的可逆性条件 $|\lambda| < 1$，因此该 MA(1)模型不可逆。

解法二（移动平均系数判别法）：模型（II） $y_t = 1.5 + \varepsilon_t - 2\varepsilon_{t-1}$ 的移动平均系数 $|2| > 1$，不满足 MA(1)模型的可逆性条件，因此该 MA(1)模型不可逆。

2.3.3　MA(2)模型的可逆性条件

考虑 MA(2)模型

$$y_t = c + \varepsilon_t - \beta_1 \varepsilon_{t-1} - \beta_2 \varepsilon_{t-2} \tag{2-75}$$

根据可逆性的特征根判别条件，2 阶齐次线性差分方程 $\varepsilon_t - \beta_1 \varepsilon_{t-1} - \beta_2 \varepsilon_{t-2} = 0$ 的特征方程为 $\lambda^2 - \beta_1 \lambda - \beta_2 = 0$，求得特征根为 $\lambda_1, \lambda_2 = \dfrac{\beta_1 \pm \sqrt{\beta_1^2 + 4\beta_2}}{2}$。因此，该 MA(2)模型的

可逆性条件为$|\lambda_1,\lambda_2|<1$，即$|\lambda_1|=\left|\frac{\beta_1-\sqrt{\beta_1^2+4\beta_2}}{2}\right|<1$且$|\lambda_2|=\left|\frac{\beta_1+\sqrt{\beta_1^2+4\beta_2}}{2}\right|<1$。

与AR(2)模型平稳性判别的平稳域方法类似，MA(2)模型的可逆性也可以通过考察移动平均系数β_1和β_2是否落入由式（2-76）决定的三角形区域内来判定：

$$\begin{cases}\beta_2>-1\\ \beta_2+\beta_1<1\\ \beta_2-\beta_1<1\end{cases}\tag{2-76}$$

除此之外，MA(2)模型的移动平均系数位于式（2-48）决定的三角形区域内还意味着

$$|\beta_1|<2\tag{2-77}$$

$$|\beta_2|<1\tag{2-78}$$

容易想到，式（2-76）的可逆性条件刻画了与图2-3中类似的三角形区域。只需将图2-3中的横轴坐标替换为移动平均系数β_1，将纵轴坐标替换为移动平均系数β_2，则图2-3中三角形ABC内的区域就是式（2-76）所决定的区域。

【例2-5】讨论下列模型是否满足可逆性条件，其中$\{\varepsilon_t\}$为白噪声过程。

（I）$y_t=\varepsilon_t-1.5\varepsilon_{t-1}+0.56\varepsilon_{t-2}$；（II）$y_t=0.3+\varepsilon_t+1.5\varepsilon_{t-1}-\varepsilon_{t-2}$

解：（1）模型（I）可逆性的判断

解法一（特征根判别法）：模型（I）$y_t=\varepsilon_t-1.5\varepsilon_{t-1}+0.56\varepsilon_{t-2}$对应的2阶齐次线性差分方程为$\varepsilon_t-1.5\varepsilon_{t-1}+0.56\varepsilon_{t-2}=0$，特征方程为$\lambda^2-1.5\lambda+0.56=0$，求得特征根为$\lambda_1=0.7$, $\lambda_2=0.8$，满足MA模型的可逆性条件$|\lambda_1,\lambda_2|<1$，因此该MA(2)模型可逆。

解法二（移动平均系数判别法）：模型（I）$y_t=\varepsilon_t-1.5\varepsilon_{t-1}+0.56\varepsilon_{t-2}$的移动平均系数$\beta_1=1.5,\beta_2=-0.56$，满足MA(2)模型的可逆性条件：① $\beta_2=-0.56>-1$；② $\beta_2+\beta_1=-0.56+1.5=0.94<1$；③ $\beta_2-\beta_1=-0.56-1.5=-2.06<1$，因此该MA(2)模型可逆。

（2）模型（II）可逆性的判断

解法一（特征根判别法）：模型（II）$y_t=0.3+\varepsilon_t+1.5\varepsilon_{t-1}-\varepsilon_{t-2}$对应的2阶齐次线性差分方程为$\varepsilon_t+1.5\varepsilon_{t-1}-\varepsilon_{t-2}=0$，特征方程为$\lambda^2+1.5\lambda-1=0$，求得特征根为$\lambda_1=0.5$, $\lambda_2=-2$，$|\lambda_2|=2$不满足MA模型的可逆性条件$|\lambda_1,\lambda_2|<1$，因此该MA(2)模型不可逆。

解法二（移动平均系数判别法）：模型（II）$y_t=0.3+\varepsilon_t+1.5\varepsilon_{t-1}-\varepsilon_{t-2}$的移动平均系数$\beta_1=-1.5,\beta_2=1$，$\beta_2-\beta_1=1+1.5=2.5$不满足MA(2)模型的可逆性条件$\beta_2-\beta_1<1$，因此该MA(2)模型不可逆。

2.4　ARMA 过程的自相关函数和 Yule-Walker 方程

2.4.1　AR(p)过程的自相关函数及其拖尾性

考虑均值为常数 μ 的平稳时间序列$\{x_t\}$的自协方差

$$\gamma_s = \mathrm{Cov}(x_t, x_{t-s}) = E\left[(x_t - \mu)(x_{t-s} - \mu)\right] \tag{2-79}$$

显然，自协方差事实上剔除了均值的影响。则对于 AR(p)模型有

$$x_t = c + \alpha_1 x_{t-1} + \alpha_2 x_{t-2} + \cdots + \alpha_p x_{t-p} + \varepsilon_t \tag{2-80}$$

若令 $y_t = x_t - \mu$，则可将式（2-80）的 AR(p)模型转化为不含常数项的**中心化模型**形式，即

$$y_t = \alpha_1 y_{t-1} + \alpha_2 y_{t-2} + \cdots + \alpha_p y_{t-p} + \varepsilon_t \tag{2-81}$$

此时

$$\mathrm{Cov}(x_t, x_{t-s}) = E\left[(x_t - \mu)(x_{t-s} - \mu)\right] = E(y_t y_{t-s}) \tag{2-82}$$

这表明中心化 AR(p)模型与非中心化 AR(p)模型的自协方差并无本质差别。因此，在接下来计算自协方差的过程中仅考虑中心化的 AR(p)模型式（2-81）即可。

在中心化 AR(p)模型式（2-81）的两端同时乘以 y_{t-s}（$s = 0,1,2,\cdots$），并取期望，得到 AR(p)过程的自协方差递推公式

$$E(y_t y_{t-s}) = \alpha_1 E(y_{t-1} y_{t-s}) + \alpha_2 E(y_{t-2} y_{t-s}) + \cdots + \alpha_p E(y_{t-p} y_{t-s}) + E(\varepsilon_t y_{t-s}) \tag{2-83}$$

对于平稳时间序列$\{y_t\}$，自协方差只与时滞 s 有关，而与时间的起始位置 t 无关。因此可以将序列$\{y_t\}$的自协方差简记为 $E(y_t y_{t-s}) = \gamma_s$，则如式（2-83）的 AR(p)过程的自协方差递推公式可以简记为

$$\gamma_s = \alpha_1 \gamma_{s-1} + \alpha_2 \gamma_{s-2} + \cdots + \alpha_p \gamma_{s-p} + E(\varepsilon_t y_{t-s}) \tag{2-84}$$

式（2-84）的两端同时除以 γ_0，记自相关系数为 $\rho_s = \gamma_s / \gamma_0$，则 AR(p)过程的自相关系数递推公式为

$$\rho_s = \alpha_1 \rho_{s-1} + \alpha_2 \rho_{s-2} + \cdots + \alpha_p \rho_{s-p} + E(\varepsilon_t y_{t-s}) / \gamma_0 \tag{2-85}$$

显然，当 $s = 0$ 时 $E(\varepsilon_t y_t) = \sigma_\varepsilon^2$，当 $s \geqslant 1$ 时 $E(\varepsilon_t y_{t-s}) = 0$[①]。因此有

$$s = 0\text{时}，\quad \rho_0 = \alpha_1 \rho_1 + \alpha_2 \rho_2 + \cdots + \alpha_p \rho_p + \sigma_\varepsilon^2 / \gamma_0 \tag{2-86}$$

---

① 对于 AR(p)模型 $y_t = \alpha_1 y_{t-1} + \alpha_2 y_{t-2} + \cdots + \alpha_p y_{t-p} + \varepsilon_t$，必然对应一个 MA(∞)模型形式 $y_t = \varepsilon_t / (1 - \alpha_1 L - \alpha_2 L^2 - \cdots - \alpha_p L^p)$，也可以将其表示为 $y_t = \sum_{i=0}^{\infty} \psi_i \varepsilon_{t-i}$。则对于 $s \geqslant 1$，$y_{t-s} = \sum_{i=0}^{\infty} \psi_i \varepsilon_{t-s-i}$，则由于$\{\varepsilon_t\}$为白噪声过程，因此 $E(\varepsilon_t y_{t-s}) = E\left[\varepsilon_t \left(\sum_{i=0}^{\infty} \psi_i \varepsilon_{t-s-i}\right)\right] = 0$。

$$s \geqslant 1\text{时}，\quad \rho_s = \alpha_1\rho_{s-1} + \alpha_2\rho_{s-2} + \cdots + \alpha_p\rho_{s-p} \tag{2-87}$$

式（2-87）也称 **Yule-Walker 方程**。根据 Yule-Walker 方程可以求得 AR(p)过程$\{y_t\}$的所有自相关系数ρ_s。

具体地，考虑到自相关系数的对称性，即$\rho_{-s} = \rho_s$，则对于$1 \leqslant s \leqslant p-1$，根据 Yule-Walker 方程有

$$\begin{cases} \rho_1 = \alpha_1\rho_0 + \alpha_2\rho_1 + \cdots + \alpha_p\rho_{p-1} \\ \rho_2 = \alpha_1\rho_1 + \alpha_2\rho_0 + \cdots + \alpha_p\rho_{p-2} \\ \rho_3 = \alpha_1\rho_2 + \alpha_2\rho_1 + \cdots + \alpha_p\rho_{p-3} \\ \qquad\vdots \\ \rho_{p-1} = \alpha_1\rho_{p-2} + \alpha_2\rho_{p-3} + \cdots + \alpha_p\rho_1 \end{cases} \tag{2-88}$$

显然$\rho_0 = 1$，则根据式（2-88）中的$p-1$个方程可求得$p-1$个自相关系数$\rho_1, \rho_2, \cdots, \rho_{p-1}$。而当$s \geqslant p$时，自相关系数$\rho_s$则可以根据如式（2-87）的 Yule-Walker 方程递推算得。

在得到p个自相关系数$\rho_1, \rho_2, \cdots, \rho_p$的基础上，根据式（2-86）即可容易计算得到 AR(p)过程的方差γ_0。

进一步地，根据 AR(p)过程的所有自相关系数ρ_s和方差γ_0，可以通过$\gamma_s = \gamma_0\rho_s$计算得到所有的自协方差$\gamma_s$。或者，对于$s \geqslant 1$的自协方差$\gamma_s$，可以通过式（2-84）计算得到。而式（2-84）在$s \geqslant 1$时，由于$E(\varepsilon_t y_{t-s}) = 0$，则形成如下的递推公式：

$$\gamma_s = \alpha_1\gamma_{s-1} + \alpha_2\gamma_{s-2} + \cdots + \alpha_p\gamma_{s-p} \tag{2-89}$$

由于 AR(p)过程的自相关系数ρ_s满足如式（2-87）的p阶齐次线性差分方程，该差分方程的特征根与 AR(p)模型对应的齐次线性差分方程$y_t = \alpha_1 y_{t-1} + \alpha_2 y_{t-2} + \cdots + \alpha_p y_{t-p}$的特征根完全相同，令其为$\lambda_1, \lambda_2, \cdots, \lambda_p$，在 AR($p$)模型平稳，即$|\lambda_i| < 1$ $(i = 1, 2, \cdots, p)$的条件下，ρ_s必然表现为以指数速度向零衰减的趋势，但ρ_s却永远不会等于零。因此，形象地称 **AR(p)过程的自相关函数具有拖尾特性**。

【例 2-6】已知 AR(2)过程$y_t = 0.6y_{t-1} + 0.16y_{t-2} + \varepsilon_t$，其中$\{\varepsilon_t\}$为白噪声过程，且已知$\varepsilon_t \sim WN(0, \sigma_\varepsilon^2)$，求该 AR(2)过程的自相关系数$\rho_1, \rho_2, \rho_3$，方差$\gamma_0$和自协方差$\gamma_1, \gamma_2, \gamma_3$。

解：根据 Yule-Walker 方程

$\rho_1 = 0.6\rho_0 + 0.16\rho_1$，因此$\rho_1 = \dfrac{0.6}{1-0.16} = 0.714$

$\rho_2 = 0.6\rho_1 + 0.16\rho_0 = 0.6 \times 0.714 + 0.16 = 0.588$

$\rho_3 = 0.6\rho_2 + 0.16\rho_1 = 0.6 \times 0.588 + 0.16 \times 0.714 = 0.467$

由$\rho_0 = 0.6\rho_1 + 0.16\rho_2 + \sigma_\varepsilon^2/\gamma_0$，知$\gamma_0 = \dfrac{\sigma_\varepsilon^2}{1 - 0.6\rho_1 - 0.16\rho_2} \approx 2.094\sigma_\varepsilon^2$

$$\gamma_1=\gamma_0\rho_1\approx1.495\sigma_\varepsilon^2，\ \gamma_2=\gamma_0\rho_2\approx1.231\sigma_\varepsilon^2，\ \gamma_3=\gamma_0\rho_3\approx0.978\sigma_\varepsilon^2$$

2.4.2　MA(q)过程的自相关函数及其截尾性

同样考虑中心化的 MA(q)模型

$$y_t=\varepsilon_t-\beta_1\varepsilon_{t-1}-\beta_2\varepsilon_{t-2}-\cdots-\beta_q\varepsilon_{t-q} \tag{2-90}$$

此时，序列$\{y_t\}$的自协方差函数为

$$\begin{aligned}\gamma_s&=E(y_t y_{t-s})\\&=E\left[(\varepsilon_t-\beta_1\varepsilon_{t-1}-\cdots-\beta_q\varepsilon_{t-q})(\varepsilon_{t-s}-\beta_1\varepsilon_{t-s-1}-\cdots-\beta_q\varepsilon_{t-s-q})\right]\end{aligned} \tag{2-91}$$

由于$\{\varepsilon_t\}$为非自相关的白噪声过程，对于$t\neq s$，有$E(\varepsilon_t\varepsilon_s)=0$。因此 MA($q$)过程的自协方差函数很容易计算，为

$$\gamma_s=\begin{cases}(1+\beta_1^2+\beta_2^2+\cdots+\beta_q^2)\sigma_\varepsilon^2, s=0\\(-\beta_s+\beta_{s+1}\beta_1+\beta_{s+2}\beta_2+\cdots+\beta_q\beta_{q-s})\sigma_\varepsilon^2, 1\leqslant s\leqslant q\\0, s>q\end{cases} \tag{2-92}$$

从而，自相关函数为

$$\rho_s=\begin{cases}1, s=0\\\dfrac{-\beta_s+\beta_{s+1}\beta_1+\beta_{s+2}\beta_2+\cdots+\beta_q\beta_{q-s}}{1+\beta_1^2+\beta_2^2+\cdots+\beta_q^2}, 1\leqslant s\leqslant q\\0, s>q\end{cases} \tag{2-93}$$

例如，对于$q>3$的 MA(q)过程，有

$$\begin{aligned}\gamma_3&=E(y_t y_{t-3})\\&=E[(\varepsilon_t-\beta_1\varepsilon_{t-1}-\beta_2\varepsilon_{t-2}-\beta_3\varepsilon_{t-3}-\beta_4\varepsilon_{t-4}-\cdots-\beta_q\varepsilon_{t-q})\\&\qquad(\varepsilon_{t-3}-\beta_1\varepsilon_{t-4}-\cdots-\beta_{q-3}\varepsilon_{t-q}-\beta_{q-2}\varepsilon_{t-q-1}-\beta_{q-1}\varepsilon_{t-q-2}-\beta_q\varepsilon_{t-q-3})]\\&=(-\beta_3+\beta_1\beta_4+\cdots+\beta_{q-3}\beta_q)\sigma_\varepsilon^2\end{aligned} \tag{2-94}$$

显然，当$s>q$时 MA(q)过程的自相关系数ρ_s全部为零。因此，形象地称 **MA(q)过程的自相关函数具有 q 阶截尾特性**。

值得注意的是，自相关函数具有非唯一性，即一个可逆的 MA(q)模型与某些不可逆的 MA(q)模型①具有相同的自相关函数，而建模实践中构建 MA 模型时通常会选择可逆表示形式。

---

① 具有相同自相关函数的可逆 MA 模型与不可逆 MA 模型之间，它们的一个或多个特征根通常呈现倒数关系，详细内容参见汉密尔顿[1]所著的《时间序列分析》。

2.4.3 ARMA(p, q)过程的自相关函数及其拖尾性

考虑中心化的 ARMA(p, q)模型

$$y_t = \alpha_1 y_{t-1} + \alpha_2 y_{t-2} + \cdots + \alpha_p y_{t-p} + \varepsilon_t - \beta_1 \varepsilon_{t-1} - \beta_2 \varepsilon_{t-2} - \cdots - \beta_q \varepsilon_{t-q} \tag{2-95}$$

式（2-95）两端同时乘以 y_{t-s}（$s=0,1,2,\cdots$），并取期望，得到 ARMA(p, q)过程的自协方差递推公式

$$\begin{aligned} E(y_t y_{t-s}) &= \alpha_1 E(y_{t-1} y_{t-s}) + \alpha_2 E(y_{t-2} y_{t-s}) + \cdots + \alpha_p E(y_{t-p} y_{t-s}) \\ &\quad + E(\varepsilon_t y_{t-s}) - \beta_1 E(\varepsilon_{t-1} y_{t-s}) - \beta_2 E(\varepsilon_{t-2} y_{t-s}) - \cdots - \beta_q E(\varepsilon_{t-q} y_{t-s}) \end{aligned} \tag{2-96}$$

对于平稳时间序列$\{y_t\}$，自协方差只与时滞 s 有关，而与时间的起始位置 t 无关。因此可以将序列$\{y_t\}$的自协方差简记为 $E(y_t y_{t-s}) = \gamma_s$，则如式（2-96）的 ARMA(p, q)过程的自协方差递推公式可以简记为

$$\begin{aligned} \gamma_s &= \alpha_1 \gamma_{s-1} + \alpha_2 \gamma_{s-2} + \cdots + \alpha_p \gamma_{s-p} \\ &\quad + E(\varepsilon_t y_{t-s}) - \beta_1 E(\varepsilon_{t-1} y_{t-s}) - \beta_2 E(\varepsilon_{t-2} y_{t-s}) - \cdots - \beta_q E(\varepsilon_{t-q} y_{t-s}) \end{aligned} \tag{2-97}$$

式（2-97）的两端同时除以 γ_0，则 ARMA(p, q)过程的自相关系数递推公式为

$$\begin{aligned} \rho_s &= \alpha_1 \rho_{s-1} + \alpha_2 \rho_{s-2} + \cdots + \alpha_p \rho_{s-p} \\ &\quad + [E(\varepsilon_t y_{t-s}) - \beta_1 E(\varepsilon_{t-1} y_{t-s}) - \beta_2 E(\varepsilon_{t-2} y_{t-s}) - \cdots - \beta_q E(\varepsilon_{t-q} y_{t-s})]/\gamma_0 \end{aligned} \tag{2-98}$$

显然，当 $s \geqslant 1$ 时 $E(\varepsilon_t y_{t-s}) = 0$。基于此，进一步推算

$$\begin{aligned} E(\varepsilon_t y_t) &= E(\varepsilon_t \varepsilon_t) = \sigma_\varepsilon^2 \\ E(\varepsilon_{t-1} y_t) &= \alpha_1 E(\varepsilon_{t-1} y_{t-1}) - \beta_1 E(\varepsilon_{t-1} \varepsilon_{t-1}) \\ &= \alpha_1 E(\varepsilon_t y_t) - \beta_1 E(\varepsilon_t \varepsilon_t) = (\alpha_1 - \beta_1)\sigma_\varepsilon^2 \\ E(\varepsilon_{t-2} y_t) &= \alpha_1 E(\varepsilon_{t-2} y_{t-1}) + \alpha_2 E(\varepsilon_{t-2} y_{t-2}) - \beta_2 E(\varepsilon_{t-2} \varepsilon_{t-2}) \\ &= \alpha_1 E(\varepsilon_{t-1} y_t) + \alpha_2 E(\varepsilon_t y_t) - \beta_2 E(\varepsilon_t \varepsilon_t) \\ &= [\alpha_1(\alpha_1 - \beta_1) + \alpha_2 - \beta_2]\sigma_\varepsilon^2 \\ E(\varepsilon_{t-3} y_t) &= \alpha_1 E(\varepsilon_{t-3} y_{t-1}) + \alpha_2 E(\varepsilon_{t-3} y_{t-2}) + \alpha_3 E(\varepsilon_{t-3} y_{t-3}) - \beta_3 E(\varepsilon_{t-3} \varepsilon_{t-3}) \\ &= \alpha_1 E(\varepsilon_{t-2} y_t) + \alpha_2 E(\varepsilon_{t-1} y_t) + \alpha_3 E(\varepsilon_t y_t) - \beta_3 E(\varepsilon_t \varepsilon_t) \\ &= \{\alpha_1[\alpha_1(\alpha_1 - \beta_1) + \alpha_2 - \beta_2] + \alpha_2(\alpha_1 - \beta_1) + \alpha_3 - \beta_3\}\sigma_\varepsilon^2 \\ &\vdots \\ E(\varepsilon_{t-q} y_t) &= \alpha_1 E(\varepsilon_{t-q} y_{t-1}) + \alpha_2 E(\varepsilon_{t-q} y_{t-2}) + \cdots + \alpha_p E(\varepsilon_{t-q} y_{t-p}) - \beta_q E(\varepsilon_{t-q} \varepsilon_{t-q}) \\ &= \alpha_1 E(\varepsilon_{t-q+1} y_t) + \alpha_2 E(\varepsilon_{t-q+2} y_t) + \cdots + \alpha_p E(\varepsilon_{t-q+p} y_t) - \beta_q \sigma_\varepsilon^2 \end{aligned} \tag{2-99}$$

其中，$q < p$ 时，$E(\varepsilon_{t-q+p} y_t) = 0$。

以中心化 ARMA(1, 2)模型为例

$$y_t = \alpha_1 y_{t-1} + \varepsilon_t - \beta_1 \varepsilon_{t-1} - \beta_2 \varepsilon_{t-2} \tag{2-100}$$

则由 ARMA(p, q)过程的自相关系数递推公式（2-98），有

$$\begin{cases}\rho_0=\alpha_1\rho_1+[E(\varepsilon_t y_t)-\beta_1 E(\varepsilon_{t-1}y_t)-\beta_2 E(\varepsilon_{t-2}y_t)]/\gamma_0\\ \quad=\alpha_1\rho_1+\sigma_\varepsilon^2/\gamma_0-\beta_1(\alpha_1-\beta_1)\sigma_\varepsilon^2/\gamma_0-\beta_2[\alpha_1(\alpha_1-\beta_1)+\alpha_2-\beta_2]\sigma_\varepsilon^2/\gamma_0\\ \rho_1=\alpha_1\rho_0+[E(\varepsilon_t y_{t-1})-\beta_1 E(\varepsilon_{t-1}y_{t-1})-\beta_2 E(\varepsilon_{t-2}y_{t-1})]/\gamma_0\\ \quad=\alpha_1-\beta_1\sigma_\varepsilon^2/\gamma_0-\beta_2(\alpha_1-\beta_1)\sigma_\varepsilon^2/\gamma_0\\ \rho_2=\alpha_1\rho_1+[E(\varepsilon_t y_{t-2})-\beta_1 E(\varepsilon_{t-1}y_{t-2})-\beta_2 E(\varepsilon_{t-2}y_{t-2})]/\gamma_0\\ \quad=\alpha_1\rho_1-\beta_2\sigma_\varepsilon^2/\gamma_0\\ \rho_3=\alpha_1\rho_2+[E(\varepsilon_t y_{t-3})-\beta_1 E(\varepsilon_{t-1}y_{t-3})-\beta_2 E(\varepsilon_{t-2}y_{t-3})]/\gamma_0\\ \quad=\alpha_1\rho_2\\ \quad\vdots\\ \rho_s=\alpha_1\rho_{s-1}\end{cases}\tag{2-101}$$

根据式（2-101）中的前 2 个等式可以求得 ρ_1 和 γ_0，利用求得的 ρ_1 和 γ_0 和第三个等式可以求得 ρ_2，后续所有的 ρ_s（$s\geqslant 3$）都可以根据递推公式 $\rho_s=\alpha_1\rho_{s-1}$ 计算得到。

另外，从式（2-101）的 ARMA(1, 2)过程自相关函数的计算过程可以看出，其自相关系数从滞后 3 期开始满足 $\rho_s=\alpha_1\rho_{s-1}$ 的齐次线性差分方程。因此 ARMA(1, 2)模型的自相关函数从滞后 3 期开始表现为以指数速度向零衰减的趋势，即具有拖尾特性。

进一步考虑如式（2-98）的 ARMA(p, q)模型的自相关系数递推公式容易想到，其自相关系数从滞后 q+1 期开始满足 p 阶齐次线性差分方程，因此 **ARMA(p, q)模型的自相关函数从滞后 q+1 期开始表现为以指数速度向零衰减的拖尾特性**。

2.5　ARMA 过程的偏自相关函数

自相关系数 ρ_s 刻画了平稳时间序列中间隔为 s 的两个时间点的随机变量间的相关关系。考虑平稳时间序列$\{y_t\}$在 t 时刻和 $t-s$ 时刻的两个随机变量 y_t 和 y_{t-s}，它们之间的相关关系可以用 ρ_s 来表示，需要强调的是这种相关关系中囊括了两个时间点中间的随机变量 $y_{t-1},y_{t-2},\cdots,y_{t-s}$ 所导致的间接相关性。

偏自相关系数剔除了中间时刻随机变量的间接影响，刻画的是平稳时间序列中间隔为 s 的两个时间点上随机变量间的纯相关关系。

偏自相关系数的特性与回归分析中的偏回归系数有着极大的相似之处，事实上偏自相关系数可以通过特定模型形式下的偏回归系数直接得到。

考虑中心化的 s 阶自回归模型[①]

① 即使时间序列的均值不为零，也可以通过减去均值使之变为均值为零的序列，进而构建中心化模型。

$$y_t=\varphi_{s1}y_{t-1}+\varphi_{s2}y_{t-2}+\cdots+\varphi_{ss}y_{t-s}+e_t^s \tag{2-102}$$

φ_{ss} 刻画了 y_t 和 y_{t-s} 之间剔除了中间时刻随机变量 $y_{t-1},y_{t-2},\cdots,y_{t-s}$ 影响的纯相关关系，因此 φ_{ss} 就是偏自相关系数。

值得注意的是，中心化 s 阶自回归模型仅能用于得到滞后阶数为 s 的偏自相关系数，若想得到其他滞后阶数的偏自相关系数，例如滞后 k 偏自相关系数 φ_{kk}，则需要构建最大滞后阶数为 k 的中心化自回归模型。

基于上述原理，偏自相关函数可以在已知自相关函数的基础上，利用 Yule-Walker 方程系统地计算得到。

在式（2-102）的两边同时乘以 y_{t-k}（$k\geqslant 1$），并取期望，再除以方差，有

$$\rho_k=\varphi_{s1}\rho_{k-1}+\varphi_{s2}\rho_{k-2}+\cdots+\varphi_{ss}\rho_{k-s} \tag{2-103}$$

将式（2-103）的 $k=1,2,\cdots,s$ 的 s 个方程构成方程组

$$\begin{cases}\rho_1=\varphi_{s1}\rho_0+\varphi_{s2}\rho_1+\cdots+\varphi_{ss}\rho_{s-1}\\ \rho_2=\varphi_{s1}\rho_1+\varphi_{s2}\rho_0+\cdots+\varphi_{ss}\rho_{s-2}\\ \quad\vdots\\ \rho_s=\varphi_{s1}\rho_{s-1}+\varphi_{s2}\rho_{s-2}+\cdots+\varphi_{ss}\rho_0\end{cases} \tag{2-104}$$

则式（2-104）作为 s 个方程 s 个未知量 $\varphi_{s1},\varphi_{s2},\cdots,\varphi_{ss}$ 的线性方程组，根据 Cramer 法则，有偏自相关系数 φ_{ss} 的计算公式为

$$\varphi_{ss}=\frac{\boldsymbol{D}_s}{\boldsymbol{D}} \tag{2-105}$$

其中，$\boldsymbol{D}=\begin{vmatrix}\rho_0 & \rho_1 & \cdots & \rho_{s-1}\\ \rho_1 & \rho_0 & \cdots & \rho_{s-2}\\ \vdots & \vdots & \vdots & \vdots\\ \rho_{s-1} & \rho_{s-2} & \cdots & \rho_0\end{vmatrix}$，$\boldsymbol{D}_s=\begin{vmatrix}\rho_0 & \rho_1 & \cdots & \rho_1\\ \rho_1 & \rho_0 & \cdots & \rho_2\\ \vdots & \vdots & \vdots & \vdots\\ \rho_{s-1} & \rho_{s-2} & \cdots & \rho_s\end{vmatrix}$。

2.5.1 AR(p)过程的偏自相关函数及其截尾性

考虑如式（2-81）的中心化的 AR(p)过程

$$y_t=\alpha_1 y_{t-1}+\alpha_2 y_{t-2}+\cdots+\alpha_p y_{t-p}+\varepsilon_t$$

显然根据如式（2-87）的 Yule-Walker 方程，对于 $\rho_1,\rho_2,\cdots,\rho_s$ 有

$$\begin{cases}\rho_1=\alpha_1\rho_0+\alpha_2\rho_1+\cdots+\alpha_p\rho_{p-1}\\ \rho_2=\alpha_1\rho_1+\alpha_2\rho_0+\cdots+\alpha_p\rho_{p-2}\\ \quad\vdots\\ \rho_s=\alpha_1\rho_{s-1}+\alpha_2\rho_{s-2}+\cdots+\alpha_p\rho_{s-p}\end{cases} \tag{2-106}$$

式（2-106）也可以记为矩阵表示形式

$$\begin{bmatrix} \rho_0 & \rho_1 & \cdots & \rho_{p-1} \\ \rho_1 & \rho_0 & \cdots & \rho_{p-2} \\ \vdots & \vdots & & \vdots \\ \rho_{s-1} & \rho_{s-2} & \cdots & \rho_{s-p} \end{bmatrix} \begin{bmatrix} \alpha_1 \\ \alpha_2 \\ \vdots \\ \alpha_p \end{bmatrix} = \begin{bmatrix} \rho_1 \\ \rho_2 \\ \vdots \\ \rho_s \end{bmatrix} \tag{2-107}$$

根据如式（2-105）的偏自相关系数 φ_{ss} 的计算公式，即

$$\varphi_{ss} = \frac{\boldsymbol{D}_s}{\boldsymbol{D}} = \begin{vmatrix} \rho_0 & \rho_1 & \cdots & \rho_1 \\ \rho_1 & \rho_0 & \cdots & \rho_2 \\ \vdots & \vdots & \vdots & \vdots \\ \rho_{s-1} & \rho_{s-2} & \cdots & \rho_s \end{vmatrix} \Bigg/ \begin{vmatrix} \rho_0 & \rho_1 & \cdots & \rho_{s-1} \\ \rho_1 & \rho_0 & \cdots & \rho_{s-2} \\ \vdots & \vdots & \vdots & \vdots \\ \rho_{s-1} & \rho_{s-2} & \cdots & \rho_0 \end{vmatrix}$$

当 $s > p$ 时，根据式（2-107），行列式 $\boldsymbol{D}_s$ 中的最后一列向量恰好可以表示成前面第 1 列至第 p 列向量的线性组合，因此 $\boldsymbol{D}_s = 0$，从而 $\varphi_{ss} = 0$。这表明 **AR(p)过程的偏自相关函数是 p 阶截尾的**。

值得注意的是，对于 AR(p)过程，一定有 $\varphi_{pp} = \alpha_p$。根据如式（2-105）的偏自相关系数 φ_{ss} 的计算公式，当 $s = p$ 时有

$$\begin{aligned} \varphi_{pp} &= \frac{\boldsymbol{D}_p}{\boldsymbol{D}} \\ &= \begin{vmatrix} \rho_0 & \rho_1 & \cdots & \rho_1 \\ \rho_1 & \rho_0 & \cdots & \rho_2 \\ \vdots & \vdots & \vdots & \vdots \\ \rho_{p-1} & \rho_{p-2} & \cdots & \rho_p \end{vmatrix} \Bigg/ \begin{vmatrix} \rho_0 & \rho_1 & \cdots & \rho_{p-1} \\ \rho_1 & \rho_0 & \cdots & \rho_{p-2} \\ \vdots & \vdots & \vdots & \vdots \\ \rho_{p-1} & \rho_{p-2} & \cdots & \rho_0 \end{vmatrix} \\ &= \begin{vmatrix} \rho_0 & \rho_1 & \cdots & \alpha_1\rho_0 + \alpha_2\rho_1 + \cdots + \alpha_p\rho_{p-1} \\ \rho_1 & \rho_0 & \cdots & \alpha_1\rho_1 + \alpha_2\rho_0 + \cdots + \alpha_p\rho_{p-2} \\ \vdots & \vdots & \vdots & \vdots \\ \rho_{p-1} & \rho_{p-2} & \cdots & \alpha_1\rho_{p-1} + \alpha_2\rho_{p-2} + \cdots + \alpha_p\rho_0 \end{vmatrix} \Bigg/ \begin{vmatrix} \rho_0 & \rho_1 & \cdots & \rho_{p-1} \\ \rho_1 & \rho_0 & \cdots & \rho_{p-2} \\ \vdots & \vdots & \vdots & \vdots \\ \rho_{p-1} & \rho_{p-2} & \cdots & \rho_0 \end{vmatrix} \\ &= \alpha_p \begin{vmatrix} \rho_0 & \rho_1 & \cdots & \rho_{p-1} \\ \rho_1 & \rho_0 & \cdots & \rho_{p-2} \\ \vdots & \vdots & \vdots & \vdots \\ \rho_{p-1} & \rho_{p-2} & \cdots & \rho_0 \end{vmatrix} \Bigg/ \begin{vmatrix} \rho_0 & \rho_1 & \cdots & \rho_{p-1} \\ \rho_1 & \rho_0 & \cdots & \rho_{p-2} \\ \vdots & \vdots & \vdots & \vdots \\ \rho_{p-1} & \rho_{p-2} & \cdots & \rho_0 \end{vmatrix} \\ &= \alpha_p \end{aligned} \tag{2-108}$$

事实上，根据偏自相关系数的定义，也可以看出 AR(p)过程的滞后 p 偏自相关系数 φ_{pp}

即为p阶自回归系数α_p；同时当$s>p$时，偏自相关系数φ_{ss}为0。

【例 2-7】已知 AR(2)过程$y_t = 0.6y_{t-1}+0.16y_{t-2}+\varepsilon_t$，其中$\{\varepsilon_t\}$为白噪声过程，且已知$\varepsilon_t \sim WN(0,\sigma_\varepsilon^2)$，求该 AR(2)过程的偏自相关系数$\varphi_{11},\varphi_{22},\varphi_{33}$。

解：由例 2-6 已经解得$\rho_1=0.714$，则

$$\varphi_{11}=\frac{\boldsymbol{D}_1}{\boldsymbol{D}}=\rho_1/\rho_0=\rho_1=0.714$$

$$\begin{aligned}\varphi_{22}&=\frac{\boldsymbol{D}_2}{\boldsymbol{D}}\\&=\begin{vmatrix}\rho_0&\rho_1\\\rho_1&\rho_2\end{vmatrix}\Bigg/\begin{vmatrix}\rho_0&\rho_1\\\rho_1&\rho_0\end{vmatrix}\\&=\begin{vmatrix}1&\alpha_1+\alpha_2\rho_1\\\rho_1&\alpha_1\rho_1+\alpha_2\end{vmatrix}\Bigg/\begin{vmatrix}1&\rho_1\\\rho_1&1\end{vmatrix}\\&=\alpha_2\begin{vmatrix}1&\rho_1\\\rho_1&1\end{vmatrix}\Bigg/\begin{vmatrix}1&\rho_1\\\rho_1&1\end{vmatrix}\\&=\alpha_2=0.16\end{aligned}$$

$$\begin{aligned}\varphi_{33}&=\frac{\boldsymbol{D}_3}{\boldsymbol{D}}\\&=\begin{vmatrix}\rho_0&\rho_1&\rho_1\\\rho_1&\rho_0&\rho_2\\\rho_2&\rho_1&\rho_3\end{vmatrix}\Bigg/\begin{vmatrix}\rho_0&\rho_1&\rho_2\\\rho_1&\rho_0&\rho_1\\\rho_2&\rho_1&\rho_0\end{vmatrix}\\&=\begin{vmatrix}1&\rho_1&\alpha_1+\alpha_2\rho_1\\\rho_1&1&\alpha_1\rho_1+\alpha_2\\\rho_2&\rho_1&\alpha_1\rho_2+\alpha_2\rho_1\end{vmatrix}\Bigg/\begin{vmatrix}1&\rho_1&\rho_2\\\rho_1&1&\rho_1\\\rho_2&\rho_1&1\end{vmatrix}=0\end{aligned}$$

2.5.2 MA(*q*)过程的偏自相关函数及其拖尾性

考虑如式（2-90）的中心化 MA(*q*)过程

$$y_t=\varepsilon_t-\beta_1\varepsilon_{t-1}-\beta_2\varepsilon_{t-2}-\cdots-\beta_q\varepsilon_{t-q}$$

对于可逆的 MA(*q*)过程，可以将如式（2-90）的 MA(*q*)过程记作一个收敛的 AR(∞)过程

$$\varepsilon_t=\sum_{j=0}^{\infty}\eta_j L^j y_t=y_t+\eta_1 y_{t-1}+\eta_2 y_{t-2}+\cdots \tag{2-109}$$

由于 MA(q)过程对应于一个 AR(∞)过程，因此**MA(q)过程的偏自相关函数**不会如同 AR(p)过程一样表现为截尾特性，而是**呈现出拖尾特征**。

对于具体的 MA(q)过程来说，其偏自相关函数也可在求得自相关函数的基础上，应用式（2-105）计算得到。

2.5.3 ARMA(p, q)过程的偏自相关函数及其拖尾性

考虑如式（2-95）的中心化的 ARMA(p, q)过程

$$y_t = \alpha_1 y_{t-1} + \alpha_2 y_{t-2} + \cdots + \alpha_p y_{t-p} + \varepsilon_t - \beta_1 \varepsilon_{t-1} - \beta_2 \varepsilon_{t-2} - \cdots - \beta_q \varepsilon_{t-q}$$

对于可逆的 ARMA(p, q)过程，同样可以将如式（2-95）的 ARMA(p, q)过程记作如式（2-109）的收敛的 AR(∞)过程

$$\varepsilon_t = \sum_{j=0}^{\infty} \eta_j L^j y_t = y_t + \eta_1 y_{t-1} + \eta_2 y_{t-2} + \cdots$$

因此，**ARMA(p, q)过程的偏自相关系数也呈现出拖尾特征**。

ARMA(p, q)过程的偏自相关函数也可在求得自相关函数的基础上，应用式（2-105）计算得到。

2.6 Box-Jenkins 建模方法

1. 三步建模法

Box 和 Jenkins[2]为**平稳时间序列**建模提供了一套标准的策略，大致可划分为模型识别、参数估计、诊断检验三步。

而在上述建模步骤之前，还有一项重要的内容需要确认，即对研究对象的平稳性的检验。通常情况下，首先要对时间序列作图以观察其是否具有趋势特征，并对序列的平稳性做出初步的判断，然后需要对序列进行正规的**单位根检验**以判断其平稳性。

单位根检验将在第 3 章中涉及，这里仅对**平稳时间序列的图形特征**作简要介绍。首先，由于平稳时间序列的均值和方差一定，因此平稳时间序列的**时序图**应表现为**在特定水平值（即均值）附近的有界波动**；其次，根据 AR、MA 和 ARMA 模型的自相关函数特性可知，平稳时间序列的**自相关系数图**应表现为**很快衰减向零**（AR 和 ARMA 过程表现为以指数速度向零衰减的拖尾特性，MA 过程表现为截尾特性）。

在确认时间序列为不包含趋势的平稳序列的前提下，可以对该平稳序列直接采用 Box

和 Jenkins 的三步法建模；若时间序列为趋势平稳序列，则可以对去除确定性趋势后的序列采用 Box 和 Jenkins 的三步法建模；若时间序列存在单位根，则需进行必要的差分运算得到平稳时间序列后，再采用 Box 和 Jenkins 的三步法建模，而差分后构建的 ARMA 模型通常称为 ARIMA（Auto-Regressive Integrated Moving Average）模型。下面简要说明一下 Box 和 Jenkins 建模的三步法。

（1）模型识别。总结关于 AR(p)、MA(q)和 ARMA(p, q)过程的自相关函数和偏自相关函数的特征如表 2-1 所示。

表 2-1　ARMA 模型 ACF 和 PACF 的特征

模　　型	自相关函数（ACF）	偏自相关函数（PACF）
AR(p)	拖尾	p 阶截尾
MA(q)	q 阶截尾	拖尾
ARMA(p, q)	拖尾	拖尾

因此，可以通过观察**平稳时间序列的样本自相关函数和样本偏自相关函数**的特性，对照表 2-1 中 ARMA 模型的自相关函数和偏自相关函数的理论特征，从而选择合适的模型形式和滞后阶数进行参数估计。

为了更加直观地展示不同种类模型的拖尾和截尾特性，表 2-2 列示了 ARMA 模型的几种典型的样本自相关图和偏自相关图示例。

表 2-2　ARMA 模型的样本自相关图和偏自相关图示例

模 型 类 型	模 型 形 式	样本自相关图（下图）和偏自相关图（上图）
AR	$y_t = 0.8y_{t-1} - 0.15y_{t-2} + \varepsilon_t$	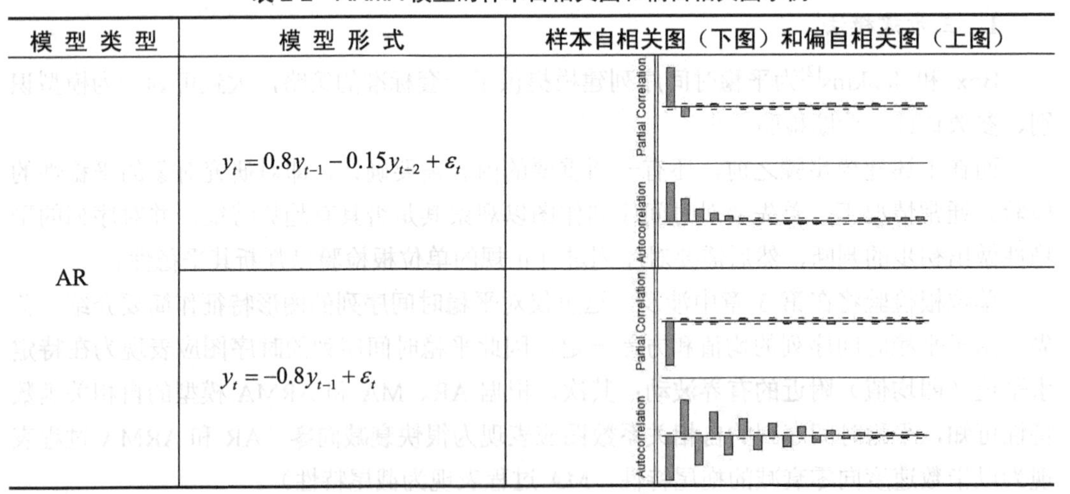
	$y_t = -0.8y_{t-1} + \varepsilon_t$	

续表

模型类型	模型形式	样本自相关图（下图）和偏自相关图（上图）
MA	$y_t = \varepsilon_t - 0.8\varepsilon_{t-1}$	Partial Correlation Autocorrelation
	$y_t = \varepsilon_t + 0.8\varepsilon_{t-1}$	Partial Correlation Autocorrelation
ARMA	$y_t = 0.8y_{t-1} + \varepsilon_t + 0.8\varepsilon_{t-1}$	Partial Correlation Autocorrelation
	$y_t = -0.8y_{t-1} + \varepsilon_t - 0.8\varepsilon_{t-1}$	Partial Correlation Autocorrelation

特别地，如果序列具有纯随机性（例如白噪声过程），则其非零期滞后自相关函数和偏自相关函数的理论值都为 0，因此其样本自相关函数和样本偏自相关函数一般不会表现为表 2-1 中所示的拖尾和截尾特性。此时该序列的水平值并没有相关性规律可供建模，因此无须对该序列构建 ARMA 模型。

（2）参数估计。只要在模型识别环节确定好合适的模型形式，平稳时间序列模型的参数估计是很容易实现的。各种统计软件通过极大似然估计或非线性最小二乘估计等方法都能够迅速给出模型的参数估计结果。接下来更关键的问题是对模型合理性的诊断检验。

（3）诊断检验。ARMA 模型的诊断检验主要包括三项内容：参数显著性、平稳可逆性和残差的纯随机性。首先，ARMA 模型是平稳时间序列模型，因此**参数显著性**可以通过 t 检验进行判定。若发现中间滞后期①的某些参数不显著（即不能拒绝参数为零的原假设），则可以在模型中去除这些中间滞后期，从而构建所谓的“疏系数模型”。其次，仍然由于 ARMA 模型是针对平稳时间序列构建的模型，根据 ARMA 模型平稳可逆性的条件要求自回归系数多项式和移动平均系数多项式的根都在单位圆外（即对应特征方程的特征根都在单位圆内），因此可以据此对模型的**平稳可逆性**进行检验。最后，也是最重要的一点，ARMA 模型的残差应为白噪声过程，只有这样才能说明 ARMA 模型已经将时间序列中的相关性信息提取完全。白噪声过程的一个最重要的特点是纯随机性，即各时刻随机变量之间互不相关，已经没有相关性信息可供提取建模。因此**残差的纯随机性**是判断 ARMA 模型构建是否充分的重要依据。通常 ARMA 模型残差的纯随机性可以通过 Q **统计量**来检验。

2. Q 统计量

时间序列的纯随机性要求非零期滞后自相关系数全部为零，即 $\rho_s = 0(s \geqslant 1)$。在实际应用中，无法确知序列自相关系数的理论值 ρ_s，只能通过样本序列计算得到样本自相关系数 $\hat{\rho}_s$。Box 和 Pierce[3]讨论了纯随机序列的前 m 期样本自相关系数 $\hat{\rho}_s(s=1,2,\cdots,m)$，在大样本情形下 $\hat{\rho}_s$ 近似服从方差为样本量倒数 $1/T$ 的正态分布，即 $\hat{\rho}_s \dot{\sim} N(0,1/T)$。则用样本自相关系数构造如下的 Q 统计量近似服从自由度为 s 的 χ^2 分布，即

$$Q = T\sum_{k=1}^{s}\hat{\rho}_k^2 \tag{2-110}$$

将 Q 统计量与 χ^2 分布的临界值比较，就可以用于检验原假设 $\hat{\rho}_1 = \hat{\rho}_2 = \cdots = \hat{\rho}_s = 0$。如果计算得出的 Q 统计量大于临界值，则拒绝原假设，认为前 m 期样本自相关系数不全为零（或至少某一个滞后期的样本自相关系数不为零）；如果 Q 统计量小于临界值，则不能拒绝原假设，认为前 m 期样本自相关系数全为零。

Ljung 和 Box[4]指出，在小样本情形下，修正的 Q 统计量更为适用

$$Q = T(T+2)\sum_{k=1}^{s}\hat{\rho}_k^2/(T-k) \tag{2-111}$$

Box 和 Pierce[3]以及 Ljung 和 Box[4]还指出，如果 Q 统计量是用于检验 ARMA(p, q) 模型残差的纯随机性，则上述两种 Q 统计量服从 χ^2 分布的自由度为 $s-p-q$（若模型中还包含常数项，则自由度为 $s-p-q-1$），其自由度不再是 s。

---

① 中间滞后期即小于模型识别阶段认定的最大滞后阶数的滞后期，如果模型识别阶段认为需要构建 ARMA(p, q)模型，则自回归部分的最大滞后阶数是 p，移动平均部分的最大滞后阶数是 q，任何小于 p 或 q 的滞后期都是中间滞后期。

此外，对于某些可能具有异方差性的时间序列，建模后还需要检验**残差的异方差性**，这些内容将在第 5 章进行讨论。

在现实的时间序列建模实践中情况可能更为复杂，即使应用上述 Box-Jenkins 建模方法，也有可能有多个模型都能够通过诊断检验。为了选出一个更加合适的模型，可以考虑采用 AIC（Akaike Information Criterion）或 SBC（Schwarz Bayesian Criterion）等信息判断准则，来筛选出一个更优的模型。根据 AIC 和 SBC 信息判断准则的统计原理，应选择 AIC 和 SBC 统计量数值最小的模型作为更优模型。

2.7　ARMA 模型的预测

2.7.1　最小均方误差预测

ARMA 模型分析最重要的一个目的是预测时间序列的未来值。所谓时间序列的**预测**，就是根据所有已知的历史信息 $\{y_t, y_{t-1}, y_{t-2}, \cdots\}$，对时间序列未来某个时期 y_{t+k}（$k=1,2,\cdots$）的发展水平进行预估。为了评价预测效果，需要给出一个损失函数来评估预测的偏离程度。比较常用的是被定义为**均方误差**（Mean Square Error，MSE）的二次损失函数。

$$\mathrm{MSE}(\hat{y}_{t+k|t}) \equiv E(y_{t+k} - \hat{y}_{t+k|t})^2 \qquad (2\text{-}112)$$

其中，$\hat{y}_{t+k|t}$ 表示根据时间序列 $\{y_t\}$ 的 t 时刻之前全部样本观测值做出的对 y_{t+k} 的预测，称之为序列 $\{y_t\}$ 的 ***k* 步预测**。

基于线性 ARMA 模型的预测，应为当前和历史观测值 $\{y_t, y_{t-1}, y_{t-2}, \cdots\}$ 的线性函数。由于 AR 系数多项式和 MA 系数多项式之间可以通过倒数关系相互转换，因此也可以将基于 ARMA 模型的预测统一视为历史冲击 $\{\varepsilon_t, \varepsilon_{t-1}, \varepsilon_{t-2}, \cdots\}$ 的线性函数。

不妨考察一个平稳的中心化 MA(∞)过程

$$y_t = \psi(L)\varepsilon_t \qquad (2\text{-}113)$$

其中，$\psi(L) = \sum_{j=0}^{\infty}\psi_j L^j,\ \psi_0 = 1,\ \psi_s + \psi_1\psi_{s+1} + \psi_2\psi_{s+2} + \cdots < \infty$。

假定已知 t 期之前的历史冲击 $\{\varepsilon_t, \varepsilon_{t-1}, \varepsilon_{t-2}, \cdots\}$，同时模型形式已知，即已知所有的系数 ψ_j。假设最佳预测为

$$\hat{y}_{t+k|t} = \psi_k^*\varepsilon_t + \psi_{k+1}^*\varepsilon_{t-1} + \cdots \qquad (2\text{-}114)$$

其中，系数 $\psi_k^*, \psi_{k+1}^*, \cdots$ 是待定的，已知 $\varepsilon_t \sim WN(0, \sigma_\varepsilon^2)$，则预测的均方误差是

$$
\begin{aligned}
\text{MSE} &= E(y_{t+k} - \hat{y}_{t+k|t})^2 \\
&= E\left[(\varepsilon_{t+k} + \psi_1\varepsilon_{t+k-1} + \cdots + \psi_{k-1}\varepsilon_{t+1} + \psi_k\varepsilon_t + \psi_{k+1}\varepsilon_{t-1} + \cdots) - (\psi_k^*\varepsilon_t + \psi_{k+1}^*\varepsilon_{t-1} + \cdots)\right]^2 \\
&= E\left[(\varepsilon_{t+k} + \psi_1\varepsilon_{t+k-1} + \cdots + \psi_{k-1}\varepsilon_{t+1}) + (\psi_k - \psi_k^*)\varepsilon_t + (\psi_{k+1} - \psi_{k+1}^*)\varepsilon_{t-1} + \cdots\right]^2 \\
&= \left[(1 + \psi_1^2 + \cdots + \psi_{k-1}^2) + \sum_{j=0}^{\infty}(\psi_{k+j} - \psi_{k+j}^*)^2\right]\sigma_\varepsilon^2
\end{aligned}
\tag{2-115}
$$

从均方误差的角度考虑，最佳的预测应使均方误差达到最小。显然，$\psi_{k+j}^* = \psi_{k+j}$ $(j = 0, 1, \cdots)$ 可使均方误差最小化，即**最小均方误差预测**为

$$
\hat{y}_{t+k|t} = \psi_k\varepsilon_t + \psi_{k+1}\varepsilon_{t-1} + \cdots \tag{2-116}
$$

2.7.2 条件期望

事实上，式（2-116）所描述的最小均方误差预测即为已知 $\{y_t, y_{t-1}, y_{t-2}, \cdots\}$ 条件下 y_{t+k} 的条件期望 $E(y_{t+k}|y_t, y_{t-1}, \cdots)$，该条件期望也可以简单表示为 $E_t y_{t+k}$。

$$
\begin{aligned}
E_t y_{t+k} &= E(y_{t+k}|y_t, y_{t-1}, \cdots) \\
&= E(\varepsilon_{t+k} + \psi_1\varepsilon_{t+k-1} + \cdots + \psi_{k-1}\varepsilon_{t+1} + \psi_k\varepsilon_t + \psi_{k+1}\varepsilon_{t-1} + \cdots | y_t, y_{t-1}, \cdots) \\
&= \psi_k\varepsilon_t + \psi_{k+1}\varepsilon_{t-1} + \cdots
\end{aligned}
\tag{2-117}
$$

式（2-117）中，由于扰动序列 $\{\varepsilon_t\}$ 具有纯随机性，即不同时刻的随机扰动项之间不相关，因此未来时刻 ε_{t+j} $(j > 0)$ 的条件期望都等于其无条件期望，即

$$
E_t\varepsilon_{t+j} = E(\varepsilon_{t+j}|y_t, y_{t-1}, \cdots) = E\varepsilon_{t+j} = 0,\ j > 0 \tag{2-118}
$$

因此，实践中可以通过求条件期望 $E_t y_{t+k}$ 的方式来得到 y_{t+k} 的最小均方误差预测。

2.7.3 预测误差

任何预测都不可能是完全准确的，因此必然存在预测误差。用 $e_t(k)$ 表示 y_{t+k} 的实际值与预测值之差，称为 ***k* 步预测误差**。

$$
e_t(k) = y_{t+k} - \hat{y}_{t+k|t} = y_{t+k} - E_t y_{t+k} \tag{2-119}
$$

仍考虑式（2-113）的平稳的中心化 MA(∞)过程，有

$$
\begin{aligned}
y_{t+k} &= \underbrace{\varepsilon_{t+k} + \psi_1\varepsilon_{t+k-1} + \cdots + \psi_{k-1}\varepsilon_{t+1}} + \underbrace{\psi_k\varepsilon_t + \psi_{k+1}\varepsilon_{t-1} + \cdots} \\
&= \qquad\qquad e_t(k) \qquad\qquad + \qquad E_t y_{t+k}
\end{aligned}
\tag{2-120}
$$

显然，在预测为最小均方误差预测，即条件期望 $E_t y_{t+k}$ 的情况下，k 步预测误差为

$$e_t(k)=\varepsilon_{t+k}+\psi_1\varepsilon_{t+k-1}+\cdots+\psi_{k-1}\varepsilon_{t+1} \tag{2-121}$$

预测误差有助于评判预测效果的好坏，前面的均方误差实际上就是预测误差的一种函数形式。当然还有其他的预测效果评价方式，这里并不展开讨论，有兴趣的读者可以参考预测评价方面的相关内容。

接下来有必要考察预测误差的性质，比较重要的是预测误差的均值和方差。

$$E\left[e_t(k)\right]=0 \tag{2-122}$$

$$\mathrm{Var}\left[e_t(k)\right]=\left[1+\psi_1^2+\psi_2^2+\cdots+\psi_{k-1}^2\right]\sigma_\varepsilon^2 \tag{2-123}$$

可以看出，预测误差均值为零，因此预测是无偏的。预测误差的方差是预测期 k 的一个非减函数，因此短期预测比长期预测效果要好。

同时，还可注意到 y_{t+k} 的条件方差等于预测误差的方差，即有

$$\begin{aligned}
&\mathrm{Var}\left(y_{t+k}\middle|y_t,y_{t-1},\cdots\right)\\
&=\mathrm{Var}\left(\varepsilon_{t+k}+\psi_1\varepsilon_{t+k-1}+\cdots+\psi_{k-1}\varepsilon_{t+1}+\psi_k\varepsilon_t+\psi_{k+1}\varepsilon_{t-1}+\cdots\middle|y_t,y_{t-1},\cdots\right)\\
&=\mathrm{Var}\left(\varepsilon_{t+k}+\psi_1\varepsilon_{t+k-1}+\cdots+\psi_{k-1}\varepsilon_{t+1}\middle|y_t,y_{t-1},\cdots\right)+0\\
&=\mathrm{Var}\left[e_t(k)\middle|y_t,y_{t-1},\cdots\right]\\
&=\mathrm{Var}\left[e_t(k)\right]
\end{aligned} \tag{2-124}$$

式（2-124）中，由于扰动序列 $\{\varepsilon_t\}$ 具有纯随机性，即不同时刻的随机扰动项之间不相关，因此未来时刻 $\varepsilon_{t+j}\ (j>0)$ 的条件方差都等于其无条件方差，因此有式（2-124）中最后一步的等式成立，即

$$\mathrm{Var}\left[e_t(k)\middle|y_t,y_{t-1},\cdots\right]=\mathrm{Var}\left[e_t(k)\right] \tag{2-125}$$

式（2-117）已经表明 y_{t+k} 的最小均方误差预测即为 y_{t+k} 的条件期望。若已知扰动序列 $\{\varepsilon_t\}$ 服从正态分布，则可以在 y_{t+k} 的条件方差，亦即预测误差的方差的基础上，进一步确定预测的 95%置信区间

$$E_t y_{t+k}\pm1.96\sqrt{\mathrm{Var}\left[e_t(k)\right]} \tag{2-126}$$

2.7.4　AR(p)过程的预测

1. 条件期望

对于如式（2-2）的 AR(p)过程

$$y_t=c+\alpha_1y_{t-1}+\alpha_2y_{t-2}+\cdots+\alpha_py_{t-p}+\varepsilon_t$$

则 $t+k$ 期的 y_{t+k} 可以表示为

$$y_{t+k}=c+\alpha_1 y_{t+k-1}+\alpha_2 y_{t+k-2}+\cdots+\alpha_p y_{t+k-p}+\varepsilon_{t+k} \tag{2-127}$$

y_{t+k} 的最小均方误差的 k 步预测为已知 $\{y_t, y_{t-1}, \cdots\}$ 条件下 y_{t+k} 的条件期望

$$\begin{aligned} E_t y_{t+k} &= E\left(c+\alpha_1 y_{t+k-1}+\alpha_2 y_{t+k-2}+\cdots+\alpha_p y_{t+k-p}+\varepsilon_{t+k} \middle| y_t, y_{t-1}, \cdots\right) \\ &= c+\alpha_1 E_t y_{t+k-1}+\alpha_2 E_t y_{t+k-2}+\cdots+\alpha_p E_t y_{t+k-p}+E_t \varepsilon_{t+k} \end{aligned} \tag{2-128}$$

其中，$E_t \varepsilon_{t+k}=E\varepsilon_{t+k}=0\,(k>0)$，因此

$$E_t y_{t+k}=c+\alpha_1 E_t y_{t+k-1}+\alpha_2 E_t y_{t+k-2}+\cdots+\alpha_p E_t y_{t+k-p} \tag{2-129}$$

其中，$j \geqslant k$ 时，$E_t y_{t+k-j}=y_{t+k-j}$。因为 $j \geqslant k$ 时 $t+k-j$ 为 t 期或 t 期之前的时刻，此时 y_{t+k-j} 为已知常数。

2. 预测误差的方差

考虑如式（2-15）的 AR(p)模型的传递形式，即 MA(∞)模型形式

$$y_t=\frac{c}{A(1)}+\psi(L)\varepsilon_t$$

其中，$\psi(L)=\psi_0+\psi_1 L+\psi_2 L^2+\cdots$。权系数 ψ_j 可以根据如式（2-20）的 AR(p)过程的格林函数递推公式计算得到

$$\psi_j=\begin{cases}1, j=0 \\ \sum_{i=1}^{j} \alpha_i' \psi_{j-i}, j \geqslant 1\end{cases}$$

其中，$\alpha_i'=\begin{cases}\alpha_i, i \leqslant p \\ 0, i>p\end{cases}$。

根据如式（2-20）的格林函数递推公式计算得到 $\psi_1, \psi_2, \cdots, \psi_{k-1}$ 后，就可以根据如式（2-123）的预测误差方差的计算公式计算得到预测误差的方差。即

$$\operatorname{Var}\left[e_t(k)\right]=\left[1+\psi_1^2+\psi_2^2+\cdots+\psi_{k-1}^2\right]\sigma_\varepsilon^2$$

在扰动序列 $\{\varepsilon_t\}$ 服从正态分布时，还可以根据式（2-129）的 k 步预测值，即条件期望 $E_t y_{t+k}$ 和式（2-123）的预测误差的方差 $\operatorname{Var}\left[e_t(k)\right]$ 确定预测的 95%置信区间

$$E_t y_{t+k} \pm 1.96\sqrt{\operatorname{Var}\left[e_t(k)\right]}$$

2.7.5 MA(q)过程的预测

1. 条件期望

对于如式（2-3）的 MA(q)过程

$$y_t = c + \varepsilon_t - \beta_1\varepsilon_{t-1} - \beta_2\varepsilon_{t-2} - \cdots - \beta_q\varepsilon_{t-q}$$

则 $t+k$ 期的 y_{t+k} 可以表示为

$$y_{t+k} = c + \varepsilon_{t+k} - \beta_1\varepsilon_{t+k-1} - \beta_2\varepsilon_{t+k-2} - \cdots - \beta_q\varepsilon_{t+k-q} \tag{2-130}$$

y_{t+k} 的最小均方误差的 k 步预测即为已知 $\{y_t, y_{t-1}, \cdots\}$，也就是已知历史冲击 $\{\varepsilon_t, \varepsilon_{t-1}, \cdots\}$ 条件下 y_{t+k} 的条件期望

$$\begin{aligned} E_t y_{t+k} &= E\left(c + \varepsilon_{t+k} - \beta_1\varepsilon_{t+k-1} - \beta_2\varepsilon_{t+k-2} - \cdots - \beta_q\varepsilon_{t+k-q} \middle| y_t, y_{t-1}, \cdots\right) \\ &= c + E_t\varepsilon_{t+k} - \beta_1 E_t\varepsilon_{t+k-1} - \beta_2 E_t\varepsilon_{t+k-2} - \cdots - \beta_q E_t\varepsilon_{t+k-q} \end{aligned} \tag{2-131}$$

其中，当 $j<k$ 时，$E_t\varepsilon_{t+k-j} = E\varepsilon_{t+k-j} = 0$；当 $j \geqslant k$ 时，$t+k-j$ 为 t 期或 t 期之前的时刻，因此 ε_{t+k-j} 已知，进而有 $E_t\varepsilon_{t+k-j} = \varepsilon_{t+k-j}$。由此，式（2-131）可以具体表示为

$$E_t y_{t+k} = \begin{cases} c - \beta_k\varepsilon_t - \cdots - \beta_q\varepsilon_{t+k-q}, k \leqslant q \\ c, k > q \end{cases} \tag{2-132}$$

2. 预测误差的方差

根据如式（2-123）的预测误差方差的计算公式，即

$$\mathrm{Var}\left[e_t(k)\right] = \left[1 + \psi_1^2 + \psi_2^2 + \cdots + \psi_{k-1}^2\right]\sigma_\varepsilon^2$$

考虑到，对于 MA(q)过程，$\psi_j = -\beta_j$，因此 MA(q)过程预测误差的方差为

$$\mathrm{Var}\left[e_t(k)\right] = \left[1 + \beta_1^2 + \beta_2^2 + \cdots + \beta_{k-1}^2\right]\sigma_\varepsilon^2 \tag{2-133}$$

其中，$j>q$ 时 $\beta_j = 0$。

在扰动序列 $\{\varepsilon_t\}$ 服从正态分布时，还可以根据式（2-132）的 k 步预测值，即条件期望 $E_t y_{t+k}$ 和式（2-133）的预测误差的方差 $\mathrm{Var}\left[e_t(k)\right]$ 确定预测的 95%置信区间

$$E_t y_{t+k} \pm 1.96\sqrt{\mathrm{Var}\left[e_t(k)\right]}$$

2.7.6　ARMA(p, q)过程的预测

1. 条件期望

对于如式（2-1）的 ARMA(p, q)过程

$$y_t = c + \alpha_1 y_{t-1} + \alpha_2 y_{t-2} + \cdots \alpha_p y_{t-p} + \varepsilon_t - \beta_1\varepsilon_{t-1} - \beta_2\varepsilon_{t-2} - \cdots - \beta_q\varepsilon_{t-q}$$

则 $t+k$ 期的 y_{t+k} 可以表示为

$$y_{t+k} = c + \alpha_1 y_{t+k-1} + \cdots + \alpha_p y_{t+k-p} + \varepsilon_{t+k} - \beta_1\varepsilon_{t+k-1} - \cdots - \beta_q\varepsilon_{t+k-q} \tag{2-134}$$

y_{t+k} 的最小均方误差的 k 步预测为已知 $\{y_t, y_{t-1}, \cdots\}$ 条件下 y_{t+k} 的条件期望

$$E_t y_{t+k} = E\left(c+\alpha_1 y_{t+k-1}+\cdots+\alpha_p y_{t+k-p}+\varepsilon_{t+k}-\beta_1\varepsilon_{t+k-1}-\cdots-\beta_q\varepsilon_{t+k-q}\middle| y_t, y_{t-1},\cdots\right)$$
$$= c+\alpha_1 E_t y_{t+k-1}\cdots+\alpha_p E_t y_{t+k-p}+E_t\varepsilon_{t+k}-\beta_1 E_t\varepsilon_{t+k-1}-\cdots-\beta_q E_t\varepsilon_{t+k-q} \tag{2-135}$$

其中，当 $j<k$ 时，$E_t\varepsilon_{t+k-j}=E\varepsilon_{t+k-j}=0$；当 $j\geqslant k$ 时，$t+k-j$ 为 t 期或 t 期之前的时刻，因此 ε_{t+k-j} 已知，进而有 $E_t\varepsilon_{t+k-j}=\varepsilon_{t+k-j}$。因此，式（2-135）可进一步具体表示为

$$E_t y_{t+k}=\begin{cases}c+\alpha_1 E_t y_{t+k-1}+\cdots+\alpha_p E_t y_{t+k-p}-\beta_k\varepsilon_t-\cdots-\beta_q\varepsilon_{t+k-q}, & k\leqslant q\\ c+\alpha_1 E_t y_{t+k-1}+\cdots+\alpha_p E_t y_{t+k-p}, & k>q\end{cases} \tag{2-136}$$

其中，$j\geqslant k$ 时，$E_t y_{t+k-j}=y_{t+k-j}$。因为 $j\geqslant k$ 时 $t+k-j$ 为 t 期或 t 期之前的时刻，此时 y_{t+k-j} 为已知常数。

2. 预测误差的方差

考虑如式（2-15）的 ARMA(p, q)模型的传递形式，即 MA(∞)模型形式

$$y_t=\frac{c}{\mathrm{A}(1)}+\psi(L)\varepsilon_t$$

其中，$\psi(L)=\psi_0+\psi_1 L+\psi_2 L^2+\cdots$。权系数 ψ_j 可以根据如式（2-26）的 ARMA(p, q)过程的格林函数递推公式计算得到

$$\psi_j=\begin{cases}1, j=0\\ \sum_{i=1}^{j}\alpha_i'\psi_{j-i}-\beta_j, 1\leqslant j\leqslant q\\ \sum_{i=1}^{j}\alpha_i'\psi_{j-i}, j>q\end{cases}$$

其中，$\alpha_i'=\begin{cases}\alpha_i, i\leqslant p\\ 0, i>p\end{cases}$。

根据如式（2-26）的格林函数递推公式计算得到 $\psi_1, \psi_2, \cdots, \psi_{k-1}$ 后，就可以根据如式（2-123）的预测误差方差的计算公式计算得到预测误差的方差。即

$$\mathrm{Var}\left[e_t(k)\right]=\left[1+\psi_1^2+\psi_2^2+\cdots+\psi_{k-1}^2\right]\sigma_\varepsilon^2$$

在扰动序列 $\{\varepsilon_t\}$ 服从正态分布时，还可以根据式（2-136）的 k 步预测值，即条件期望 $E_t y_{t+k}$ 和式（2-123）的预测误差的方差 $\mathrm{Var}\left[e_t(k)\right]$ 确定预测的 95%置信区间

$$E_t y_{t+k}\pm 1.96\sqrt{\mathrm{Var}\left[e_t(k)\right]}$$

【例 2-8】考虑一个 ARMA(2, 2)过程 $y_t=25+0.6y_{t-1}+0.16y_{t-2}+\varepsilon_t-1.5\varepsilon_{t-1}+0.56\varepsilon_{t-2}$，$\varepsilon_t\sim WN(0,\sigma_\varepsilon^2)$，已知序列 $\{y_t\}$ 的近三期样本值信息为 y_t=103，y_{t-1}=105，y_{t-2}=102，ε_{t-1}=2，ε_{t-2}=1，请给出 ε_t 的数值，并给出序列 $\{y_t\}$ 的 $t+1$、$t+2$ 和 $t+3$ 期预测值及预测

误差的方差。

解：由于 $y_t = 25 + 0.6y_{t-1} + 0.16y_{t-2} + \varepsilon_t - 1.5\varepsilon_{t-1} + 0.56\varepsilon_{t-2}$，因此有

$$\begin{aligned}\varepsilon_t &= y_t - 25 - 0.6y_{t-1} - 0.16y_{t-2} + 1.5\varepsilon_{t-1} - 0.56\varepsilon_{t-2} \\ &= 103 - 25 - 0.6\times 105 - 0.16\times 102 + 1.5\times 2 - 0.56\times 1 \\ &= 1.12\end{aligned}$$

根据 ARMA(p, q)过程的预测公式

$$E_t y_{t+k} = \begin{cases} c + \alpha_1 E_t y_{t+k-1} + \cdots + \alpha_p E_t y_{t+k-p} - \beta_k \varepsilon_t - \cdots - \beta_q \varepsilon_{t+k-q}, k \leqslant q \\ c + \alpha_1 E_t y_{t+k-1} + \cdots + \alpha_p E_t y_{t+k-p}, k > q \end{cases}$$

序列 $\{y_t\}$ 的预测值为

$$\begin{aligned}E_t y_{t+1} &= 25 + 0.6E_t y_t + 0.16E_t y_{t-1} - 1.5\varepsilon_t + 0.56\varepsilon_{t-1} \\ &= 25 + 0.6y_t + 0.16y_{t-1} - 1.5\varepsilon_t + 0.56\varepsilon_{t-1} \\ &= 25 + 0.6\times 103 + 0.16\times 105 - 1.5\times 1.12 + 0.56\times 2 \\ &= 103.04\end{aligned}$$

$$\begin{aligned}E_t y_{t+2} &= 25 + 0.6E_t y_{t+1} + 0.16E_t y_t + 0.56\varepsilon_t \\ &= 25 + 0.6E_t y_{t+1} + 0.16y_t + 0.56\varepsilon_t \\ &= 25 + 0.6\times 103.04 + 0.16\times 103 + 0.56\times 1.12 \\ &= 103.9312\end{aligned}$$

$$\begin{aligned}E_t y_{t+3} &= 25 + 0.6E_t y_{t+2} + 0.16E_t y_{t+1} \\ &= 25 + 0.6\times 103.9312 + 0.16\times 103.04 \\ &= 103.8451\end{aligned}$$

根据 ARMA(p, q)过程的格林函数递推公式

$$\psi_j = \begin{cases} 1, j = 0 \\ \sum_{i=1}^{j} \alpha_i' \psi_{j-i} - \beta_j, 1 \leqslant j \leqslant q \\ \sum_{i=1}^{j} \alpha_i' \psi_{j-i}, j > q \end{cases}$$

其中，$\alpha_i' = \begin{cases} \alpha_i, i \leqslant p \\ 0, i > p \end{cases}$。

对于 ARMA(2, 2)过程 $y_t = 25 + 0.6y_{t-1} + 0.16y_{t-2} + \varepsilon_t - 1.5\varepsilon_{t-1} + 0.56\varepsilon_{t-2}$，有

$$\alpha_1 = 0.6，\ \alpha_2 = 0.16，\ \beta_1 = 1.5，\ \beta_2 = -0.56$$

因此

$$\psi_0 = 1$$

$$\psi_1 = \alpha_1\psi_0 - \beta_1 = \alpha_1 - \beta_1 = 0.6 - 1.5 = -0.9$$

$$\psi_2 = \alpha_1\psi_1 + \alpha_2\psi_0 - \beta_2 = \alpha_1\psi_1 + \alpha_2 - \beta_2 = 0.6\times(-0.9) + 0.16 - (-0.56) = 0.18$$

根据 $\mathrm{Var}\left[e_t(k)\right] = \left[1 + \psi_1^2 + \psi_2^2 + \cdots + \psi_{k-1}^2\right]\sigma_\varepsilon^2$，则预测误差的方差为

$$\mathrm{Var}\left[e_t(1)\right] = \sigma_\varepsilon^2$$

$$\mathrm{Var}\left[e_t(2)\right] = \left[1 + \psi_1^2\right]\sigma_\varepsilon^2 = \left[1 + 0.9^2\right]\sigma_\varepsilon^2 = 1.81\sigma_\varepsilon^2$$

$$\mathrm{Var}\left[e_t(3)\right] = \left[1 + \psi_1^2 + \psi_2^2\right]\sigma_\varepsilon^2 = \left[1 + 0.9^2 + 0.18^2\right]\sigma_\varepsilon^2 = 1.842\,4\sigma_\varepsilon^2$$

2.8 实 例 应 用

【例 2-9】1978—2013 年我国的国内生产总值指数（上年=100）序列如图 2-5 所示，具体数值参见附录 B 中表 B-1。

（1）平稳性检验——ADF 单位根检验

对序列进行建模之前，首先应对序列的平稳性进行判断。

判断序列的平稳性，首先应从序列的时序图和自相关系数图入手，进行初步的观察。

在 EViews[①]中将我国的国内生产总值指数（上年=100）序列命名为 GDPR。图 2-5 中序列的时序图表现为在特定水平值附近的有界波动，这符合平稳时间序列的典型特征。

EViews 中，序列的自相关图（correlogram）窗口清晰地展现序列的自相关系数、偏自相关系数和 Q 统计量及其伴随概率。从图 2-6 中序列自相关图的第一列图形来看，序列的自相关系数图表现为很快衰减向零的特性，这也符合平稳时间序列的典型特征。

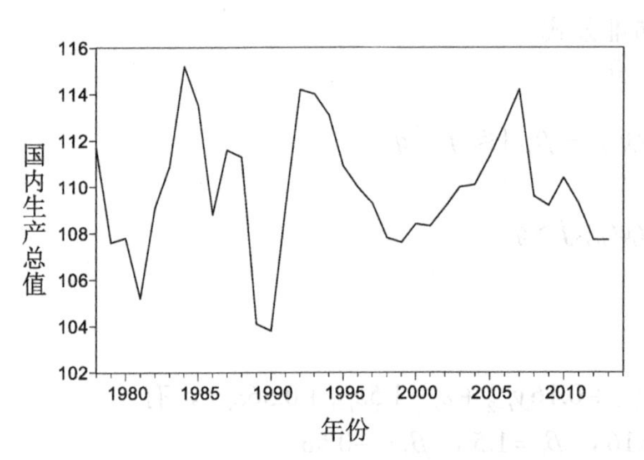

图 2-5　我国的国内生产总值指数序列

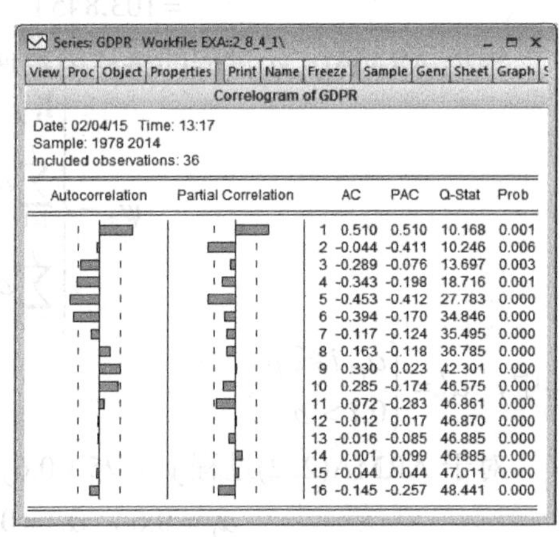

Series: GDPR　Workfile: EXA::2_8_4_1\

View | Proc | Object | Properties | Print | Name | Freeze | Sample | Genr | Sheet | Graph

Correlogram of GDPR

Date: 02/04/15　Time: 13:17
Sample: 1978 2014
Included observations: 36

Autocorrelation	Partial Correlation		AC	PAC	Q-Stat	Prob
		1	0.510	0.510	10.168	0.001
		2	-0.044	-0.411	10.246	0.006
		3	-0.289	-0.076	13.697	0.003
		4	-0.343	-0.198	18.716	0.001
		5	-0.453	-0.412	27.783	0.000
		6	-0.394	-0.170	34.846	0.000
		7	-0.117	-0.124	35.495	0.000
		8	0.163	-0.118	36.785	0.000
		9	0.330	0.023	42.301	0.000
		10	0.285	-0.174	46.575	0.000
		11	0.072	-0.283	46.861	0.000
		12	-0.012	0.017	46.870	0.000
		13	-0.016	-0.085	46.885	0.000
		14	0.001	0.099	46.885	0.000
		15	-0.044	0.044	47.011	0.000
		16	-0.145	-0.257	48.441	0.000

图 2-6　自相关图

[①] EViews 中字符不区分大小写，文中涉及回归项的输入和解释都以小写字母表示。与之相区分，ARMA 模型的名称以大写字母表示。

判断序列的平稳性，除了对序列的时序图和自相关系数图进行观察，更重要的是进行正规检验以对序列的平稳性进行统计上的判断。判断序列平稳性的统计检验方法主要是单位根检验方法，其原理将在第 3 章中讨论，这里仅简要介绍一下相关结论。

图 2-7 的 ADF 单位根检验结果表明，序列 GDPR 的 DF 统计量为−4.655，伴随概率为 0.08%，拒绝序列 GDPR 存在单位根的原假设，认为序列 GDPR 平稳。

（2）模型识别

Box-Jenkins 建模方法的第一步是根据样本自相关函数和偏自相关函数的特性，对照表 2-1 中 ARMA 模型的自相关函数和偏自相关函数的理论特征，为序列选择合适的模型形式和滞后阶数。

EViews 中序列的自相关图窗口中最后一列“Prob”数据为 Q 统计量的伴随概率。这里序列 GDPR 的前 16 期的 Q 统计量的伴随概率都约为 0.00，表明残差序列不具有纯随机性，有必要进一步构建模型来模拟其发展规律。

EViews 中序列的自相关图窗口中，第一列和第二列是自相关系数图和偏自相关系数图，而对应的数据则分别列示在第三列和第四列。值得强调的是，毕竟通过特定时期内的样本序列刻画的只是样本自相关系数和样本偏自相关系数，通过样本推测总体特性总会存在一些偏误，因此合理地假定总体会出现的多种可能性是更加谨慎的做法。因此一般在模型识别阶段会提出多种模型形式以备进行后续的建模试验，经过模型检验步骤和一些信息判断准则（Information Criterion）的筛选，从中选择更为恰当的模型。

Series: GDPR Workfile: EXA::2_8_4_1\

View | Proc | Object | Properties | Print | Name | Freeze | Sample | Genr | Sheet | Graph

Augmented Dickey-Fuller Unit Root Test on GDPR

Null Hypothesis: GDPR has a unit root
Exogenous: Constant
Lag Length: 4 (Automatic - based on SIC, maxlag=9)

		t-Statistic	Prob.*
Augmented Dickey-Fuller test statistic		-4.655158	0.0008
Test critical values:	1% level	-3.661661	
	5% level	-2.960411	
	10% level	-2.619160	

*MacKinnon (1996) one-sided p-values.

Augmented Dickey-Fuller Test Equation
Dependent Variable: D(GDPR)
Method: Least Squares
Date: 02/04/15 Time: 13:14
Sample (adjusted): 1983 2013
Included observations: 31 after adjustments

Variable	Coefficient	Std. Error	t-Statistic	Prob.
GDPR(-1)	-1.249800	0.268476	-4.655158	0.0001
D(GDPR(-1))	0.937782	0.209237	4.481909	0.0001
D(GDPR(-2))	0.338039	0.214594	1.575249	0.1278
D(GDPR(-3))	0.425981	0.162132	2.627380	0.0145
D(GDPR(-4))	0.381072	0.163038	2.337320	0.0277
C	137.5226	29.55443	4.653200	0.0001

R-squared	0.584059	Mean dependent var	-0.045161
Adjusted R-squared	0.500871	S.D. dependent var	2.609194
S.E. of regression	1.843372	Akaike info criterion	4.233055
Sum squared resid	84.95049	Schwarz criterion	4.510601
Log likelihood	-59.61236	Hannan-Quinn criter.	4.323528
F-statistic	7.020929	Durbin-Watson stat	2.146933
Prob(F-statistic)	0.000320		

图 2-7 ADF 单位根检验结果

图 2-6 中的自相关图表明，序列 GDPR 的自相关系数表现为明显的拖尾特性，而偏自相关系数的特性表现得不是特别清晰，因此需进行一些假设和建模试验，最终寻找合适的模型来模拟序列 GDPR 的发展规律。序列 GDPR 的偏自相关系数图中 1 阶、2 阶和 5 阶滞后的偏自相关系数较为显著，因此可以假定序列 GDPR 的偏自相关系数为 5 阶截尾的，根据表 2-1 中总结的规律，应对序列 GDPR 构建 AR(5)模型。然而，如果关注到序列 GDPR 更高阶滞后的偏自相关系数，特别关注到 11 阶和 15 阶滞后偏自相关系数也较为显著，则假定序列 GDPR 的偏自相关系数为拖尾也可能是合适的，此时则应对序列 GDPR

构建 ARMA 模型。

（3）参数估计

EViews 中是在 Equation 对象下构建 ARMA 模型的，在模型设定时以 ar(1)和 ar(2)等形式的解释变量表示模型中包含哪些滞后阶数的自回归项，以 ma(1)和 ma(2)等形式的解释变量表示模型中包含哪些滞后阶数的移动平均项。若模型中包含常数项，则在模型设定时以 *c* 进行表示。

例 2-9 中，根据模型识别的结果，对序列 GDPR 分别进行 AR(5)和 ARMA 模型的建模试验。首先，构建包含常数项的 AR(5)模型，此时应在图 2-8 的模型设定窗口进行“gdpr c ar(1) ar(2) ar(3) ar(4) ar(5)”形式的设定（EViews 中的变量名不区分大小写），单击“确定”按钮，则显示如图 2-9 所示的模型估计结果。其次，构建包含常数项的 ARMA(5, 2)模型，应在图 2-10 的模型设定窗口进行“gdpr c ar(1) ar(2) ar(3) ar(4) ar(5) ma(1) ma(2)”形式的设定，单击“确定”按钮，则显示如图 2-11 所示的模型估计结果。再次，构建包含常数项的疏系数 ARMA((1, 2, 5), 2)模型，应在图 2-12 的模型设定窗口进行“gdpr c ar(1) ar(2) ar(5) ma(1) ma(2)”形式的设定，单击“确定”按钮，则显示如图 2-13 所示的模型估计结果。最后，构建包含常数项的疏系数 ARMA((1, 2, 5), (2))模型，应在图 2-14 的模型设定窗口进行“gdpr c ar(1) ar(2) ar(5) ma(2)”形式的设定，单击“确定”按钮，则显示如图 2-15 所示的模型结果。其中，模型 ARMA((1, 2, 5), 2)中的自回归阶数添加括号并逐一标示，表明自回归部分是疏系数的，分别只有 1、2、5 阶滞后项。模型 ARMA((1, 2, 5), (2))中的自回归阶数和移动平均阶数都添加括号并逐一标示，表明自回归部分和移动平均部分都是疏系数的，自回归部分只有 1、2、5 阶滞后项，移动平均部分只有 2 阶滞后项。

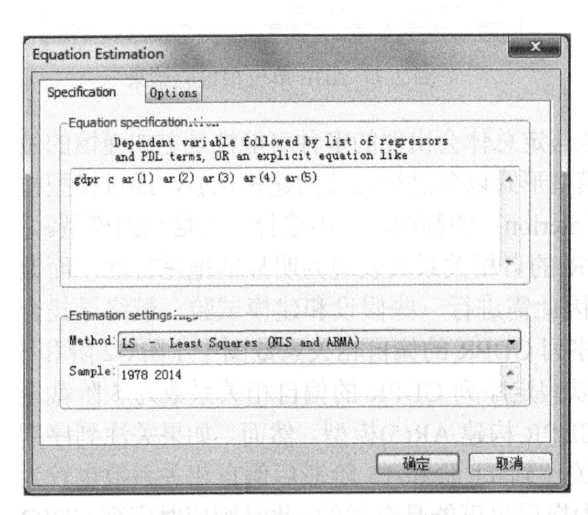

图 2-8 模型设定——AR(5)模型

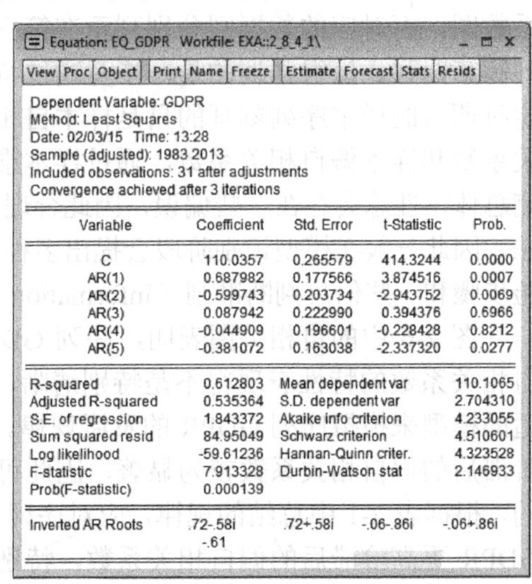

Dependent Variable: GDPR
Method: Least Squares
Date: 02/03/15 Time: 13:28
Sample (adjusted): 1983 2013
Included observations: 31 after adjustments
Convergence achieved after 3 iterations

Variable	Coefficient	Std. Error	t-Statistic	Prob.
C	110.0357	0.265579	414.3244	0.0000
AR(1)	0.687982	0.177566	3.874516	0.0007
AR(2)	-0.599743	0.203734	-2.943752	0.0069
AR(3)	0.087942	0.222990	0.394376	0.6966
AR(4)	-0.044909	0.196601	-0.228428	0.8212
AR(5)	-0.381072	0.163038	-2.337320	0.0277

R-squared	0.612803	Mean dependent var	110.1065
Adjusted R-squared	0.535364	S.D. dependent var	2.704310
S.E. of regression	1.843372	Akaike info criterion	4.233055
Sum squared resid	84.95049	Schwarz criterion	4.510601
Log likelihood	-59.61236	Hannan-Quinn criter.	4.323528
F-statistic	7.913328	Durbin-Watson stat	2.146933
Prob(F-statistic)	0.000139		

Inverted AR Roots	.72-.58i	.72+.58i	-.06-.86i	-.06+.86i
	-.61			

图 2-9 模型估计结果——AR(5)模型

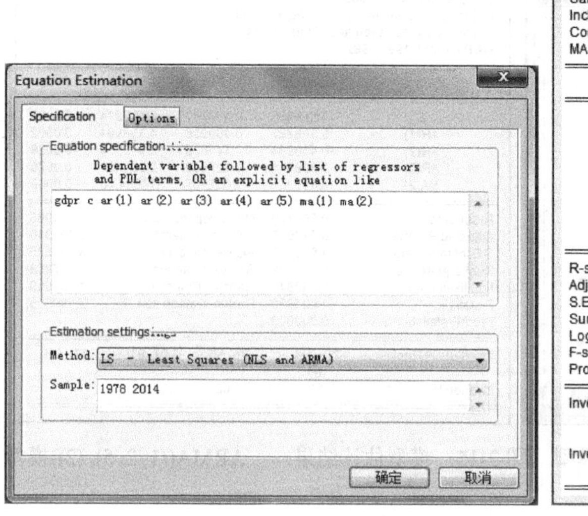

图 2-10　模型设定——ARMA(5, 2)模型

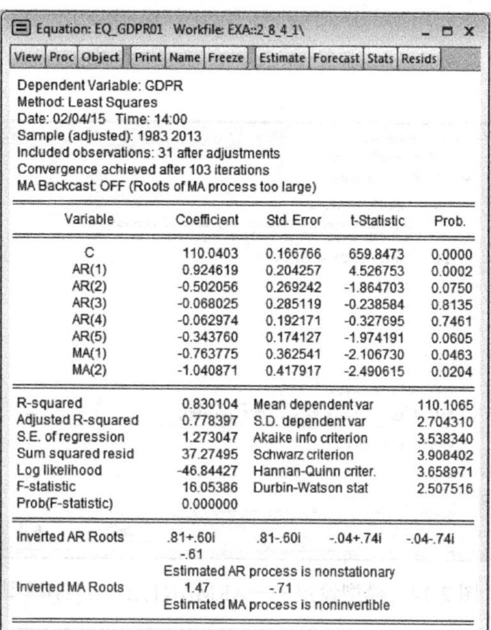

Equation: EQ_GDPR01　Workfile: EXA::2_8_4_1\

View | Proc | Object | Print | Name | Freeze | Estimate | Forecast | Stats | Resids

Dependent Variable: GDPR
Method: Least Squares
Date: 02/04/15　Time: 14:00
Sample (adjusted): 1983 2013
Included observations: 31 after adjustments
Convergence achieved after 103 iterations
MA Backcast: OFF (Roots of MA process too large)

Variable	Coefficient	Std. Error	t-Statistic	Prob.
C	110.0403	0.166766	659.8473	0.0000
AR(1)	0.924619	0.204257	4.526753	0.0002
AR(2)	-0.502056	0.269242	-1.864703	0.0750
AR(3)	-0.068025	0.285119	-0.238584	0.8135
AR(4)	-0.062974	0.192171	-0.327695	0.7461
AR(5)	-0.343760	0.174127	-1.974191	0.0605
MA(1)	-0.763775	0.362541	-2.106730	0.0463
MA(2)	-1.040871	0.417917	-2.490615	0.0204

R-squared	0.830104	Mean dependent var	110.1065
Adjusted R-squared	0.778397	S.D. dependent var	2.704310
S.E. of regression	1.273047	Akaike info criterion	3.538340
Sum squared resid	37.27495	Schwarz criterion	3.908402
Log likelihood	-46.84427	Hannan-Quinn criter.	3.658971
F-statistic	16.05386	Durbin-Watson stat	2.507516
Prob(F-statistic)	0.000000		

Inverted AR Roots　.81+.60i　.81-.60i　-.04+.74i　-.04-.74i
-.61
Estimated AR process is nonstationary
Inverted MA Roots　1.47　-.71
Estimated MA process is noninvertible

图 2-11　模型估计结果——ARMA(5, 2)模型

Equation: EQ_GDPR02　Workfile: EXA::2_8_4_1\

View | Proc | Object | Print | Name | Freeze | Estimate | Forecast | Stats | Resids

Dependent Variable: GDPR
Method: Least Squares
Date: 02/03/15　Time: 13:28
Sample (adjusted): 1983 2013
Included observations: 31 after adjustments
Convergence achieved after 15 iterations
MA Backcast: 1981 1982

Variable	Coefficient	Std. Error	t-Statistic	Prob.
C	109.9656	0.043838	2508.433	0.0000
AR(1)	0.721866	0.201621	3.580308	0.0014
AR(2)	-0.364279	0.170745	-2.133462	0.0429
AR(5)	-0.341004	0.133995	-2.544896	0.0175
MA(1)	-0.264247	0.179282	-1.473920	0.1530
MA(2)	-0.735025	0.182723	-4.022615	0.0005

R-squared	0.751480	Mean dependent var	110.1065
Adjusted R-squared	0.701776	S.D. dependent var	2.704310
S.E. of regression	1.476820	Akaike info criterion	3.789645
Sum squared resid	54.52495	Schwarz criterion	4.067191
Log likelihood	-52.73950	Hannan-Quinn criter.	3.880118
F-statistic	15.11911	Durbin-Watson stat	2.125969
Prob(F-statistic)	0.000001		

Inverted AR Roots　.76+.53i　.76-.53i　-.07-.78i　-.07+.78i
-.65
Inverted MA Roots　1.00　-.74

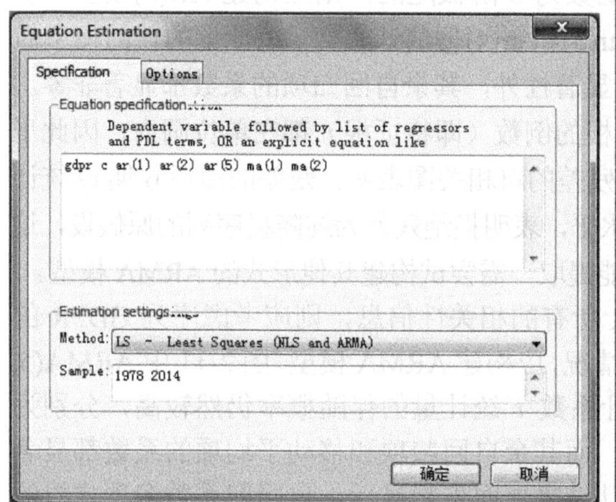

图 2-12　模型设定——ARMA((1, 2, 5), 2)模型　　图 2-13　模型估计结果——ARMA((1, 2, 5), 2)模型

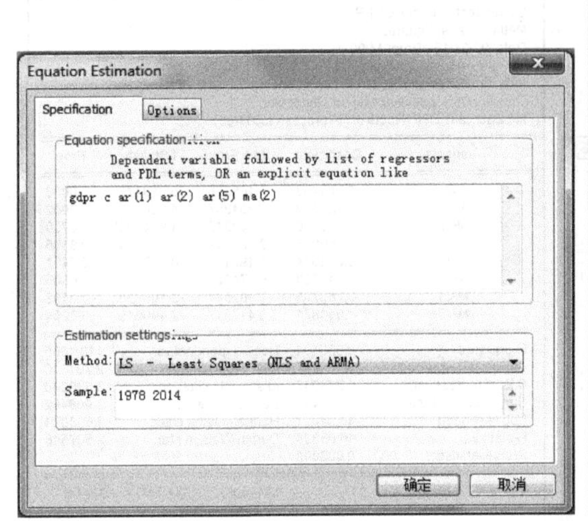

图 2-14　模型设定——ARMA((1, 2, 5), (2))模型

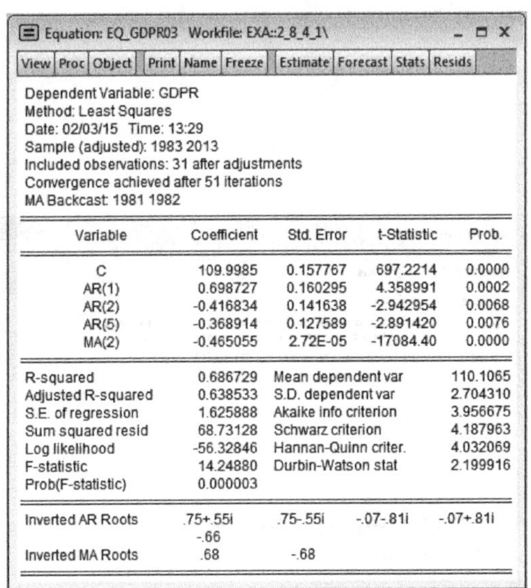

Equation: EQ_GDPR03 Workfile: EXA::2_8_4_1\

Dependent Variable: GDPR
Method: Least Squares
Date: 02/03/15 Time: 13:29
Sample (adjusted): 1983 2013
Included observations: 31 after adjustments
Convergence achieved after 51 iterations
MA Backcast: 1981 1982

Variable	Coefficient	Std. Error	t-Statistic	Prob.
C	109.9985	0.157767	697.2214	0.0000
AR(1)	0.698727	0.160295	4.358991	0.0002
AR(2)	-0.416834	0.141638	-2.942954	0.0068
AR(5)	-0.368914	0.127589	-2.891420	0.0076
MA(2)	-0.465055	2.72E-05	-17084.40	0.0000

R-squared	0.686729	Mean dependent var	110.1065
Adjusted R-squared	0.638533	S.D. dependent var	2.704310
S.E. of regression	1.625888	Akaike info criterion	3.956675
Sum squared resid	68.73128	Schwarz criterion	4.187963
Log likelihood	-56.32846	Hannan-Quinn criter.	4.032069
F-statistic	14.24880	Durbin-Watson stat	2.199916
Prob(F-statistic)	0.000003		

Inverted AR Roots	.75+.55i	.75-.55i	-.07-.81i	-.07+.81i
	-.66			
Inverted MA Roots	.68	-.68		

图 2-15　模型估计结果——ARMA((1, 2, 5), (2))模型

（4）诊断检验

ARMA 模型的诊断检验主要包括三项内容：参数显著性、平稳可逆性和残差的纯随机性。在具体的建模实践过程中，模型的设定、估计与模型的诊断检验、选择过程是穿插进行的。

首先，若考虑序列 GDPR 的偏自相关函数为 5 阶截尾的，则应构建 AR(5)模型。从图 2-9 中 AR(5)模型的估计结果来看，除了 ar(3)和 ar(4)项估计系数 t 统计量的伴随概率较高，分别为 69.66%和 82.12%，不满足参数显著性外，其余自回归项的系数都显著非零。估计结果页面末端显示，自回归系数多项式根的倒数（即特征根）都在单位圆内，因此平稳可逆性满足。但是，图 2-16 中 AR(5)模型残差的自相关图表明，残差的滞后 6 期 Q 统计量的伴随概率为 4.8%，略低于 5%的显著性水平，表明拒绝残差为纯随机序列的原假设，这意味着残差中可能仍包含某些相关性信息未能提取，需尝试构建其他形式的 ARMA 模型。

由于 AR(5)模型不足以模拟序列 GDPR 所有的相关性信息，则应考虑序列 GDPR 的偏自相关函数不是 5 阶截尾的，而是拖尾的情况，应构建 ARMA 模型。图 2-11 中 ARMA(5, 2)模型的估计结果表明，ar(3)和 ar(4)项估计系数 t 统计量的伴随概率仍然较高，分别为 81.35%和 74.61%，不满足参数显著性要求，而其余自回归项和移动平均项的系数都显著非零（以 10%的显著性水平）。但是，估计结果页面末端显示，自回归系数多项式根的倒数和移动平均系数多项式根的倒数都不全在单位圆内，因此不满足平稳性要求和可逆性要求。同时该结论与序列 GDPR 是平稳序列的判断相悖，因此也需尝试构建其他形式的 ARMA 模型。

尝试去除不显著的 ar(3)和 ar(4)项，构建疏系数的 ARMA((1, 2, 5), 2)模型，图 2-13 表明估计结果中 ma(1)项估计系数 t 统计量的伴随概率较高，为 15.30%，不满足参数显著性要求，其余自回归项和移动平均项的系数都显著非零（以 5%的显著性水平）。然而，估计结果页面末端显示，虽然自回归系数多项式根的倒数都在单位圆内，但移动平均系数多项式有一个根在单位圆上（即等于 1），不满足可逆性要求，因此仍需尝试建其他形式的 ARMA 模型。

进一步去除不显著的 ma(1)项，构建疏系数的 ARMA((1, 2, 5), (2))模型，图 2-15 表明估计结果中所有的估计系数，包括 ar(1)、ar(2)、ar(5)、ma(2)以及常数项都是显著非零的（以 1%的显著性水平）。同时，估计结果页面末端显示，自回归系数多项式根的倒数和移动平均系数多项式根的倒数都在单位圆内，因此满足平稳性要求和可逆性要求。最后，图 2-17 中 ARMA((1, 2, 5), (2))模型残差的自相关图表明，残差前 16 期的 Q 统计量的伴随概率都较高，表明残差具有纯随机性，这意味着残差中不再包含序列的相关性信息，ARMA((1, 2, 5), (2))模型已经很好地模拟了序列 GDPR 的相关性信息。因此疏系数 ARMA((1, 2, 5), (2))模型可以作为模拟序列 GDPR 发展规律的合适模型。疏系数 ARMA((1, 2, 5), (2))模型的参数估计结果为

$$
\begin{aligned}
(1-0.699L+0.417L^2+0.369L^5)\mathrm{GDPR}_t &= 110.00(1-0.699L+0.417L^2+0.369L^5) \\
&\quad +(1-0.465L^2)\varepsilon_t(4.36)(-2.94)(-2.89)(697.22)(-17\,084.4)
\end{aligned}
$$

其中，$\{\varepsilon_t\}$ 为白噪声过程。注意，图 2-15 中常数项的估计结果 109.998 5 是对模型均值的估计。

Equation: EQ_GDPR　Workfile: EXA::2_8_4_1\

View | Proc | Object | Print | Name | Freeze | Estimate | Forecast | Stats | Resids

Correlogram of Residuals

Date: 02/05/15　Time: 09:25
Sample: 1983 2013
Included observations: 31
Q-statistic probabilities adjusted for 5 ARMA term(s)

	AC	PAC	Q-Stat	Prob
1	-0.088	-0.088	0.2625	
2	-0.240	-0.250	2.2933	
3	0.146	0.105	3.0749	
4	-0.120	-0.170	3.6248	
5	-0.054	-0.016	3.7410	
6	-0.065	-0.175	3.9113	0.048
7	-0.167	-0.191	5.0946	0.078
8	-0.136	-0.293	5.9226	0.115
9	0.085	-0.073	6.2607	0.181
10	0.083	-0.066	6.5925	0.253
11	-0.134	-0.213	7.5044	0.277
12	0.100	-0.074	8.0428	0.329
13	0.195	0.019	10.204	0.251
14	0.018	0.010	10.224	0.333
15	0.102	0.087	10.891	0.366
16	-0.125	-0.148	11.964	0.366

图 2-16　残差自相关图——AR(5)模型

Equation: EQ_GDPR03　Workfile: EXA::2_8_4_1\

View | Proc | Object | Print | Name | Freeze | Estimate | Forecast | Stats | Resids

Correlogram of Residuals

Date: 02/04/15　Time: 14:08
Sample: 1983 2013
Included observations: 31
Q-statistic probabilities adjusted for 4 ARMA term(s)

	AC	PAC	Q-Stat	Prob
1	-0.106	-0.106	0.3867	
2	-0.066	-0.078	0.5401	
3	0.023	0.007	0.5597	
4	-0.084	-0.088	0.8291	
5	-0.034	-0.052	0.8739	0.350
6	-0.134	-0.161	1.6068	0.448
7	-0.108	-0.156	2.1013	0.552
8	-0.125	-0.208	2.7907	0.593
9	0.034	-0.059	2.8455	0.724
10	0.020	-0.061	2.8649	0.826
11	-0.103	-0.184	3.4081	0.845
12	0.035	-0.120	3.4726	0.901
13	0.196	0.082	5.6469	0.775
14	0.011	-0.042	5.6539	0.843
15	0.190	0.161	7.9603	0.717
16	-0.120	-0.123	8.9348	0.708

图 2-17　残差自相关图——ARMA((1, 2, 5), (2))模型

例 2-9 中，只选出了疏系数 ARMA((1, 2, 5), (2))模型这一个合适的模型来模拟序列 GDPR 发展规律。某些情形下，可能会有多个不同的模型都满足参数显著性、平稳可逆性和残差的纯随机性这三个诊断条件，从而有多个模型都可以作为模拟序列发展规律的合适模型。若想从中找出一个更为合适的模型，可以依据 AIC 或 SBC 等信息判断准则，选择 AIC 和 SBC 统计量数值最小的模型作为最终所选的最优模型。

（5）预测

在 EViews 的 Equation 对象下，还可以在估计模型的基础上进行预测。例 2-9 中，在图 2-18 的模型预测设定窗口中将预测序列命名为 gdpr_f，预测区间设定为 2014 2018，选择 Dynamic forecast（动态预测）方法。图 2-19 的预测结果页面显示出具体预测值和 2 倍标准差区间的时序图。

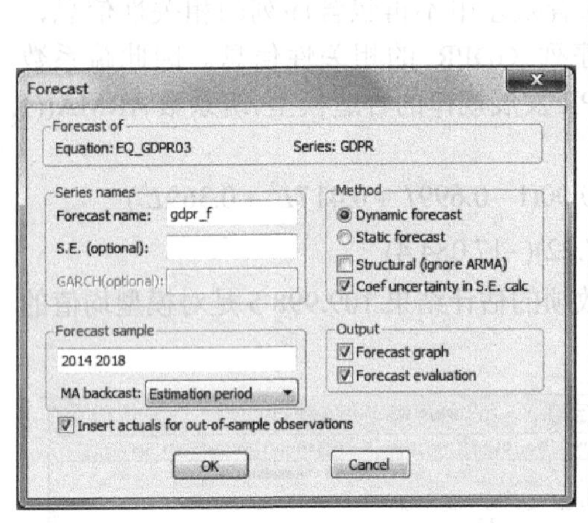

图 2-18　模型预测设定窗口

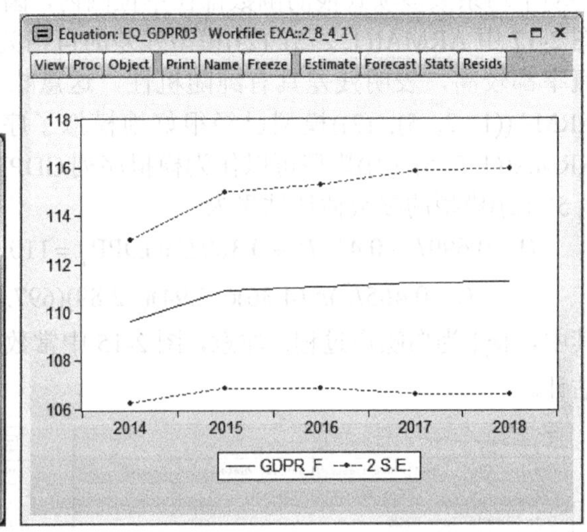

图 2-19　模型预测结果——基于 ARMA((1, 2, 5), (2))模型

2.9 补充内容

R 语言是在控制台（console）窗口或脚本（script）文件中输入命令并执行的。在控制台窗口中，需逐行输入命令并按 Enter 键来逐行执行命令。在脚本文件中，可以一次输入多行命令，执行时可以通过逐行按 Ctrl+R 快捷键来逐行执行命令，也可以复选多行并按 Ctrl+R 快捷键来实现一次执行多行命令。R 语言中各种命令或函数的功能及其参数设定方式的说明，都可以在 R 语言的 html 帮助中找到。

现将例 2-9 的相关 R 语言命令及结果介绍如下，本例中数据文件“gdpr.txt”的内容如图 2-20 所示。

1. 导入数据，作时序图

导入数据并作时序图的主要命令如下。

```
setwd("D:/lectures/AETS/R/data")
data=read.table("gdpr.txt",header=TRUE,sep="")
gdpr=data[,2]
GDPR<-ts(gdpr,start=1978,frequency=1)
plot(GDPR)
```

其中，**setwd** 函数是修改工作目录。**read.table** 函数是读取文件中的数据表，其中“"gdpr.txt"”是存在工作目录中的 txt 文本格式的数据文件，参数“header=TRUE”表明数据文件中第一行为表头，参数“sep=""”表明数据文件中的数据是以空格进行分隔的。**ts** 函数将数据类型转换为时间序列形式，其中参数“start=1978”表明时间序列的起始时间为 1978，“frequency=1”表明数据的频率是年度数据。**plot** 函数实现作图。

执行上述命令，得到国内生产总值指数的时序图，如图 2-21 所示。

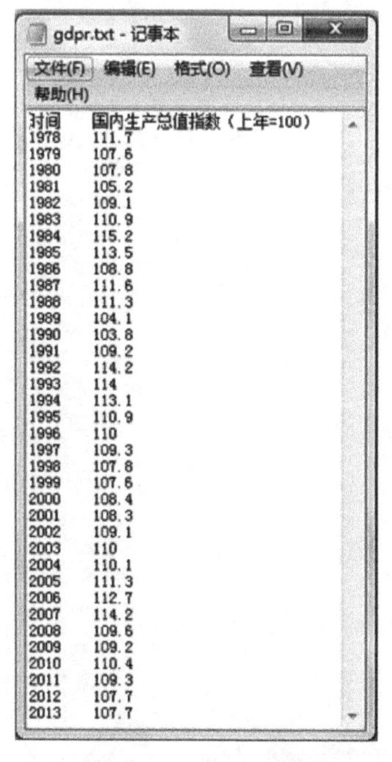

gdpr.txt - 记事本

文件(F)　编辑(E)　格式(O)　查看(V)　帮助(H)

时间	国内生产总值指数（上年=100）
1978	111.7
1979	107.6
1980	107.8
1981	105.2
1982	109.1
1983	110.9
1984	115.2
1985	113.5
1986	108.8
1987	111.6
1988	111.3
1989	104.1
1990	103.8
1991	109.2
1992	114.2
1993	114
1994	113.1
1995	110.9
1996	110
1997	109.3
1998	107.8
1999	107.6
2000	108.4
2001	108.3
2002	109.1
2003	110
2004	110.1
2005	111.3
2006	112.7
2007	114.2
2008	109.6
2009	109.2
2010	110.4
2011	109.3
2012	107.7
2013	107.7

图 2-20　gdpr.txt 文件形式

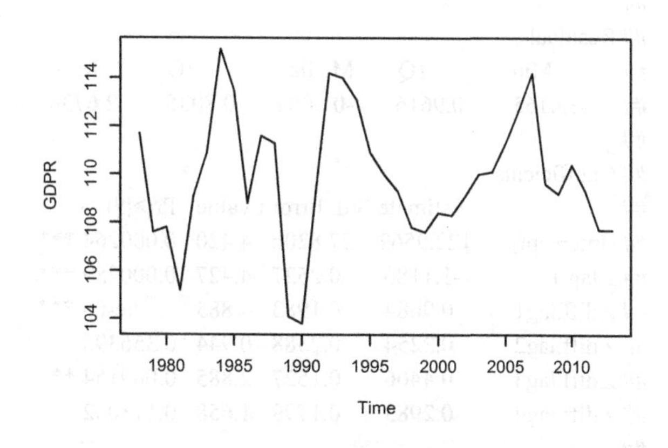

图 2-21　国内生产总值的时序图

2. 单位根检验

单位根检验的主要命令如下。

```
library(urca)
urdf<-ur.df(GDPR,type='drift',lags=9,selectlags='BIC')
summary(urdf)
```

其中，**library** 函数实现加载程序包的功能，urca 是一个程序包，其中包含一些单位根检验相关的函数。**ur.df** 函数进行 ADF 单位根检验，其中参数“type='drift'”表明检验模型中包含截距项但不包含时间趋势项，参数“lags=9”表明单位根检验的最长滞后期为9期，参数“selectlags='BIC'”表明根据 BIC 信息判断准则来确定恰当的滞后期。**summary** 函数显示结果。

执行上述命令，得到如下的单位根检验结果。检验结果表明，在最长为 9 期的滞后期中，根据 BIC 信息判断准则选择出的恰当滞后期为滞后 4 期。

```
##
## ###############################################
## # Augmented Dickey-Fuller Test Unit Root Test #
## ###############################################
##
## Test regression drift
##
##
## Call:
## lm(formula = z.diff ~ z.lag.1 + 1 + z.diff.lag)
##
## Residuals:
##      Min       1Q   Median       3Q      Max
##  -3.4165  -0.9616  -0.0004   0.8036   2.6738
##
## Coefficients:
##              Estimate Std. Error t value  Pr(>|t|)
## (Intercept)  122.9562   27.8206   4.420  0.000264 ***
## z.lag.1       -1.1186    0.2527  -4.427  0.000259 ***
## z.diff.lag1    0.9684    0.1983   4.883     9e-05 ***
## z.diff.lag2    0.2254    0.2388   0.944  0.356395
## z.diff.lag3    0.4406    0.1527   2.885  0.009154 **
## z.diff.lag4    0.2983    0.1799   1.658  0.113002
## ---
## Signif. codes:  0 '***' 0.001 '**' 0.01 '*' 0.05 '.' 0.1 ' ' 1
```

```
##
## Residual standard error: 1.586 on 20 degrees of freedom
## Multiple R-squared:    0.6627, Adjusted R-squared:    0.5784
## F-statistic: 7.859 on 5 and 20 DF,    p-value: 0.0003123
##
##
## Value of test-statistic is: -4.4273 10.0171
##
## Critical values for test statistics:
##          1pct   5pct   10pct
## tau2    -3.58  -2.93   -2.60
## phi1     7.06   4.86    3.94
```

通过 BIC 信息判断准则选择出单位根检验的恰当滞后期为滞后 4 期，接下来最好再进行一次固定滞后阶数的 ADF 单位根检验。具体通过下面的命令实现。

```
urdf1<-ur.df(GDPR,type='drift',lags=4,selectlags='Fixed')
summary(urdf1)
```

其中 **ur.df** 函数中的参数“selectlags='Fixed'”表明进行固定滞后阶数的 ADF 单位根检验，具体的滞后阶数在参数“lags”中设定。

执行上述命令，得到如下的单位根检验结果。

```
##
## ###############################################
## # Augmented Dickey-Fuller Test Unit Root Test #
## ###############################################
##
## Test regression drift
##
##
## Call:
## lm(formula = z.diff ~ z.lag.1 + 1 + z.diff.lag)
##
## Residuals:
##       Min        1Q     Median       3Q       Max
##   -3.6351   -1.0794    -0.2469   1.0230    3.7202
##
## Coefficients:
##             Estimate Std. Error t value  Pr(>|t|)
## (Intercept) 137.5226   29.5544  4.653   9.15e-05 ***
## z.lag.1      -1.2498    0.2685 -4.655   9.11e-05 ***
```

```
## z.diff.lag1    0.9378    0.2092   4.482   0.000143 ***
## z.diff.lag2    0.3380    0.2146   1.575   0.127770
## z.diff.lag3    0.4260    0.1621   2.627   0.014489 *
## z.diff.lag4    0.3811    0.1630   2.337   0.027730 *
## ---
## Signif. codes:  0 '***' 0.001 '**' 0.01 '*' 0.05 '.' 0.1 ' ' 1
##
## Residual standard error: 1.843 on 25 degrees of freedom
## Multiple R-squared:  0.5841, Adjusted R-squared:  0.5009
## F-statistic: 7.021 on 5 and 25 DF,  p-value: 0.0003199
##
##
## Value of test-statistic is: -4.6552 10.8463
##
## Critical values for test statistics:
##         1pct  5pct  10pct
## tau2   -3.58  -2.93  -2.60
## phi1    7.06   4.86   3.94
```

可以看到这里固定滞后阶数的单位根检验与前面不确定滞后阶数的单位根检验得到的检验统计量略有差异，但其结论都是拒绝原假设，认为不存在单位根。具体来说，这里固定滞后阶数的单位根检验得到的 DF 统计量为-4.655 2，小于 1%临界值-3.58，因此拒绝原假设，认为序列不存在单位根。

3. 模型识别

查看序列自相关图的命令如下。

```
acf(GDPR)
```

执行上述命令，得到自相关图，如图 2-22 所示。

查看序列偏自相关图的命令如下。

```
pacf(GDPR)
```

执行上述命令，得到偏自相关图，如图 2-23 所示。

4. 模型估计

（1）根据自相关图和偏自相关图进行模型识别的结果，认为首先应尝试构建 AR(5)模型。**arima** 函数用于构建 ARIMA 模型，其中参数“order”通过一个三维的整数向量(p, d, q)来确定模型的形式，第一个整数 p 表明模型的自回归阶数，第二个整数 d 表明序列的差分阶数，第三个整数 q 表明模型的移动平均阶数。

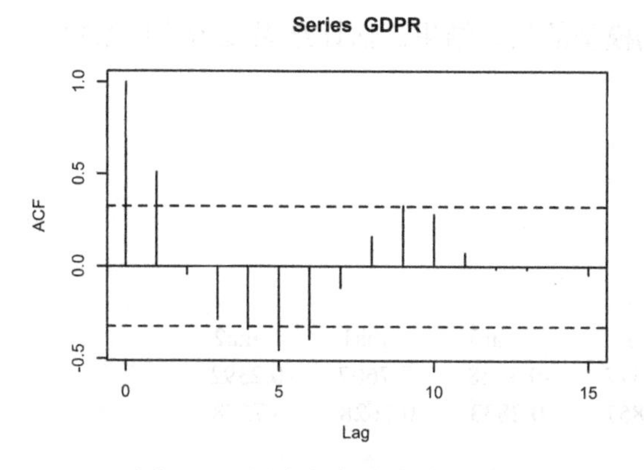

图 2-22　国内生产总值的自相关图

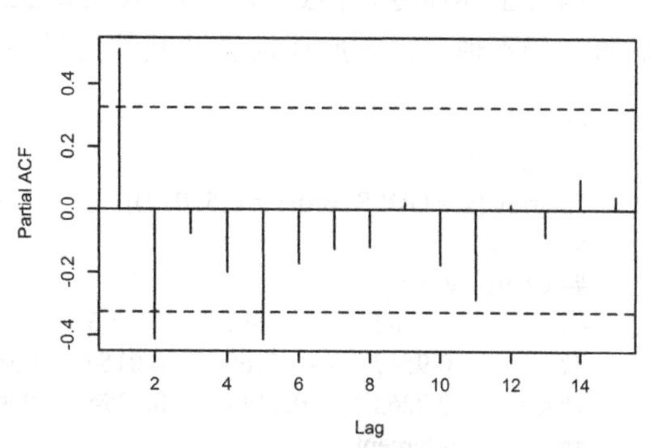

图 2-23　国内生产总值的偏自相关图

构建 AR(5)模型的命令如下。

```
EQ_GDPR<-arima(GDPR,order=c(5,0,0))
EQ_GDPR
```

这里参数“order=c(5, 0, 0)”表明模型的自回归阶数为 5 阶，序列不进行差分，模型的移动平均阶数为 0 阶，即构建的是 AR(5)模型。其中，函数 c 用于生成一个向量。

执行上述命令，得到如下的 AR(5)模型的估计结果。值得注意的是，模型估计结果中常数项（intercept）的估计结果“110.0298”是对模型均值的估计值。AR(5)模型的估计结果表明，ar(3)和 ar(4)项的估计系数不满足参数显著性，因此需进一步尝试构建其他 ARMA 模型。

```
##
## Call:
## arima(x = GDPR, order = c(5, 0, 0))
##
## Coefficients:
##          ar1      ar2      ar3     ar4      ar5  intercept
##       0.5767  -0.4232  -0.1152  0.0414  -0.4274   110.0298
## s.e.  0.1541   0.1893   0.2095  0.1984   0.1599     0.2314
##
## sigma^2 estimated as 3.099:  log likelihood = -72.46,  aic = 158.92
```

（2）尝试构建 ARMA(5, 2)模型，具体命令如下。

```
EQ_GDPR01<-arima(GDPR,order=c(5,0,2))
EQ_GDPR01
```

执行上述命令，得到如下的 ARMA(5, 2)模型的估计结果。估计结果显示估计系数的显著性仍不理想，因此还需尝试其他的模型。

```
##
## Call:
## arima(x = GDPR, order = c(5, 0, 2))
##
## Coefficients:
##          ar1      ar2      ar3     ar4      ar5      ma1      ma2
##       0.9547  -0.5460  -0.0152  0.0477  -0.3048  -0.7607  -0.2392
## s.e.  0.7263   0.9443   0.7294  0.3851   0.2833   0.7628   0.7578
##       intercept
##        109.9936
## s.e.     0.0385
##
## sigma^2 estimated as 2.275:  log likelihood = -68.76,  aic = 155.52
```

（3）尝试构建 ARMA((1, 2, 5), 2)模型，具体命令如下。

```
EQ_GDPR02<-arima(GDPR,order=c(5,0,2),include.mean=T,fixed=c(NA,NA,0,0,NA,NA,NA,NA),
transform.pars = FALSE)
EQ_GDPR02
```

其中，参数“**fixed**”用于设定疏系数 ARMA 模型，它通过一个向量来确定哪些自回归项或移动平均项是包含在模型中的，哪些是不包含在模型中的。向量的长度为“p+q+1”，其中 p 为自回归项的最高阶数，q 为移动平均项的最高阶数，另外加的 1 项是用于描述常数项的情况。向量中的元素由“**NA**”和“0”构成，“**NA**”代表模型中包含相应位置上滞后阶数，“0”代表相应位置上滞后阶数缺失，向量中的位置信息是按照“自回归阶数+移动平均阶数+常数”的顺序排列的。

本例中，ARMA((1, 2, 5), 2)模型仅包含 1 阶滞后、2 阶滞后和 5 阶滞后的自回归项，以及 1 阶滞后和 2 阶滞后的移动平均项，并且模型中包含常数项，因此参数设定形式为“fixed=**c**(NA,NA,0,0,NA,NA,NA,NA)”。

执行上述命令，得到如下的 ARMA((1, 2, 5), 2)模型的估计结果。估计结果显示估计系数的显著性仍不理想，因此还需尝试其他的模型。

```
##
## Call:
## arima(x = GDPR, order = c(5, 0, 2), include.mean = T, transform.pars = FALSE,
##     fixed = c(NA, NA, 0, 0, NA, NA, NA, NA))
##
```

```
## Coefficients:
##          ar1      ar2  ar3  ar4      ar5      ma1      ma2  intercept
##       0.9392  -0.5292    0    0  -0.2763  -0.7432  -0.2568   109.9945
## s.e.  0.1959   0.1537    0    0   0.1108   0.2537   0.2388     0.0387
##
## sigma^2 estimated as 2.281:  log likelihood = -68.79,  aic = 151.58
```

（4）尝试构建 ARMA((1, 2, 5), (2))模型，具体命令如下。

```
EQ_GDPR03<-arima(GDPR,order=c(5,0,2),include.mean=T,fixed=c(NA,NA,0,0,NA,0,NA,NA),
transform.pars = FALSE)
EQ_GDPR03
```

模型仅包含 1 阶滞后、2 阶滞后和 5 阶滞后的自回归项，以及 2 阶滞后的移动平均项，并且模型中包含常数项，因此参数设定形式为"fixed=c(NA,NA,0,0,NA,0,NA,NA)"。

执行上述命令，得到如下的 ARMA((1, 2, 5), (2))模型的估计结果。

```
##
## Call:
## arima(x = GDPR, order = c(5, 0, 2), include.mean = T, transform.pars = FALSE,
##     fixed = c(NA, NA, 0, 0, NA, 0, NA, NA))
##
## Coefficients:
##          ar1      ar2  ar3  ar4      ar5  ma1      ma2  intercept
##       0.6177  -0.4482    0    0  -0.3999    0  -0.1238   110.0311
## s.e.  0.1463   0.1998    0    0   0.1232    0   0.3213     0.2241
##
## sigma^2 estimated as 3.114:  log likelihood = -72.57,  aic = 157.14
```

5. 模型检验

（1）模型残差的诊断检验可以通过函数 tsdiag 实现。本例中，对 AR(5)模型的残差进行诊断检验的命令如下。

```
tsdiag(EQ_GDPR)
```

执行上述命令，得到 AR(5)模型的残差诊断检验图形，如图 2-24 所示。可以看到该函数能够得到残差的时序图、残差的自相关图以及残差的各个滞后期的 Q 统计量图形。显然得到的图形较紧凑，如果希望得到更详细的检验结果，也可以自己进行编程。

通过如下的命令，可以得到残差的特定滞后阶数的 Q 统计量。

```
resid=EQ_GDPR$residuals
Box.test(resid,lag=7,type="Ljung-Box",fitdf=6)
```

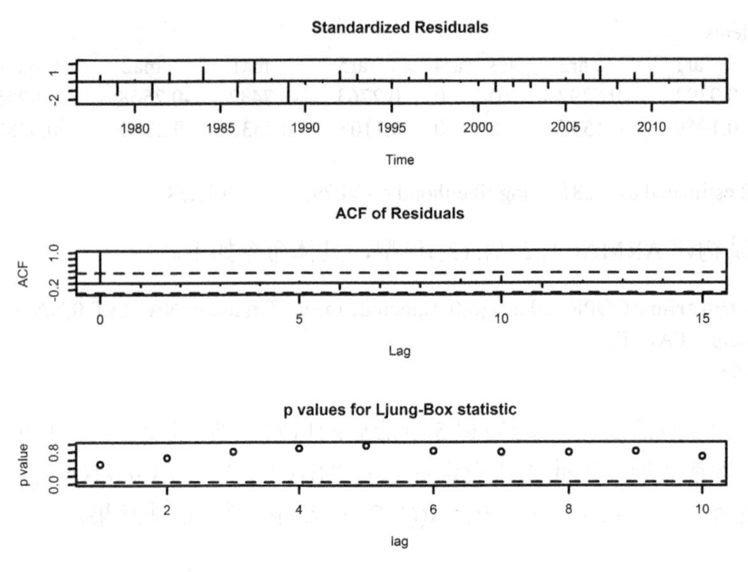

图 2-24 AR(5)模型残差的诊断检验

函数 **Box.test** 用于计算 Q 统计量，其参数“fitdf”中应输入模型中估计参数的个数。本例中，AR(5)模型的估计参数为 6 个，包括 5 个自回归项和 1 个常数项，因此设定参数为“fitdf=6”。

执行上述命令，得到如下的 Q 检验结果。AR(5)模型残差的滞后 7 期的 Q 统计量为 3.962 9，其伴随概率为 0.046 51，小于 5%的显著性水平，从而拒绝滞后 7 期的残差之间不存在相关性的原假设。因此认为 AR(5)模型并没有提取所有的相关性信息，需进一步考虑构建其他形式的 ARMA 模型。

```
##
##   Box-Ljung test
##
## data:   resid
## X-squared = 3.9629, df = 1, p-value = 0.04651
```

对 ARMA((1, 2, 5), (2))模型的残差进行诊断检验的命令如下。

```
tsdiag(EQ_GDPR03)
```

执行上述命令，得到 ARMA((1, 2, 5), (2))模型的残差诊断检验图形，如图 2-25 所示。ARMA((1, 2, 5), (2))模型残差的滞后 6 期 Q 统计量的计算如下。

```
resid03=EQ_GDPR03$residuals
Box.test(resid03,lag=6,type="Ljung-Box",fitdf=5)
```

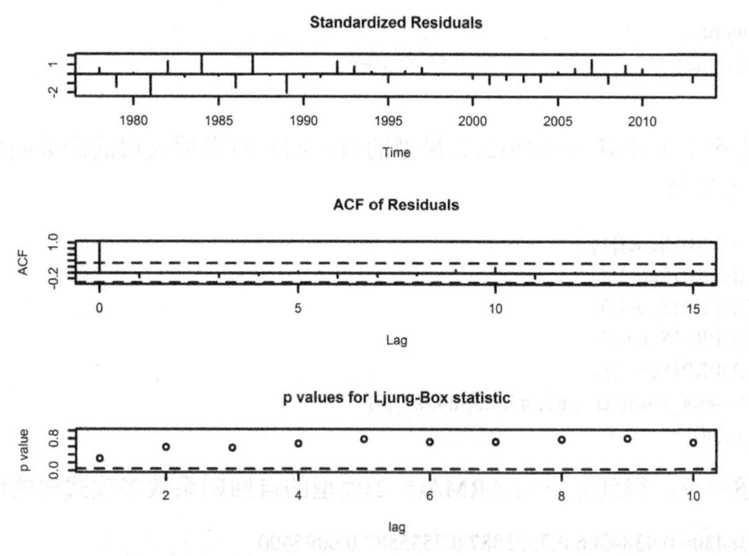

图 2-25　ARMA((1, 2, 5), (2))模型残差的诊断检验

执行上述命令，得到如下的 Q 检验结果。ARMA((1, 2, 5), (2))模型残差的滞后 6 期的 Q 统计量为 3.660 5，其伴随概率为 0.055 72，大于 5%的显著性水平，因此在 5%的显著性水平下不能拒绝原假设。

```
##
##    Box-Ljung test
##
## data:    resid03
## X-squared = 3.6605, df = 1, p-value = 0.05572
```

（2）R 语言中除了可以利用已有函数实现各种操作外，还可以自定义函数以方便应用。下面就列示了自定义函数 cha_roots 的编程过程（该编程过程类似于 FindAllRoots 包中的 allroots 函数），该函数用于计算不包含常数项的一元高次多项式的所有根（包括复数根）。该函数的第一个参数“a”是一个向量，用于存放一元高次多项式中的各个系数；第二个参数“n”是一个整数，用于指出一元高次多项式的最高次幂的数值。其中，函数 **matrix** 用于构造一个矩阵，函数 **eigen** 用于计算矩阵的特征值和特征向量。

```
cha_roots<-function (a, n)
{
     a = a/a[1]
     b = matrix(0, ncol = n, nrow = n)
     for (i in 1:(n - 1)) b[i, i + 1] = 1
     for (i in 1:n) b[n, i] = -a[n + 2 - i]
```

```
    c = eigen(b)
    d = c$values
}
```

下面的命令用于计算 ARMA(5, 2)模型的自回归系数多项式根的倒数的模。其中，函数 **Mod** 用于计算模。

```
a1<-EQ_GDPR01$coef[1]
a2<-EQ_GDPR01$coef[2]
a3<-EQ_GDPR01$coef[3]
a4<-EQ_GDPR01$coef[4]
a5<-EQ_GDPR01$coef[5]
cha_root01<-cha_roots(c(1,-a1,-a2,-a3,-a4,-a5),5)
Mod(cha_root01)
```

执行上述命令，得到如下的 ARMA(5, 2)模型的自回归系数多项式根的倒数的模。

```
## [1] 0.9384306 0.9384306 0.7535887 0.7535887 0.6095400
```

下面的命令用于计算 ARMA((1, 2, 5), 2)模型的移动平均系数多项式根的倒数的模。

```
b6<-EQ_GDPR02$coef[6]
b7<-EQ_GDPR02$coef[7]
cha_root02<-cha_roots(c(1,b6,b7),2)
Mod(cha_root02)
```

执行上述命令，得到如下的 ARMA((1, 2, 5), 2)模型的移动平均系数多项式根的倒数的模。其中，一阶滞后移动平均系数多项式根的倒数的模为 1，因此不满足可逆性。

```
## [1] 1.0000009 0.2567832
```

下面的命令用于计算 ARMA((1, 2, 5), (2))模型的自回归系数多项式根的倒数的模。

```
c1<-EQ_GDPR03$coef[1]
c2<-EQ_GDPR03$coef[2]
c3<-EQ_GDPR03$coef[3]
c4<-EQ_GDPR03$coef[4]
c5<-EQ_GDPR03$coef[5]
cha_root03ar<-cha_roots(c(1,-c1,-c2,-c3,-c4,-c5),5)
Mod(cha_root03ar)
```

执行上述命令，得到如下的 ARMA((1, 2, 5), (2))模型的自回归系数多项式根的倒数的模。

```
## [1] 0.9195403 0.9195403 0.8386839 0.8386839 0.6723571
```

下面的命令用于计算 ARMA((1, 2, 5), (2))模型的移动平均系数多项式根的倒数的模。

```
c6<-EQ_GDPR03$coef[6]
c7<-EQ_GDPR03$coef[7]
cha_root03ma<-cha_roots(c(1,c6,c7),2)
Mod(cha_root03ma)
```

执行上述命令，得到如下的 ARMA((1, 2, 5), (2))模型的移动平均系数多项式根的倒数的模。

```
## [1] 0.3518447 0.3518447
```

6. 模型选择

比较不同模型拟合效果的一种方法是采用信息判断准则法，典型的是采用 AIC 信息判断准则。以 ARMA((1, 2, 5), (2))模型为例，可以用下面的命令得到其 AIC 信息判断统计量。

```
EQ_GDPR03$aic
```

执行上述命令，得到如下的 AIC 信息判断统计量数值。

```
## [1] 157.1401
```

7. 模型预测

R 语言中，函数 **predict** 用于对模型进行预测。以 ARMA((1, 2, 5), (2))模型为例，可以用下面的命令对其进行向前 5 期预测。

```
predict(EQ_GDPR03,n.ahead=5)
```

执行上述命令，得到如下的预测结果。

```
## $pred
## Time Series:
## Start = 2014
## End = 2018
## Frequency = 1
## [1] 109.9590 111.0570 110.9895 111.0954 111.1911
##
## $se
## Time Series:
## Start = 2014
## End = 2018
## Frequency = 1
## [1] 1.764514 2.074038 2.101081 2.213407 2.230975
```

习题及参考答案

1．已知 $f(\lambda)=\lambda^p-\alpha_1\lambda^{p-1}-\alpha_2\lambda^{p-2}-\cdots-\alpha_p=0$（$\alpha_p\neq 0$）的解为 $\lambda_1,\lambda_2,\cdots,\lambda_p$，证明：滞后算子多项式 $A(L)=1-\alpha_1L-\alpha_2L^2-\cdots-\alpha_pL^p=0$ 的解为 $1/\lambda_1,1/\lambda_2,\cdots,1/\lambda_p$。

证明：不妨设 $A(L)=1-\alpha_1L-\alpha_2L^2-\cdots-\alpha_pL^p=0$ 的任意解为 υ，则

$$A(\upsilon)=1-\alpha_1\upsilon-\alpha_2\upsilon^2-\cdots-\alpha_p\upsilon^p=0$$

由于 $A(0)=1$，易知 $\upsilon\neq 0$。$1-\alpha_1\upsilon-\alpha_2\upsilon^2-\cdots-\alpha_p\upsilon^p=0$ 的等号两端同时除以 υ^p，有 $\frac{1}{\upsilon^p}-\frac{\alpha_1}{\upsilon^{p-1}}-\frac{\alpha_2}{\upsilon^{p-2}}-\cdots-\alpha_p=0$，即 $f\left(\frac{1}{\upsilon}\right)=0$，因此可知 $A(L)=0$ 和 $f(\lambda)=0$ 的解互为倒数。

2．讨论下列模型的平稳性和可逆性，其中 $\{\varepsilon_t\}$ 为白噪声过程。

（1）$y_t=1-y_{t-1}+\varepsilon_t+\varepsilon_{t-1}$　　（2）$y_t=0.5+1.3y_{t-1}-0.4y_{t-2}+\varepsilon_t-0.6\varepsilon_{t-1}$

（3）$y_t=y_{t-1}+\varepsilon_t-1.3\varepsilon_{t-1}+0.4\varepsilon_{t-2}$　　（4）$y_t=1+0.7y_{t-1}+0.6y_{t-2}+\varepsilon_t$

解：（1）平稳性判别：ARMA(1, 1)模型平稳要求 $|\alpha_1|<1$，这里 $|\alpha_1|=|-1|=1$，因此不满足平稳性条件，该模型不平稳。

可逆性判别：ARMA(1, 1)模型可逆要求 $|\beta_1|<1$，这里 $|\beta_1|=|-1|=1$，因此不满足可逆性条件，该模型不可逆。

（2）平稳性判别：ARMA(2, 1)模型平稳要求 $\begin{cases}\alpha_2>-1\\ \alpha_2+\alpha_1<1\\ \alpha_2-\alpha_1<1\end{cases}$，这里 $\alpha_1=1.3$，$\alpha_2=-0.4$，满足平稳性条件 $\begin{cases}\alpha_2=-0.4>-1\\ \alpha_2+\alpha_1=-0.4+1.3=0.9<1\\ \alpha_2-\alpha_1=-0.4-1.3=-1.7<1\end{cases}$，因此该模型平稳。

可逆性判别：ARMA(2, 1)模型可逆要求 $|\beta_1|<1$，这里 $|\beta_1|=|0.6|=1$，因此满足可逆性条件，该模型可逆。

（3）平稳性判别：ARMA(1, 2)模型平稳要求 $|\alpha_1|<1$，这里 $|\alpha_1|=|1|=1$，因此不满足平稳性条件，该模型不平稳。

可逆性判别：ARMA(1, 2)模型可逆要求 $\begin{cases}\beta_2>-1\\ \beta_2+\beta_1<1\\ \beta_2-\beta_1<1\end{cases}$，这里 $\beta_1=1.3$，$\beta_2=-0.4$，满

足可逆性条件 $\begin{cases}\beta_2 = -0.4 > -1 \\ \beta_2 + \beta_1 = -0.4 + 1.3 = 0.9 < 1 \\ \beta_2 - \beta_1 = -0.4 - 1.3 = -1.7 < 1\end{cases}$，因此该模型可逆。

（4）平稳性判别：AR(2)模型平稳要求 $\begin{cases}\alpha_2 > -1 \\ \alpha_2 + \alpha_1 < 1 \\ \alpha_2 - \alpha_1 < 1\end{cases}$，这里 $\alpha_1 = 0.7$，$\alpha_2 = 0.6$，由于 $\alpha_2 + \alpha_1 = 0.6 + 0.7 = 1.3 > 1$，因此不满足平稳性条件 $\alpha_2 + \alpha_1 < 1$，该模型不平稳。

3．已知 AR(2)过程 $y_t = 0.3y_{t-1} + 0.5y_{t-2} + \varepsilon_t$，其中 $\{\varepsilon_t\}$ 为白噪声过程，且已知 $\varepsilon_t \sim WN(0, \sigma_\varepsilon^2)$，求该 AR(2)过程的：（1）自相关系数 ρ_1, ρ_2, ρ_3；（2）方差 γ_0；（3）自协方差 $\gamma_1, \gamma_2, \gamma_3$；（4）偏自相关系数 $\varphi_{11}, \varphi_{22}, \varphi_{33}$。

解：根据 Yule-Walker 方程有

$$\rho_1 = 0.3\rho_0 + 0.5\rho_1$$

因此

$$\begin{aligned}
\rho_1 &= \frac{0.3}{1-0.5} = 0.6 \\
\rho_2 &= 0.3\rho_1 + 0.5\rho_0 = 0.3 \times 0.6 + 0.5 = 0.68 \\
\rho_3 &= 0.3\rho_2 + 0.5\rho_1 = 0.3 \times 0.68 + 0.5 \times 0.6 = 0.504
\end{aligned}$$

由 $\rho_0 = 0.3\rho_1 + 0.5\rho_2 + \sigma_\varepsilon^2 / \gamma_0$，可知

$$\gamma_0 = \frac{\sigma_\varepsilon^2}{1 - 0.3\rho_1 - 0.5\rho_2} = \frac{\sigma_\varepsilon^2}{1 - 0.3 \times 0.6 - 0.5 \times 0.68} \approx 2.083\sigma_\varepsilon^2$$

$$\gamma_1 = \gamma_0\rho_1 \approx 1.250\sigma_\varepsilon^2,\quad \gamma_2 = \gamma_0\rho_2 \approx 1.416\sigma_\varepsilon^2,\quad \gamma_3 = \gamma_0\rho_3 \approx 1.050\sigma_\varepsilon^2$$

$$\varphi_{11} = \frac{\boldsymbol{D}_1}{\boldsymbol{D}} = \rho_1 / \rho_0 = \rho_1 = 0.6$$

$$\begin{aligned}
\varphi_{22} &= \frac{\boldsymbol{D}_2}{\boldsymbol{D}} \\
&= \begin{vmatrix}\rho_0 & \rho_1 \\ \rho_1 & \rho_2\end{vmatrix} \Big/ \begin{vmatrix}\rho_0 & \rho_1 \\ \rho_1 & \rho_0\end{vmatrix} \\
&= \begin{vmatrix}1 & \alpha_1 + \alpha_2\rho_1 \\ \rho_1 & \alpha_1\rho_1 + \alpha_2\end{vmatrix} \Big/ \begin{vmatrix}1 & \rho_1 \\ \rho_1 & 1\end{vmatrix} \\
&= \alpha_2 \begin{vmatrix}1 & \rho_1 \\ \rho_1 & 1\end{vmatrix} \Big/ \begin{vmatrix}1 & \rho_1 \\ \rho_1 & 1\end{vmatrix} \\
&= \alpha_2 = 0.5
\end{aligned}$$

$$\varphi_{33}=\frac{\boldsymbol{D}_3}{\boldsymbol{D}}$$

$$=\begin{vmatrix}\rho_0 & \rho_1 & \rho_1\\ \rho_1 & \rho_0 & \rho_2\\ \rho_2 & \rho_1 & \rho_3\end{vmatrix}\Bigg/\begin{vmatrix}\rho_0 & \rho_1 & \rho_2\\ \rho_1 & \rho_0 & \rho_1\\ \rho_2 & \rho_1 & \rho_0\end{vmatrix}$$

$$=\begin{vmatrix}1 & \rho_1 & \alpha_1+\alpha_2\rho_1\\ \rho_1 & 1 & \alpha_1\rho_1+\alpha_2\\ \rho_2 & \rho_1 & \alpha_1\rho_2+\alpha_2\rho_1\end{vmatrix}\Bigg/\begin{vmatrix}1 & \rho_1 & \rho_2\\ \rho_1 & 1 & \rho_1\\ \rho_2 & \rho_1 & 1\end{vmatrix}=0$$

4．考虑一个 ARMA(2, 2)过程 $y_t=2+0.3y_{t-1}+0.5y_{t-2}+\varepsilon_t-1.2\varepsilon_{t-1}+0.4\varepsilon_{t-2}$，$\varepsilon_t\sim WN(0,\sigma_\varepsilon^2)$，已知序列$\{y_t\}$的近三期样本值信息为 y_t=9.8，y_{t-1}=10.2，y_{t-2}=10.1，ε_{t-1}=0.2，ε_{t-2}=0.1，请给出ε_t的数值，并给出序列$\{y_t\}$的$t+1$、$t+2$和$t+3$期预测值及预测误差的方差。

解：由于 $y_t=2+0.3y_{t-1}+0.5y_{t-2}+\varepsilon_t-1.2\varepsilon_{t-1}+0.4\varepsilon_{t-2}$，因此有

$$\begin{aligned}\varepsilon_t&=y_t-2-0.3y_{t-1}-0.5y_{t-2}+1.2\varepsilon_{t-1}-0.4\varepsilon_{t-2}\\&=9.8-2-0.3\times10.2-0.5\times10.1+1.2\times0.2-0.4\times0.1\\&=-0.11\end{aligned}$$

根据 ARMA(p, q)过程的预测公式

$$E_ty_{t+k}=\begin{cases}c+\alpha_1E_ty_{t+k-1}+\cdots+\alpha_pE_ty_{t+k-p}-\beta_k\varepsilon_t-\cdots-\beta_q\varepsilon_{t+k-q},k\leqslant q\\c+\alpha_1E_ty_{t+k-1}+\cdots+\alpha_pE_ty_{t+k-p},k>q\end{cases}$$

序列$\{y_t\}$的预测值为

$$\begin{aligned}E_ty_{t+1}&=2+0.3E_ty_t+0.5E_ty_{t-1}-1.2\varepsilon_t+0.4\varepsilon_{t-1}\\&=2+0.3y_t+0.5y_{t-1}-1.2\varepsilon_t+0.4\varepsilon_{t-1}\\&=2+0.3\times9.8+0.5\times10.2-1.2\times(-0.11)+0.4\times0.2\\&=10.252\end{aligned}$$

$$\begin{aligned}E_ty_{t+2}&=2+0.3E_ty_{t+1}+0.5E_ty_t+0.4\varepsilon_t\\&=2+0.3E_ty_{t+1}+0.5y_t+0.4\varepsilon_t\\&=2+0.3\times10.252+0.5\times9.8+0.4\times(-0.11)\\&=9.9316\end{aligned}$$

$$\begin{aligned}E_ty_{t+3}&=2+0.3E_ty_{t+2}+0.5E_ty_{t+1}\\&=2+0.3\times9.9316+0.5\times10.252\\&=10.10548\end{aligned}$$

根据 ARMA(p, q)过程的格林函数递推公式，可得

$$
\psi_j = \begin{cases} 1, j=0 \\ \sum_{i=1}^{j} \alpha_i' \psi_{j-i} - \beta_j, 1 \leqslant j \leqslant q \\ \sum_{i=1}^{j} \alpha_i' \psi_{j-i}, j > q \end{cases}
$$

其中，$\alpha_i' = \begin{cases} \alpha_i, i \leqslant p \\ 0, i > p \end{cases}$。

对于 ARMA(2, 2)过程 $y_t = 2 + 0.3y_{t-1} + 0.5y_{t-2} + \varepsilon_t - 1.2\varepsilon_{t-1} + 0.4\varepsilon_{t-2}$，有 $\alpha_1 = 0.3$，$\alpha_2 = 0.5$，$\beta_1 = 1.2$，$\beta_2 = -0.4$。

因此有

$$\psi_0 = 1$$

$$\psi_1 = \alpha_1 \psi_0 - \beta_1 = \alpha_1 - \beta_1 = 0.3 - 1.2 = -0.9$$

$$\psi_2 = \alpha_1 \psi_1 + \alpha_2 \psi_0 - \beta_2 = \alpha_1 \psi_1 + \alpha_2 - \beta_2 = 0.3 \times (-0.9) + 0.5 - (-0.4) = 0.63$$

根据 $\mathrm{Var}\left[e_t(k)\right] = \left[1 + \psi_1^2 + \psi_2^2 + \cdots + \psi_{k-1}^2\right]\sigma_\varepsilon^2$，则预测误差的方差为

$$\mathrm{Var}\left[e_t(1)\right] = \sigma_\varepsilon^2$$

$$\mathrm{Var}\left[e_t(2)\right] = \left[1 + \psi_1^2\right]\sigma_\varepsilon^2 = \left[1 + 0.9^2\right]\sigma_\varepsilon^2 = 1.81\sigma_\varepsilon^2$$

$$\mathrm{Var}\left[e_t(3)\right] = \left[1 + \psi_1^2 + \psi_2^2\right]\sigma_\varepsilon^2 = \left[1 + 0.9^2 + 0.63^2\right]\sigma_\varepsilon^2 = 2.206\,9\sigma_\varepsilon^2$$

参考文献

[1] （美）詹姆斯·D. 汉密尔顿．时间序列分析[M]．刘明志，译．北京：中国社会科学出版社，1999．

[2] Box G E P, Jenkins G M. Time Series Analysis, Forecasting, and Control[M]. San Francisco, California:Holden Day, 1976.

[3] Box G E P, Pierce D A. Distribution of Autocorrelations in Autoregressive Moving Average Time Series Models[J]. Journal of the American Statistical Association, 1970, 65(332): 1509-1526.

[4] Ljung G M, Box G E P. On a Measure of Lack of Fit in Time Series Models[J]. Biometrica, 1978, 65(2): 297-303.

第 3 章　单位根检验

本章导读

在对时间序列进行建模分析之前，首先要对时间序列的平稳性有一个恰当的判断。因为平稳时间序列和非平稳时间序列的数据生成过程是不同的，进而建模方式和原理也是不同的。

时间序列的平稳性一方面可以通过时序图和自相关图进行粗略的判断，更重要的还需要通过正规的统计检验对序列的平稳性进行更加可靠的判断，ADF 单位根检验就是一种经典的时间序列平稳性检验方法。

本章结构如下：3.1 节介绍一些典型的平稳和非平稳过程，以帮助理解和区分平稳和非平稳时间序列；3.2 节阐述趋势平稳过程和差分平稳过程的区别；3.3 节介绍 ADF 单位根检验方法；3.4 节介绍两个 ADF 单位根检验的应用实例。

3.1　典型的平稳和非平稳过程

在介绍单位根检验原理之前，有必要介绍一些典型的平稳和非平稳过程，这对于理解单位根检验的原理很有帮助。下面将以几个典型的平稳和非平稳过程为例，初步展示平稳和非平稳序列的不同特征。

3.1.1　零均值平稳过程和随机游走过程

1. 零均值平稳过程

简单起见，假设零均值平稳过程为如下的 AR(1)过程[①]：

$$y_t = 0.8 y_{t-1} + \varepsilon_t \tag{3-1}$$

将式（3-1）迭代可以得到

① 当然，除了假设为 AR(1)过程外，也可以假设为任何的 AR(p)、MA(q)或 ARMA(p, q)过程。

$$
\begin{aligned}
y_t &= 0.8(0.8y_{t-2}+\varepsilon_{t-1})+\varepsilon_t \\
&= 0.8^2 y_{t-2}+0.8\varepsilon_{t-1}+\varepsilon_t \\
&= 0.8^3 y_{t-3}+0.8^2\varepsilon_{t-2}+0.8\varepsilon_{t-1}+\varepsilon_t \\
&= \cdots \\
&= 0.8^t y_0+\sum_{i=1}^{t}0.8^{t-i}\varepsilon_i
\end{aligned} \tag{3-2}
$$

可见，对于一个平稳过程，不论是初始值 y_0，还是历史扰动项 ε_i（$i<t$），对 t 期序列值 y_t 的影响都会随着时间的推移而以指数速度衰减。

2. 随机游走（random walk）过程

随机游走过程是一个典型的非平稳过程，其生成过程可以表示为

$$u_t = u_{t-1}+\varepsilon_t \tag{3-3}$$

将式（3-3）迭代可以得到

$$
\begin{aligned}
u_t &= (u_{t-2}+\varepsilon_{t-1})+\varepsilon_t \\
&= u_{t-2}+\varepsilon_{t-1}+\varepsilon_t \\
&= u_{t-3}+\varepsilon_{t-2}+\varepsilon_{t-1}+\varepsilon_t \\
&= \cdots \\
&= u_0+\sum_{i=1}^{t}\varepsilon_i
\end{aligned} \tag{3-4}
$$

对于随机游走过程，不论是初始值 u_0，还是所有的历史随机扰动项 ε_i（$i=1,\cdots,t$），都对 t 期序列值 u_t 具有永不衰减的影响，因此使得序列表现为随机趋势（stochastic trend）。

在式（3-1）和式（3-3）的基础上分别拟合样本量为 100 的零均值平稳过程和随机游走过程，如图 3-1 所示。

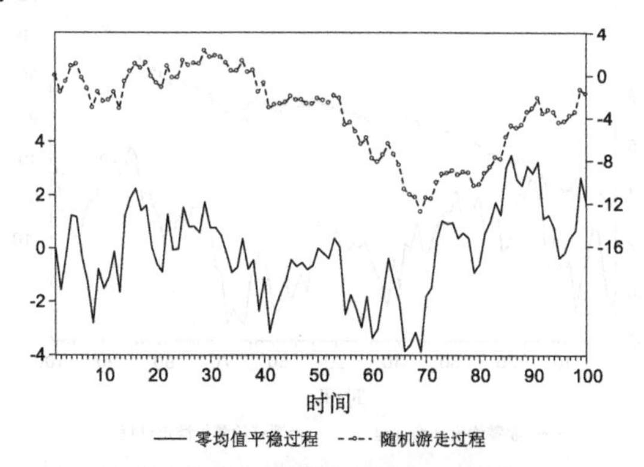

图 3-1　零均值平稳过程和随机游走过程

3.1.2 非零均值平稳过程和带漂移的随机游走过程

1. 非零均值平稳过程

简单起见，仍假设非零均值平稳过程为AR(1)过程

$$y_t = 0.5 + 0.8y_{t-1} + \varepsilon_t \tag{3-5}$$

2. 带漂移的随机游走过程（random walk with drift）

带漂移的随机游走过程也是一种典型的非平稳过程，其生成过程可以表示为

$$u_t = 0.5 + u_{t-1} + \varepsilon_t \tag{3-6}$$

将式（3-6）迭代可以得到

$$\begin{aligned} u_t &= 0.5 + (0.5 + u_{t-2} + \varepsilon_{t-1}) + \varepsilon_t \\ &= 0.5\times 2 + u_{t-2} + \varepsilon_{t-1} + \varepsilon_t \\ &= 0.5\times 3 + u_{t-3} + \varepsilon_{t-2} + \varepsilon_{t-1} + \varepsilon_t \\ &= \cdots \\ &= 0.5t + u_0 + \sum_{i=1}^{t}\varepsilon_i \end{aligned} \tag{3-7}$$

由此可见，漂移项0.5事实上是该序列的确定性增长率。同时与随机游走过程一样，由于所有的历史随机扰动项ε_i（$i=1,\cdots,t$）都对序列u_t具有永不衰减的影响，因此使得序列又具有随机趋势。总之，带漂移的随机游走过程事实上由两种趋势主导：一种是确定性趋势；另一种是随机趋势。

在式（3-5）和式（3-6）的基础上分别拟合样本量为100的非零均值平稳过程和带漂移的随机游走过程，如图3-2所示。

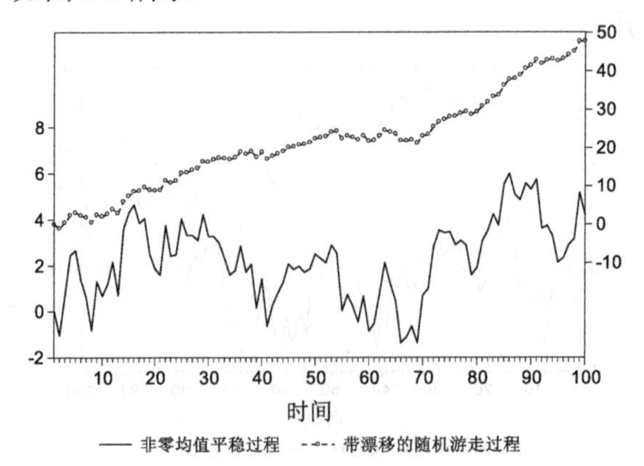

图3-2 非零均值平稳过程和带漂移的随机游走过程

3.1.3 趋势平稳过程和趋势非平稳过程

1. 趋势平稳（trend stationary）过程

假设趋势平稳的时间序列具有线性趋势，并且退势后为零均值 AR(1)过程

$$\begin{aligned} y_t &= 0.5 + 0.3t + \omega_t \\ \omega_t &= 0.8\omega_{t-1} + \varepsilon_t \end{aligned} \tag{3-8}$$

趋势平稳过程也称退势平稳过程。虽然趋势平稳过程$\{y_t\}$本身是非平稳的，但减去确定性趋势 0.5+0.3t 后，余下的$\{\omega_t\}$却为零均值平稳过程。式（3-8）也可以整理得到一个单方程形式

$$y_t = 0.5 + 0.3t + \varepsilon_t/(1-0.8L) \tag{3-9}$$

式（3-9）两端同时乘以$(1-0.8L)$得到

$$\begin{aligned} (1-0.8L)y_t &= (1-0.8L)(0.5+0.3t) + \varepsilon_t \\ &= 0.5(1-0.8) + 0.3t(1-0.8L) + \varepsilon_t \\ &= 0.5(1-0.8) + 0.3t - 0.3\times 0.8(t-1) + \varepsilon_t \\ &= [0.5(1-0.8) + 0.3\times 0.8] + [0.3t - 0.3\times 0.8t] + \varepsilon_t \end{aligned} \tag{3-10}$$

即

$$y_t = 0.34 + 0.06t + 0.8y_{t-1} + \varepsilon_t \tag{3-11}$$

2. 趋势非平稳过程

典型的趋势非平稳过程

$$u_t = 0.5 + 0.3t + u_{t-1} + \varepsilon_t \tag{3-12}$$

将式（3-12）迭代可以得到

$$\begin{aligned} u_t &= 0.5 + 0.3t + [0.5 + 0.3(t-1) + u_{t-2} + \varepsilon_{t-1}] + \varepsilon_t \\ &= 0.5\times 2 + 0.3t\times 2 - 0.3 + u_{t-2} + \varepsilon_{t-1} + \varepsilon_t \\ &= 0.5\times 3 + 0.3t\times 3 - 0.3 - 0.3\times 2 + u_{t-3} + \varepsilon_{t-2} + \varepsilon_{t-1} + \varepsilon_t \\ &\vdots \\ &= 0.5t + 0.3t\times t - 0.3\sum_{i=1}^{t-1} i + u_0 + \sum_{i=1}^{t}\varepsilon_i \\ &= 0.5t + 0.3t^2 - 0.3(1+t-1)(t-1)/2 + u_0 + \sum_{i=1}^{t}\varepsilon_i \\ &= 0.65t + 0.15t^2 + u_0 + \sum_{i=1}^{t}\varepsilon_i \end{aligned} \tag{3-13}$$

可见，趋势非平稳过程不仅包含随机趋势和线性的确定性趋势，而且包含时间的二次方项的确定性趋势。

在式（3-11）和式（3-12）的基础上分别拟合样本量为 100 的趋势平稳过程和趋势非平稳过程，如图 3-3 所示。

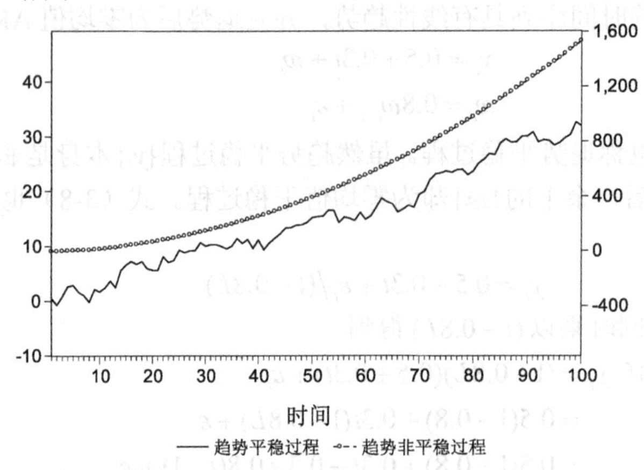

图 3-3　趋势平稳过程和趋势非平稳过程

3.2　趋势平稳和差分平稳

3.2.1　趋势平稳过程

对于趋势平稳过程，其本身非平稳，但将其减去确定性趋势后就可以得到平稳过程。典型的，考虑如下的趋势平稳过程

$$y_t = a_0 + a_2 t + \alpha_1 y_{t-1} + \varepsilon_t \tag{3-14}$$

其中$|\alpha_1| < 1$。将式（3-14）记为滞后算子多项式形式，有

$$(1-\alpha_1 L) y_t = a_0 + a_2 t + \varepsilon_t \tag{3-15}$$

对式（3-15）进行整理可得到序列$\{y_t\}$的确定性趋势

$$\begin{aligned} y_t &= \frac{a_0 + a_2 t + \varepsilon_t}{1-\alpha_1 L} \\ &= \frac{a_0}{1-\alpha_1} - \frac{a_2 \alpha_1}{(1-\alpha_1)^2} + \frac{a_2 t}{1-\alpha_1} + \frac{\varepsilon_t}{1-\alpha_1 L} \end{aligned} \tag{3-16}$$

其中，$t/(1-\alpha_1 L)$的运算过程为

$$
\begin{aligned}
\frac{t}{1-\alpha_1 L} &= \sum_{i=0}^{\infty}(\alpha_1 L)^i t \\
&= t+\alpha_1(t-1)+\alpha_1^2(t-2)+\alpha_1^3(t-3)+\cdots \\
&= (t+\alpha_1 t+\alpha_1^2 t+\alpha_1^3 t+\cdots)-(\alpha_1+2\alpha_1^2+3\alpha_1^3\cdots) \\
&= \frac{t}{1-\alpha_1}-\sum_{i=1}^{\infty} i\alpha_1^i \\
&= \frac{t}{1-\alpha_1}-\frac{\alpha_1}{(1-\alpha_1)^2}
\end{aligned} \tag{3-17}
$$

式（3-17）中 $\sum_{i=1}^{\infty} i\alpha_1^i=\frac{\alpha_1}{(1-\alpha_1)^2}$ 是基于条件 $|\alpha_1|<1$，此时有

$$
\begin{aligned}
\sum_{i=1}^{\infty} i\alpha_1^i &= \alpha_1\sum_{i=1}^{\infty} i\alpha_1^{i-1}=\alpha_1\sum_{i=1}^{\infty} i\alpha_1^{i-1}=\alpha_1\sum_{i=1}^{\infty}\left(\alpha_1^i\right)' \\
&= \alpha_1\left(\sum_{i=1}^{\infty}\alpha_1^i\right)'=\alpha_1\left(\frac{\alpha_1}{1-\alpha_1}\right)'=\frac{\alpha_1}{(1-\alpha_1)^2}
\end{aligned} \tag{3-18}
$$

由式（3-16）可知，对趋势平稳序列 $\{y_t\}$ 去除确定性趋势项后，得到的即为零均值平稳序列 $\varepsilon_t/(1-\alpha_1 L)$。$\{y_t\}$ 的确定性趋势项为

$$
a_0/(1-\alpha_1)-a_2\alpha_1/(1-\alpha_1)^2+a_2 t/(1-\alpha_1) \tag{3-19}
$$

3.2.2 差分平稳过程

对于随机游走过程、带漂移的随机游走过程和趋势非平稳过程，由于其中包含随机趋势，因此即使将带漂移的随机游走过程和趋势非平稳过程中的确定性趋势去除，也无法得到平稳过程。对于这类过程，由于它们都包含等于 1 的特征根，通常称其为**单位根过程**。对于单位根过程，差分是获得平稳时间序列的有效途径，因此也称这类过程为**差分平稳过程**。随机游走过程和带漂移的随机游走过程差分后都能够得到平稳过程，趋势非平稳过程差分后能够得到趋势平稳过程。

对随机游走过程、带漂移的随机游走过程和趋势非平稳过程进行差分后的情况如下所示。

（1）随机游走过程：$y_t=y_{t-1}+\varepsilon_t\rightarrow\Delta y_t=\varepsilon_t$，显然差分后的序列 $\{\Delta y_t\}$ 平稳。

（2）带漂移的随机游走过程：$y_t=a_0+y_{t-1}+\varepsilon_t\rightarrow\Delta y_t=a_0+\varepsilon_t$，显然差分后的序列 $\{\Delta y_t\}$ 平稳。

（3）趋势非平稳过程：$y_t=a_0+a_2 t+y_{t-1}+\varepsilon_t\rightarrow\Delta y_t=a_0+a_2 t+\varepsilon_t$，显然差分后的序

列$\{\Delta y_t\}$趋势平稳。

3.2.3 过度差分

虽然差分简单且有效，但如果对趋势平稳过程差分则会产生过度差分问题。

例如考虑最简单的情形，对于趋势平稳过程

$$y_t = a_0 + a_2 t + \varepsilon_t \tag{3-20}$$

一阶差分后得到

$$\Delta y_t = a_2 + \varepsilon_t - \varepsilon_{t-1} \tag{3-21}$$

虽然差分序列$\{\Delta y_t\}$平稳，但显然根据 ARMA 模型的可逆性约束条件，这是一个不可逆的过程。此外，$\{\Delta y_t\}$与去趋势操作得到的$\{y_t - a_0 - a_2 t\}$相比，它们的方差分别为

$$\text{Var}(\Delta y_t) = \text{Var}(a_2 + \varepsilon_t - \varepsilon_{t-1}) = 2\sigma_\varepsilon^2 \tag{3-22}$$

$$\text{Var}(y_t - a_0 - a_2 t) = \text{Var}(\varepsilon_t) = \sigma_\varepsilon^2 \tag{3-23}$$

显然，差分序列$\{\Delta y_t\}$的方差是去趋势序列$\{y_t - a_0 - a_2 t\}$方差的两倍。另外，差分还将损失样本量，而去趋势操作则不会损失样本。

上述分析表明，对于数据生成特性不同的非平稳时间序列，需采取不同的方法使其平稳化，对于趋势平稳过程通常应采取去趋势操作，而对于单位根过程通常应采取差分操作。

3.3 单位根检验

现实当中对时间序列进行分析时，通常不知道时间序列真实的数据生成过程。如果想对时间序列进行恰当的分析建模，首要的问题是需要判断时间序列是平稳还是非平稳，是趋势平稳过程还是单位根过程。

检验时间序列是否存在单位根的方法统称为**单位根检验**。Dickey 和 Fuller[1][2]提出了检验是否存在单位根的 DF 检验方法，这一方法也成为检验时间序列平稳性的经典方法。单位根检验的方法不止 DF 检验一种，继 DF 检验之后，研究者们又陆续提出了其他的一些单位根检验方法。这里仅重点介绍 DF 和 ADF 检验，借以阐释单位根检验的原理。

ARMA 模型的平稳性条件，要求对应的齐次线性差分方程的特征根都在单位圆内。对于最简单的 AR(1)模型来说，只有自回归系数的绝对值小于 1 时，该模型中的序列才平稳。

现假设一个时间序列满足一阶自相关

$$y_t = \alpha_1 y_{t-1} + \varepsilon_t \tag{3-24}$$

若$|\alpha_1|<1$，则序列$\{y_t\}$平稳；否则，序列$\{y_t\}$不平稳。典型的，当$\alpha_1=1$时，序列$\{y_t\}$为典型的非平稳过程——随机游走过程，此时式（3-24）对应的齐次线性差分方程的特征根为 1，即存在单位根。

单位根检验的关键问题是，如果时间序列包含单位根，则对序列用 OLS 方法估计自回归模型，得到的估计系数是有偏的估计，同时 t 检验无法用于检验$\alpha_1=1$的原假设。

在$\alpha_1=1$的原假设下，Dickey 和 Fuller 提出 DF 统计量，记作τ。

$$\tau=\frac{\hat{\alpha}_1-1}{\hat{\sigma}} \tag{3-25}$$

其中，$\hat{\alpha}_1$表示α_1的估计，$\hat{\sigma}$表示估计标准差。从形式上看，DF 统计量与传统的 t 统计量相同，但在$\alpha_1=1$的原假设下其极限分布不再是标准的 t 分布或正态分布，而是一种非对称的复杂分布函数形式，具体表现为维纳（Wiener）过程的函数[①]。这样复杂的极限分布无法通过解析方法求解，但 Dickey 和 Fuller 通过蒙特卡洛（Monte Carlo）模拟，给出了特定一些样本容量下 DF 统计量的分位数表。即使无法知晓 DF 统计量的具体分布形式，但在已知分位数表的情况下就可以对一个时间序列存在单位根的原假设进行判别。

另外，时间序列建模也可能需要包含截距项和时间趋势项，如下面的两个形式：

$$y_t=a_0+\alpha_1 y_{t-1}+\varepsilon_t \tag{3-26}$$

$$y_t=a_0+a_2 t+\alpha_1 y_{t-1}+\varepsilon_t \tag{3-27}$$

此时，$\alpha_1=1$的原假设下式（3-26）和式（3-27）的 DF 统计量的极限分布也是维纳过程的函数，但形式上与式（3-24）的 DF 统计量的极限分布有一定差异。当然，其分位数表也与式（3-24）的 DF 统计量的分位数表不相同。

3.3.1　DF 检验

式（3-24）、式（3-26）和式（3-27）是单位根检验的基本模型，事实上 DF 检验考虑的是如下三个模型：

$$\Delta y_t=\gamma y_{t-1}+\varepsilon_t \tag{3-28}$$

$$\Delta y_t=a_0+\gamma y_{t-1}+\varepsilon_t \tag{3-29}$$

$$\Delta y_t=a_0+a_2 t+\gamma y_{t-1}+\varepsilon_t \tag{3-30}$$

其中，$\gamma=\alpha_1-1$。事实上，式（3-28）、式（3-29）和式（3-30）与式（3-24）、式（3-26）和式（3-27）并无差别，只是在形式上是在式（3-24）、式（3-26）和式（3-27）的等号

---

① 当$T\to\infty$时，$\tau=\dfrac{\hat{\alpha}_1-1}{\hat{\sigma}}\Rightarrow\dfrac{(1/2)(W(1)^2-1)}{(\int_0^1 W(i)^2\mathrm{d}i)^{1/2}}$。

两端分别减去 y_{t-1}。则单位根检验的原假设和备择假设也就转变为

$$H_0: \gamma = 0 \tag{3-31}$$

和

$$H_1: \gamma < 0 \tag{3-32}$$

这里原假设意味着序列 $\{y_t\}$ 包含单位根，即是非平稳序列；备择假设意味着序列 $\{y_t\}$ 不含单位根，即是平稳序列。此时的 DF 统计量转变为

$$\tau = \frac{\hat{\gamma}}{\hat{\sigma}} \tag{3-33}$$

其中，$\hat{\gamma}$ 表示 γ 的估计，$\hat{\sigma}$ 表示估计标准差。该 DF 统计量与式（3-25）中的 DF 统计量无本质差异，数值上也完全相同。

值得注意的是，DF 检验是左单端检验。因此，当 DF 统计量小于临界值时，拒绝存在单位根的原假设，认为序列是平稳（针对式（3-28）和式（3-29））或趋势平稳的（针对式（3-30））；当 DF 统计量大于临界值时，不能拒绝原假设，认为序列非平稳。

正如图 3-4 中的单位根检验拒绝域的示意图所示，虽然无法得到 DF 统计量的精确分布形式，但通过蒙特卡洛模拟，却可以找出特定样本容量下 DF 统计量的临界值，而 DF 单位根检验的拒绝域是位于临界值的左侧。

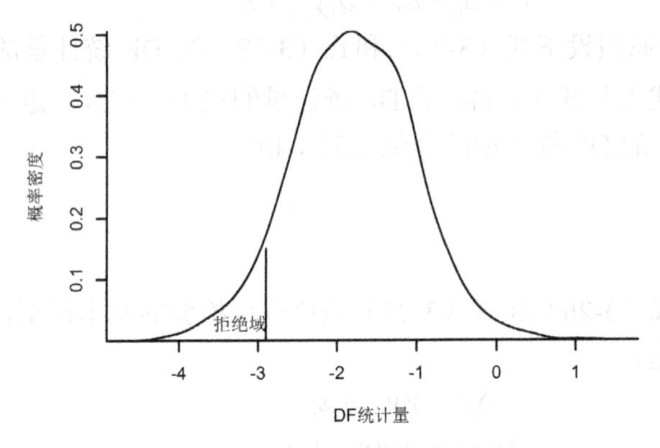

图 3-4　单位根检验拒绝域

由于 DF 统计量的临界值是通过蒙特卡洛模拟方式得到的，因此对于不同的模型形式和不同的样本容量，DF 统计量的临界值都有所不同。为了区分三种模型形式下不同的临界值，通常习惯地将基于模型式（3-28）的 DF 统计量表示为 τ，将基于模型式（3-29）的 DF 统计量表示为 τ_μ，将基于模型式（3-30）的 DF 统计量表示为 τ_τ。

3.3.2 ADF 检验

DF 单位根检验中所考虑的仅是一阶自相关情形，然而很多时间序列可能存在高阶自相关，因此对 DF 检验进行扩展，在检验模型中考察高阶自回归，这就是 ADF（Augmented Dickey-Fuller）检验。

考察

$$y_t = \alpha_1 y_{t-1} + \alpha_2 y_{t-2} + \cdots + \alpha_p y_{t-p} + \varepsilon_t \tag{3-34}$$

在式（3-34）的等号两端减去 y_{t-1}，得

$$\begin{aligned} y_t - y_{t-1} &= \alpha_1 y_{t-1} + \alpha_2 y_{t-2} + \cdots + \alpha_{p-1} y_{t-p+1} + \alpha_p y_{t-p} - y_{t-1} + \varepsilon_t \\ &= \alpha_1 y_{t-1} - y_{t-1} + (\alpha_2 + \cdots + \alpha_p) y_{t-1} - (\alpha_2 + \cdots + \alpha_p) y_{t-1} \\ &\quad + \alpha_2 y_{t-2} + (\alpha_3 + \cdots + \alpha_p) y_{t-2} - (\alpha_3 + \cdots + \alpha_p) y_{t-2} \\ &\quad + \alpha_3 y_{t-3} + (\alpha_4 + \cdots + \alpha_p) y_{t-3} - (\alpha_4 + \cdots + \alpha_p) y_{t-3} \\ &\quad + \cdots + \alpha_{p-1} y_{t-p+1} + \alpha_p y_{t-p+1} - \alpha_p y_{t-p+1} \\ &\quad + \alpha_p y_{t-p} + \varepsilon_t \\ &= (\alpha_1 + \alpha_2 + \cdots + \alpha_p - 1) y_{t-1} - (\alpha_2 + \cdots + \alpha_p) \Delta y_{t-1} \\ &\quad - (\alpha_3 + \cdots + \alpha_p) \Delta y_{t-2} - (\alpha_4 + \cdots + \alpha_p) \Delta y_{t-3} \\ &\quad - \cdots - (\alpha_{p-1} + \alpha_p) \Delta y_{t-p+2} - \alpha_p \Delta y_{t-p+1} + \varepsilon_t \end{aligned} \tag{3-35}$$

因此式（3-34）可以简记为

$$\Delta y_t = \gamma y_{t-1} + \eta_1 \Delta y_{t-1} + \cdots + \eta_{p-1} \Delta y_{t-p+1} + \varepsilon_t \tag{3-36}$$

其中，$\gamma = \alpha_1 + \alpha_2 + \cdots + \alpha_p - 1$，$\eta_i = -(\alpha_{i+1} + \cdots + \alpha_p)$。

此外，包含截距项和同时包含截距和趋势项的另外两种模型形式为

$$\Delta y_t = a_0 + \gamma y_{t-1} + \eta_1 \Delta y_{t-1} + \cdots + \eta_{p-1} \Delta y_{t-p+1} + \varepsilon_t \tag{3-37}$$

$$\Delta y_t = a_0 + a_2 t + \gamma y_{t-1} + \eta_1 \Delta y_{t-1} + \cdots + \eta_{p-1} \Delta y_{t-p+1} + \varepsilon_t \tag{3-38}$$

事实上，当 $\gamma = 0$ 时，即意味着 $\alpha_1 + \alpha_2 + \cdots + \alpha_p = 1$，此时式（3-34）作为一个线性差分方程，其对应的特征方程 $\lambda^p - \alpha_1 \lambda^{p-1} - \alpha_2 \lambda^{p-2} - \cdots - \alpha_p = 0$ 必存在至少一个单位根，因为 $\lambda = 1$ 显然是该特征方程的解，$1 - \alpha_1 - \alpha_2 - \cdots - \alpha_p = 0$。因此，与 DF 检验类似，ADF 检验在考察序列 $\{y_t\}$ 是否存在单位根时，只需检验 $\gamma = 0$ 是否成立。因此基于式（3-36）~式（3-38），ADF 检验的原假设和备择假设也是 H_0：$\gamma = 0$ 和 H_1：$\gamma < 0$。

ADF 检验的统计量仍旧类似于式（3-33）的 DF 统计量形式，因此接下来也称之为

DF 统计量。检验方法也与 DF 检验一致，为左单端检验。

虽然，ADF 检验的模型式（3-36）~式（3-38）比 DF 检验的模型式（3-28）~式（3-30）稍微复杂一些，但统计量的临界值仍旧相同，因此仍沿用前面用 τ 、τ_μ 和 τ_τ 分别表示无截距和趋势项、只有截距项以及同时包含截距和趋势项的三种模型式（3-36）~式（3-38）的 DF 统计量。

对一个时间序列 $\{y_t\}$ 进行单位根检验，如果检验结论是不能拒绝存在单位根的原假设，则需要进一步对该序列的一阶差分序列 $\{\Delta y_t\}$ 进行单位根检验，如果还是不能拒绝存在单位根的原假设，则需要进一步对序列的二阶差分序列 $\{\Delta^2 y_t\}$ 进行单位根检验，直至拒绝存在单位根的原假设为止。

时间序列若经过 $d-1$ 阶差分仍不平稳，经过 d 阶差分才平稳，则称序列是 d 阶**单整**（integration）的，记作 $I(d)$。例如，如果序列经过一阶差分能够拒绝存在单位根的原假设，则称序列是 1 阶单整的，记作 $I(1)$；如果序列不需要差分，而是原序列本身就能够拒绝存在单位根的原假设，则称序列是 0 阶单整的，记作 $I(0)$。通常经济时间序列中 $I(0)$和 $I(1)$的序列是比较常见的，偶尔也会有 $I(2)$的序列，但是更高阶单整的序列就很少见了。

3.3.3 DF 和 ADF 检验中几个值得注意的问题

虽然 DF 和 ADF 单位根检验的原理已经很清晰，但在实际应用过程中仍有以下几个方面的问题值得注意。

1. 检验模型中是否有必要引入移动平均成分的问题

如果序列的数据生成过程中不仅包含自回归成分，又包含移动平均成分，而且滞后阶数未知时，如何处理？针对这一问题，Said 和 Dickey[3]证明一个未知自回归和移动平均阶数的 ARIMA(p, 1, q)过程能够近似地被一个阶数为 $n \leqslant T^{1/3}$ 的 ARIMA(n, 1, 0)过程所表示。因此 ADF 单位根检验足够处理数据生成过程中包含未知滞后阶数的移动平均成分的问题。

2. 检验模型中滞后阶数的选择问题

实践中对一个时间序列进行单位根检验时，往往不知道实际的滞后阶数。如果检验过程中模型的滞后阶数过少，则无法准确地估计 γ 及其标准差；如果滞后阶数过多，则会增加估计参数的个数，损失自由度，从而削弱单位根检验的效果。

为了在 DF 或 ADF 单位根检验过程中为检验模型选择恰当的滞后阶数，通常有两种方法可以采用：一种方法是根据不同滞后阶数模型的 AIC 或 SBC 等的信息判断准则确定滞后阶数；另一种方法是应用 t 检验和 F 检验判断检验模型中各滞后项系数是否显著。这两种方法都要求事先给定一个最大的滞后阶数，而这一最大滞后阶数应稍大，以使其超过实际滞后阶数。

具体操作过程中，如果应用信息判断准则，则会在最大滞后阶数以内，选择一个使得信息判断准则最小的滞后阶数作为检验模型的滞后阶数，并在此基础上进行 DF 或 ADF 单位根检验。

如果应用 t 检验和 F 检验判断各滞后项系数的显著性，则是从最长滞后阶数的模型开始，逐步剔除不显著的滞后项，最后将得到一个渐近一致的实际滞后阶数。这里之所以可以用 t 检验和 F 检验判断滞后项系数的显著性，是基于 Sims，Stock 和 Watson[4]的研究结论：如果一个残差为白噪声的回归模型中同时含有 $I(1)$和 $I(0)$变量，则模型中零均值平稳变量系数的 OLS 估计渐进趋于正态分布，因此 t 检验和 F 检验可以用于检验这些平稳变量系数的显著性，但 $I(1)$变量的系数显著性则不适用 t 检验。在单位根检验模型滞后阶数选择的过程中，需要通过 t 检验和 F 检验判断系数显著性的恰好就是一些零均值平稳变量，即式（3-36）~式（3-38）中 Δy_{t-i} 前的系数 η_i 的显著性，因此这种滞后阶数的判断方法具有充分的理论依据。

3. 检验模型中的确定性回归变量问题

确定性回归变量包括截距项或时间趋势项等。DF 和 ADF 检验过程中，检验模型中确定性回归变量的选择非常重要，即检验模型中是否包含截距项或时间趋势项。恰当的检验模型应该能够很好地模拟被检验序列的真实数据生成过程，否则将降低检验的有效性，即有可能将一个平稳序列认定为一个单位根序列。这其中的原因，除了由于模型设定错误将导致参数估计产生偏误外，还由于不同的检验模型下 DF 统计量的临界值是不同的。

幸运的是，Dolado，Jenkinson 和 Sosvilla-Rivero[5]给出了一套在数据生成过程未知情况下，选择恰当检验模型的流程，这里简称为 DJS 检验模型选择过程。在这套流程中除了用到 DF 统计量外，还将用到 Dickey 和 Fuller[2]提出的三个 F 统计量（$\varphi_1,\varphi_2,\varphi_3$）来检验单位根和确定性回归变量显著性的联合假设。表 3-1 列示了 DF 检验中三种检验模型式（3-28）~式（3-30）下的 DF 统计量（τ,τ_μ,τ_τ）以及 F 统计量（$\varphi_1,\varphi_2,\varphi_3$）与它们的原假设的对应关系。

φ_1，φ_2，φ_3 这三个统计量遵循 F 统计量的构造形式

$$\varphi_i=\frac{(\mathrm{SSR}_r-\mathrm{SSR}_u)/r}{\mathrm{SSR}_u/(T-k)},\ i=1,2,3 \tag{3-39}$$

表 3-1 DF 检验的统计量

模　型	原 假 设	检验统计量
$\Delta y_t = \gamma y_{t-1} + \varepsilon_t$	$\gamma = 0$	τ
$\Delta y_t = a_0 + \gamma y_{t-1} + \varepsilon_t$	$\gamma = 0$	τ_μ
	$\gamma = a_0 = 0$	φ_1
$\Delta y_t = a_0 + a_2 t + \gamma y_{t-1} + \varepsilon_t$	$\gamma = 0$	τ_τ
	$\gamma = a_2 = 0$	φ_3
	$\gamma = a_2 = a_0 = 0$	φ_2

注：ADF 检验中三种检验模型式（3-36）、式（3-37）和式（3-38）下的 DF 统计量和 F 统计量及其原假设的对应关系也类似。

其中，SSR_r 和 SSR_u 分别为有约束和无约束模型的残差平方和（sum of squared residuals），r 为约束条件数，T 为样本个数，k 为无约束模型中的待估参数个数。在关于 φ_i 的检验中，如果原假设成立则应构建约束模型，原假设不成立则应构建无约束模型。

与 DF 统计量类似，φ_i 统计量也不服从标准的 F 分布，Dickey 和 Fuller[2]给出了 φ_1，φ_2 和 φ_3 三个统计量在特定样本容量下经验分布的临界值。同一般的 F 统计量类似，关于 φ_i 的检验是右单端检验。当 φ_i 统计量大于临界值时，拒绝原假设。显然，较大的 φ_i 统计量值意味着 SSR_r 比 SSR_u 大，即有约束模型比无约束模型具有更大的残差平方和，从而说明原假设中的约束条件具有限制作用，因此应该拒绝原假设。而如果原假设成立，即原假设中的约束条件没有限制作用，则 SSR_r 应与 SSR_u 接近，从而 φ_i 统计量值应较小。

另外，在 DJS 检验模型选择过程中，还可能用到标准正态分布来检验单位根原假设 $\gamma = 0$。根据 Sims，Stock 和 Watson[4]的研究成果，如果数据生成过程中包含截距项或时间趋势项，同时在估计方程中也包含了这些确定性回归变量，则可以用 t 检验或 F 检验对所有的参数显著性进行检验。这是由于单个约束条件下具有不同收敛速度的各个参数的检验渐进地被最低收敛速度的参数所支配。也就是说，对于检验模型式（3-30）或式（3-38）以及检验模型式（3-29）或式（3-37），如果认定数据生成过程中确实包含截距项或时间趋势项，则 γ 的极限分布为标准正态分布，因此可以用标准正态分布来检验单位根原假设 $\gamma = 0$。只有检验模型式（3-28）或式（3-36）下才一定要用非标准分布来检验单位根原假设 $\gamma = 0$。

具体来说，DJS 检验模型选择过程如下。

如果认为差分序列具有漂移项，就以同时包含截距项和时间趋势项（$a_0 \neq 0, a_2 \neq 0$）的无约束模型（即模型式（3-7）或式（3-12））为检验模型开始进行检验，使用 τ_τ 统计量来检验单位根原假设 $\gamma = 0$。如果检验结果拒绝原假设，则检验结束。如果不能拒绝原假设，则在原假设下检验趋势项的显著性。如果趋势显著，则可以通过标准正态分布来检验单位根原假设$\gamma=0$。如果趋势不显著，则以只包含截距项但不包含时间趋势项（$a_0\neq 0, a_2=0$）的模型（即模型式（3-6）或式（3-11））为检验模型进行检验，使用τ_μ统计量来检验单位根原假设$\gamma=0$。如果检验结果拒绝原假设，则检验结束。如果不能拒绝原假设，则在原假设下检验截距项的显著性，依此类推。

进一步地，Enders[6]更加清晰地将 DJS 检验模型选择过程阐述为如图 3-5 的流程。具体可以描述为如下的五个步骤。

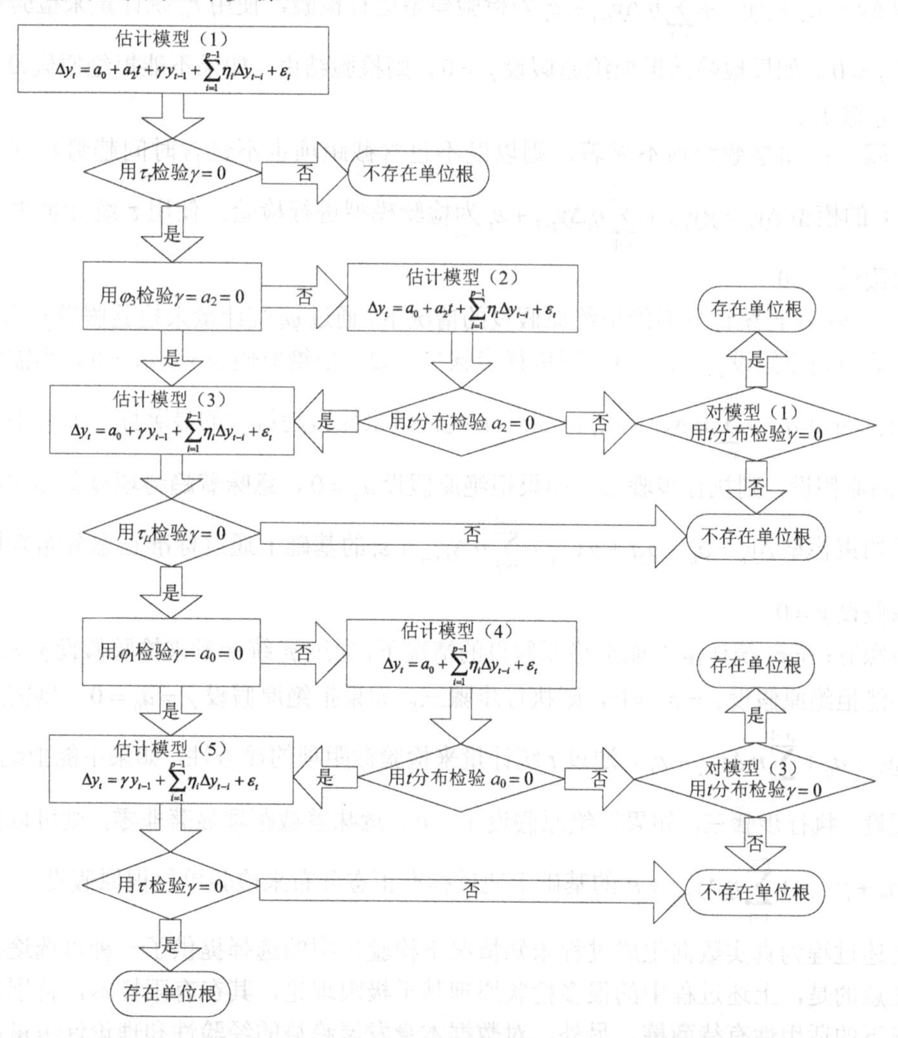

图 3-5　ADF 单位根检验的模型选择过程

步骤一：如果认为差分序列具有漂移项，就以同时包含截距项和时间趋势项（$a_0 \neq 0, a_2 \neq 0$）的无约束模型 $\Delta y_t = a_0 + a_2 t + \gamma y_{t-1} + \sum_{i=1}^{p-1}\eta_i \Delta y_{t-i} + \varepsilon_t$ 为检验模型开始进行检验，使用 τ_τ 统计量来检验单位根原假设 $\gamma = 0$。如果检验结果拒绝原假设 $\gamma = 0$，则检验结束。如果不能拒绝原假设 $\gamma = 0$，则执行步骤四。

步骤二：如果趋势项不显著，则以只包含截距项但不包含时间趋势项（$a_0 \neq 0, a_2 = 0$）的模型 $\Delta y_t = a_0 + \gamma y_{t-1} + \sum_{i=1}^{p-1}\eta_i \Delta y_{t-i} + \varepsilon_t$ 为检验模型进行检验，使用 τ_μ 统计量来检验单位根原假设 $\gamma = 0$。如果检验结果拒绝原假设 $\gamma = 0$，则检验结束。如果不能拒绝原假设 $\gamma = 0$，则执行步骤五。

步骤三：如果截距项不显著，则以既不包含截距项也不包含时间趋势项（$a_0 \neq 0, a_2 \neq 0$）的模型 $\Delta y_t = \gamma y_{t-1} + \sum_{i=1}^{p-1}\eta_i \Delta y_{t-i} + \varepsilon_t$ 为检验模型进行检验，使用 τ 统计量来检验单位根原假设 $\gamma = 0$。

步骤四：在 τ_τ 统计量不能拒绝原假设的情况下，通过 φ_3 统计量来检验假设 $\gamma = a_2 = 0$，如果不能拒绝原假设 $\gamma = a_0 = 0$，则执行步骤二。如果拒绝原假设 $\gamma = a_2 = 0$，则需要估计模型 $\Delta y_t = a_0 + a_2 t + \sum_{i=1}^{p-1}\eta_i \Delta y_{t-i} + \varepsilon_t$，通过 t 统计量来检验趋势项的显著性，如果不能拒绝 $a_2 = 0$ 的原假设，则执行步骤二。如果拒绝原假设 $a_2 = 0$，意味着趋势项显著非零，则可以在无约束模型 $\Delta y_t = a_0 + a_2 t + \gamma y_{t-1} + \sum_{i=1}^{p-1}\eta_i \Delta y_{t-i} + \varepsilon_t$ 的基础上通过标准正态分布来检验单位根原假设 $\gamma = 0$。

步骤五：在 τ_μ 统计量不能拒绝原假设的情况下，通过 φ_1 统计量来检验假设 $\gamma = a_0 = 0$，如果不能拒绝原假设 $\gamma = a_0 = 0$，则执行步骤三。如果拒绝原假设 $\gamma = a_0 = 0$，则需要估计模型 $\Delta y_t = a_0 + \sum_{i=1}^{p-1}\eta_i \Delta y_{t-i} + \varepsilon_t$，通过 t 统计量来检验截距项的显著性，如果不能拒绝 $a_0 = 0$ 的原假设，执行步骤三。如果拒绝原假设 $a_2 = 0$，意味着截距项显著非零，则可以在模型 $\Delta y_t = a_0 + \gamma y_{t-1} + \sum_{i=1}^{p-1}\eta_i \Delta y_{t-i} + \varepsilon_t$ 的基础上通过标准正态分布来检验单位根原假设 $\gamma = 0$。

上述过程为真实数据生成过程未知情况下检验模型的选择提供了一种可选途径。但值得注意的是，上述过程中的很多检验原理基于极限理论，其在有限样本，特别是小样本情况下的适用性有待商榷。另外，对数据本身发展趋势的经验性和理论性考量都可以作为检验模型选择的参考依据，而不应机械地应用上述检验模型选择过程。

3.3.4 其他类型的单位根检验

继 Dickey 和 Fuller 提出 DF 检验之后，很多学者也不断提出其他的单位根检验方法。DF 检验要求随机扰动项为白噪声过程，ADF 检验则是假设数据生成过程为有单位根的 p 阶自回归过程，来解决 DF 检验随机扰动项的白噪声假设限制问题。而 Phillips 和 Perron[7] 提出的 PP 检验对随机扰动项做了更一般的假设，假设随机扰动项服从平稳的无穷阶移动平均过程。此外，针对可能存在的多重根问题，Dickey 和 Pantula[8]提出了处理单位根多于一个的假设情况下的检验方法。针对季节性单位根问题，Hylleberg 等[9]提出 HEGY 检验用于检验不同时间频率下的单位根，如普通的非季节性单位根、半年性单位根和季节性单位根。针对 DF 检验的有效性问题，很多研究致力于发展出有效性更好的单位根检验方法，Schmidt 和 Phillips[10]提出了 LM 检验，Elliott，Rothenberg 和 Stock[11]提出了 ERS 检验等。针对可能的结构性变化问题，Perron[12]对含有结构性变化的单位根检验进行了开创性的研究，Zivot 和 Andrews[13]通过寻找使单位根检验的 t 统计量达到最小的结构性变化点，将外生确定结构性变化改进为内生确定结构性变化，Lumsdaine 和 Papell[14]以及 Lee 和 Strazicich[15]等将单一结构性变化点拓展为两次结构性变化，进一步地 Kapetanois[16] 等将结构性变化拓展为多于两次的情形。

随着面板（Panel）数据研究的广泛应用，面板单位根检验的研究也日渐深入，研究者针对面板数据的不同情况，提出了很多面板单位根检验方法，包括 LLC[17]检验、IPS[18] 检验等。

3.4 实例应用

【例 3-1】图 3-6 中的样本序列 $Z1$ 的数据（见附录 B 的表 B-6）生成过程为 $z_{1t} = 0.8 + u_t + e_{1t}$，其中 $\{u_t\}$ 为一个随机游走过程，$\{e_{1t}\}$ 为一个平稳过程。假设事先不知道样本序列 $Z1$ 的真实数据生成过程，请依据 DJS 检验模型选择过程来选择合适的检验模型，用 ADF 检验来检验该样本序列的平稳性。

在 EViews 的 Series 对象下，可以对时间序列进行单位根检验。序列单位根检验的设定窗口如图 3-7 所示。在单位根检验设定窗口中的 Test type 下拉列表框中可以选择单位根检验的方法，这里选择 Augmented Dickey-Fuller 检验。在 Test for unit root in 选择框中可以选择是对原始序列（Level）、一阶差分序列（1st difference）还是二阶差分序列（2nd difference）进行检验。在 Include in test equation 选择框中可以选择 ADF 单位根检验的检验模型，包括只包含截距项的模型（Intercept）、包含时间趋势和截距项的模型（Trend and intercept）和既不包含截距项又不包含时间趋势项的模型（None）。在 Lag length 选择框中可以选择采用哪种信息判断准则（一般默认选择 Schwarz Info Criterion）来为检验模型自动选择（Automatic selection）合适的滞后期，也可以选择由使用者来设定（User specified）特定的检验模型滞后期。所有的参数确定后，单击 OK 按钮，就会弹出 ADF 单位根检验结果窗口。

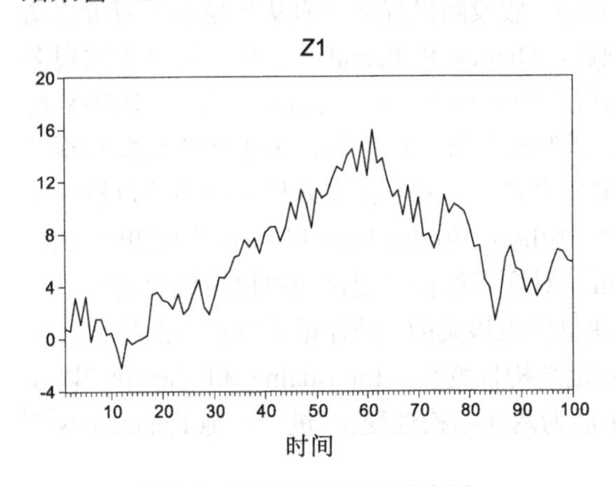

图 3-6　样本序列 Z1 的时序图

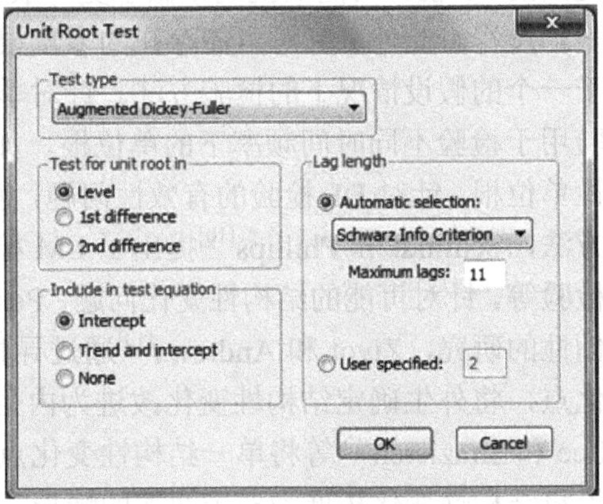

图 3-7　单位根检验设定窗口

（1）原序列——只包含截距项的模型（Intercept）

从图 3-6 中的时序图中可以看出，序列 Z1 没有表现出明显的时间趋势，因此可以从只包含截距项的模型 $\Delta z_t = a_0 + \gamma z_{t-1} + \sum \eta_i \Delta z_{t-i} + \varepsilon_t$ 入手进行 ADF 单位根检验。图 3-8 的单位根检验结果表明序列 Z1 的 DF 统计量为-1.58，伴随概率为 49.09%，不能拒绝序列 Z1 存在单位根的原假设。

接下来还需用 φ_1 统计量来检验原假设 $\gamma = a_0 = 0$。φ_1 统计量的计算公式为 $\varphi_1 = \dfrac{(\mathrm{SSR}_r - \mathrm{SSR}_u)/r}{\mathrm{SSR}_u/(T-k)}$，这里无约束模型的残差平方和 SSR_u 列示于图 3-8 的单位根检验结果页面的下方，为 187.864 8；约束条件数 r 为 2；有效样本容量 T 为 98；无约束模型中估计参数个数 k 为 3；而约束模型的残差平方和 SSR_r 需要估计约束模型。在 EViews 中估计约束模型并将其命名为 EQ_Z1_R2，由于在无约束模型的解释变量中滞后差分序列只有滞后一阶的，因此在 $\gamma = a_0 = 0$ 的约束条件下，约束模型的解释变量中只有一阶滞后差分序列。图 3-9 列示了模型 EQ_Z1_R2 的估计结果，估计结果页面下方显示残差平方和

SSR_r 为 193.303 1。因此 $\varphi_1 = \dfrac{(193.3031-187.8648)/2}{187.8648/(98-3)} = 1.38$，Dickey 和 Fuller（1981）给出的 φ_1 统计量在 100 个样本容量下经验分布的显著性水平为 5%和 10%的临界值分别为 4.71 和 3.86，显然不能拒绝 $\gamma = a_0 = 0$ 的原假设。因此对序列 Z1 进行 ADF 单位根检验的模型中不应当包含截距项。

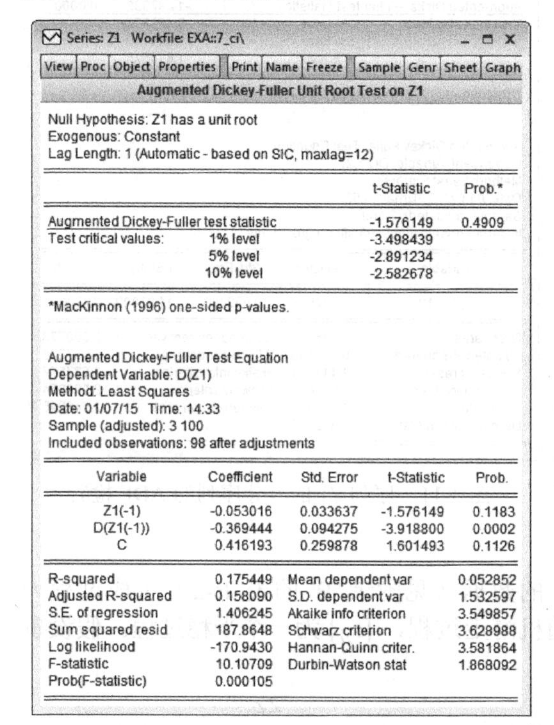

Series: Z1　Workfile: EXA::7_ci\

View | Proc | Object | Properties | Print | Name | Freeze | Sample | Genr | Sheet | Graph

Augmented Dickey-Fuller Unit Root Test on Z1

Null Hypothesis: Z1 has a unit root
Exogenous: Constant
Lag Length: 1 (Automatic - based on SIC, maxlag=12)

		t-Statistic	Prob.*
Augmented Dickey-Fuller test statistic		-1.576149	0.4909
Test critical values:	1% level	-3.498439	
	5% level	-2.891234	
	10% level	-2.582678	

*MacKinnon (1996) one-sided p-values.

Augmented Dickey-Fuller Test Equation
Dependent Variable: D(Z1)
Method: Least Squares
Date: 01/07/15　Time: 14:33
Sample (adjusted): 3 100
Included observations: 98 after adjustments

Variable	Coefficient	Std. Error	t-Statistic	Prob.
Z1(-1)	-0.053016	0.033637	-1.576149	0.1183
D(Z1(-1))	-0.369444	0.094275	-3.918800	0.0002
C	0.416193	0.259878	1.601493	0.1126

R-squared	0.175449	Mean dependent var	0.052852
Adjusted R-squared	0.158090	S.D. dependent var	1.532597
S.E. of regression	1.406245	Akaike info criterion	3.549857
Sum squared resid	187.8648	Schwarz criterion	3.628988
Log likelihood	-170.9430	Hannan-Quinn criter.	3.581864
F-statistic	10.10709	Durbin-Watson stat	1.868092
Prob(F-statistic)	0.000105		

图 3-8　序列 Z1 的 ADF 检验——包含截距项的模型

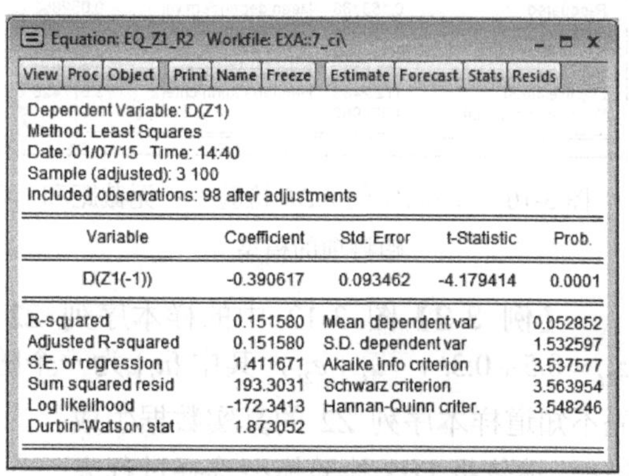

Equation: EQ_Z1_R2　Workfile: EXA::7_ci\

View | Proc | Object | Print | Name | Freeze | Estimate | Forecast | Stats | Resids

Dependent Variable: D(Z1)
Method: Least Squares
Date: 01/07/15　Time: 14:40
Sample (adjusted): 3 100
Included observations: 98 after adjustments

Variable	Coefficient	Std. Error	t-Statistic	Prob.
D(Z1(-1))	-0.390617	0.093462	-4.179414	0.0001

R-squared	0.151580	Mean dependent var	0.052852
Adjusted R-squared	0.151580	S.D. dependent var	1.532597
S.E. of regression	1.411671	Akaike info criterion	3.537577
Sum squared resid	193.3031	Schwarz criterion	3.563954
Log likelihood	-172.3413	Hannan-Quinn criter.	3.548246
Durbin-Watson stat	1.873052		

图 3-9　模型 EQ_Z1_R2 的估计结果

（2）原序列——无截距和趋势项的模型（None）

接下来，进一步基于无截距和趋势项的模型 $\Delta z_t = \gamma z_{t-1} + \sum \eta_i \Delta z_{t-i} + \varepsilon_t$ 进行 ADF 单位根检验。图 3-10 的单位根检验的结果表明序列 Z1 的 DF 统计量为-0.43，伴随概率为 52.67%，不能拒绝序列 Z1 存在单位根的原假设。

（3）一阶差分序列

进一步对序列 Z1 的一阶差分序列进行单位根检验，图 3-11 的单位根检验结果表明 DF 统计量为-14.88，伴随概率为 0.00%，拒绝序列 Z1 的一阶差分序列存在单位根的原假设，因此序列 Z1 为一阶单整序列。

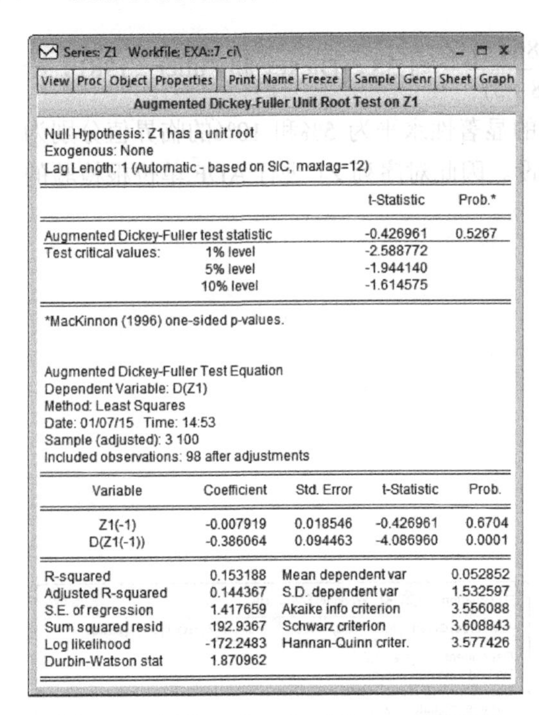

Series: Z1 Workfile: EXA::7_ci\

View | Proc | Object | Properties | Print | Name | Freeze | Sample | Genr | Sheet | Graph

Augmented Dickey-Fuller Unit Root Test on Z1

Null Hypothesis: Z1 has a unit root
Exogenous: None
Lag Length: 1 (Automatic - based on SIC, maxlag=12)

		t-Statistic	Prob.*
Augmented Dickey-Fuller test statistic		-0.426961	0.5267
Test critical values:	1% level	-2.588772	
	5% level	-1.944140	
	10% level	-1.614575	

*MacKinnon (1996) one-sided p-values.

Augmented Dickey-Fuller Test Equation
Dependent Variable: D(Z1)
Method: Least Squares
Date: 01/07/15 Time: 14:53
Sample (adjusted): 3 100
Included observations: 98 after adjustments

Variable	Coefficient	Std. Error	t-Statistic	Prob.
Z1(-1)	-0.007919	0.018546	-0.426961	0.6704
D(Z1(-1))	-0.386064	0.094463	-4.086960	0.0001

R-squared	0.153188	Mean dependent var	0.052852
Adjusted R-squared	0.144367	S.D. dependent var	1.532597
S.E. of regression	1.417659	Akaike info criterion	3.556088
Sum squared resid	192.9367	Schwarz criterion	3.608843
Log likelihood	-172.2483	Hannan-Quinn criter.	3.577426
Durbin-Watson stat	1.870962		

图 3-10　序列 Z1 的 ADF 检验——无截距和趋势项的模型

Series: Z1 Workfile: EXA::7_ci\

View | Proc | Object | Properties | Print | Name | Freeze | Sample | Genr | Sheet | Graph

Augmented Dickey-Fuller Unit Root Test on D(Z1)

Null Hypothesis: D(Z1) has a unit root
Exogenous: None
Lag Length: 0 (Automatic - based on SIC, maxlag=12)

		t-Statistic	Prob.*
Augmented Dickey-Fuller test statistic		-14.87892	0.0000
Test critical values:	1% level	-2.588772	
	5% level	-1.944140	
	10% level	-1.614575	

*MacKinnon (1996) one-sided p-values.

Augmented Dickey-Fuller Test Equation
Dependent Variable: D(Z1,2)
Method: Least Squares
Date: 01/07/15 Time: 14:55
Sample (adjusted): 3 100
Included observations: 98 after adjustments

Variable	Coefficient	Std. Error	t-Statistic	Prob.
D(Z1(-1))	-1.390617	0.093462	-14.87892	0.0000

R-squared	0.695335	Mean dependent var	0.000778
Adjusted R-squared	0.695335	S.D. dependent var	2.557538
S.E. of regression	1.411671	Akaike info criterion	3.537577
Sum squared resid	193.3031	Schwarz criterion	3.563954
Log likelihood	-172.3413	Hannan-Quinn criter.	3.548246
Durbin-Watson stat	1.873052		

图 3-11　序列 Z1 的差分序列的 ADF 检验

【例 3-2】图 3-12 中的样本序列 Z2 的数据（见附录 B 的表 B-2）生成过程为 $z_{2t}=0.5+0.3t+\ u_t+e_{2t}$，其中 $\{u_t\}$ 为一个随机游走过程，$\{e_{2t}\}$ 为一个平稳过程。假设事先不知道样本序列 Z2 的真实数据生成过程，请依据 DJS 检验模型选择过程来选择合适的检验模型，用 ADF 检验来检验该样本序列的平稳性。

（1）原序列——同时包含截距和趋势项的模型（Trend and intercept）

从图 3-12 中的时序图中可以看出，序列 Z2 表现出明显的时间趋势，因此应从同时包含截距和时间趋势项的模型 $\Delta z_t=a_0+a_2t+\gamma z_{t-1}+\sum\eta_i\Delta z_{t-i}+\varepsilon_t$ 入手进行 ADF 单位根检验。图 3-13 中单位根检验的结果表明序列 Z2 的 DF 统计

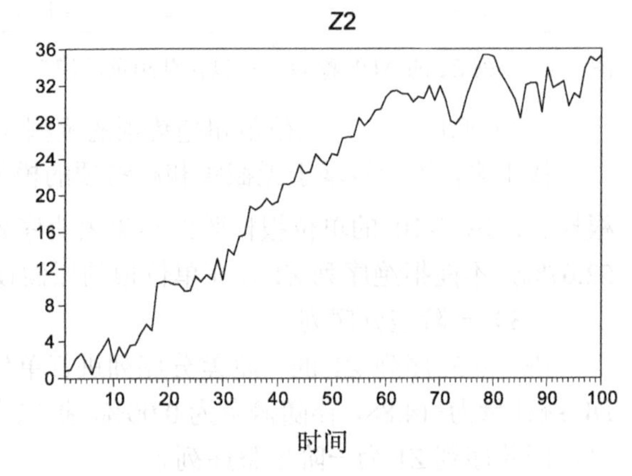

图 3-12　样本序列 Z2 的时序图

量为-1.35，伴随概率为 86.86%，不能拒绝序列 $Z2$ 存在单位根的原假设。

根据 DJS 检验模型选择过程，接下来还需用 φ_3 统计量来检验原假设 $\gamma = a_2 = 0$。φ_3 统计量的计算公式为 $\varphi_3 = \dfrac{(\text{SSR}_r - \text{SSR}_u)/r}{\text{SSR}_u/(T-k)}$，其中无约束模型的残差平方和 SSR_u 列示于图 3-13 的单位根检验结果页面的下方，为 192.966 7；约束条件数 r 为 2；有效样本容量 T 为 98；无约束模型中估计参数个数 k 为 4；而约束模型的残差平方和 SSR_r 需要估计约束模型。在 EViews 中估计约束模型并将其命名为 EQ_Z2_R1，由于在无约束模型的解释变量中滞后差分序列只有滞后一阶的，因此在 $\gamma = a_2 = 0$ 的约束条件下，约束模型的解释变量中只有常数项和一阶滞后差分序列。图 3-14 列示了模型 EQ_Z2_R1 的估计结果，估计结果页面下方显示残差平方和 SSR_r 为 199.367 7。因此 $\varphi_3 = \dfrac{(199.367\,7 - 192.966\,7)/2}{192.966\,7/(98-4)} = 1.56$，Dickey 和 Fuller（1981）给出的 φ_3 统计量在 100 个样本容量下经验分布的显著性水平为 5%和 10%的临界值分别为 6.49 和 5.47，显然不能拒绝 $\gamma = a_2 = 0$ 的原假设。因此，对序列 $Z2$ 进行 ADF 单位根检验的模型中不应当包含时间趋势项。

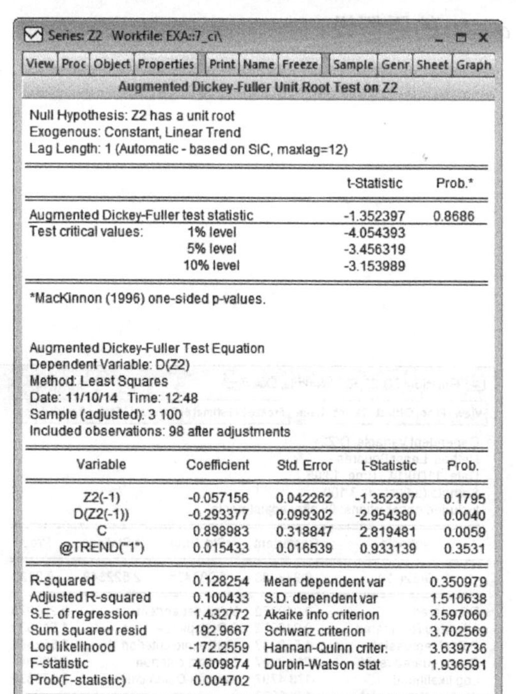

Series: Z2　Workfile: EXA::7_ci\

View | Proc | Object | Properties | Print | Name | Freeze | Sample | Genr | Sheet | Graph

Augmented Dickey-Fuller Unit Root Test on Z2

Null Hypothesis: Z2 has a unit root
Exogenous: Constant, Linear Trend
Lag Length: 1 (Automatic - based on SIC, maxlag=12)

		t-Statistic	Prob.*
Augmented Dickey-Fuller test statistic		-1.352397	0.8686
Test critical values:	1% level	-4.054393	
	5% level	-3.456319	
	10% level	-3.153989	

*MacKinnon (1996) one-sided p-values.

Augmented Dickey-Fuller Test Equation
Dependent Variable: D(Z2)
Method: Least Squares
Date: 11/10/14　Time: 12:48
Sample (adjusted): 3 100
Included observations: 98 after adjustments

Variable	Coefficient	Std. Error	t-Statistic	Prob.
Z2(-1)	-0.057156	0.042262	-1.352397	0.1795
D(Z2(-1))	-0.293377	0.099302	-2.954380	0.0040
C	0.898983	0.318847	2.819481	0.0059
@TREND("1")	0.015433	0.016539	0.933139	0.3531

R-squared	0.128254	Mean dependent var	0.350979
Adjusted R-squared	0.100433	S.D. dependent var	1.510638
S.E. of regression	1.432772	Akaike info criterion	3.597060
Sum squared resid	192.9667	Schwarz criterion	3.702569
Log likelihood	-172.2559	Hannan-Quinn criter.	3.639736
F-statistic	4.609874	Durbin-Watson stat	1.936591
Prob(F-statistic)	0.004702		

图 3-13　序列 $Z2$ 的 ADF 检验——有截距和趋势项的模型

Equation: EQ_Z2_R1　Workfile: EXA::7_ci\

View | Proc | Object | Print | Name | Freeze | Estimate | Forecast | Stats | Resids

Dependent Variable: D(Z2)
Method: Least Squares
Date: 11/10/14　Time: 12:53
Sample (adjusted): 3 100
Included observations: 98 after adjustments

Variable	Coefficient	Std. Error	t-Statistic	Prob.
C	0.459990	0.149377	3.079381	0.0027
D(Z2(-1))	-0.315183	0.096862	-3.253943	0.0016

R-squared	0.099337	Mean dependent var	0.350979
Adjusted R-squared	0.089955	S.D. dependent var	1.510638
S.E. of regression	1.441092	Akaike info criterion	3.588877
Sum squared resid	199.3677	Schwarz criterion	3.641631
Log likelihood	-173.8550	Hannan-Quinn criter.	3.610215
F-statistic	10.58815	Durbin-Watson stat	1.939889
Prob(F-statistic)	0.001572		

图 3-14　模型 EQ_Z2_R1 的估计结果

（2）原序列——只包含截距项的模型（Intercept）

进一步基于只包含截距项的模型 $\Delta z_t = a_0 + \gamma z_{t-1} + \sum \eta_i \Delta z_{t-i} + \varepsilon_t$ 进行 ADF 单位根检验。图 3-15 的单位根检验的结果表明序列 $Z2$ 的 DF 统计量为-1.50，伴随概率为 52.95%，不能拒绝序列 $Z2$ 存在单位根的原假设。接下来还需用 φ_1 统计量来检验原假设 $\gamma = a_0 = 0$。φ_1 统计量的计算公式为 $\varphi_1 = \dfrac{(\mathrm{SSR}_r - \mathrm{SSR}_u)/r}{\mathrm{SSR}_u/(T-k)}$，这里无约束模型的残差平方和 SSR_u 列示于单位根检验结果页面的下方，为 194.754 2；约束条件数 r 为 2；有效样本容量 T 为 98；无约束模型中估计参数个数 k 为 3；而约束模型的残差平方和 SSR_r 需要估计约束模型。在 EViews 中估计约束模型并将其命名为 EQ_Z2_R2，由于在无约束模型的解释变量中滞后差分序列只有滞后一阶的，因此在 $\gamma = a_2 = 0$ 的约束条件下，约束模型的解释变量中只有一阶滞后差分序列。图 3-16 列示了模型 EQ_Z2_R2 的估计结果，估计结果页面下方显示残差平方和 SSR_r 为 219.060 7。因此 $\varphi_1 = \dfrac{(219.060\,7 - 194.754\,2)/2}{194.754\,2/(98-3)} = 5.93$，Dickey 和 Fuller（1981）给出的 φ_1 统计量在 100 个样本容量下经验分布的显著性水平为 2.5%和 5%的临界值分别为 5.57 和 4.71，显然拒绝 $\gamma = a_0 = 0$ 的原假设。

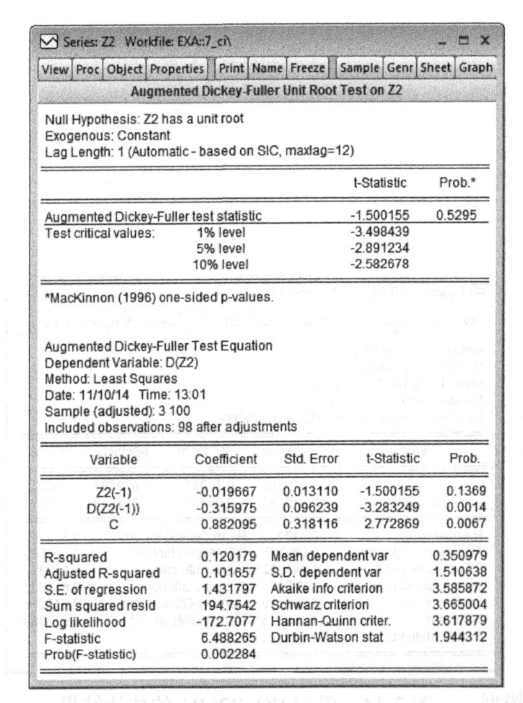

Series: Z2 Workfile: EXA::7_ci\

View | Proc | Object | Properties | Print | Name | Freeze | Sample | Genr | Sheet | Graph

Augmented Dickey-Fuller Unit Root Test on Z2

Null Hypothesis: Z2 has a unit root
Exogenous: Constant
Lag Length: 1 (Automatic - based on SIC, maxlag=12)

		t-Statistic	Prob.*
Augmented Dickey-Fuller test statistic		-1.500155	0.5295
Test critical values:	1% level	-3.498439	
	5% level	-2.891234	
	10% level	-2.582678	

*MacKinnon (1996) one-sided p-values.

Augmented Dickey-Fuller Test Equation
Dependent Variable: D(Z2)
Method: Least Squares
Date: 11/10/14 Time: 13:01
Sample (adjusted): 3 100
Included observations: 98 after adjustments

Variable	Coefficient	Std. Error	t-Statistic	Prob.
Z2(-1)	-0.019667	0.013110	-1.500155	0.1369
D(Z2(-1))	-0.315975	0.096239	-3.283249	0.0014
C	0.882095	0.318116	2.772869	0.0067

R-squared	0.120179	Mean dependent var	0.350979
Adjusted R-squared	0.101657	S.D. dependent var	1.510638
S.E. of regression	1.431797	Akaike info criterion	3.585872
Sum squared resid	194.7542	Schwarz criterion	3.665004
Log likelihood	-172.7077	Hannan-Quinn criter.	3.617879
F-statistic	6.488265	Durbin-Watson stat	1.944312
Prob(F-statistic)	0.002284		

图 3-15 序列 Z2 的 ADF 检验——包含截距项的模型

Equation: EQ_Z2_R2 Workfile: EXA::7_ci\

View | Proc | Object | Print | Name | Freeze | Estimate | Forecast | Stats | Resids

Dependent Variable: D(Z2)
Method: Least Squares
Date: 11/10/14 Time: 13:05
Sample (adjusted): 3 100
Included observations: 98 after adjustments

Variable	Coefficient	Std. Error	t-Statistic	Prob.
D(Z2(-1))	-0.248288	0.098435	-2.522348	0.0133

R-squared	0.010372	Mean dependent var	0.350979
Adjusted R-squared	0.010372	S.D. dependent var	1.510638
S.E. of regression	1.502783	Akaike info criterion	3.662666
Sum squared resid	219.0607	Schwarz criterion	3.689044
Log likelihood	-178.4707	Hannan-Quinn criter.	3.673335
Durbin-Watson stat	1.909633		

图 3-16 模型 EQ_Z2_R2 的估计结果

接下来，进一步基于模型 $\Delta z_t = a_0 + \sum \eta_i \Delta z_{t-i} + \varepsilon_t$，用 t 分布检验截距项 a_0 的显著性。在 EViews 中估计该模型并将其命名为 EQ_Z2_R3。图 3-17 列示了模型 EQ_Z2_R3 的估计结果，估计结果表明截距项 a_0 的 t 统计量为 3.079，伴随概率为 0.27%，拒绝 $a_0 = 0$ 的原假设。因此对序列 Z2 进行 ADF 单位根检验的模型中应当包含截距项。

接下来，仍然基于只包含截距项的模型 $\Delta z_t = a_0 + \gamma z_{t-1} + \sum \eta_i \Delta z_{t-i} + \varepsilon_t$，用 t 分布检验 $\gamma = 0$。图 3-15 中只包含截距项的 ADF 单位根检验结果页面的下方列示的模型估计结果表明，估计系数 γ（即 Z2(−1)的系数）的 t 统计量为−1.50，伴随概率为 13.69%，因此基于 t 分布检验也不能拒绝 $\gamma = 0$ 的原假设，即认为序列 Z2 存在单位根。

因此，对序列 Z2 基于只包含截距项的检验模型进行 ADF 单位根检验是较为恰当的，检验结果表明不能拒绝序列 Z2 存在单位根的原假设。

（3）一阶差分序列

进一步对序列 Z2 的一阶差分序列进行单位根检验，图 3-18 的结果表明 DF 统计量为−13.58，伴随概率为 0.01%，拒绝序列 Z2 的一阶差分序列存在单位根的原假设，因此序列 Z2 为一阶单整序列。

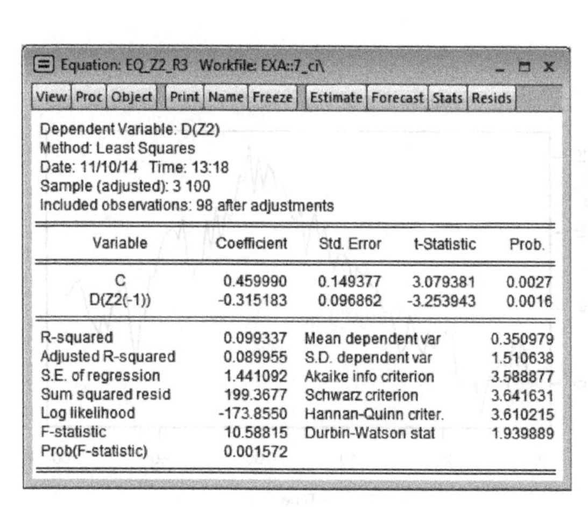

Equation: EQ_Z2_R3　Workfile: EXA::7_ci\

View | Proc | Object | Print | Name | Freeze | Estimate | Forecast | Stats | Resids

Dependent Variable: D(Z2)
Method: Least Squares
Date: 11/10/14　Time: 13:18
Sample (adjusted): 3 100
Included observations: 98 after adjustments

Variable	Coefficient	Std. Error	t-Statistic	Prob.
C	0.459990	0.149377	3.079381	0.0027
D(Z2(-1))	-0.315183	0.096862	-3.253943	0.0016

R-squared	0.099337	Mean dependent var	0.350979
Adjusted R-squared	0.089955	S.D. dependent var	1.510638
S.E. of regression	1.441092	Akaike info criterion	3.588877
Sum squared resid	199.3677	Schwarz criterion	3.641631
Log likelihood	-173.8550	Hannan-Quinn criter.	3.610215
F-statistic	10.58815	Durbin-Watson stat	1.939889
Prob(F-statistic)	0.001572		

图 3-17　模型 EQ_Z2_R3 的估计结果

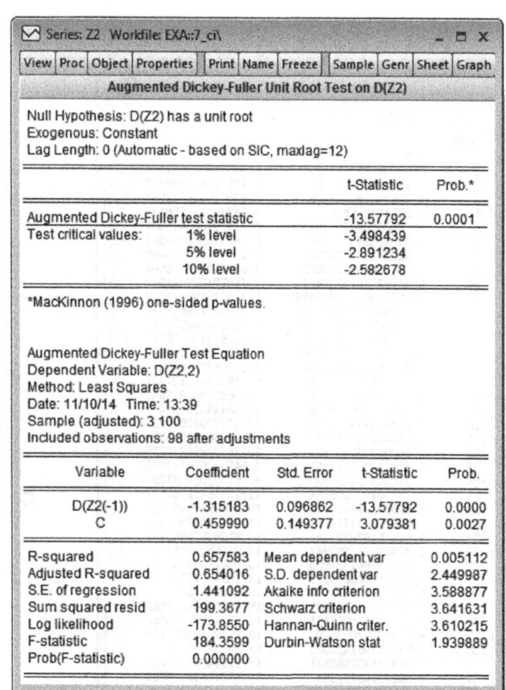

Series: Z2　Workfile: EXA::7_ci\

View | Proc | Object | Properties | Print | Name | Freeze | Sample | Genr | Sheet | Graph

Augmented Dickey-Fuller Unit Root Test on D(Z2)

Null Hypothesis: D(Z2) has a unit root
Exogenous: Constant
Lag Length: 0 (Automatic - based on SIC, maxlag=12)

		t-Statistic	Prob.*
Augmented Dickey-Fuller test statistic		-13.57792	0.0001
Test critical values:	1% level	-3.498439	
	5% level	-2.891234	
	10% level	-2.582678	

*MacKinnon (1996) one-sided p-values.

Augmented Dickey-Fuller Test Equation
Dependent Variable: D(Z2,2)
Method: Least Squares
Date: 11/10/14　Time: 13:39
Sample (adjusted): 3 100
Included observations: 98 after adjustments

Variable	Coefficient	Std. Error	t-Statistic	Prob.
D(Z2(-1))	-1.315183	0.096862	-13.57792	0.0000
C	0.459990	0.149377	3.079381	0.0027

R-squared	0.657583	Mean dependent var	0.005112
Adjusted R-squared	0.654016	S.D. dependent var	2.449987
S.E. of regression	1.441092	Akaike info criterion	3.588877
Sum squared resid	199.3677	Schwarz criterion	3.641631
Log likelihood	-173.8550	Hannan-Quinn criter.	3.610215
F-statistic	184.3599	Durbin-Watson stat	1.939889
Prob(F-statistic)	0.000000		

图 3-18　序列 Z2 的差分序列的 ADF 检验

3.5 补充内容

现将例 3-1 和例 3-2 的相关 R 语言命令及结果介绍如下。其中，涉及前面章节中已经介绍过的 R 语言命令或函数，在这里不再重复说明。例 3-1 和例 3-2 中数据文件 z1z2.txt 的内容如图 3-19 所示，同时第 7 章中的例 7-1 和例 7-5 中的数据也来源于该文件。

3.5.1 例 3-1 的相关 R 语言命令及结果

1. 导入数据，作时序图

```
setwd("D:/lectures/AETS/R/data")
data=read.table("z1z2.txt",header=TRUE,sep="")
z1=data[,2]
Z1<-ts(z1)
plot(z1)
```

执行上述命令，得到序列 Z1 的时序图，如图 3-20 所示。

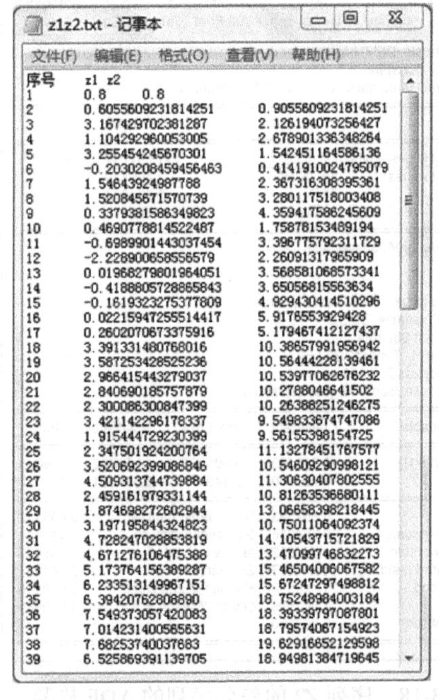

z1z2.txt - 记事本

文件(F) 编辑(E) 格式(O) 查看(V) 帮助(H)

序号	z1	z2
1	0.8	0.8
2	0.6055609231814251	0.9055609231814251
3	3.167429702381287	2.126194073256427
4	1.104292960053005	2.678901336348264
5	3.255454245670301	1.542451164586136
6	-0.2030208459456463	0.4141910024795079
7	1.54643924987788	2.367316308395361
8	1.520845671570739	3.280117518003408
9	0.3379381586349823	4.359417586245609
10	0.4690778814522487	1.75878153489194
11	-0.6989901443037454	3.396775792311729
12	-2.228900658556579	2.26091317965909
13	0.01968279801964051	3.568581068573341
14	-0.4188805728865843	3.65056815563634
15	-0.1619323275377809	4.929430414510296
16	0.02215947255514417	5.9176553929428
17	0.2602070673375916	5.179467412127437
18	3.391331480768016	10.38657991956942
19	3.587253428525236	10.56444228139461
20	2.966415443279037	10.53977062676232
21	2.840690185757879	10.2788046641502
22	2.300086300847399	10.26388251246275
23	3.421142296178337	9.549833674747086
24	1.915444729230399	9.56155398154725
25	2.347501924200764	11.13278451767577
26	3.520692399086846	10.54609290998121
27	4.509313744739884	11.30630407802555
28	2.459161979331144	10.81263536680111
29	1.874698272602944	13.06658398218445
30	3.197195844324823	10.75011064092374
31	4.728247028853819	14.10543715721829
32	4.671276106475388	13.47099746832273
33	5.173764156389287	15.46504006067582
34	6.233513149967151	15.67247297498812
35	6.39420762808890	18.75248984003184
36	7.549373057420083	18.39339797087801
37	7.014231400565631	18.79574067154923
38	7.68253740037683	19.62916652129598
39	6.525869391139705	18.94981384719645

图 3-19 z1z2.txt 文件形式

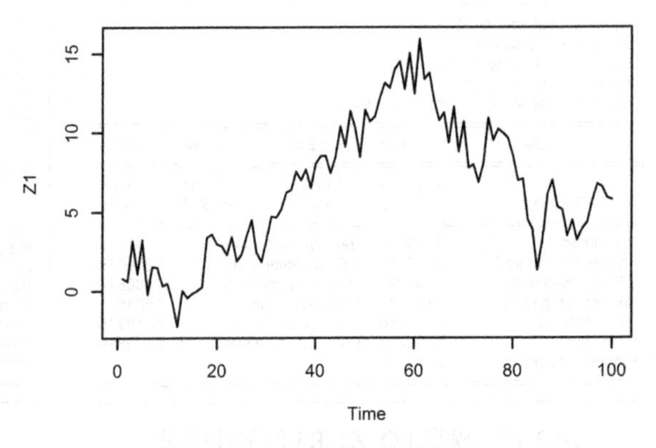

图 3-20 序列 Z1 的时序图

2. 单位根检验

（1）首先采用只包含截距项的模型来对序列 *Z*1 进行初步的 ADF 单位根检验，根据 BIC 信息判断准则来确定检验模型的恰当的滞后期。

```
library(urca)
urdf1c<-ur.df(z1,type='drift',lags=12,selectlags='BIC')
summary(urdf1c)
```

执行上述命令，得到如下的单位根检验结果。

```
##
## ###############################################
## # Augmented Dickey-Fuller Test Unit Root Test #
## ###############################################
##
## Test regression drift
##
##
## Call:
## lm(formula = z.diff ~ z.lag.1 + 1 + z.diff.lag)
##
## Residuals:
##      Min       1Q   Median       3Q      Max
##  -3.0628  -1.0050   0.0360   0.9381   3.2258
##
## Coefficients:
##              Estimate Std. Error t value Pr(>|t|)
## (Intercept)   0.63512    0.30615   2.075  0.04109 *
## z.lag.1      -0.07485    0.03735  -2.004  0.04831 *
## z.diff.lag   -0.31307    0.09963  -3.142  0.00232 **
## ---
## Signif. codes:  0 '***' 0.001 '**' 0.01 '*' 0.05 '.' 0.1 ' ' 1
##
## Residual standard error: 1.372 on 84 degrees of freedom
## Multiple R-squared:  0.1545, Adjusted R-squared:  0.1343
## F-statistic: 7.673 on 2 and 84 DF,  p-value: 0.0008696
##
##
## Value of test-statistic is: -2.0039 2.2262
##
## Critical values for test statistics:
##       1pct  5pct 10pct
```

```
## tau2   -3.51   -2.89   -2.58
## phi1    6.70    4.71    3.86
```

检验结果表明，在最长为 12 期的滞后期中，根据 BIC 信息判断准则选择出的恰当滞后期为滞后 1 期。

接下来，采用只包含截距项的模型来对序列 *Z*1 进行一次固定滞后阶数的 ADF 单位根检验。

```
urdf1c_1<-ur.df(z1,type='drift',lags=1,selectlags='Fixed')
summary(urdf1c_1)
```

执行上述命令，得到如下的单位根检验结果。

```
##
## ###############################################
## # Augmented Dickey-Fuller Test Unit Root Test #
## ###############################################
##
## Test regression drift
##
##
## Call:
## lm(formula = z.diff ~ z.lag.1 + 1 + z.diff.lag)
##
## Residuals:
##      Min       1Q   Median       3Q      Max
##  -2.9635  -1.0542   0.0345   1.0358   3.3681
##
## Coefficients:
##              Estimate Std. Error t value  Pr(>|t|)
## (Intercept)   0.41619    0.25988  1.601 0.112588
## z.lag.1      -0.05302    0.03364 -1.576 0.118316
## z.diff.lag   -0.36944    0.09427 -3.919 0.000168 ***
## ---
## Signif. codes:  0 '***' 0.001 '**' 0.01 '*' 0.05 '.' 0.1 ' ' 1
##
## Residual standard error: 1.406 on 95 degrees of freedom
## Multiple R-squared:  0.1754, Adjusted R-squared:  0.1581
## F-statistic: 10.11 on 2 and 95 DF,  p-value: 0.0001048
##
##
## Value of test-statistic is: -1.5761 1.375
##
```

```
## Critical values for test statistics:
##        1pct   5pct   10pct
## tau2  -3.51  -2.89   -2.58
## phi1   6.70   4.71    3.86
```

检验结果表明，DF 统计量为−1.5761，大于 5%临界值-2.89，因此不能拒绝序列存在单位根的原假设。进一步考虑用 φ_1 统计量来检验原假设 $\gamma = a_0 = 0$，检验结果中 φ_1 统计量为 1.375，小于 5%临界值 4.71，因此不能拒绝原假设，从而应继续尝试不包含截距项的检验模型来进行 ADF 单位根检验。

（2）采用无截距和趋势项的模型来对序列 *Z*1 进行 ADF 单位根检验，根据 BIC 信息判断准则来确定检验模型的恰当的滞后期。

```
urdf1n<-ur.df(z1,type='none',lags=12,selectlags='BIC')
summary(urdf1n)
```

执行上述命令，得到如下的单位根检验结果。

```
##
## ###############################################
## # Augmented Dickey-Fuller Test Unit Root Test #
## ###############################################
##
## Test regression none
##
##
## Call:
## lm(formula = z.diff ~ z.lag.1 - 1 + z.diff.lag)
##
## Residuals:
##      Min       1Q   Median       3Q      Max
##  -2.6984  -0.8959   0.2252   1.1524   3.5579
##
## Coefficients:
##              Estimate Std. Error t value Pr(>|t|)
## z.lag.1     -0.006934   0.018332 -0.378 0.70620
## z.diff.lag  -0.325469   0.101363 -3.211 0.00187 **
## ---
## Signif. codes:   0 '***' 0.001 '**' 0.01 '*' 0.05 '.' 0.1 ' ' 1
##
## Residual standard error: 1.399 on 85 degrees of freedom
## Multiple R-squared:   0.113,   Adjusted R-squared:   0.09209
## F-statistic: 5.412 on 2 and 85 DF,   p-value: 0.00613
```

```
##
##
## Value of test-statistic is: -0.3782
##
## Critical values for test statistics:
##       1pct   5pct   10pct
## tau1  -2.6  -1.95  -1.61
```

检验结果表明，在最长为 12 期的滞后期中，根据 BIC 信息判断准则选择出的恰当滞后期为滞后 1 期。

接下来，采用无截距和趋势项的模型来对序列 *Z*1 进行一次固定滞后阶数的 ADF 单位根检验。

```
urdf1n_1<-ur.df(z1,type='none',lags=1,selectlags='Fixed')
summary(urdf1n_1)
```

执行上述命令，得到如下的单位根检验结果。

```
##
## ###############################################
## # Augmented Dickey-Fuller Test Unit Root Test #
## ###############################################
##
## Test regression none
##
##
## Call:
## lm(formula = z.diff ~ z.lag.1 - 1 + z.diff.lag)
##
## Residuals:
##      Min       1Q   Median       3Q      Max
##  -2.7323  -1.0158   0.1826   1.1310   3.6715
##
## Coefficients:
##              Estimate Std. Error t value   Pr(>|t|)
## z.lag.1     -0.007919   0.018546  -0.427      0.67
## z.diff.lag  -0.386064   0.094463  -4.087  9.07e-05 ***
## ---
## Signif. codes:  0 '***' 0.001 '**' 0.01 '*' 0.05 '.' 0.1 ' ' 1
##
## Residual standard error: 1.418 on 96 degrees of freedom
## Multiple R-squared:  0.1542, Adjusted R-squared:  0.1366
## F-statistic: 8.751 on 2 and 96 DF,  p-value: 0.0003227
```

```
##
##
## Value of test-statistic is: -0.427
##
## Critical values for test statistics:
##        1pct   5pct   10pct
## tau1   -2.6   -1.95  -1.61
```

检验结果表明，DF 统计量为-0.427，大于 5%临界值-1.95，因此不能拒绝序列存在单位根的原假设。检验结论为，序列 *Z*1 存在单位根。

（3）进一步对序列 *Z*1 的一阶差分序列进行单位根检验。

```
urdf1d<-ur.df(diff(z1),type='none',lags=0,selectlags='Fixed')
summary(urdf1d)
```

执行上述命令，得到如下的单位根检验结果。

```
##
## ###############################################
## # Augmented Dickey-Fuller Test Unit Root Test #
## ###############################################
##
## Test regression none
##
##
## Call:
## lm(formula = z.diff ~ z.lag.1 - 1)
##
## Residuals:
##      Min       1Q   Median      3Q     Max
##  -2.7658  -1.0585   0.1179   1.0741  3.6547
##
## Coefficients:
##          Estimate Std. Error t value Pr(>|t|)
## z.lag.1  -1.39062   0.09346 -14.88 <2e-16 ***
## ---
## Signif. codes:  0 '***' 0.001 '**' 0.01 '*' 0.05 '.' 0.1 ' ' 1
##
## Residual standard error: 1.412 on 97 degrees of freedom
## Multiple R-squared:  0.6953, Adjusted R-squared:  0.6922
## F-statistic: 221.4 on 1 and 97 DF,  p-value: < 2.2e-16
##
##
```

```
## Value of test-statistic is: -14.8789
##
## Critical values for test statistics:
##        1pct  5pct  10pct
## tau1  -2.6  -1.95  -1.61
```

检验结果表明，DF 统计量为-14.878 9，小于 1%临界值-2.6，因此能够拒绝序列存在单位根的原假设。检验结论为，序列 *Z*1 的一阶差分序列平稳，原序列 *Z*1 为一阶单整序列。

3.5.2 例 3-2 的相关 R 语言命令及结果

1. 导入数据，作时序图

```
setwd("D:/lectures/AETS/R/data")
data=read.table("z1z2.txt",header=TRUE,sep="")
z2=data[,3]
Z2<-ts(z2)
plot(Z2)
```

执行上述命令，得到序列 *Z*2 的时序图，如图 3-21 所示。

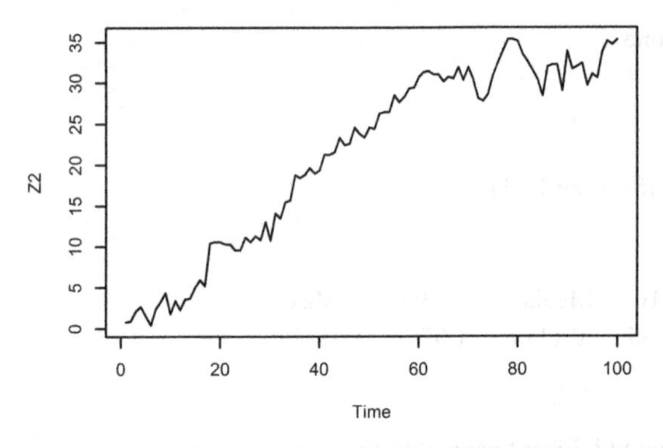

图 3-21　序列 *Z*2 的时序图

2. 单位根检验

（1）首先采用同时包含截距和趋势项的模型来对序列 *Z*2 进行初步的 ADF 单位根检验，根据 BIC 信息判断准则来确定检验模型的恰当的滞后期。

```
library(urca)
urdf2t<-ur.df(Z2,type='trend',lags=12,selectlags='BIC')
summary(urdf2t)
```

执行上述命令，得到如下的单位根检验结果。

```
##
## ###############################################
## # Augmented Dickey-Fuller Test Unit Root Test #
## ###############################################
##
## Test regression trend
##
##
## Call:
## lm(formula = z.diff ~ z.lag.1 + 1 + tt + z.diff.lag)
##
## Residuals:
##      Min       1Q   Median       3Q      Max
##  -3.5536  -0.9130  -0.1074   0.9445   3.6887
##
## Coefficients:
##              Estimate Std. Error t value Pr(>|t|)
## (Intercept)   1.41850    0.43298   3.276  0.00154 **
## z.lag.1      -0.08215    0.04516  -1.819  0.07249 .
## tt            0.01816    0.01667   1.089  0.27929
## z.diff.lag   -0.29362    0.10350  -2.837  0.00572 **
## ---
## Signif. codes:  0 '***' 0.001 '**' 0.01 '*' 0.05 '.' 0.1 ' ' 1
##
## Residual standard error: 1.424 on 83 degrees of freedom
## Multiple R-squared:  0.1552, Adjusted R-squared:  0.1247
## F-statistic: 5.084 on 3 and 83 DF,  p-value: 0.002791
##
##
## Value of test-statistic is: -1.8192 5.0901 2.9938
##
## Critical values for test statistics:
##       1pct  5pct 10pct
## tau3 -4.04 -3.45 -3.15
## phi2  6.50  4.88  4.16
## phi3  8.73  6.49  5.47
```

检验结果表明，在最长为 12 期的滞后期中，根据 BIC 信息判断准则选择出的恰当滞后期为滞后 1 期。

接下来，采用同时包含截距和趋势项的模型来对序列 *Z*2 进行一次固定滞后阶数的

ADF 单位根检验。

```
urdf2t_1<-ur.df(Z2,type='trend',lags=1,selectlags='Fixed')
summary(urdf2t_1)
```

执行上述命令，得到如下的单位根检验结果。

```
##
## ###############################################
## # Augmented Dickey-Fuller Test Unit Root Test #
## ###############################################
##
## Test regression trend
##
##
## Call:
## lm(formula = z.diff ~ z.lag.1 + 1 + tt + z.diff.lag)
##
## Residuals:
##      Min       1Q   Median       3Q      Max
##  -3.6005  -0.7984  -0.0439   0.8640   4.1252
##
## Coefficients:
##              Estimate Std. Error t value Pr(>|t|)
## (Intercept)   0.89898    0.31885   2.819  0.00587 **
## z.lag.1      -0.05716    0.04226  -1.352  0.17949
## tt            0.01543    0.01654   0.933  0.35314
## z.diff.lag   -0.29338    0.09930  -2.954  0.00396 **
## ---
## Signif. codes:  0 '***' 0.001 '**' 0.01 '*' 0.05 '.' 0.1 ' ' 1
##
## Residual standard error: 1.433 on 94 degrees of freedom
## Multiple R-squared:  0.1283, Adjusted R-squared:  0.1004
## F-statistic:  4.61 on 3 and 94 DF,  p-value: 0.004702
##
##
## Value of test-statistic is: -1.3524 4.2371 1.5591
##
## Critical values for test statistics:
##       1pct  5pct 10pct
## tau3 -4.04 -3.45 -3.15
## phi2  6.50  4.88  4.16
## phi3  8.73  6.49  5.47
```

检验结果表明，DF 统计量为-1.352 4，大于 5%临界值-3.45，因此不能拒绝序列存在单位根的原假设。进一步考虑用 φ_3 统计量来检验原假设 $\gamma = a_2 = 0$，检验结果中 φ_1 统计量为 1.5591，小于 5%临界值 6.49，因此不能拒绝原假设，从而应继续尝试只包含截距项的检验模型来进行 ADF 单位根检验。

（2）采用只包含截距项的模型来对序列 Z2 进行 ADF 单位根检验，根据 BIC 信息判断准则来确定检验模型的恰当的滞后期。

```
urdf2c<-ur.df(Z2,type='drift',lags=12,selectlags='BIC')
summary(urdf2c)
```

执行上述命令，得到如下的单位根检验结果。

```
##
## ###############################################
## # Augmented Dickey-Fuller Test Unit Root Test #
## ###############################################
##
## Test regression drift
##
##
## Call:
## lm(formula = z.diff ~ z.lag.1 + 1 + z.diff.lag)
##
## Residuals:
##     Min      1Q  Median      3Q     Max
## -3.3661 -0.9847 -0.1138  0.8911  3.8071
##
## Coefficients:
##             Estimate Std. Error t value Pr(>|t|)
## (Intercept)  1.35318    0.42928   3.152  0.00225 **
## z.lag.1     -0.03642    0.01664  -2.189  0.03138 *
## z.diff.lag  -0.31899    0.10095  -3.160  0.00219 **
## ---
## Signif. codes:  0 '***' 0.001 '**' 0.01 '*' 0.05 '.' 0.1 ' ' 1
##
## Residual standard error: 1.426 on 84 degrees of freedom
## Multiple R-squared:  0.1432, Adjusted R-squared:  0.1228
## F-statistic: 7.018 on 2 and 84 DF,  p-value: 0.001519
##
##
## Value of test-statistic is: -2.1888 7.0266
```

```
##
## Critical values for test statistics:
##          1pct   5pct   10pct
## tau2    -3.51  -2.89   -2.58
## phi1     6.70   4.71    3.86
```

检验结果表明，在最长为 12 期的滞后期中，根据 BIC 信息判断准则选择出的恰当滞后期为滞后 1 期。

接下来，采用只包含截距项的模型来对序列 *Z*2 进行一次固定滞后阶数的 ADF 单位根检验。

```
urdf2c_1<-ur.df(Z2,type='drift',lags=1,selectlags='Fixed')
summary(urdf2c_1)
```

执行上述命令，得到如下的单位根检验结果。

```
##
## ###############################################
## # Augmented Dickey-Fuller Test Unit Root Test #
## ###############################################
##
## Test regression drift
##
##
## Call:
## lm(formula = z.diff ~ z.lag.1 + 1 + z.diff.lag)
##
## Residuals:
##      Min       1Q   Median      3Q     Max
##  -3.4354  -0.8572  -0.0166  0.7736  4.1936
##
## Coefficients:
##              Estimate Std. Error t value Pr(>|t|)
## (Intercept)   0.88209    0.31812   2.773  0.00669 **
## z.lag.1      -0.01967    0.01311  -1.500  0.13689
## z.diff.lag   -0.31598    0.09624  -3.283  0.00144 **
## ---
## Signif. codes:  0 '***' 0.001 '**' 0.01 '*' 0.05 '.' 0.1 ' ' 1
##
## Residual standard error: 1.432 on 95 degrees of freedom
## Multiple R-squared:  0.1202, Adjusted R-squared:  0.1017
## F-statistic: 6.488 on 2 and 95 DF,  p-value: 0.002284
```

```
##
##
## Value of test-statistic is: -1.5002 5.9283
##
## Critical values for test statistics:
##        1pct   5pct   10pct
## tau2   -3.51  -2.89  -2.58
## phi1   6.70   4.71   3.86
```

检验结果表明，DF 统计量为−1.500 2，大于 5%临界值−2.89，因此不能拒绝序列存在单位根的原假设。进一步考虑用 φ_1 统计量来检验原假设 $\gamma = a_0 = 0$，检验结果中 φ_1 统计量为 5.928 3，大于 5%临界值 4.71，因此拒绝原假设。

（3）进一步地，基于模型 $\Delta z_t = a_0 + \sum \eta_i \Delta z_{t-i} + \varepsilon_t$，用 t 分布检验截距项 a_0 的显著性。模型的构建命令如下。

```
Z2d<-diff(Z2)
Z2diff<-embed(Z2d,2)
Z2.diff<-Z2diff[,1]
Z2.fiff.lag1<-Z2diff[,2]
EQ_Z2_R3<-lm(Z2.diff~Z2.fiff.lag1)
summary(EQ_Z2_R3)
```

其中，函数 **diff** 用于进行差分运算，函数 **embed** 用于在序列前面的特定列数中依次嵌入更短的序列，函数 **lm** 用于对线性模型进行估计。

执行上述命令，得到如下的模型估计结果。

```
##
## Call:
## lm(formula = Z2.diff ~ Z2.fiff.lag1)
##
## Residuals:
##      Min       1Q     Median      3Q       Max
##   -3.6475   -0.7776   -0.0324   0.9140   4.5145
##
## Coefficients:
##                 Estimate Std. Error t value Pr(>|t|)
## (Intercept)      0.45999   0.14938   3.079  0.00271 **
## Z2.fiff.lag1    -0.31518   0.09686  -3.254  0.00157 **
## ---
## Signif. codes:  0 '***' 0.001 '**' 0.01 '*' 0.05 '.' 0.1 ' ' 1
##
```

```
## Residual standard error: 1.441 on 96 degrees of freedom
## Multiple R-squared:   0.09934,      Adjusted R-squared:   0.08996
## F-statistic: 10.59 on 1 and 96 DF,   p-value: 0.001572
```

估计结果表明截距项 a_0 的 t 统计量为 3.079，伴随概率为 0.271%，拒绝 $a_0=0$ 的原假设。因此对序列 $Z2$ 进行 ADF 单位根检验的模型中应当包含截距项。

（4）回顾序列 $Z2$ 的只包含截距项的模型的 ADF 单位根检验结果。

```
summary(urdf2c_1)
```

执行上述命令，重新调出序列 $Z2$ 的只包含截距项的模型的 ADF 单位根检验结果。由于检验模型中包含截距项，因此可以用 t 分布来检验 $\gamma=0$，本例中即检验“**z.lag.1**”的系数是否等于 0。由于“z.lag.1”的估计系数的 t 统计量为−1.50，伴随概率为 13.689%，因此基于 t 分布检验也不能拒绝 $\gamma=0$ 的原假设，即认为序列 $Z2$ 存在单位根。

```
##
## ###############################################
## # Augmented Dickey-Fuller Test Unit Root Test #
## ###############################################
##
## Test regression drift
##
##
## Call:
## lm(formula = z.diff ~ z.lag.1 + 1 + z.diff.lag)
##
## Residuals:
##       Min        1Q    Median        3Q       Max
##   -3.4354   -0.8572   -0.0166    0.7736    4.1936
##
## Coefficients:
##              Estimate Std. Error t value Pr(>|t|)
## (Intercept)   0.88209    0.31812   2.773  0.00669 **
## z.lag.1      -0.01967    0.01311  -1.500  0.13689
## z.diff.lag   -0.31598    0.09624  -3.283  0.00144 **
## ---
## Signif. codes:   0 '***' 0.001 '**' 0.01 '*' 0.05 '.' 0.1 ' ' 1
##
## Residual standard error: 1.432 on 95 degrees of freedom
## Multiple R-squared:   0.1202, Adjusted R-squared:   0.1017
## F-statistic: 6.488 on 2 and 95 DF,   p-value: 0.002284
```

```
##
##
## Value of test-statistic is: -1.5002   5.9283
##
## Critical values for test statistics:
##        1pct  5pct  10pct
## tau2  -3.51  -2.89  -2.58
## phi1   6.70   4.71   3.86
```

（5）进一步对序列 $Z2$ 的一阶差分序列进行单位根检验。

```
urdf2d<-ur.df(diff(Z2),type='drift',lags=0,selectlags='Fixed')
summary(urdf2d)
```

执行上述命令，得到如下的单位根检验结果。

```
##
## ###############################################
## # Augmented Dickey-Fuller Test Unit Root Test #
## ###############################################
##
## Test regression drift
##
##
## Call:
## lm(formula = z.diff ~ z.lag.1 + 1)
##
## Residuals:
##     Min      1Q  Median      3Q     Max
##  -3.6475  -0.7776  -0.0324  0.9140  4.5145
##
## Coefficients:
##              Estimate Std. Error t value Pr(>|t|)
## (Intercept)   0.45999    0.14938   3.079  0.00271 **
## z.lag.1      -1.31518    0.09686  -13.578  < 2e-16 ***
## ---
## Signif. codes:  0 '***' 0.001 '**' 0.01 '*' 0.05 '.' 0.1 ' ' 1
##
## Residual standard error: 1.441 on 96 degrees of freedom
## Multiple R-squared:  0.6576, Adjusted R-squared:  0.654
## F-statistic: 184.4 on 1 and 96 DF,  p-value: < 2.2e-16
##
##
```

```
## Value of test-statistic is: -13.5779 92.1805
##
## Critical values for test statistics:
##        1pct   5pct  10pct
## tau2  -3.51  -2.89  -2.58
## phi1   6.70   4.71   3.86
```

检验结果表明，DF 统计量为-13.577 9，小于 1%临界值-3.51，因此能够拒绝序列存在单位根的原假设。检验结论为，序列 *Z*2 的一阶差分序列平稳，原序列 *Z*2 为一阶单整序列。

习题及参考答案

1．带漂移的随机游走过程的数据生成过程中都包含哪些趋势项？

解：包含确定性趋势项和随机趋势项。

2．趋势平稳过程应归类于平稳过程还是非平稳过程？

解：趋势平稳过程应归类于非平稳过程，因为它的均值不是常数，不满足平稳性要求。趋势平稳过程出去确定性趋势后，能够得到平稳过程。

3．趋势平稳过程和差分平稳过程中，谁包含确定性趋势，谁包含随机趋势？

解：趋势平稳过程中包含确定性趋势，不包含随机趋势。差分平稳过程中包含随机趋势，也可能包含确定性趋势。

4．ADF 单位根检验的原假设是序列平稳吗？

解：ADF 单位根检验的原假设不是序列平稳，而是序列包含一个单位根。

5．ADF 单位根检验统计量小于临界值，意味着什么？

解：ADF 单位根检验统计量小于临界值，意味着拒绝序列包含单位根的原假设，认为序列平稳或趋势平稳。

6. 对序列$\{y_t\}$基于包含趋势和截距项的模型进行 ADF 单位根检验，检验结果显示τ_τ统计量大于临界值，φ_3统计量大于临界值，应如何判断检验结论？

解：如果 ADF 单位根检验结果显示τ_τ统计量大于临界值，则不能拒绝原假设$\gamma=0$。此时，若φ_3统计量大于临界值，则拒绝原假设$\gamma=a_2=0$，则需要估计模型$\Delta y_t=a_0+a_2t+\sum_{i=1}^{p-1}\eta_i\Delta y_{t-i}+\varepsilon_t$，通过 t 统计量来检验趋势项的显著性。

如果不能拒绝$a_2=0$的原假设，则以只包含截距项但不包含时间趋势项（$a_0\neq0,$

$a_2 = 0$）的模型 $\Delta y_t = a_0 + \gamma y_{t-1} + \sum_{i=1}^{p-1} \eta_i \Delta y_{t-i} + \varepsilon_t$ 为检验模型进行检验，使用 τ_μ 统计量来检验单位根原假设 $\gamma = 0$。

如果拒绝原假设 $a_2 = 0$，意味着趋势项显著非零，则可以在无约束模型 $\Delta y_t = a_0 + a_2 t + \gamma y_{t-1} + \sum_{i=1}^{p-1} \eta_i \Delta y_{t-i} + \varepsilon_t$ 的基础上通过标准正态分布来检验单位根原假设 $\gamma = 0$。

参考文献

[1] Dickey D A, Fuller W A. Distribution of the Estimates for Autoregressive Time Series with a Unit Root[J]. Journal of the American Statistical Association, 1979, 74(366): 427-431.

[2] Dickey D A, Fuller W A. Likelihood Ratio Statistics for Autoregressive Time Series with a Unit Root[J]. Econometrica, 1981, 49(4): 1057-1072.

[3] Said S E, Dickey D A. Testing for Unit Roots in Autoregressive-Moving Average Models of Unknown Order[J]. Biometrica, 1984, 71(3): 599-607.

[4] Sims C A, Stock J H, Watson M W. Inference in Linear Time Series Models with some Unit Roots[J]. Econometrica, 1990, 58(1): 113-144.

[5] Dolado J J, Jenkinson T, Sosvilla-Rivero S. Cointegration and Unit Roots[J]. Journal of Economic Surveys, 1990, 4(3): 249-273.

[6] （美）沃尔特·恩德斯（Walter Enders）. 应用计量经济学：时间序列分析[M]. 原书第 3 版. 杜江，袁景安，译. 北京：机械工业出版社，2012.

[7] Phillips P, Perron P. Testing for a Unit Root in Time Series Regression[J]. Biometrica, 1988, 75(2):335-346.

[8] Dickey D A, Pantula S G. Determining the Order of Differencing in Autoregressive Processes[J]. Journal of Business and Economic Statistics, 1987, 5(4): 455-461.

[9] Hylleberg S, Engle R F, Granger C W J, Yoo B S. Seasonal Integration and Cointegration[J]. Journal of Econometrics, 1990, 44(1-2): 215-238.

[10] Schmidt P, Phillips P. LM Tests for a Unit Root in the Presence of Deterministic Trends[J]. Oxford Bulletin of Economics and Statistics, 1992, 54(3): 257-287.

[11] Elliott G, Rothenberg T J, Stock J H. Efficient Tests for an Autoregressive Unit Root[J]. Econometrica, 1996, 64(4): 813-836.

[12] Perron P. The Great Crash, the Oil Price Shock, and the Unit Root Hypothesis[J].

Econometrica, 1989, 57(6): 1361-1401.

[13] Zivot E, Andrews D W K. Further Evidence on the Great Crash，the Oil-Price Shock, and the Unit-Root Hypothesis[J]. Journal of Business and Economic Statistics, 1992, 10(3): 251-270.

[14] Lumsdaine R, Papell D. Multiple Trend Breaks and the Unit-Root Hypothesis[J]. Review of Economics and Statistics, 1997, 79(2): 212-218.

[15] Lee J, Strazicich C M. Minimum Lagrange Multiplier Unit Root Tests with Two Structural Breaks[J]. Review of Economics and Statistics, 2003, 85(4): 1082-1089.

[16] Kapetanois G. Unit-root Testing Against the Alternative Hypothesis of up to m Structural Breaks[J]. Journal of Time Series Analysis, 2005, 26(1): 123-233.

[17] Levin A, Lin C, Chu C J. Unit Root Tests in Panel Data: Asymptotic and Finite-sample Properties[J]. Journal of Econometrics, 2002, 108(1): 1-24.

[18] Im K S, Pesaran M H, Shin Y. Testing for Unit Roots in Heterogeneous Panels[J]. Journal of Econometrics, 2003, 115(1):53-74.

第 4 章　趋势和季节性建模

本章导读

前面介绍了两种典型的非平稳过程，即趋势平稳过程和差分平稳过程。对于这两种不同类型的非平稳过程，建议采用不同的方法建模。对于趋势平稳过程，采用残差自回归方法建模更为合适；对于差分平稳过程，则应采用 ARIMA 建模方法。另外，还有一些序列的生成过程中包含季节性因素，对这些序列建模时需要考虑季节性因素的影响。

本章结构如下：4.1 节针对只包含确定性趋势的序列，介绍确定性趋势建模方法，即残差自回归建模方法；4.2 节针对包含随机趋势的序列，介绍随机趋势建模方法，即 ARIMA 建模方法；4.3 节针对包含季节性因素的序列，介绍季节性模型的建模方法。

4.1　确定性趋势建模

考虑一个时间序列的样本序列，简单起见也用$\{y_t\}$表示。如果单位根检验的结果表明该序列为趋势平稳的，则说明该序列由确定性趋势主导，因此可以对该序列构建**残差自回归模型**。具体地，首先以时间 t 为解释变量对序列$\{y_t\}$构建**趋势模型**，然后对趋势模型生成的残差序列$\{\omega_t\}$构建自回归模型，最后通过检验自回归模型残差的纯随机性以确认模型拟合充分。残差自回归模型的一般形式为

$$
\begin{aligned}
&y_t = c + a_1 t + \omega_t \\
&\omega_t = \alpha_1\omega_{t-1} + \alpha_2\omega_{t-2} + \cdots + \alpha_p\omega_{t-p} + \varepsilon_t
\end{aligned}
\tag{4-1}
$$

其中，$t=\{1, 2, \cdots, T\}$，T 为样本量，$\{\varepsilon_t\}$为白噪声过程。残差自回归模型式（4-1）中，第一个模型为趋势模型，第二个模型为自回归模型。

在实际应用中，很多经济时间序列表现为指数增长趋势而非线性增长趋势，此时对时间序列取对数是一种较好的处理方法。取对数操作可使时间序列从指数增长趋势转变为线性增长趋势，在检验确认对数序列为趋势平稳过程后，就可以用残差自回归模型对这个对数序列进行分析建模。

理论上来说，时间序列包含的确定性趋势还可能为其他的一些非线性形式，例如时间 t 的 k 阶多项式函数形式

$$y_t = c + a_1 t + a_2 t^2 + \cdots + a_k t^k + \omega_t \tag{4-2}$$

需要强调的是，为了确保时间序列的确定性趋势信息已经被模型式（4-2）充分拟合，残差$\{\omega_t\}$应为零均值平稳时间序列。

【例 4-1】 1978—2013 年我国 1978 年价格为基准的实际 GDP（单位：亿元）如图 4-1 所示，具体数值参见附录 B 的表 B-1。

图 4-1 中实际 GDP 的发展趋势表现为经济时间序列典型的指数增长特征，因此在分析之前首先应对其取自然对数，得到实际 GDP 对数序列如图 4-2 所示。

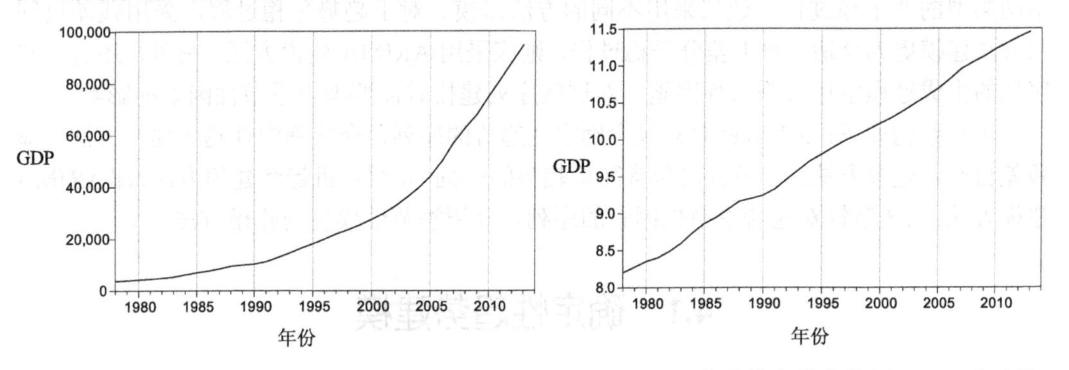

图 4-1　1978 年价格为基准的实际 GDP　　　图 4-2　1978 年价格为基准的实际 GDP 的对数

（1）单位根检验

在 EViews 中将实际 GDP 对数序列命名为 LNGDP。首先，需要对序列 LNGDP 进行单位根检验。单位根检验的设定窗口如图 4-3 所示。本例中，在单位根检验设定窗口中的 Test type 下拉列表框中选择 Augmented Dickey-Fuller 检验。这里对原始序列 LNGDP 进行检验，因此在 Test for unit root in 选择框中选择 Level。由于 LNGDP 呈现线性增长趋势，显然应首选包含时间趋势项和截距项的模型，因此在 Include in test equation 选择框中选择 Trend and Intercept 选项。检验模型的滞后期（Lag length），遵循默认选择 Automatic selection 下拉列表框中的 Schwarz Info Criterion 来为检验模型选择合适的滞后期。所有的参数确定后，单击 OK 按钮，则弹出 ADF 单位根检验结果窗口。

图 4-4 列示的序列 LNGDP 的 ADF 单位根检验结果表明，ADF 统计量约为−4.285，显然小于 1%临界值−4.273，接受原假设“序列 LNGDP 含有一个单位根”的概率仅为 0.009 7，为小概率事件，因此拒绝原假设，认为序列 LNGDP 为趋势平稳过程[①]。

① 该结论是结合序列的时序图特征和单位根检验结论一并得出的。

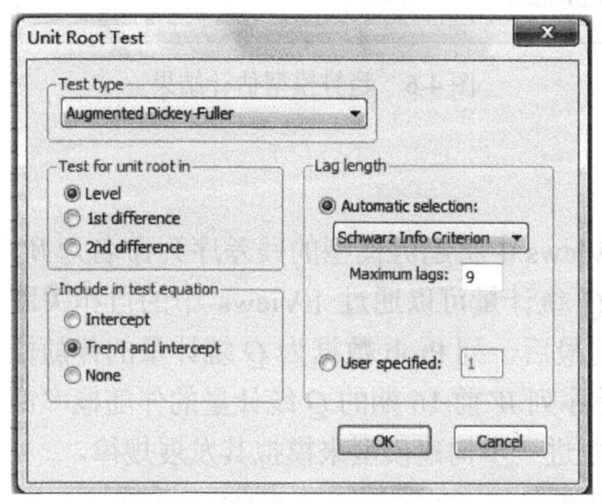

图 4-3　序列 LNGDP 的单位根检验设定窗口

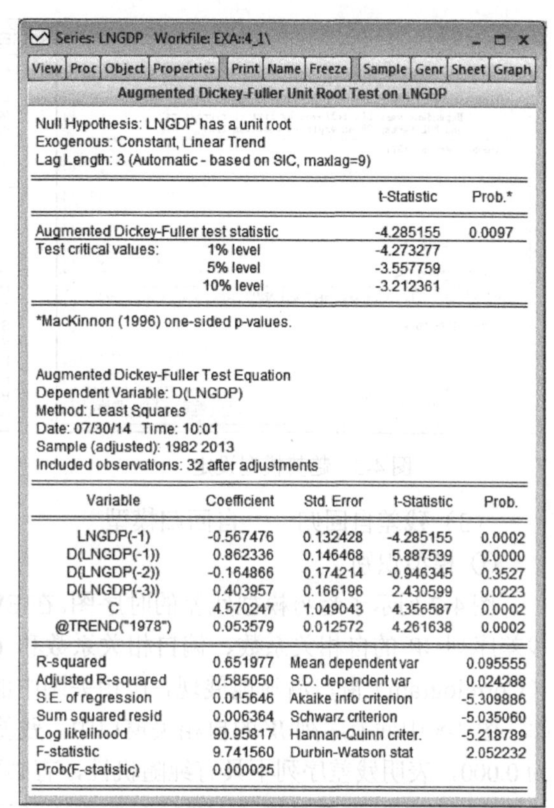

Series: LNGDP　Workfile: EXA::4_1\

View | Proc | Object | Properties | Print | Name | Freeze | Sample | Genr | Sheet | Graph

Augmented Dickey-Fuller Unit Root Test on LNGDP

Null Hypothesis: LNGDP has a unit root
Exogenous: Constant, Linear Trend
Lag Length: 3 (Automatic - based on SIC, maxlag=9)

		t-Statistic	Prob.*
Augmented Dickey-Fuller test statistic		-4.285155	0.0097
Test critical values:	1% level	-4.273277	
	5% level	-3.557759	
	10% level	-3.212361	

*MacKinnon (1996) one-sided p-values.

Augmented Dickey-Fuller Test Equation
Dependent Variable: D(LNGDP)
Method: Least Squares
Date: 07/30/14　Time: 10:01
Sample (adjusted): 1982 2013
Included observations: 32 after adjustments

Variable	Coefficient	Std. Error	t-Statistic	Prob.
LNGDP(-1)	-0.567476	0.132428	-4.285155	0.0002
D(LNGDP(-1))	0.862336	0.146468	5.887539	0.0000
D(LNGDP(-2))	-0.164866	0.174214	-0.946345	0.3527
D(LNGDP(-3))	0.403957	0.166196	2.430599	0.0223
C	4.570247	1.049043	4.356587	0.0002
@TREND("1978")	0.053579	0.012572	4.261638	0.0002

R-squared	0.651977	Mean dependent var	0.095555
Adjusted R-squared	0.585050	S.D. dependent var	0.024288
S.E. of regression	0.015646	Akaike info criterion	-5.309886
Sum squared resid	0.006364	Schwarz criterion	-5.035060
Log likelihood	90.95817	Hannan-Quinn criter.	-5.218789
F-statistic	9.741560	Durbin-Watson stat	2.052232
Prob(F-statistic)	0.000025		

图 4-4　序列 LNGDP 的单位根检验结果

（2）残差自回归——趋势模型

对于趋势平稳过程，采用残差自回归方法建模更为合适。因此，接下来以时间 t 为解释变量对 LNGDP 构建回归模型。图 4-5 列示了趋势模型的设定情况，模型设定形式为"lngdp c @trend(1977)"（EViews 中的变量名不区分大小写），第一个变量名代表被解释变量，c 表示回归方程中的常数项，@trend(1977)代表时间趋势项 t（1978 年数据为 1，1979 年数据为 2，1980 年数据为 3，依此类推）。采用 LS 估计方法得到的**趋势模型**的估计结果（见图 4-6）为

$$\text{LNGDP}_t = 8.063 + 0.095t + W_t$$
$$(675.78)\ (168.57)$$
$$R^2 = 0.999 \quad \text{D.W.} = 0.506$$

其中，括号中为 t 统计量。显然模型的估计系数显著，拟合优度很高。但 D.W.值表明模型残差存在序列相关，因此应继续对残差构建自回归模型。

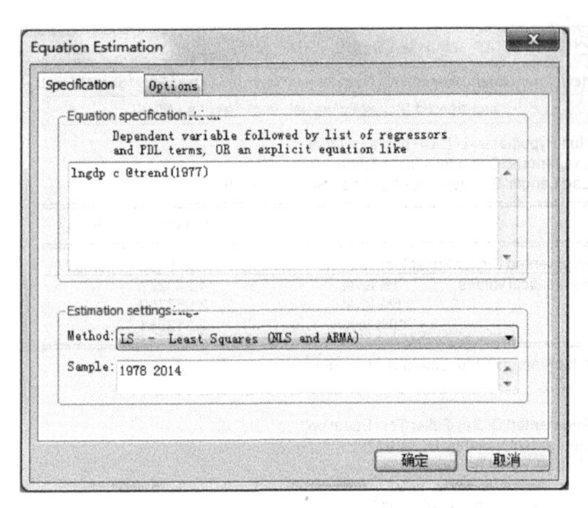

图 4-5　趋势模型设定

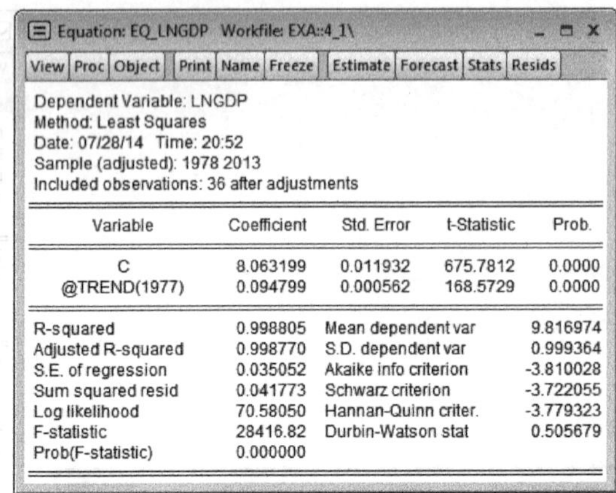

Equation: EQ_LNGDP Workfile: EXA::4_1\

Dependent Variable: LNGDP
Method: Least Squares
Date: 07/28/14 Time: 20:52
Sample (adjusted): 1978 2013
Included observations: 36 after adjustments

Variable	Coefficient	Std. Error	t-Statistic	Prob.
C	8.063199	0.011932	675.7812	0.0000
@TREND(1977)	0.094799	0.000562	168.5729	0.0000

R-squared	0.998805	Mean dependent var	9.816974
Adjusted R-squared	0.998770	S.D. dependent var	0.999364
S.E. of regression	0.035052	Akaike info criterion	-3.810028
Sum squared resid	0.041773	Schwarz criterion	-3.722055
Log likelihood	70.58050	Hannan-Quinn criter.	-3.779323
F-statistic	28416.82	Durbin-Watson stat	0.505679
Prob(F-statistic)	0.000000		

图 4-6　趋势模型估计结果

（3）残差自回归——自回归模型

① 模型识别

图 4-7 列示了趋势模型残差的时序图。在 EViews 中将趋势模型的残差序列命名为 W。残差序列 W 的自相关系数、偏自相关系数和 Q 统计量可以通过 EViews 中的自相关图（Correlogram）窗口清晰地展现，自相关图中的最后一列 Prob 数据为 Q 统计量的伴随概率。图 4-8 中残差序列 W 的自相关窗口中，残差序列 W 前 16 期的 Q 统计量的伴随概率都为 0.000，表明残差序列不具有纯随机性，有必要进一步构建模型来模拟其发展规律。

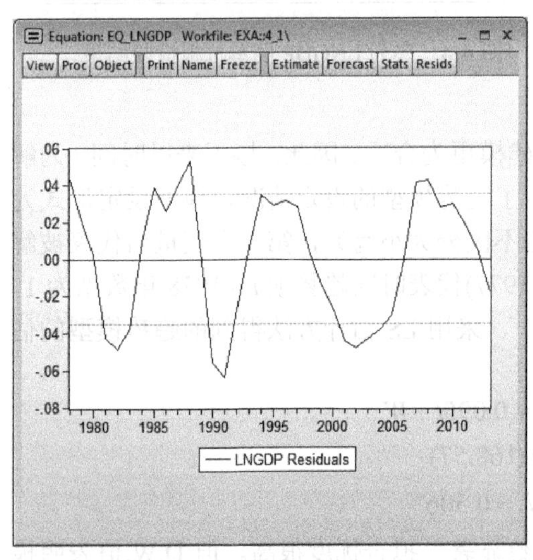

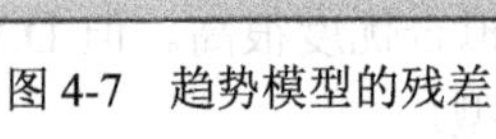

图 4-7　趋势模型的残差

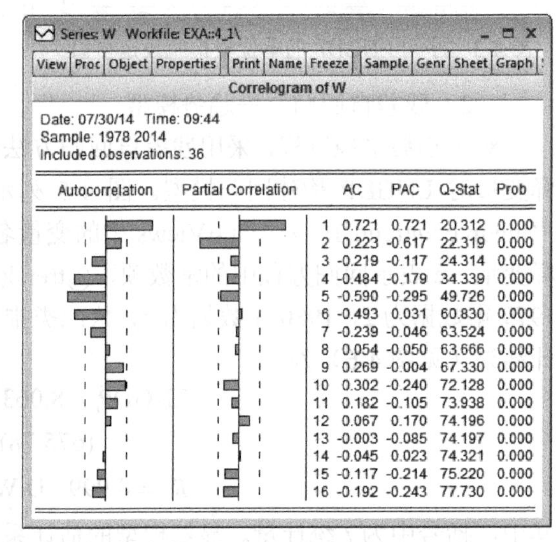

Series: W Workfile: EXA::4_1\

Correlogram of W

Date: 07/30/14 Time: 09:44
Sample: 1978 2014
Included observations: 36

	AC	PAC	Q-Stat	Prob
1	0.721	0.721	20.312	0.000
2	0.223	-0.617	22.319	0.000
3	-0.219	-0.117	24.314	0.000
4	-0.484	-0.179	34.339	0.000
5	-0.590	-0.295	49.726	0.000
6	-0.493	0.031	60.830	0.000
7	-0.239	-0.046	63.524	0.000
8	0.054	-0.050	63.666	0.000
9	0.269	-0.004	67.330	0.000
10	0.302	-0.240	72.128	0.000
11	0.182	-0.105	73.938	0.000
12	0.067	0.170	74.196	0.000
13	-0.003	-0.085	74.197	0.000
14	-0.045	0.023	74.321	0.000
15	-0.117	-0.214	75.220	0.000
16	-0.192	-0.243	77.730	0.000

图 4-8　趋势模型残差的自相关图

Box 和 Jenkins 建模的第一步是通过自相关函数和偏自相关函数进行模型识别。图 4-8 的自相关图窗口中，第一列的自相关系数图表明序列 W 的自相关函数表现为拖尾特征；第二列的偏自相关系数图表现得不是特别清晰，可以认为其二阶截尾也可以认为其拖尾，若认定其为二阶截尾，五阶滞后的偏自相关系数又显得略大。因此根据 ARMA 模型的识别规律，这里对残差序列 W 尝试构建四种模型，分别为 AR(2)、AR(1, 2, 5)、ARMA(1, 1)、ARMA((1, 5), 1)。其中 AR(1, 2, 5)和 ARMA((1, 5), 1)模型中的自回归阶数添加括号并逐一标示，表明自回归部分是疏系数的，分别只有 1、2、5 阶滞后项和 1、5 阶滞后项。

② 模型估计

接下来，仅以 ARMA((1, 5), 1)模型为例演示 EViews 中对残差序列 W 构建 ARMA 模型的关键步骤。首先 EViews 中构建 ARMA 模型，图 4-9 列示了 ARMA((1, 5), 1)模型的设定情况，模型设定形式为“w ar(1) ar(5) ma(1)”（EViews 中的变量名不区分大小写）。

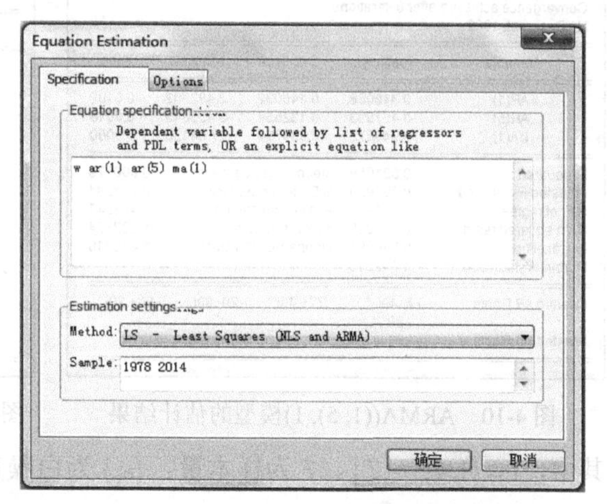

图 4-9　ARMA((1, 5), 1)模型的设定

③ 模型检验

接下来最重要的是对参数估计结果进行诊断检验。图 4-10 列示了 ARMA((1, 5), 1)模型的参数估计结果。首先，ar(1)、ar(5)和 ma(1)项估计系数 t 统计量的伴随概率分别为 1.89%、0.18%和 0.00%，表明参数显著性满足。其次，估计结果页面最下方列示的自回归系数多项式根的倒数和移动平均系数多项式根的倒数都在单位圆内，因此平稳可逆性满足。最后，图 4-11 列示的 ARMA((1, 5), 1)模型的残差的自相关图（Correlogram of Residuals）窗口中，前 16 期的 Q 统计量的伴随概率都较高，表明 ARMA((1, 5), 1)模型的残差具有纯随机性。参数显著性、平稳可逆性和残差纯随机性三方面的诊断检验都通过，表明对趋势模型的残差序列 W 构建 ARMA((1, 5), 1)模型是合适的。

（4）残差自回归模型

另外三种可能的模型 AR(2)、AR(1, 2, 5)、ARMA(1, 1)也按照类似的方式和步骤构建。具体的模型估计结果与诊断检验内容列示于表 4-1。从 Q 统计量的结果来看，前三个模型都或多或少存在残差序列相关性问题，而只有最后的 ARMA((1, 5), 1)模型满足残差的纯随机性。同时横向比较四个模型的 AIC 和 SBC 信息判断准则，还是 ARMA((1, 5), 1)模型的信息判断准则统计量数值最小，因此在四个模型中也是最优的。虽然 ARMA((1, 5), 1)

模型不是真正意义上的自回归模型，但由于所有的 ARMA(p, q)过程都可以通过在等号两端除以移动平均系数多项式得到 AR(∞)过程，因此本例中的趋势模型与 ARMA((1, 5), 1)模型结合到一起也总称为残差自回归模型，模型整体的参数估计结果为

$$\text{LNGDP}_t = 8.063 + 0.095t + W_t$$

$$W_t = \frac{1+0.941L}{1-0.349L+0.458L^5}\varepsilon_t$$

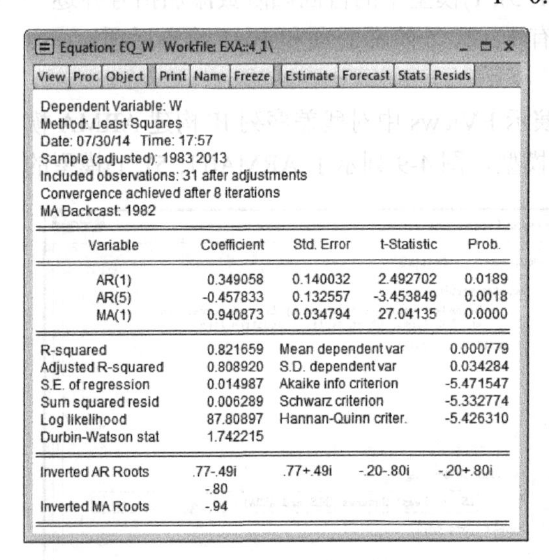

Equation: EQ_W Workfile: EXA::4_1\

Dependent Variable: W
Method: Least Squares
Date: 07/30/14 Time: 17:57
Sample (adjusted): 1983 2013
Included observations: 31 after adjustments
Convergence achieved after 8 iterations
MA Backcast: 1982

Variable	Coefficient	Std. Error	t-Statistic	Prob.
AR(1)	0.349058	0.140032	2.492702	0.0189
AR(5)	-0.457833	0.132557	-3.453849	0.0018
MA(1)	0.940873	0.034794	27.04135	0.0000

R-squared	0.821659	Mean dependent var	0.000779
Adjusted R-squared	0.808920	S.D. dependent var	0.034284
S.E. of regression	0.014987	Akaike info criterion	-5.471547
Sum squared resid	0.006289	Schwarz criterion	-5.332774
Log likelihood	87.80897	Hannan-Quinn criter.	-5.426310
Durbin-Watson stat	1.742215		

Inverted AR Roots	.77-.49i	.77+.49i	-.20-.80i	-.20+.80i
	-.80			
Inverted MA Roots	-.94			

图 4-10 ARMA((1, 5), 1)模型的估计结果

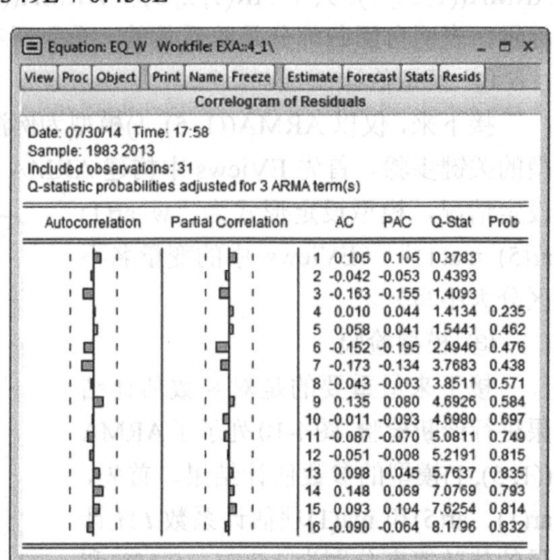

Equation: EQ_W Workfile: EXA::4_1\

Correlogram of Residuals

Date: 07/30/14 Time: 17:58
Sample: 1983 2013
Included observations: 31
Q-statistic probabilities adjusted for 3 ARMA term(s)

	AC	PAC	Q-Stat	Prob
1	0.105	0.105	0.3783	
2	-0.042	-0.053	0.4393	
3	-0.163	-0.155	1.4093	
4	0.010	0.044	1.4134	0.235
5	0.058	0.041	1.5441	0.462
6	-0.152	-0.195	2.4946	0.476
7	-0.173	-0.134	3.7683	0.438
8	-0.043	-0.003	3.8511	0.571
9	0.135	0.080	4.6926	0.584
10	-0.011	-0.093	4.6980	0.697
11	-0.087	-0.070	5.0811	0.749
12	-0.051	-0.008	5.2191	0.815
13	0.098	0.045	5.7637	0.835
14	0.148	0.069	7.0769	0.793
15	0.093	0.104	7.6254	0.814
16	-0.090	-0.064	8.1796	0.832

图 4-11 ARMA((1, 5), 1)模型的残差的自相关图

其中，$t=\{1,2,\cdots,T\}$，T 为样本量，$\{\varepsilon_t\}$ 为白噪声过程。需要注意的是，由于模型中的自回归项以自回归系数多项式的形式出现，因此自回归系数的符号与 EViews 所显示的系数估计结果相反。

表 4-1 趋势模型残差序列 W 的模型

	AR(2)模型	AR(1, 2, 5)模型	ARMA(1, 1)模型	ARMA((1, 5), 1)模型
AR(1)	1.275 (0.000)	1.085 (0.000)	0.593 (0.000)	0.349 (0.019)
AR(2)	−0.705 (0.000)	−0.600 (0.000)	—	—
AR(5)	—	−0.217 (0.031)	—	−0.458 (0.002)
MA(1)	—	—	0.768 (0.000)	0.941 (0.000)

续表

	AR(2)模型	AR(1, 2, 5)模型	ARMA(1, 1)模型	ARMA((1, 5), 1)模型
R^2	0.776	0.812	0.741	0.822
AIC	−5.303	−5.420	−5.178	−5.472
SBC	−5.213	−5.280	−5.090	−5.333
Q(3)	0.061	—	0.085	—
Q(4)	0.112	0.051	0.147	0.235
Q(7)	0.069	0.281	0.010	0.438

注：参数估计值下方括号中的数值为 t 统计量的伴随概率。

4.2　随机趋势建模

如果样本序列$\{y_t\}$经单位根检验结果为单整序列，即序列中包含单位根，则表明该序列中包含随机趋势。残差自回归模型仅能提取确定性趋势，无法消除随机趋势。Box 和 Jenkins[1]提出的 ARIMA 模型为单整序列建模提供了可行的思路。具体地，d 阶单整序列经过 d 阶差分得到平稳时间序列后，再构建 ARMA(p, q)模型，记作 ARIMA(p, d, q)模型，其中 d 表示差分阶数，p 表示自回归阶数，q 表示移动平均阶数。具体的模型形式为

$$A(L)\Delta^d y_t = c + B(L)\varepsilon_t \tag{4-3}$$

其中，$A(L) = 1 - \alpha_1 L - \alpha_2 L^2 - \cdots - \alpha_p L^p$，$B(L) = 1 - \beta_1 L - \beta_2 L^2 - \cdots - \beta_q L^q$，分别为自回归系数多项式和移动平均系数多项式，$\{\varepsilon_t\}$ 为白噪声过程。

与 ARMA 模型的模型识别、参数估计和诊断检验三步建模过程相比，ARIMA 模型的建模过程只是在这三步之前，增加了对单整序列进行必要阶数的差分使之变为平稳序列的过程。

事实上，如式（3-3）的随机游走过程也可以等价地表示为

$$\Delta u_t = \varepsilon_t \tag{4-4}$$

它也是 ARIMA 模型的典型形式，可以记作 ARIMA(0, 1, 0)模型。

4.3　季节性建模

时间序列的记录频率有多种情形，有固定时间间隔记录的时间序列数据，例如以年度、季度、月度为频率记录的年度数据、季度数据、月度数据，或者以工作日甚至小时、分钟为频率记录的时间序列数据；也有非固定时间间隔记录的时间序列数据。

经济时间序列分析中如果用到的是年度数据，则不会有所谓的季节性因素之说。但经济时间序列分析中经常还会用到季度数据或月度数据等更高频率的时间序列数据，这些数据经常会随着季节的变化在年度中间表现为循环往复的周期性特征，这被称作是受到**季节性**因素的影响，事实上导致经济时间序列出现季节性特征的原因可能是季节的更替，也可能是社会制度和风俗习惯等。一个典型的例子如图 4-12 所示，这里社会消费品零售总额月度数据不仅在总体上表现出增长趋势，而且每年还呈现出季节性的周期波动，每年都是年初和年底消费量较高，而年度中间消费量较低。

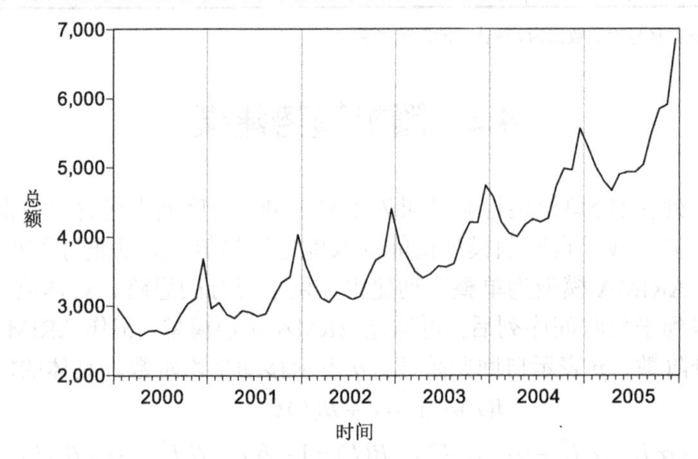

图 4-12　社会消费品零售总额（2000 年 1 月至 2005 年 12 月）

时间序列分析中对于季节性因素的处理方法有多种。其中一种比较典型的方法是美国人口普查局（United States Census Bureau）推出的 X-11 和 X-12 季节调整方法，这是一种基于移动平均方法的季节调整计算机算法。政府通常基于该算法对大量的经济时间序列进行统一的季节调整的标准化处理，公布经过季节调整后的数据以方便公众进行分析和比较。但是 X-11 和 X-12 季节调整方法既然是一种标准化处理方法，那么对单个时间序列来说针对性就不足，无法保证能够将所有时间序列中的季节性因素去除掉。因此，当针对单个时间序列进行分析和建模时，最好不采用经 X-11 和 X-12 季节调整后的数据，而是采用原始数据，在建模过程中将时间序列本身特有的季节性因素影响体现出来。正如 Bell 和 Hillmer[2]所指出的，在建模过程中最好一同识别和估计季节性因素和 ARMA 系数。

在时间序列的建模过程中，季节性影响可以通过季节性差分和乘积季节项（multiplicative seasonality）来体现。所谓**季节性差分**，是当期序列值 y_t 与上年同期序列值 y_{t-s} 之间（每年包含 s 期数据）的差分运算，也称 s 步差分。某些时间序列的季节性影响仅通过季节性

差分或 s 期（或 s 期整数倍）的自回归或移动平均项就可以刻画出来，这类时间序列模型称作**简单季节模型**。所谓**乘积季节项**，是为了在建模过程中体现 ARMA 系数和季节性因素之间的交互影响。包含乘积季节项的模型也称作**乘积季节模型**。通常情况下，模型中很可能同时包含季节性差分和乘积季节项。乘积季节模型的一般表达式为

$$\Delta^d \Delta_s^D y_t = \frac{B(L)}{A(L)} \frac{\Theta(L^s)}{\Phi(L^s)} \varepsilon_t \tag{4-5}$$

其中，$\{\varepsilon_t\}$ 为白噪声过程。$\Delta^d \Delta_s^D y_t$ 表示序列 y_t 经 d 阶差分和 D 次的 s 步差分后平稳。$A(L)$ 为自回归系数多项式，$B(L)$ 为移动平均系数多项式，$\Phi(L^s)$ 为乘积季节自回归系数多项式，$\Theta(L^s)$ 为乘积季节移动平均系数多项式，具体为

$$A(L) = 1 - \alpha_1 L - \alpha_2 L^2 - \cdots - \alpha_p L^p \tag{4-6}$$

$$B(L) = 1 - \beta_1 L - \beta_2 L^2 - \cdots - \beta_q L^q \tag{4-7}$$

$$\Phi(L^s) = 1 - \varphi_1 L^s - \varphi_2 L^{2s} - \cdots - \varphi_P L^{Ps} \tag{4-8}$$

$$\Theta(L^s) = 1 - \theta_1 L^s - \theta_2 L^{2s} - \cdots - \theta_Q L^{Qs} \tag{4-9}$$

上述乘积季节模型可以简记为 ARIMA$(p, d, q)\times(P, D, Q)_s$。很多情况下，简单季节模型也可以通过 ARIMA$(p, d, q)\times(P, D, Q)_s$ 的形式进行更加简洁清晰的表示（参见例 4-2）。

实际应用中的乘积季节模型可能只是由式（4-5）中的部分项构成。例如不需要做差分运算，或只需要做一种差分运算，例如只做 d 阶差分或只做 D 次的 s 步差分；可能不包含自回归系数多项式或移动平均系数多项式；也可能只包含乘积季节自回归系数多项式，或者只包含乘积季节移动平均系数多项式。

当模型中不包含乘积季节项 $\Phi(L^s)$ 和 $\Theta(L^s)$，仅通过季节性差分或 s 期（或 s 期整数倍）的自回归或移动平均项来刻画季节性影响时，即为简单季节模型。简单季节模型的一般表达式为

$$\Delta^d \Delta_s^D y_t = \frac{B(L)}{A(L)} \varepsilon_t \tag{4-10}$$

【例 4-2】1990 年 1 月至 2011 年 12 月我国社会消费品零售总额（单位：亿元）如图 4-13 所示，具体数值参见附录 B 的表 B-2。

图 4-13 中社会消费品零售总额的发展趋势展现出经济时间序列典型的指数增长特征，因此在分析之前首先应对其取对数，得到社会消费品零售总额对数序列如图 4-14 所示。

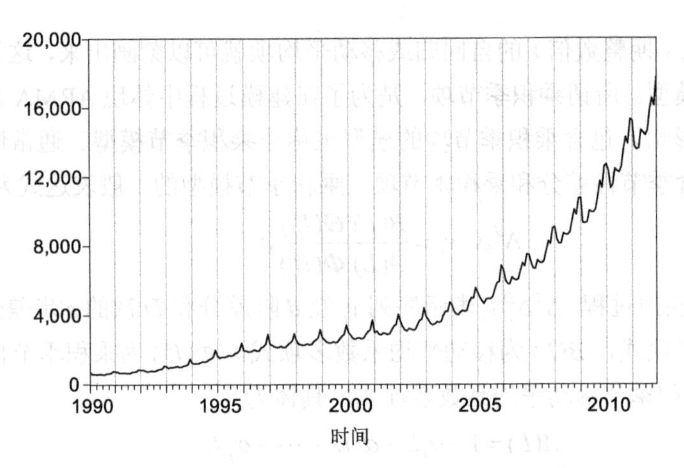

图 4-13　社会消费品零售总额（1990 年 1 月至 2011 年 12 月）

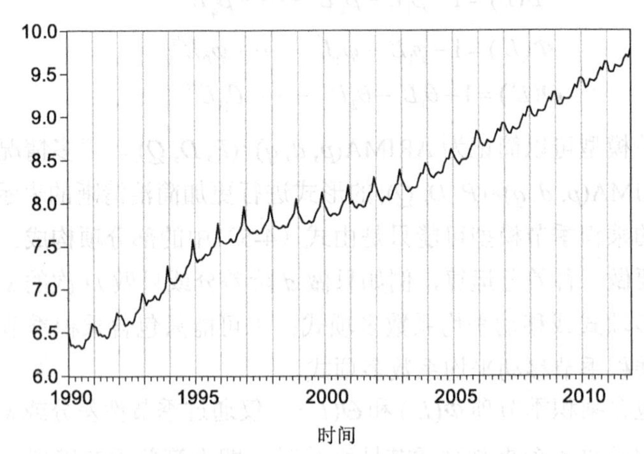

图 4-14　社会消费品零售总额的自然对数（1990 年 1 月至 2011 年 12 月）

（1）季节性差分

在 EViews 中将社会消费品零售总额对数序列命名为 LNC。从图 4-14 中可以看出，序列 LNC 表现为增长趋势和季节性周期波动，差分可以消除长期趋势，季节性差分可以消除季节性周期波动，因此首先对其进行 1 阶 12 步差分以消除长期趋势和季节性波动影响。1 阶 12 步差分后的 $\Delta\Delta_{12}$LNC 序列如图 4-15 所示，在 EViews 中将其命名为 DLNC。

EViews 软件中通过在命令行输入

```
series dlnc=d(lnc,1,12)
```

可实现对序列 LNC 的 1 阶 12 步差分，并将差分后的序列命名为 DLNC（EViews 中的变量名不区分大小写）。

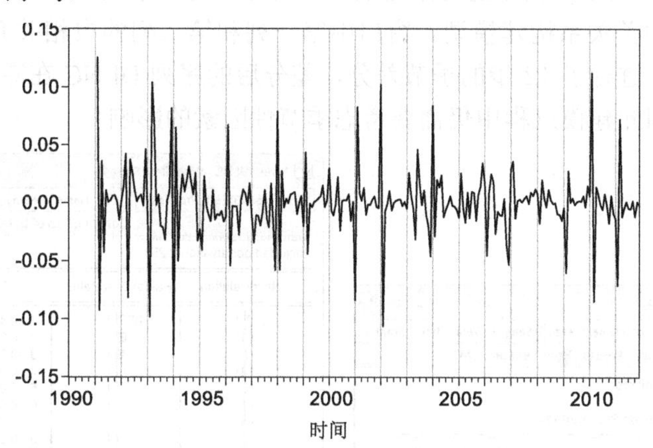

图 4-15　社会消费品零售总额自然对数的 1 阶 12 步差分（1990 年 1 月至 2011 年 12 月）

（2）单位根检验

建模之前，首先对序列 DLNC 进行单位根检验。单位根检验的设定窗口如图 4-16 所示。比较 Intercept 和 None 两种检验模型的估计结果，显示序列 DLNC 的估计模型中截距项应为零，因此最终选择 None 模型检验序列 DLNC 的平稳性。图 4-17 列示的序列 DLNC 的 ADF 的单位根检验结果表明，ADF 统计量约为−15.234，显然小于 1%临界值−2.574，接受原假设“序列 DLNC 含有一个单位根”的概率仅为 0.000 0，为小概率事件，因此拒绝原假设，认为序列 DLNC 为平稳过程。

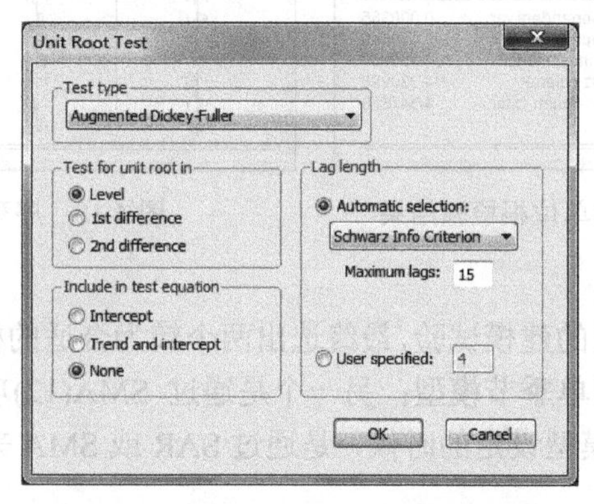

图 4-16　序列 DLNC 的单位根检验设定窗口

（3）模型识别

接下来，通过自相关图进行模型识别。观察图 4-18 中序列 DLNC 的自相关窗口，首先，从窗口中最后一列 Q 统计量的伴随概率序列可以确认序列 DLNC 不具有纯随机性，有必要对其序列相关关系构建模型。窗口中第一列和第二列的自相关系数图和偏自相关系数图表明，即使进行了 12 步的季节差分，差分后的序列 DLNC 在滞后 12 期仍表现出较高的相关性，因此建模过程中仍需要考虑季节性因素的影响。

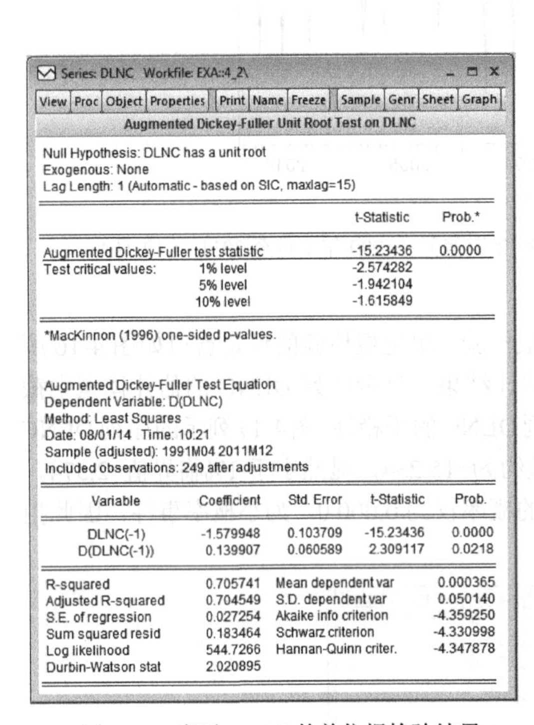

Series: DLNC Workfile: EXA::4_2\

View | Proc | Object | Properties | Print | Name | Freeze | Sample | Genr | Sheet | Graph

Augmented Dickey-Fuller Unit Root Test on DLNC

Null Hypothesis: DLNC has a unit root
Exogenous: None
Lag Length: 1 (Automatic - based on SIC, maxlag=15)

		t-Statistic	Prob.*
Augmented Dickey-Fuller test statistic		-15.23436	0.0000
Test critical values:	1% level	-2.574282	
	5% level	-1.942104	
	10% level	-1.615849	

*MacKinnon (1996) one-sided p-values.

Augmented Dickey-Fuller Test Equation
Dependent Variable: D(DLNC)
Method: Least Squares
Date: 08/01/14 Time: 10:21
Sample (adjusted): 1991M04 2011M12
Included observations: 249 after adjustments

Variable	Coefficient	Std. Error	t-Statistic	Prob.
DLNC(-1)	-1.579948	0.103709	-15.23436	0.0000
D(DLNC(-1))	0.139907	0.060589	2.309117	0.0218

R-squared	0.705741	Mean dependent var	0.000365
Adjusted R-squared	0.704549	S.D. dependent var	0.050140
S.E. of regression	0.027254	Akaike info criterion	-4.359250
Sum squared resid	0.183464	Schwarz criterion	-4.330998
Log likelihood	544.7266	Hannan-Quinn criter.	-4.347878
Durbin-Watson stat	2.020895		

图 4-17 序列 DLNC 的单位根检验结果

Series: DLNC Workfile: EXA::4_2\

View | Proc | Object | Properties | Print | Name | Freeze | Sample | Genr | Sheet | Graph | Stat

Correlogram of DLNC

Included observations: 251

	AC	PAC	Q-Stat	Prob
1	-0.403	-0.403	41.222	0.000
2	0.037	-0.149	41.578	0.000
3	-0.032	-0.092	41.845	0.000
4	0.041	-0.006	42.270	0.000
5	-0.050	-0.043	42.906	0.000
6	0.018	-0.022	42.990	0.000
7	0.032	0.034	43.257	0.000
8	-0.039	-0.015	43.663	0.000
9	0.031	0.016	43.908	0.000
10	-0.023	-0.008	44.047	0.000
11	0.143	0.160	49.424	0.000
12	-0.374	-0.308	86.557	0.000
13	0.239	-0.032	101.85	0.000
14	-0.086	-0.050	103.84	0.000
15	0.039	-0.016	104.24	0.000
16	-0.042	-0.026	104.72	0.000
17	0.088	0.055	106.84	0.000
18	-0.011	0.069	106.87	0.000
19	0.000	0.063	106.87	0.000
20	0.027	0.050	107.07	0.000
21	0.035	0.111	107.40	0.000
22	-0.088	-0.056	109.54	0.000
23	0.025	0.037	109.71	0.000
24	0.075	-0.054	111.30	0.000
25	-0.108	-0.040	114.55	0.000
26	0.112	0.042	118.08	0.000
27	0.006	0.095	118.09	0.000
28	0.077	0.154	119.76	0.000
29	-0.078	0.103	121.48	0.000
30	0.025	0.064	121.65	0.000
31	-0.091	-0.074	124.05	0.000
32	0.018	-0.070	124.14	0.000
33	-0.066	-0.112	125.41	0.000
34	0.139	-0.008	131.08	0.000
35	-0.044	0.036	131.65	0.000
36	-0.060	-0.065	132.70	0.000

图 4-18 序列 DLNC 的自相关图

（4）模型估计

经过一系列可能模型的建模试验，最终选出两个较为合适的模型：一个是通过 AR(12)项来捕捉季节性因素的**简单季节模型**；另一个是通过 SMA(12)项来捕捉季节性因素的**乘积季节模型**。EViews 在模型设定的时候，是通过 SAR 或 SMA 来表示乘积季节的自回归项或移动平均项。

序列 DLNC 的简单季节模型 ARMA((12), 1)的估计结果和模型残差的自相关图如图 4-19 和图 4-20 所示。事实上，序列 DLNC 的简单季节模型 ARMA((12), 1)也可以采用乘积季节模型的表示形式，简记为序列 LNC 的 ARIMA(0, 1, 1)×$(1, 1, 0)_{12}$ 模型。

Equation: EQ_DLNC1 Workfile: EXA::4_2\

View | Proc | Object | Print | Name | Freeze | Estimate | Forecast | Stats | Resids

Dependent Variable: DLNC
Method: Least Squares
Date: 08/01/14 Time: 11:04
Sample (adjusted): 1992M02 2011M12
Included observations: 239 after adjustments
Convergence achieved after 6 iterations
MA Backcast: 1992M01

Variable	Coefficient	Std. Error	t-Statistic	Prob.
AR(12)	-0.364288	0.059033	-6.170903	0.0000
MA(1)	-0.421207	0.058635	-7.183536	0.0000

R-squared	0.284256	Mean dependent var	0.000103
Adjusted R-squared	0.281236	S.D. dependent var	0.030191
S.E. of regression	0.025596	Akaike info criterion	-4.484463
Sum squared resid	0.155266	Schwarz criterion	-4.455372
Log likelihood	537.8934	Hannan-Quinn criter.	-4.472740
Durbin-Watson stat	1.944282		

Inverted AR Roots	.89+.24i	.89-.24i	.65+.65i	.65-.65i
	.24+.89i	.24-.89i	-.24-.89i	-.24+.89i
	-.65-.65i	-.65+.65i	-.89-.24i	-.89+.24i
Inverted MA Roots	.42			

图 4-19　简单季节模型的估计结果

Equation: EQ_DLNC1 Workfile: EXA::4_2\

View | Proc | Object | Print | Name | Freeze | Estimate | Forecast | Stats | Resids

Correlogram of Residuals

Q-statistic probabilities adjusted for 2 ARMA term(s)

	AC	PAC	Q-Stat	Prob
1	0.019	0.019	0.0905	
2	-0.024	-0.024	0.2308	
3	0.015	0.016	0.2867	0.592
4	0.012	0.010	0.3200	0.852
5	0.008	0.008	0.3362	0.953
6	0.050	0.050	0.9507	0.917
7	0.037	0.035	1.2941	0.936
8	-0.006	-0.005	1.3022	0.972
9	0.037	0.037	1.6442	0.977
10	-0.034	-0.038	1.9335	0.983
11	0.025	0.027	2.0875	0.990
12	-0.030	-0.037	2.3155	0.993
13	0.077	0.077	3.8178	0.975
14	0.043	0.037	4.2975	0.977
15	0.084	0.086	6.1267	0.941
16	0.047	0.046	6.7002	0.946
17	0.098	0.102	9.1725	0.868
18	0.034	0.030	9.4669	0.893
19	-0.003	-0.001	9.4696	0.924
20	0.019	0.003	9.5632	0.945
21	0.016	0.008	9.6297	0.961
22	-0.057	-0.080	10.498	0.958
23	0.027	0.023	10.686	0.969
24	0.043	0.020	11.192	0.972
25	-0.056	-0.048	12.030	0.970
26	0.073	0.069	13.475	0.958
27	0.049	0.048	14.121	0.960
28	0.088	0.090	16.227	0.931
29	-0.047	-0.055	16.833	0.935
30	-0.035	-0.060	17.172	0.945
31	-0.098	-0.128	19.831	0.898
32	-0.034	-0.076	20.145	0.913
33	-0.009	-0.049	20.167	0.932
34	0.002	-0.024	20.169	0.948
35	0.069	0.070	21.499	0.938
36	-0.088	-0.068	23.688	0.907

图 4-20　简单季节模型的残差的自相关图

由于序列 DLNC 为序列 LNC 经过 1 阶 12 步差分后生成的序列，因此在模型表示中可以将序列 DLNC 表示为 $\Delta\Delta_{12}\mathrm{LNC}$，则简单季节模型的参数估计结果可以表示为

$$\Delta\Delta_{12}\mathrm{LNC}=\frac{1-0.421L}{1+0.364L^{12}}\varepsilon_t$$

其中，$\{\varepsilon_t\}$ 为白噪声过程。

序列 LNC 的乘积季节模型 ARIMA(0, 1, 1)×(0, 1, 1)$_{12}$ 的估计结果和模型残差的自相关图如图 4-21 和图 4-22 所示。具体的参数估计结果可以表示为

$$\Delta\Delta_{12}\mathrm{LNC}=(1-0.439L)(1-0.378L^{12})\varepsilon_t$$

其中，$\{\varepsilon_t\}$ 为白噪声过程。

（5）模型检验和模型选择

从图 4-19 和图 4-21 中简单季节模型和乘积季节模型的估计结果页面来看，参数显著性和平稳可逆性都满足。从图 4-20 和图 4-22 中两个模型残差的 Q 统计量的伴随概率来看，残差的纯随机性也都满足。因此两个模型都能够很好地拟合社会消费品零售总额的发展规

律，从信息判断准则 AIC 和 SBC 的数值来看也相差无几，如果一定要从中选出一个模型来，简单季节模型的信息判断准则数值更小一些，因此可以认为简单季节模型稍好一些。

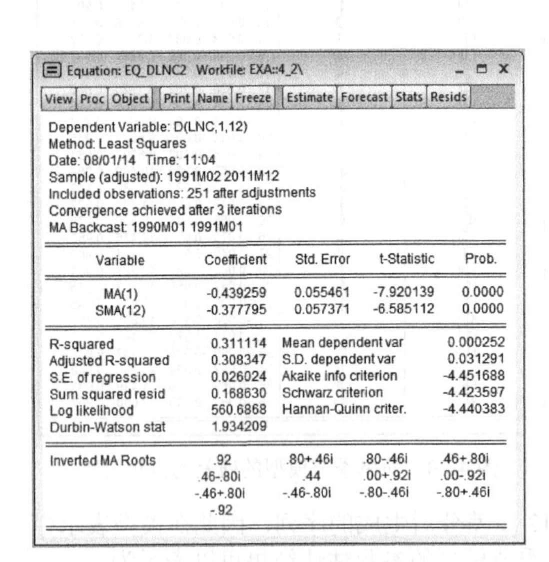

Equation: EQ_DLNC2 Workfile: EXA::4_2\

View | Proc | Object | Print | Name | Freeze | Estimate | Forecast | Stats | Resids

Dependent Variable: D(LNC,1,12)
Method: Least Squares
Date: 08/01/14 Time: 11:04
Sample (adjusted): 1991M02 2011M12
Included observations: 251 after adjustments
Convergence achieved after 3 iterations
MA Backcast: 1990M01 1991M01

Variable	Coefficient	Std. Error	t-Statistic	Prob.
MA(1)	-0.439259	0.055461	-7.920139	0.0000
SMA(12)	-0.377795	0.057371	-6.585112	0.0000

R-squared	0.311114	Mean dependent var	0.000252
Adjusted R-squared	0.308347	S.D. dependent var	0.031291
S.E. of regression	0.026024	Akaike info criterion	-4.451688
Sum squared resid	0.168630	Schwarz criterion	-4.423597
Log likelihood	560.6868	Hannan-Quinn criter.	-4.440383
Durbin-Watson stat	1.934209		

Inverted MA Roots	.92	.80+.46i	.80-.46i	.46+.80i
	.46-.80i	.44	.00+.92i	.00-.92i
	-.46+.80i	-.46-.80i	-.80-.46i	-.80+.46i
	-.92			

图 4-21　乘积季节模型的估计结果

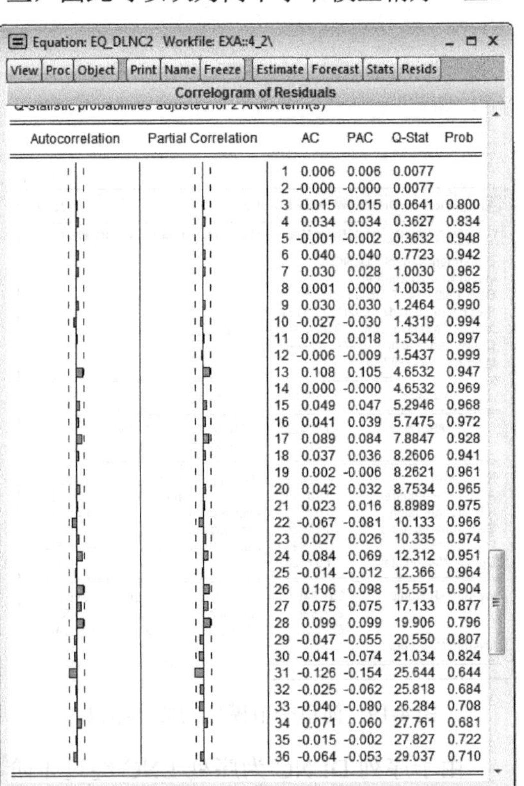

Equation: EQ_DLNC2 Workfile: EXA::4_2\

View | Proc | Object | Print | Name | Freeze | Estimate | Forecast | Stats | Resids

Correlogram of Residuals

	AC	PAC	Q-Stat	Prob
1	0.006	0.006	0.0077	
2	-0.000	-0.000	0.0077	
3	0.015	0.015	0.0641	0.800
4	0.034	0.034	0.3627	0.834
5	-0.001	-0.002	0.3632	0.948
6	0.040	0.040	0.7723	0.942
7	0.030	0.028	1.0030	0.962
8	0.001	0.000	1.0035	0.985
9	0.030	0.030	1.2464	0.990
10	-0.027	-0.030	1.4319	0.994
11	0.020	0.018	1.5344	0.997
12	-0.006	-0.009	1.5437	0.999
13	0.108	0.105	4.6532	0.947
14	0.000	-0.000	4.6532	0.969
15	0.049	0.047	5.2946	0.968
16	0.041	0.039	5.7475	0.972
17	0.089	0.084	7.8847	0.928
18	0.037	0.036	8.2606	0.941
19	0.002	-0.006	8.2621	0.961
20	0.042	0.032	8.7534	0.965
21	0.023	0.016	8.8989	0.975
22	-0.067	-0.081	10.133	0.966
23	0.027	0.026	10.335	0.974
24	0.084	0.069	12.312	0.951
25	-0.014	-0.012	12.366	0.964
26	0.106	0.098	15.551	0.904
27	0.075	0.075	17.133	0.877
28	0.099	0.099	19.906	0.796
29	-0.047	-0.055	20.550	0.807
30	-0.041	-0.074	21.034	0.824
31	-0.126	-0.154	25.644	0.644
32	-0.025	-0.062	25.818	0.684
33	-0.040	-0.080	26.284	0.708
34	0.071	0.060	27.761	0.681
35	-0.015	-0.002	27.827	0.722
36	-0.064	-0.053	29.037	0.710

图 4-22　乘积季节模型的残差的自相关图

4.4 补充内容

4.4.1 例 4-1 的相关 R 语言命令及结果

1. 导入数据，作时序图

下列命令中，函数 **log** 用于计算自然对数。

```
setwd("D:/lectures/AETS/R/data")
data=read.table("gdpreal.txt",header=TRUE,sep="")
gdp=data[,2]
```

```
lngdp=log(gdp)
GDP<-ts(gdp,start=1978,frequency=1)
LNGDP<-ts(lngdp,start=1978,frequency=1)
plot(GDP)
```

执行上述命令，得到实际 GDP 序列的时序图，如图 4-23 所示。

```
plot(LNGDP)
```

执行上述命令，得到实际 GDP 对数序列的时序图，如图 4-24 所示。

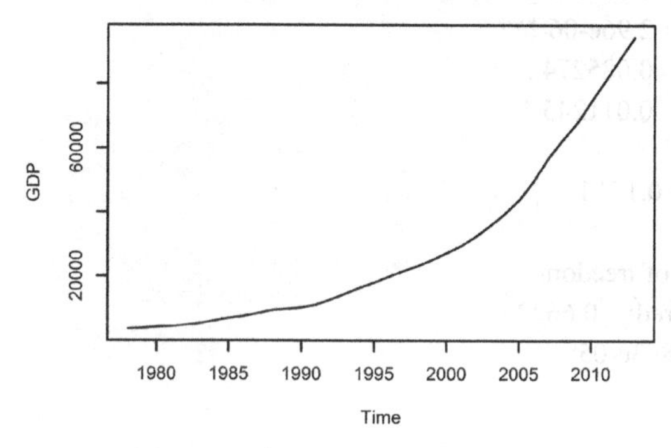

图 4-23　实际 GDP 序列的时序图

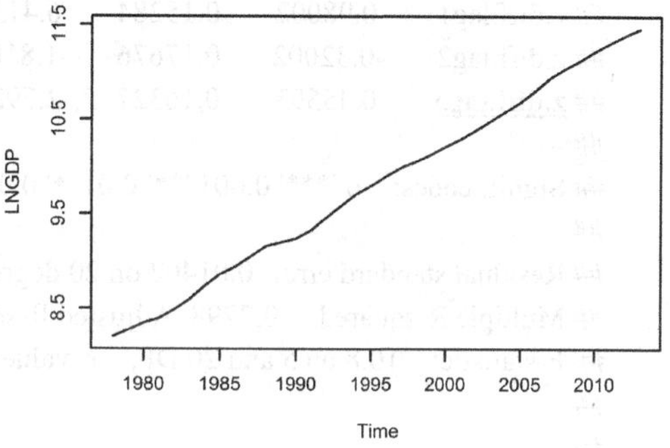

图 4-24　实际 GDP 对数序列的时序图

2. 单位根检验

（1）首先采用同时包含截距和趋势项的模型对实际 GDP 对数序列进行初步的 ADF 单位根检验，根据 BIC 信息判断准则来确定检验模型的恰当的滞后期。

```
library(urca)
urdf<-ur.df(lngdp,type='trend',lags=9,selectlags='BIC')
summary(urdf)
```

执行上述命令，得到实际 GDP 对数序列的单位根检验结果如下。

```
##
## ###############################################
## # Augmented Dickey-Fuller Test Unit Root Test #
## ###############################################
##
## Test regression trend
##
##
## Call:
## lm(formula = z.diff ~ z.lag.1 + 1 + tt + z.diff.lag)
```

```
##
## Residuals:
##        Min          1Q      Median          3Q         Max
## -0.024713   -0.011122   -0.001128    0.008620    0.021258
##
## Coefficients:
##                Estimate Std. Error t value Pr(>|t|)
## (Intercept)     4.19948    0.95851   4.381   0.000289 ***
## z.lag.1        -0.52279    0.12089  -4.325   0.000329 ***
## tt              0.04969    0.01144   4.344   0.000315 ***
## z.diff.lag1     0.98002    0.15284   6.412   2.96e-06 ***
## z.diff.lag2    -0.32002    0.17676  -1.810   0.085274 .
## z.diff.lag3     0.45593    0.16327   2.792   0.011245 *
## ---
## Signif. codes:   0 '***' 0.001 '**' 0.01 '*' 0.05 '.' 0.1 ' ' 1
##
## Residual standard error: 0.01402 on 20 degrees of freedom
## Multiple R-squared:   0.7298, Adjusted R-squared:   0.6622
## F-statistic:   10.8 on 5 and 20 DF,   p-value: 3.863e-05
##
##
## Value of test-statistic is: -4.3245 10.636 9.5767
##
## Critical values for test     statistics:
##        1pct    5pct    10pct
## tau3  -4.15   -3.50    -3.18
## phi2   7.02    5.13     4.31
## phi3   9.31    6.73     5.61
```

检验结果表明，在最长为 9 期的滞后期中，根据 BIC 信息判断准则选择出的恰当滞后期为滞后 3 期。

（2）接下来，采用同时包含截距和趋势项的模型对实际 GDP 对数序列进行一次固定滞后阶数的 ADF 单位根检验。

```
urdf1<-ur.df(lngdp,type='trend',lags=3,selectlags='Fixed')
summary(urdf1)
```

执行上述命令，得到如下的单位根检验结果。

```
##
## ###############################################
## # Augmented Dickey-Fuller Test Unit Root Test #
```

```
## ###############################################
##
## Test regression trend
##
##
## Call:
## lm(formula = z.diff ~ z.lag.1 + 1 + tt + z.diff.lag)
##
## Residuals:
##       Min        1Q     Median        3Q       Max
## -0.029062  -0.013624  -0.001009  0.010532  0.030276
##
## Coefficients:
##              Estimate Std. Error t value Pr(>|t|)
## (Intercept)   4.57025    1.04904   4.357 0.000184 ***
## z.lag.1      -0.56748    0.13243  -4.285 0.000222 ***
## tt            0.05358    0.01257   4.262 0.000236 ***
## z.diff.lag1   0.86234    0.14647   5.888 3.29e-06 ***
## z.diff.lag2  -0.16487    0.17421  -0.946 0.352686
## z.diff.lag3   0.40396    0.16620   2.431 0.022277 *
## ---
## Signif. codes:  0 '***' 0.001 '**' 0.01 '*' 0.05 '.' 0.1 ' ' 1
##
## Residual standard error: 0.01565 on 26 degrees of freedom
## Multiple R-squared:  0.652,  Adjusted R-squared:  0.5851
## F-statistic: 9.742 on 5 and 26 DF,  p-value: 2.476e-05
##
##
## Value of test-statistic is: -4.2852 13.4465 9.6058
##
## Critical values for test statistics:
##       1pct  5pct 10pct
## tau3 -4.15 -3.50 -3.18
## phi2  7.02  5.13  4.31
## phi3  9.31  6.73  5.61
```

检验结果表明，DF 统计量为-4.285 2，小于 5%临界值-4.15，因此拒绝序列存在单位根的原假设，序列为趋势平稳过程。

3. 残差自回归——趋势模型

对于趋势平稳过程应考虑构建残差自回归模型。首先，以时间趋势项为解释变量对实际 GDP 对数序列构建回归模型，具体的 R 语言命令如下。

```
eq1<-lm(LNGDP~time(LNGDP))
summary(eq1)
```

其中，函数 **time** 用于得到序列的时间趋势项，一般是从 1 开始的自然数序列。执行上述命令，得到如下的趋势模型估计结果。

```
##
## Call:
## lm(formula = LNGDP ~ time(LNGDP))
##
## Residuals:
##        Min          1Q      Median          3Q         Max
## -0.063630   -0.031907    0.004763    0.029536    0.053004
##
## Coefficients:
##                    Estimate Std. Error t value Pr(>|t|)
## (Intercept)      8.0631986   0.0119317   675.8   <2e-16 ***
## time(LNGDP) 0.0947987   0.0005624   168.6   <2e-16 ***
## ---
## Signif. codes:   0 '***' 0.001 '**' 0.01 '*' 0.05 '.' 0.1 ' ' 1
##
## Residual standard error: 0.03505 on 34 degrees of freedom
## Multiple R-squared:   0.9988, Adjusted R-squared:   0.9988
## F-statistic: 2.842e+04 on 1 and 34 DF,   p-value: < 2.2e-16
```

估计结果表明，截距项和时间趋势项的估计系数都显著非零；R^2 值为 0.998 8，因此模型的拟合优度也较高。

模型的拟合效果也可以通过比较原始序列和模型拟合序列的走势来进行查看。下面的命令中，函数 **lines** 的作用是向图形中添加直线。

```
Fitted<-ts(eq1$fitted,start=1978,frequency=1)
plot(LNGDP,type='b')
lines(Fitted,lty=2)
```

执行上述命令，得到实际 GDP 对数序列趋势模型的拟合图，如图 4-25 所示。其中，圆圈状的散点是原始序列，贯穿圆圈状散点的直线为连接拟合序列的直线。

下面的命令用于对估计模型进行 DW 检验，其中函数 **dwtest** 用于进行 DW 检验。

```
library(lmtest)
dwtest(eq1)
```

执行上述命令，得到如下的趋势模型的 DW 检验结果。

```
##
##    Durbin-Watson test
##
## data:   eq1
## DW = 0.50568, p-value = 5.966e-09
## alternative hypothesis: true autocorrelation is greater than 0
```

结果表明，DW 统计量的值为 0.505 68，相应的伴随概率非常小，因此拒绝趋势模型的残差不存在序列相关性的原假设。

4. 残差自回归——自回归模型

由于趋势模型的残差存在序列相关性，因此需对趋势模型的残差继续建模。下列命令中，函数 **rep** 是生成特定长度的特定重复数值向量，这里用于生成一个数值都为 0 的向量。函数 **length** 计算对象的长度数值。

```
resid=eq1$residuals
zero=rep(0,length(LNGDP))
plot(resid,type="b")
lines(zero,lty=2)
```

执行上述命令，得到实际 GDP 对数序列趋势模型残差的曲线图，如图 4-26 所示。

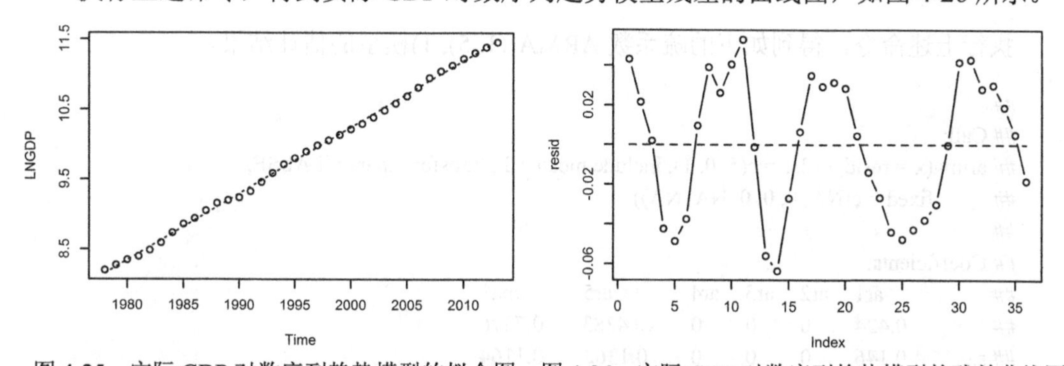

图 4-25　实际 GDP 对数序列趋势模型的拟合图　图 4-26　实际 GDP 对数序列趋势模型的残差曲线图

```
acf(resid)
```

执行上述命令，得到实际 GDP 对数序列趋势模型残差的自相关图，如图 4-27 所示。

```
pacf(resid)
```

执行上述命令，得到实际 GDP 对数序列趋势模型残差的偏自相关图，如图 4-28 所示。

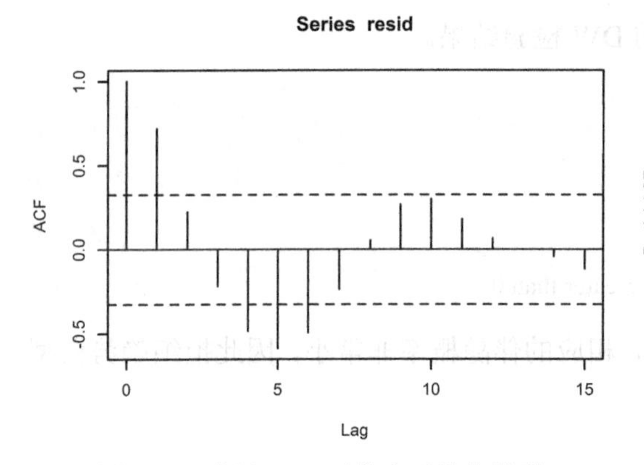

图 4-27　实际 GDP 对数序列趋势模型残差的自相关图

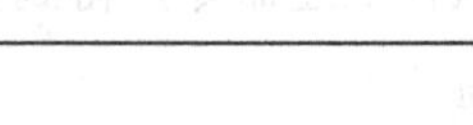

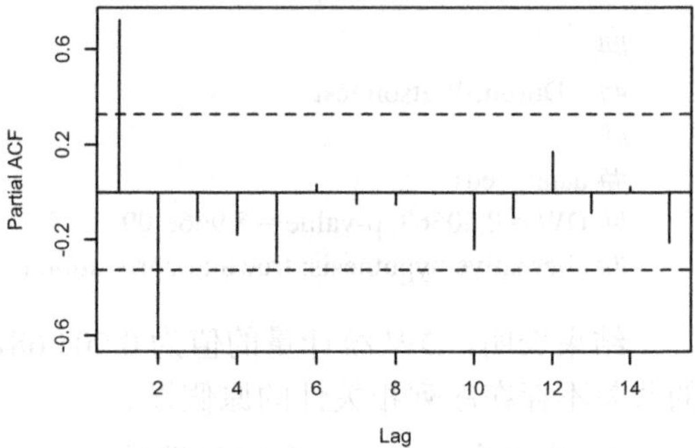

图 4-28　实际 GDP 对数序列趋势模型残差的偏自相关图

通过实际 GDP 对数序列趋势模型残差的自相关图和偏自相关图，可以初步识别残差自回归模型的形式。下面的命令用于构建一个疏系数 ARMA((1, 5), 1)模型。由于函数 **arima** 中的一项参数设定为“include.mean=F”，表明模型中不包含截距项，因此在参数“fixed”的设定中叶无须对截距项进行设定。

```
eq2<-arima(resid,order=c(5,0,1),include.mean=F,fixed=c(NA,0,0,0,NA,NA), transform.pars = FALSE)
eq2
```

执行上述命令，得到如下的疏系数 ARMA((1, 5), 1)模型的估计结果。

```
##
## Call:
## arima(x = resid, order = c(5, 0, 1), include.mean = F, transform.pars = FALSE,
##       fixed = c(NA, 0, 0, 0, NA, NA))
##
## Coefficients:
##          ar1  ar2  ar3  ar4      ar5     ma1
##        0.424    0    0    0  -0.4383  0.7576
## s.e.   0.146    0    0    0   0.1362  0.1164
##
## sigma^2 estimated as 0.0002385:  log likelihood = 97.6,  aic = -187.21
```

继续对残差自回归模型的残差进行诊断检验。

```
tsdiag(eq2)
```

执行上述命令，得到残差诊断检验图形，如图 4-29 所示。

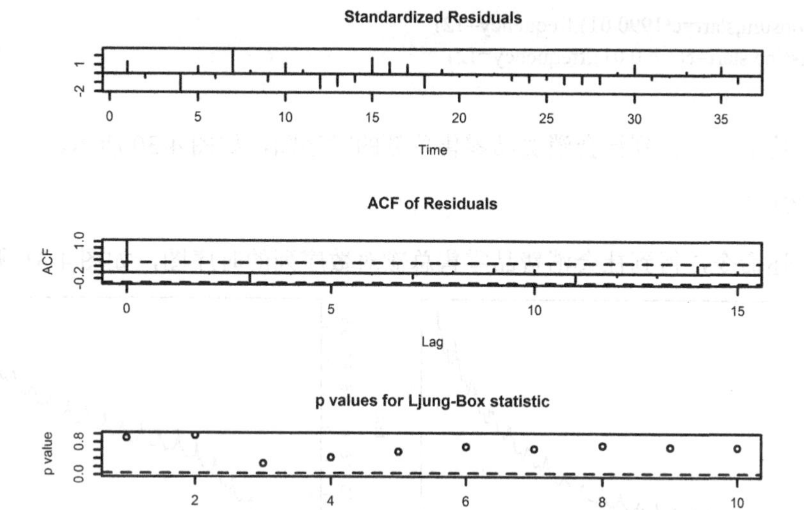

图 4-29　残差自回归模型的残差的诊断检验

通过下面的命令，可以得到残差自回归模型的残差的特定滞后阶数的 Q 统计量。

```
resid2=eq2$residuals
Box.test(resid2,lag=10,type="Ljung-Box",fitdf=3)
```

执行上述命令，得到如下的 Q 检验结果。

```
##
##   Box-Ljung test
##
## data:   resid2
## X-squared = 7.2781, df = 7, p-value = 0.4005
```

残差自回归模型的残差的滞后 7 期的 Q 统计量为 7.278 1，其伴随概率为 0.400 5，不能拒绝滞后 7 期的残差之间不存在相关性的原假设。

4.4.2　例 4-2 的相关 R 语言命令及结果

1．导入数据，作时序图

```
setwd("D:/lectures/AETS/R/data")
data=read.table("consum.txt",header=TRUE,sep="")
consum=data[,2]
lnc=log(consum)
```

```
C<-ts(consum,start=c(1990.01),frequency=12)
LNC<-ts(lnc,start=c(1990.01),frequency=12)
plot(C)
```

执行上述命令，得到社会消费品零售总额的时序图，如图 4-30 所示。

```
plot(LNC)
```

执行上述命令，得到社会消费品零售总额对数序列的时序图，如图 4-31 所示。

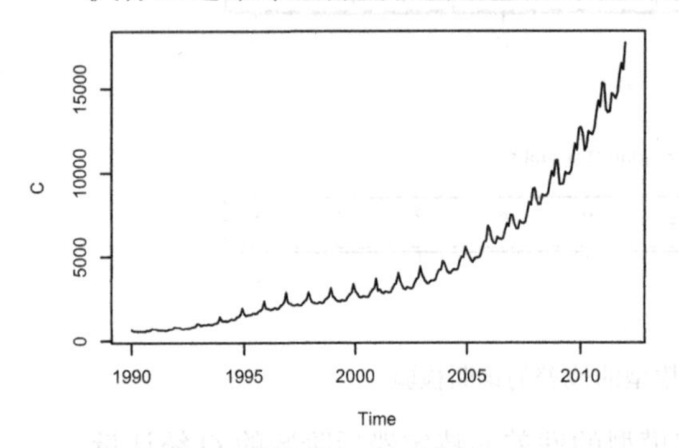

图 4-30 社会消费品零售总额的时序图

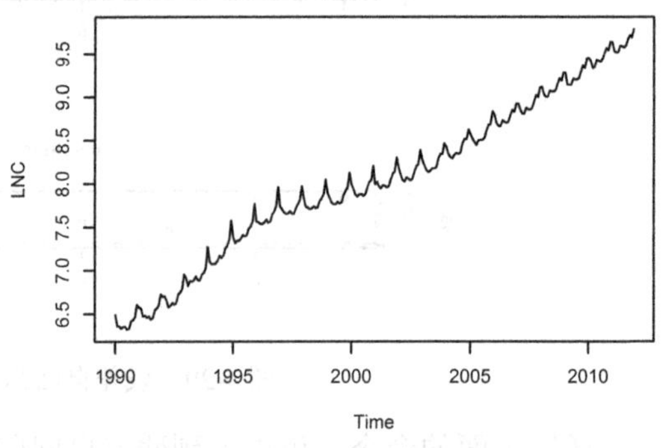

图 4-31 社会消费品零售总额对数序列的时序图

2. 季节性差分

图 4-31 表明社会消费品零售总额对数序列即包含线性趋势成分，又包含季节性成分，因此应对其进行 1 阶 12 步差分。

```
#1 阶差分
dLNC<-diff(LNC)
#12 步差分
DLNC<-diff(dLNC,12)
plot(DLNC)
```

执行上述命令，得到社会消费品零售总额对数序列的 1 阶 12 步差分后的序列的时序图，如图 4-32 所示。

3. 单位根检验

（1）首先采用无截距和趋势项的模型来对 1 阶 12 步差分序列进行初步的 ADF 单位根检验，根据 BIC 信息判断准则来确定检验模型的恰当的滞后期。

```
library(urca)
urdf<-ur.df(DLNC,type='none',lags=15,selectlags='BIC')
summary(urdf)
```

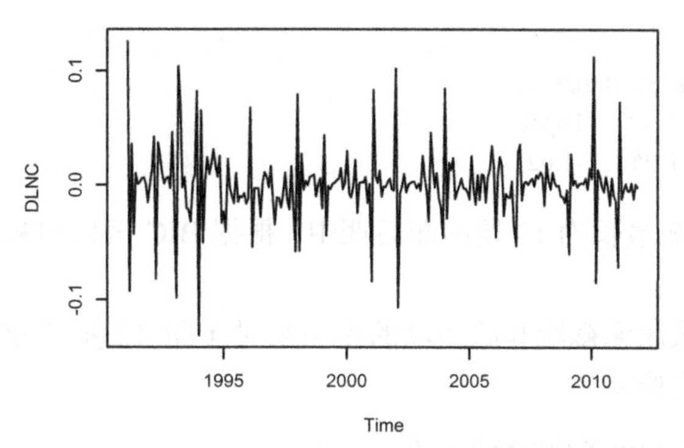

图 4-32　社会消费品零售总额对数序列的 1 阶 12 步差分序列的时序图

执行上述命令，得到如下的单位根检验结果。

```
##
## ###############################################
## # Augmented Dickey-Fuller Test Unit Root Test #
## ###############################################
##
## Test regression none
##
##
## Call:
## lm(formula = z.diff ~ z.lag.1 - 1 + z.diff.lag)
##
## Residuals:
##       Min         1Q     Median        3Q       Max
## -0.095628  -0.012123  0.000926  0.009930  0.117084
##
## Coefficients:
##            Estimate Std. Error t value  Pr(>|t|)
## z.lag.1    -1.57717    0.10636 -14.829   <2e-16 ***
## z.diff.lag  0.15442    0.06367   2.425   0.0161 *
## ---
## Signif. codes:  0 '***' 0.001 '**' 0.01 '*' 0.05 '.' 0.1 ' ' 1
##
## Residual standard error: 0.02739 on 233 degrees of freedom
## Multiple R-squared:  0.6916, Adjusted R-squared:  0.6889
## F-statistic: 261.2 on 2 and 233 DF,  p-value: < 2.2e-16
##
##
## Value of test-statistic is: -14.8293
```

```
##
## Critical values for test statistics:
##        1pct   5pct   10pct
## tau1   -2.58  -1.95  -1.62
```

检验结果表明，在最长为 15 期的滞后期中，根据 BIC 信息判断准则选择出的恰当滞后期为滞后 1 期。

（2）接下来，采用无截距和趋势项的模型来对 1 阶 12 步差分序列进行一次固定滞后阶数的 ADF 单位根检验。

```
#特定滞后阶数下的 ADF 单位根检验结果
urdf1<-ur.df(DLNC,type='none',lags=1,selectlags='Fixed')
summary(urdf1)
```

执行上述命令，得到如下的单位根检验结果。

```
##
## ###############################################
## # Augmented Dickey-Fuller Test Unit Root Test #
## ###############################################
##
## Test regression none
##
##
## Call:
## lm(formula = z.diff ~ z.lag.1 - 1 + z.diff.lag)
##
## Residuals:
##       Min        1Q    Median        3Q       Max
## -0.096469 -0.011922  0.001065  0.010033  0.116972
##
## Coefficients:
##             Estimate Std. Error t value Pr(>|t|)
## z.lag.1     -1.57995    0.10371 -15.234   <2e-16 ***
## z.diff.lag   0.13991    0.06059   2.309   0.0218 *
## ---
## Signif. codes:  0 '***' 0.001 '**' 0.01 '*' 0.05 '.' 0.1 ' ' 1
##
## Residual standard error: 0.02725 on 247 degrees of freedom
## Multiple R-squared:  0.7058, Adjusted R-squared:  0.7034
## F-statistic: 296.2 on 2 and 247 DF,  p-value: < 2.2e-16
##
```

```
##
## Value of test-statistic is: -15.2344
##
## Critical values for test statistics:
##          1pct    5pct    10pct
## tau1     -2.58   -1.95   -1.62
```

检验结果表明，DF 统计量为−15.234 4，小于 1%临界值−2.58，因此拒绝序列存在单位根的原假设。检验结论为，1 阶 12 步差分序列为平稳序列。

4. 模型识别

```
DLNC<-c(DLNC)
acf(DLNC)
```

执行上述命令，得到 1 阶 12 步差分序列的自相关图，如图 4-33 所示。

```
pacf(DLNC)
```

执行上述命令，得到 1 阶 12 步差分序列的偏自相关图，如图 4-34 所示。

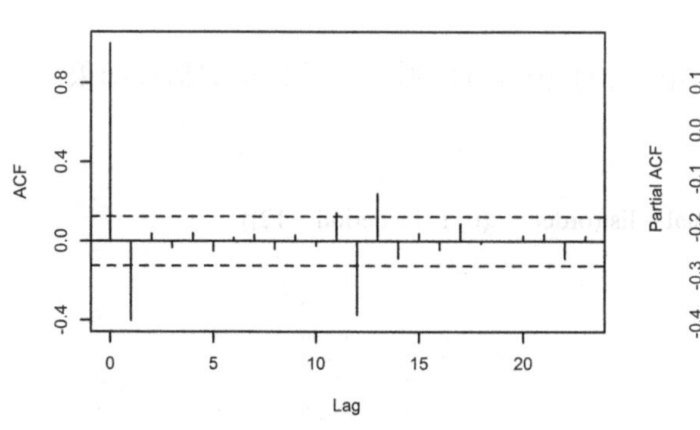

图 4-33　1 阶 12 步差分序列的自相关图

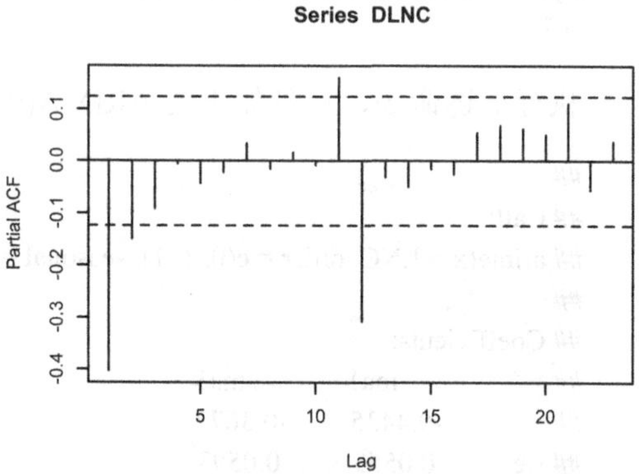

图 4-34　1 阶 12 步差分序列的偏自相关图

5. 模型估计

图 4-32 和图 4-33 的自相关系数图和偏自相关系数图表明，即使进行了 12 步的季节差分，差分后的序列 DLNC 在滞后 12 期仍表现出较高的相关性，因此建模过程中仍需要考虑季节性因素的影响。

（1）下列命令用于对社会消费品零售总额对数序列构建一个简单季节模型，该简单季节模型也可以采用乘积季节模型的表示形式，表示为 ARIMA(0, 1, 1)×(1, 1, 0)$_{12}$ 模型。其中，函数 **list** 用于生成一个列表类型的对象。

```
eq1<-arima(LNC,order=c(0,1,1),seasonal=list(order=c(1,1,0),period=12))
eq1
```

执行上述命令，得到如下的 ARIMA(0, 1, 1)×(1, 1, 0)$_{12}$ 模型的估计结果。

```
##
## Call:
## arima(x = LNC, order = c(0, 1, 1), seasonal = list(order = c(1, 1, 0), period = 12))
##
## Coefficients:
##            ma1      sar1
##        -0.4504   -0.3723
## s.e.    0.0552    0.0611
##
## sigma^2 estimated as 0.00068:  log likelihood = 558.15,  aic = -1110.31
```

（2）下列命令用于对社会消费品零售总额对数序列构建一个 ARIMA(0, 1, 1)×(0, 1, 1)$_{12}$ 乘积季节模型。

```
eq2<-arima(LNC,order=c(0,1,1),seasonal=list(order=c(0,1,1),period=12))
eq2
```

执行上述命令，得到如下的 ARIMA(0, 1, 1)×(0, 1, 1)$_{12}$ 乘积季节模型的估计结果。

```
##
## Call:
## arima(x = LNC, order = c(0, 1, 1), seasonal = list(order = c(0, 1, 1), period = 12))
##
## Coefficients:
##            ma1      sma1
##        -0.4435   -0.3677
## s.e.    0.0555    0.0593
##
## sigma^2 estimated as 0.0006832:  log likelihood = 557.6,  aic = -1109.2
```

6. 模型检验

（1）ARIMA(0, 1, 1)×(1, 1, 0)$_{12}$ 模型的诊断检验

```
tsdiag(eq1)
```

执行上述命令，得到 ARIMA(0, 1, 1)×(1, 1, 0)$_{12}$ 模型残差的诊断检验结果，如图 4-35 所示。

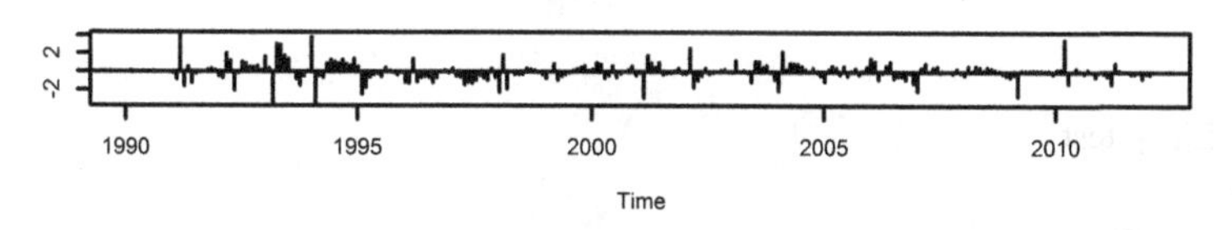

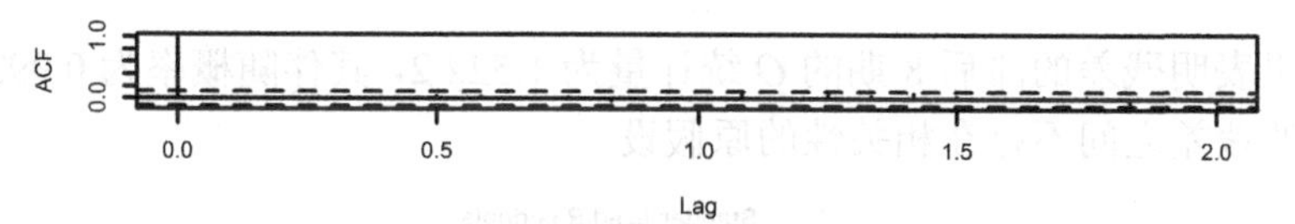

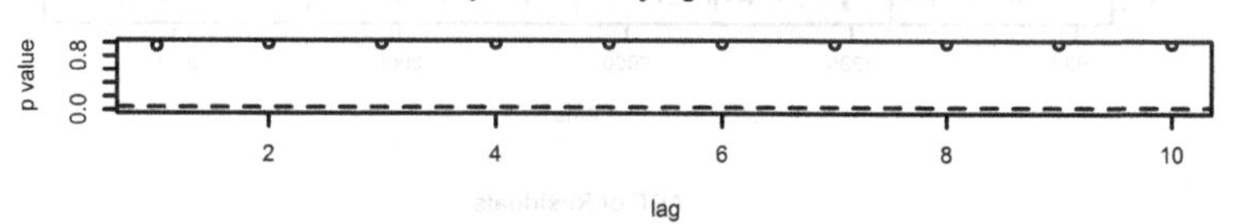

图 4-35　ARIMA(0, 1, 1)×(1, 1, 0)$_{12}$ 模型残差的诊断检验

```
resid1=eq1$residuals
Box.test(resid1,lag=10,type="Ljung-Box",fitdf=2)
```

执行上述命令，得到如下的 ARIMA(0, 1, 1)×(1, 1, 0)$_{12}$ 模型残差的 Q 检验结果。

```
##
##  Box-Ljung test
##
## data:  resid1
## X-squared = 1.4638, df = 8, p-value = 0.9933
```

检验结果表明残差的滞后 8 期的 Q 统计量为 1.463 8，其伴随概率为 0.993 3，不能拒绝滞后 8 期的残差之间不存在相关性的原假设。

（2）ARIMA(0, 1, 1)×(0, 1, 1)$_{12}$ 乘积季节模型的诊断检验

```
tsdiag(eq2)
```

执行上述命令，得到 ARIMA(0, 1, 1)×(0, 1, 1)$_{12}$ 乘积季节模型残差的诊断检验结果，如图 4-36 所示。

```
resid2=eq2$residuals
Box.test(resid2,lag=10,type="Ljung-Box",fitdf=2)
```

执行上述命令，得到如下的 ARIMA(0, 1, 1)×(0, 1, 1)$_{12}$ 乘积季节模型残差的 Q 检验

结果。

```
##
##    Box-Ljung test
##
## data:    resid2
## X-squared = 1.5222, df = 8, p-value = 0.9923
```

检验结果表明残差的滞后 8 期的 Q 统计量为 1.522 2，其伴随概率为 0.992 3，不能拒绝滞后 8 期的残差之间不存在相关性的原假设。

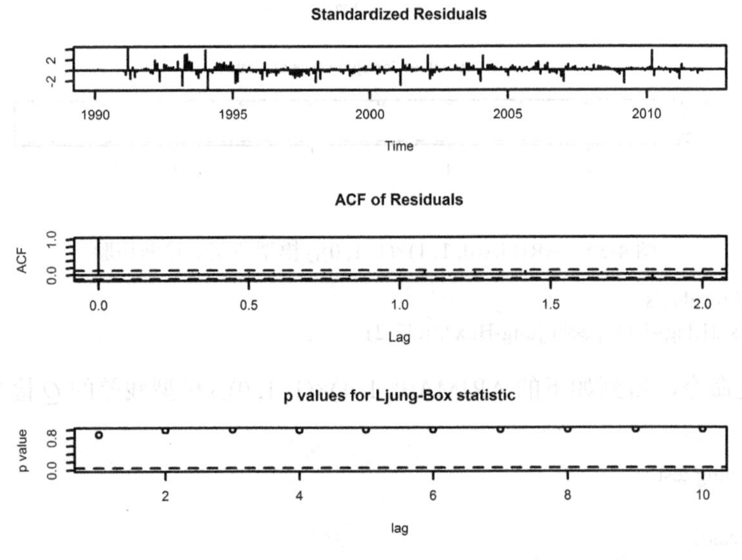

图 4-36　ARIMA(0, 1, 1)×(0, 1, 1)$_{12}$ 模型残差的诊断检验

7. 模型选择

ARIMA(0, 1, 1)×(1, 1, 0)$_{12}$ 和 ARIMA(0, 1, 1)×(0, 1, 1)$_{12}$ 两个模型的诊断检验结果表明，两个模型用于拟合社会消费品零售总额对数序列都是合适的。如果一定要从中选出一个模型来，可以通过比较两个模型的信息判断准则数据哪个更小，从而判断哪个模型更好。

（1）ARIMA(0, 1, 1)×(1, 1, 0)$_{12}$ 模型

```
eq1$aic
```

执行上述命令，得到如下的 ARIMA(0, 1, 1)×(1, 1, 0)$_{12}$ 模型的 AIC 信息判断准则统计量数值为-1110.307。

```
## [1] -1110.307
```

（2）ARIMA(0, 1, 1)×(0, 1, 1)$_{12}$乘积季节模型

```
eq2$aic
```

执行上述命令，得到如下的 ARIMA(0, 1, 1)×(0 ,1, 1)$_{12}$模型的 AIC 信息判断准则统计量数值为−1 109.203。

```
## [1] -1109.203
```

比较两个模型的 AIC 信息判断准则统计量，可知 ARIMA(0, 1, 1)×(1, 1, 0)$_{12}$模型的 AIC 信息判断准则统计量数值更小，从这个角度来看该模型更好些。

习题及参考答案

1．趋势平稳过程和差分平稳过程分别适合采用哪种模型建模？

解：对于趋势平稳过程，采用残差自回归方法建模更为合适；对于差分平稳过程，则应采用 ARIMA 建模方法。

2．已知序列$\{y_t\}$的生成过程为$y_t = 1.5 + 0.2t + 0.5y_{t-1} + \varepsilon_t$，其中$\varepsilon_t$为白噪声过程，请将其表示为残差自回归模型形式。

解：将$y_t = 1.5 + 0.2t + 0.5y_{t-1} + \varepsilon_t$表示为滞后算子多项式形式，有

$$(1-0.5L)y_t = 1.5 + 0.2t + \varepsilon_t$$

等号两端同时除以$(1-0.5L)$，有

$$y_t = \frac{1.5 + 0.2t + \varepsilon_t}{1-0.5L}$$

其中

$$\frac{1.5}{1-0.5L} = \frac{1.5}{1-0.5} = 3$$

$$\begin{aligned}
\frac{t}{1-0.5L} &= \sum_{i=0}^{\infty}(0.5L)^i t \\
&= t + 0.5(t-1) + 0.5^2(t-2) + 0.5^3(t-3) + \cdots \\
&= (t + 0.5t + 0.5^2 t + 0.5^3 t + \cdots) - (0.5 + 2\times 0.5^2 + 3\times 0.5^3 \cdots) \\
&= \frac{t}{1-0.5} - \sum_{i=1}^{\infty} i0.5^i \\
&= \frac{t}{1-0.5} - \frac{0.5}{(1-0.5)^2} \\
&= 2t - 2
\end{aligned}$$

因此

$$y_t = \frac{1.5 + 0.2t + \varepsilon_t}{1 - 0.5L} = 3 + 0.2(2t - 2) + \frac{\varepsilon_t}{1 - 0.5L} = 2.6 + 0.4t + \frac{\varepsilon_t}{1 - 0.5L}$$

表示为残差自回归模型形式为

$$y_t = 2.6 + 0.4t + \omega_t$$

$$\omega_t = \frac{\varepsilon_t}{1 - 0.5L}$$

或

$$y_t = 2.6 + 0.4t + \omega_t$$

$$\omega_t = 0.5\omega_{t-1} + \varepsilon_t$$

3．请写出乘积季节模型的一般表达式。

解：乘积季节模型的一般表达式为

$$\Delta^d \Delta_s^D y_t = \frac{B(L)}{A(L)} \frac{\Theta(L^s)}{\Phi(L^s)} \varepsilon_t$$

其中

$$A(L) = 1 - \alpha_1 L - \alpha_2 L^2 - \cdots - \alpha_p L^p$$

$$B(L) = 1 - \beta_1 L - \beta_2 L^2 - \cdots - \beta_q L^q$$

$$\Phi(L^s) = 1 - \varphi_1 L^s - \varphi_2 L^{2s} - \cdots - \varphi_P L^{Ps}$$

$$\Theta(L^s) = 1 - \theta_1 L^s - \theta_2 L^{2s} - \cdots - \theta_Q L^{Qs}$$

4．序列 $\{\Delta\Delta_4 y_t\}$ 的简单季节模型 ARIMA((4), (1, 4))，若采用序列 $\{y_t\}$ 的乘积季节模型的形式将如何进行表示？

解：序列 $\{\Delta\Delta_4 y_t\}$ 的简单季节模型 ARIMA((4), (1, 4))，也可以采用乘积季节模型的表示形式，简记为序列 ARIMA(0, 1, 1)×(1, 1, 1)$_4$ 模型。

参考文献

[1] Box G E P, Jenkins G M. Time Series Analysis，Forecasting, and Control[M]. San Francisco, California: Holden Day, 1976.

[2] Bell W R, Hillmer S C. Issues Involved with the Seasonal Adjustment of Economic Time Series[J]. Journal of Business and Economic Statistics, 1984, 2(4): 291-320.

第 5 章　条件异方差模型

本章导读

传统的建模分析通常假定变量具有恒定的方差，但现实生活中很多变量的方差会随着时间的推移呈现明显的变化，这种情况在金融领域尤其常见。如果忽视方差的变化，仍然在恒定方差假设下建模则会导致模型的估计和预测存在问题。

Engle[1]在研究英国 1958 年第 2 季度至 1977 年第 2 季度工资和价格的急剧上升情况时，就关注到方差的变化对建模的不利影响，从而提出了 ARCH 模型，并在此基础上得出了对英国通货膨胀率发展轨迹的更恰当的估计。后续研究者在 ARCH 模型建模思想的基础上发展出了一系列捕捉方差变化轨迹的类似模型，典型的包括 GARCH、ARCH-M、IGARCH、EGARCH 和 TARCH 等模型。虽然名称不同，但这些模型都沿用了 ARCH 模型对方差进行建模的思想，从而实现了对模型更加恰当的估计和预测。

本章结构如下：5.1 节介绍异方差的定义；5.2 节介绍 ARCH 模型及其数字特征；5.3 节介绍 GARCH 模型及其预测；5.4 节介绍几个典型的 GARCH 扩展模型；5.5 节介绍 GARCH 类模型的诊断检验方法；5.6 节介绍 GARCH 类模型的应用实例。

5.1 异方差的定义

随机变量若具有恒定的方差则称之为**同方差**（homoscedastic），若方差随时间的推移而显著变化则称之为**异方差**（heteroscedastic）。异方差情况在金融时间序列中更为常见，如图 5-1 中我国的消费价格指数（CPI）序列就表现出明显的异方差特性，2000—2006 年波动较小，2007—2011 年波动较大，2012 年以来波动性又转弱。

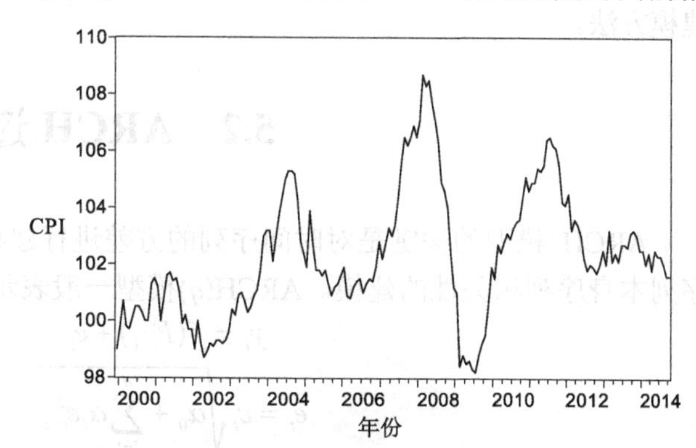

图 5-1　我国的消费价格指数（CPI）序列

异方差可能有多种表现形式，如果异方差的表现是无规律的，则研究过程中无法对其进行处理。值得庆幸的是，经济和金融时间序列中多数的异方差性是有规律可循的。一种比较常见的情况是，序列的波动性与其水平值具有某种正比例关系，具体表现为当序列水平值较低时序列的波动性较小，当序列水平值较高时序列的波动性较大。如图 5-2（a）所示，我国进出口总值（当月值）就表现为这种异方差特性，早期进出口总值水平较低时，序列波动性也较小，随着进出口总值的增长，序列的波动性也增大。对于这种类型的异方差性，取自然对数操作能够较好消除异方差性。从图 5-2（b）所示的我国进出口总值（当月值）的对数序列可以看出，异方差问题得到极大的改善。

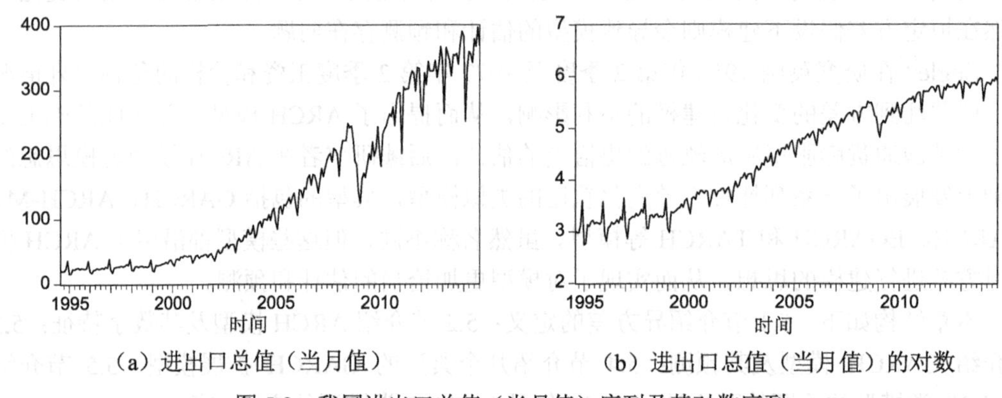

（a）进出口总值（当月值）　　（b）进出口总值（当月值）的对数

图 5-2　我国进出口总值（当月值）序列及其对数序列

但是，还有很多异方差问题并不是如此简单，仅通过取对数操作就可以消除的。Engle[1]发现了某些时间序列异方差性的另外一个重要的规律，即聚集特性，这表明这些时间序列的方差表现出某种相关关系。Engle 开创性地提出了以自回归的方式探寻异方差发展规律的自回归条件异方差（Auto-Regressive Conditional Heteroscedasticity，ARCH）建模方法。

5.2　ARCH 过程

ARCH 模型的关键是对时间序列的方差进行建模，但建模过程中也不应忽视对时间序列本身序列相关性的建模。ARCH(q)模型一般表示为

$$y_t = f(F_{t-1}) + e_t \tag{5-1}$$

$$e_t = \varepsilon_t \sqrt{\alpha_0 + \sum_{i=1}^{q} \alpha_i e_{t-i}^2} \tag{5-2}$$

其中，式（5-1）称为**均值方程**，式（5-2）称为**波动率方程**，两个方程通常可以采用极大似然法同时进行估计。式（5-1）中的 F_{t-1} **表示 t-1 期的所有已知信息**，均值方程表示利用 t-1 期的所有已知信息对 y_t 建模，描述了序列本身的发展规律，残差 $\{e_t\}$ 为零均值和非序列相关的。式（5-2）则用来描述方差的发展规律，$\{\varepsilon_t\}$ 是独立同分布的随机扰动序列，且 $E\varepsilon_t=0$，$E\varepsilon_t^2=1$，ε_t 和 $e_{t-i}\ (i=1,2,\cdots,q)$ 相互独立。

考虑 e_t 的条件均值和条件方差。由于 ε_t 和 $e_{t-i}\ (i=1,2,\cdots,q)$ 相互独立，且 $E\varepsilon_t=0$，$E\varepsilon_t^2=1$，因此有

$$
\begin{aligned}
E_{t-1}e_t &= E\left[e_t \mid e_{t-1}, e_{t-2}, \cdots\right] \\
&= E\left[\varepsilon_t\sqrt{\alpha_0+\sum_{i=1}^{q}\alpha_i e_{t-i}^2}\,\middle|\, e_{t-1}, e_{t-2}, \cdots\right] \\
&= E\varepsilon_t \times E\left[\sqrt{\alpha_0+\sum_{i=1}^{q}\alpha_i e_{t-i}^2}\,\middle|\, e_{t-1}, e_{t-2}, \cdots\right] \\
&= 0
\end{aligned}
\tag{5-3}
$$

$$
\begin{aligned}
E_{t-1}e_t^2 &= E\left[e_t^2 \mid e_{t-1}, e_{t-2}, \cdots\right] \\
&= E\left[\varepsilon_t^2\left(\alpha_0+\sum_{i=1}^{q}\alpha_i e_{t-i}^2\right)\middle|\, e_{t-1}, e_{t-2}, \cdots\right] \\
&= E\varepsilon_t^2 \times E\left[\alpha_0+\sum_{i=1}^{q}\alpha_i e_{t-i}^2\,\middle|\, e_{t-1}, e_{t-2}, \cdots\right] \\
&= 1\times\left(\alpha_0+\sum_{i=1}^{q}\alpha_i e_{t-i}^2\right) \\
&= \alpha_0+\sum_{i=1}^{q}\alpha_i e_{t-i}^2
\end{aligned}
\tag{5-4}
$$

显然，式（5-1）和式（5-2）构成的模型之所以称为**自回归条件异方差模型**，是由于式(5-2)用自回归的方式描述了 e_t 的条件方差的规律性，而 e_t 的条件异方差性通过式(5-1)导致了 y_t 的异方差性。显然

$$E_{t-1}y_t = E\left[y_t \mid F_{t-1}\right] = f(F_{t-1}) \tag{5-5}$$

$$\mathrm{Var}\left[y_t \mid F_{t-1}\right] = E\left[\left(y_t - f(F_{t-1})\right)^2 \mid F_{t-1}\right] = E\left[e_t^2 \mid e_{t-1}, e_{t-2}, \cdots\right] \tag{5-6}$$

自回归条件异方差模型之所以着重描述条件方差的规律性，是由于在很多情况下，条件方差比无条件方差更加重要，因为在已知信息基础上对波动性的短期预测往往更具

有时效性和现实意义，例如在金融资产的决策中更受到关注的是短期风险而非长期风险。

考虑 e_t 的无条件均值和无条件方差。由于 ε_t 和 e_{t-i}（$i=1,2,\cdots,q$）相互独立，且 $E\varepsilon_t=0$，$E\varepsilon_t^2=1$，因此有

$$Ee_t=E\left[\varepsilon_t\sqrt{\alpha_0+\sum_{i=1}^{q}\alpha_i e_{t-i}^2}\right]=E\varepsilon_t\times E\left[\sqrt{\alpha_0+\sum_{i=1}^{q}\alpha_i e_{t-i}^2}\right]=0 \tag{5-7}$$

$$Ee_t^2=E\left[\varepsilon_t^2\left(\alpha_0+\sum_{i=1}^{q}\alpha_i e_{t-i}^2\right)\right]=E\varepsilon_t^2\times E\left[\alpha_0+\sum_{i=1}^{q}\alpha_i e_{t-i}^2\right]=\alpha_0+\sum_{i=1}^{q}\alpha_i Ee_{t-i}^2 \tag{5-8}$$

由于 e_t 为平稳过程，其无条件方差为常数，即 $Ee_t^2=Ee_{t-i}^2$，因此有

$$Ee_t^2=\frac{\alpha_0}{1-\alpha_1-\alpha_2-\cdots-\alpha_q} \tag{5-9}$$

注意，由于 e_t 的条件方差必须为正数，因此需限定 α_0 和 α_i（$i=1,2,\cdots,q$）都为正数。否则，如果 α_0 为负数，则足够小的 e_{t-i}（$i=1,2,\cdots,q$）会使得式（5-4）的条件方差为负数；如果 α_i（$i=1,2,\cdots,q$）为负数，则足够大的 e_{t-i}（$i=1,2,\cdots,q$）也会使得式（5-4）的条件方差为负数。此外，为了保证自回归条件异方差过程的稳定性，需限定 $\sum_{i=1}^{q}\alpha_i<1$，且只有如此才能保证式（5-8）的方差为正数。即 ARCH 过程要求式（5-2）中的参数满足

（1）参数非负

$$\alpha_0>0 \text{ 和 } \alpha_i\geqslant 0\ (i=1,2,\cdots,q) \tag{5-10}$$

（2）参数有界

$$\sum_{i=1}^{q}\alpha_i<1 \tag{5-11}$$

另外，由于 ε_t 是独立同分布的随机变量序列，因此 $E\varepsilon_t\varepsilon_{t-j}=0, j\neq 0$，则

$$Ee_te_{t-j}=E\left[\varepsilon_t\sqrt{\alpha_0+\sum_{i=1}^{q}\alpha_i e_{t-i}^2}\times\varepsilon_{t-j}\sqrt{\alpha_0+\sum_{i=1}^{q}\alpha_i e_{t-j-i}^2}\right]=0,\ j\neq 0 \tag{5-12}$$

这表明 $\{e_t\}$ 非序列相关，但关键问题是各期变量不独立，因为其条件方差存在相关性。

5.3 GARCH 过程

5.3.1 GARCH(*p*, *q*)模型

ARCH(q)过程虽然能够描述条件方差的相关性，但当滞后阶数 q 过高时估计的参数

过多。Bollerslev[2]扩展了 ARCH 模型中对条件异方差的建模方法，引入类似于 ARMA 模型的自回归和移动平均的建模机制，形成**扩展的自回归条件异方差**（Generalized Auto-Regressive Conditional Heteroscedasticity，GARCH）建模方法。典型的 GARCH(p, q)模型为

$$y_t = f(F_{t-1}) + e_t \tag{5-13}$$

$$e_t = \varepsilon_t \sqrt{h_t}, h_t = \alpha_0 + \sum_{i=1}^{q} \alpha_i e_{t-i}^2 + \sum_{i=1}^{p} \beta_i h_{t-i} \tag{5-14}$$

Bollerslev[2]的研究表明，GARCH(p, q)过程中 e_t 的无条件均值和无条件方差分别为

$$Ee_t = 0 \tag{5-15}$$

$$Ee_t^2 = \frac{\alpha_0}{1 - (\sum_{i=1}^{q} \alpha_i + \sum_{j=1}^{p} \beta_j)} \tag{5-16}$$

为了保证方差为正数和条件方差的稳定性，GARCH(p, q)模型的参数也有非负和有界的限定条件：

（1）参数非负

$$\alpha_0 > 0，\ \alpha_i \geqslant 0\ (i = 1, 2, \cdots, q) 和 \beta_i \geqslant 0\ (i = 1, 2, \cdots, p) \tag{5-17}$$

（2）参数有界

$$\sum_{i=1}^{q} \alpha_i + \sum_{i=1}^{p} \beta_i < 1 \tag{5-18}$$

5.3.2　条件方差的预测

由于 GARCH 模型中的波动率方程具有类似于 ARMA 模型的自回归和移动平均结构，因此正如 ARMA 模型可以用于进行序列预测，GARCH 模型中的波动率方程也可以用于对条件方差进行预测。

以 GARCH(1, 1)模型为例，其波动率方程为

$$e_t = \varepsilon_t \sqrt{h_t}, h_t = \alpha_0 + \alpha_1 e_{t-1}^2 + \beta_1 h_{t-1} \tag{5-19}$$

在已知 t 期及历史信息的基础上，条件方差的向前一步预测 $\hat{h}_{t+1|t}$ 为

$$\hat{h}_{t+1|t} = E_t h_{t+1} = \alpha_0 + \alpha_1 e_t^2 + \beta_1 h_t \tag{5-20}$$

其中，在 t 期 e_t^2 和 h_t 已知，则根据式（5-20）进一步地条件方差的向前一步预测 $\hat{h}_{t+1|t}$ 可以直接计算得到。而涉及 $j \geqslant 2$ 的更高预测期时，向前 j 步预测 $\hat{h}_{t+j|t}$ 为

$$\hat{h}_{t+j|t} = E_t h_{t+j} = \alpha_0 + \alpha_1 E_t e_{t+j-1}^2 + \beta_1 E_t h_{t+j-1} \tag{5-21}$$

考虑到 $e_t=\varepsilon_t\sqrt{h_t}$，且 ε_t 独立于 h_t，$E_t\varepsilon_{t+j-1}^2=E\varepsilon_{t+j-1}^2=1$，因此对于 $E_te_{t+j-1}^2$ 有

$$E_te_{t+j-1}^2=E_t\varepsilon_{t+j-1}^2h_{t+j-1}=E_t\varepsilon_{t+j-1}^2\times E_th_{t+j-1}=1\times E_th_{t+j-1}=E_th_{t+j-1} \tag{5-22}$$

将式（5-22）代入式（5-21）

$$\hat{h}_{t+j|t}=E_th_{t+j}=\alpha_0+(\alpha_1+\beta_1)E_th_{t+j-1}=\alpha_0+(\alpha_1+\beta_1)\hat{h}_{t+j-1|t} \tag{5-23}$$

经过递推，可知

$$\begin{aligned}\hat{h}_{t+j|t}&=\alpha_0+(\alpha_1+\beta_1)\hat{h}_{t+j-1|t}\\&=\alpha_0+(\alpha_1+\beta_1)\left[\alpha_0+(\alpha_1+\beta_1)\hat{h}_{t+j-2|t}\right]\\&=\alpha_0\left[1+(\alpha_1+\beta_1)\right]+(\alpha_1+\beta_1)^2\hat{h}_{t+j-2|t}\\&\ \ \vdots\\&=\alpha_0\left[1+(\alpha_1+\beta_1)+\cdots+(\alpha_1+\beta_1)^{j-2}\right]+(\alpha_1+\beta_1)^{j-1}\hat{h}_{t+1|t}\end{aligned} \tag{5-24}$$

由于 GARCH(1, 1)模型中参数有界条件要求 $\alpha_1+\beta_1$，则根据等比数列和公式 $s_n=\dfrac{a_1-a_nq}{1-q}$，有向前 j 步预测 $\hat{h}_{t+j|t}$ 为

$$\hat{h}_{t+j|t}=\frac{\alpha_0\left[1-(\alpha_1+\beta_1)^{j-1}\right]}{1-(\alpha_1+\beta_1)}+(\alpha_1+\beta_1)^{j-1}\hat{h}_{t+1|t} \tag{5-25}$$

显然，当 $j\to\infty$ 时，$\hat{h}_{t+j|t}\to\dfrac{\alpha_0}{1-(\alpha_1+\beta_1)}$，而根据式（5-16）知 $\dfrac{\alpha_0}{1-(\alpha_1+\beta_1)}$ 即为 GARCH(1, 1)模型中 e_t 的无条件方差，从而表明 GARCH(1, 1)模型的向前多步预测的长期值收敛于 e_t 的无条件方差。这一结论可推广至一般的 GARCH(p, q)过程。

5.4 GARCH 过程的扩展模型

5.4.1 GARCH-M 模型

条件异方差研究的一个重要分支，是发现某些时间序列的均值会受到方差变化的影响。最初关注这类问题的是 Engle，Lilien 和 Robins[3]关于条件方差对风险溢价影响的研究，他们在均值方程中引入条件方差作为解释变量来测度其对风险溢价的影响。在均值方程中引入条件方差（或条件方差的特定函数）作为解释变量的模型，统称为 **GARCH 均值**（GARCH in mean，GARCH-M）模型。典型的 GARCH-M 模型为

$$y_t = f(F_{t-1}) + g(h_t) + e_t \tag{5-26}$$

$$e_t = \varepsilon_t \sqrt{h_t}, h_t = \alpha_0 + \sum_{i=1}^{q} \alpha_i e_{t-i}^2 + \sum_{i=1}^{p} \beta_i h_{t-i} \tag{5-27}$$

GARCH-M 模型中的参数也同样有类似于 GARCH(p, q)模型的参数非负和有界的限定条件，如式（5-17）和式（5-18）。

5.4.2　IGARCH 模型

对于 GARCH(1, 1)模型中的条件方差，如果估计系数α_1和β_1之和接近于 1，则表明条件波动较为持久。Engle 和 Bollerslev[4]提出**单整 GARCH**（Integrated GARCH，IGARCH）模型以对条件波动更具持久性的时间序列进行建模，以 IGARCH(1, 1)模型为例，令$\alpha_1 + \beta_1 = 1$，此时条件方差可表示为更简洁的形式

$$h_t = \alpha_0 + (1-\beta_1)e_{t-1}^2 + \beta_1 h_{t-1} \tag{5-28}$$

显然，在 IGARCH 模型的条件方差定义形式下，e_t 的无条件方差没有定义。

在 IGARCH(1, 1)模型中$\alpha_1 + \beta_1 = 1$的约束条件下，条件方差在某种程度上与单位根过程类似。例如在对 IGARCH 模型的条件方差进行预测时，令 GARCH(1, 1)模型中向前 j 步预测$\hat{h}_{t+j|t}$的式（5-24）中的$\alpha_1 + \beta_1 = 1$，则有

$$\hat{h}_{t+j|t} = E_t h_{t+j} = (j-1)\alpha_0 + \hat{h}_{t+1|t} \tag{5-29}$$

这表明 IGARCH(1, 1)模型条件方差的向前一步预测对未来预测值的影响是永久性的，并无衰减，同时条件方差的预测随预测期的增长形成一条斜率为α_0的直线。

另外，Engle 和 Bollerslev [4]指出 IGARCH 过程的条件方差与 ARIMA 过程并不完全相似。将式（5-28）中的h_{t-1}用滞后算子表示为Lh_t，并移项有

$$(1-\beta_1 L)h_t = \alpha_0 + (1-\beta_1)e_{t-1}^2 \tag{5-30}$$

式（5-30）等号两端同时除以滞后算子多项式$(1-\beta_1 L)$，有

$$h_t = \frac{\alpha_0}{1-\beta_1} + (1-\beta_1)\frac{e_{t-1}^2}{1-\beta_1 L} = \frac{\alpha_0}{1-\beta_1} + (1-\beta_1)\sum_{i=0}^{\infty} \beta_1^i e_{t-1-i}^2 \tag{5-31}$$

这表明序列$\{e_t^2\}$对条件方差的影响呈指数衰减，这一点与单位根过程是不同的。因此 IGARCH 模型的估计与普通 GARCH 模型的估计并无差别。

5.4.3　EGARCH 模型

GARCH 模型虽然理论充分，但现实序列的估计结果往往会违反参数非负的约束条

件，从而使得分析陷入困境。Nelson[5]提出**指数 GARCH**（Exponential GARCH，EGARCH）模型，由于在波动率方程中采用了条件方差的对数形式$\ln h_t$，波动率方程中系数的任何取值都不会导致条件方差为负，因此放松了对波动率方程中参数非负的约束。一个典型的考虑一阶滞后的 EGARCH 模型的条件方差表示为

$$\ln h_t = \alpha_0 + \alpha_1 \frac{e_{t-1}}{\sqrt{h_{t-1}}} + \lambda_1 \left| \frac{e_{t-1}}{\sqrt{h_{t-1}}} \right| + \beta_1 \ln h_{t-1} \tag{5-32}$$

式（5-32）的条件方差表示形式有以下三个典型特征，区别于一般的 GARCH 模型。

（1）采用了条件方差的对数形式$\ln h_t$，从而放松了参数非负的约束条件。

（2）引入标准化的冲击，即$\dfrac{e_{t-1}}{\sqrt{h_{t-1}}}$来解释条件方差的变化。

（3）通过引入e_{t-1}的绝对值形式，使得条件方差表现为非对称特征。当e_{t-1}为正数时，标准化冲击对条件方差对数值$\ln h_t$的影响为$\alpha_1 + \lambda_1$；当e_{t-1}为负数时，标准化冲击对条件方差对数值$\ln h_t$的影响为$\alpha_1 - \lambda_1$。估计系数λ_1的显著性可以作为判断条件方差是否存在非对称效应的一种检验标准。

5.4.4 TGARCH 模型

除了 EGARCH 模型可以用于捕捉条件方差中的非对称特征外，Glosten，Jagannathan 和 Runkle[6]给出的门限 **GARCH**（Threshold GARCH，TGARCH）模型也适用于对条件方差中的非对称效应建模。一个典型的考虑一阶滞后的 TGARCH 模型的条件方差表示为

$$h_t = \alpha_0 + \alpha_1 e_{t-1}^2 + \lambda_1 d_{t-1} e_{t-1}^2 + \beta_1 h_{t-1} \tag{5-33}$$

其中，d_{t-1}为虚拟变量，当$e_{t-1} < 0$时，$d_{t-1} = 1$；当$e_{t-1} \geqslant 0$时，$d_{t-1} = 0$。

式（5-33）具有门限模型的典型特征。通过引入虚拟变量d_{t-1}，将条件方差的变化特征以e_{t-1}大于或小于 0 为门限划分为两部分。当e_{t-1}为正数时，e_{t-1}^2对条件方差的影响为α_1；当e_{t-1}为负数时，e_{t-1}^2对条件方差的影响为$\alpha_1 + \lambda_1$。

TGARCH 模型的典型应用是用于捕捉金融资产价格波动中的杠杆效应（leverage effect），因此有时也称**杠杆 GARCH**（leverage GARCH）模型。而金融资产价格波动过程中杠杆效应，是指“坏消息”对资产价格波动的影响要大于“好消息”的影响。而 TGARCH 模型的条件方差表示式（5-33）中，系数λ_1显著为正时恰好体现了这种“坏消息”对波动性的更大程度影响。

5.4.5　GARCH 类过程特点比较

图 5-3 列示的 6 幅时序图是根据不同的 GARCH 类模型拟合生成的样本序列，从中可以较为直观地比较不同种类的GARCH类过程的特点。图5-3 中各序列的生成过程如下：

（1）EPS 序列为随机生成的标准正态白噪声样本序列，作为后续 GARCH 类模型中的随机扰动序列 $\{\varepsilon_t\}$ 的样本序列。

（2）E 序列是基于如下的 GARCH(1, 1)模型生成的 GARCH 过程样本序列。

$$e_t = \varepsilon_t\sqrt{h_t}, h_t = 0.3 + 0.3e_{t-1}^2 + 0.6h_{t-1} \tag{5-34}$$

（3）EM 序列是基于如下的 GARCH-M(1,1)模型生成的 GARCH-M 过程样本序列。

$$\begin{aligned} &em_t = e_t + h_t \\ &e_t = \varepsilon_t\sqrt{h_t}, h_t = 0.3 + 0.3e_{t-1}^2 + 0.6h_{t-1} \end{aligned} \tag{5-35}$$

（4）EI 序列是基于如下的 IGARCH(1,1)模型生成的 IGARCH 过程样本序列。

$$ei_t = \varepsilon_t\sqrt{h_t}, h_t = 0.3 + 0.3ei_{t-1}^2 + 0.7h_{t-1} \tag{5-36}$$

（5）EE 序列是基于如下的 EGARCH(1,1)模型生成的 EGARCH 过程样本序列。

$$ee_t = \varepsilon_t\sqrt{h_t}, \ln(h_t) = 0.3 + 0.8\frac{ee_{t-1}}{\sqrt{h_{t-1}}} + 0.5\left|\frac{ee_{t-1}}{\sqrt{h_{t-1}}}\right| + 0.8\ln(h_{t-1}) \tag{5-37}$$

（6）ET 序列是基于如下的 TGARCH(1,1)模型生成的 TGARCH 过程样本序列。

$$et_t = \varepsilon_t\sqrt{h_t}, h_t = 0.3 + 0.1et_{t-1}^2 + 0.7d_{t-1}et_{t-1}^2 + 0.1h_{t-1} \tag{5-38}$$

其中，d_{t-1} 为虚拟变量，当 $et_{t-1} < 0$ 时，$d_{t-1} = 1$；当 $et_{t-1} \geqslant 0$ 时，$d_{t-1} = 0$。

从图 5-3 中可以看出，虽然 E、EM、EI、EE 和 ET 序列都是在相同的扰动序列 EPS 的基础上拟合生成的异方差序列，并且都表现出波动聚集的特性，但它们所表现出的异方差性又具有各自不同的特点。具体地，E、EM、EI、EE 和 ET 序列都在第 130~180 个序列值和第 250~270 个序列值附近表现出更大幅度的波动。而分别来看，E 序列的波动幅度较小；EM 序列则在第 130~180 个序列值和第 250~270 个序列值附近表现出比 E 序列更大幅度的波动性，这是由于 EM 序列实际上是叠加了 E 序列的波动性；EI 序列的波动比 E 序列更具持久性，波动幅度更大；EE 序列由于指数的作用表现为更大幅度的波动性，同时也表现出显著的非对称性；ET 序列总体波动幅度较小，但特殊之处在于序列的 0 值以下部分比 0 值以上部分表现出更大的波动性，从而体现了波动的非对称性或称之为杠杆效应。

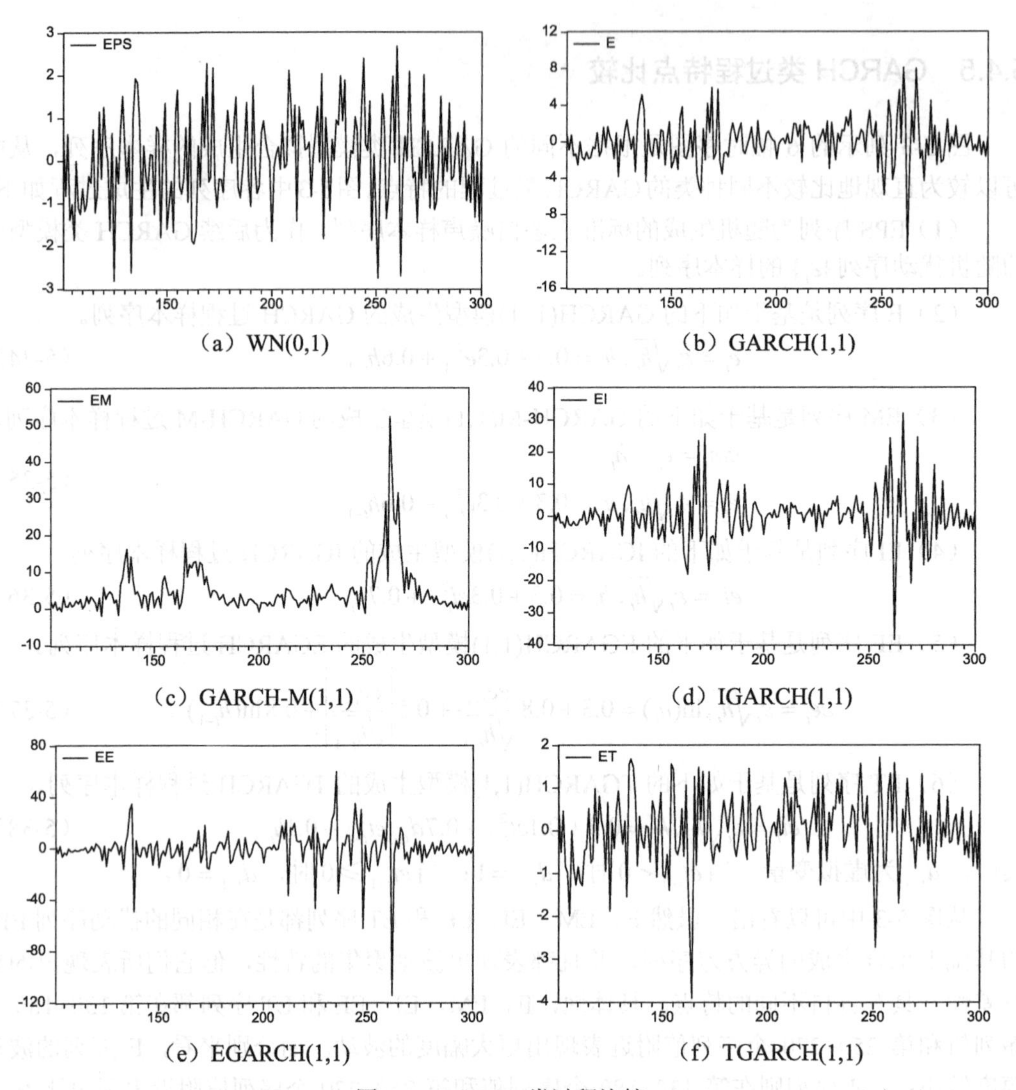

（a）WN(0,1)　（b）GARCH(1,1)　（c）GARCH-M(1,1)　（d）IGARCH(1,1)　（e）EGARCH(1,1)　（f）TGARCH(1,1)

图 5-3　GARCH 类过程比较

5.5　条件异方差性的诊断检验

显然，并非所有的时间序列都表现为条件异方差特性，只有那些表现为条件异方差特性的时间序列才有必要对其构建 GARCH 类模型，因此有必要对时间序列的条件异方差性进行检验。

对于那些可能存在条件异方差性的时间序列，在检验条件异方差性之前，首先应构建合理的均值方程，均值方程是否合理的判断标准是估计的残差序列 $\{\hat{e}_t\}$ 应为零均值的非自相关序列。而时间序列的条件异方差性可以通过对估计的残差平方序列 $\{\hat{e}_t^2\}$ 实施特定的检验来进行判断。

显然，GARCH 类模型的特点是将条件异方差序列 $\{h_t\}$ 对残差平方序列 $\{e_t^2\}$ 建模，因此如果存在条件异方差性，则残差平方序列应表现为某种自相关特征，而不是像残差序列 $\{e_t\}$ 本身一样是非自相关的。因此时间序列条件异方差性的检验就归结为对估计的残差平方序列 $\{\hat{e}_t^2\}$ 的序列相关性检验。常用的检验方法有两种：一种是通过 Ljung-Box 的 Q 统计量来检验估计的残差平方序列 $\{\hat{e}_t^2\}$ 的序列相关性；另一种是采用拉格朗日乘子（Lagrange Multiplier，LM）法来检验估计的残差平方序列 $\{\hat{e}_t^2\}$ 的序列相关性。

（1）用 Ljung-Box 的 Q 统计量[①]来检验异方差性。首先计算均值方程的估计残差平方序列 $\{\hat{e}_t^2\}$ 的 Ljung-Box 的 Q 统计量，若 Q 统计量小于临界值，则不能拒绝估计残差平方序列 $\{\hat{e}_t^2\}$ 不存在序列相关性的原假设，认为不存在异方差性，无须构建 GARCH 类模型；若 Q 统计量大于临界值，则拒绝估计残差平方序列 $\{\hat{e}_t^2\}$ 不存在序列相关性的原假设，认为存在异方差性，需进一步构建 GARCH 类模型。

（2）用拉格朗日乘子（LM）法来检验异方差性。首先在均值方程的估计残差平方序列 $\{\hat{e}_t^2\}$ 的基础上构建辅助自回归模型 $\hat{e}_t^2 = a_0 + a_1\hat{e}_{t-1}^2 + a_2\hat{e}_{t-2}^2 + \cdots + a_p\hat{e}_{t-p}^2 + \upsilon_t$，如果接受估计系数都为零，即 $a_1 = a_2 = \cdots = a_p = 0$ 的原假设，则 $\{\hat{e}_t^2\}$ 不存在 p 阶序列相关性，因此认为不存在异方差性，无须构建 GARCH 类模型；如果拒绝估计系数都为零的原假设，则 $\{\hat{e}_t^2\}$ 存在阶序列相关性，因此认为存在异方差性，需进一步构建 GARCH 类模型。而估计系数都为零的原假设，可以通过对 TR^2 统计量（其中，T 为样本容量，R^2 为残差平方序列的辅助自回归模型的判定系数）进行 LM 检验，当检验统计量小于 $\chi^2(p)$ 分布临界值时，接受估计系数都为零的原假设，认为不存在异方差性，无须构建 GARCH 类模型；当检验统计量大于 $\chi^2(p)$ 分布临界值时，拒绝估计系数都为零的原假设，认为存在异方差性，需进一步构建 GARCH 类模型。另外，小样本情况下，估计系数都为零，即 $a_1 = a_2 = \cdots = a_p = 0$ 的假设检验，也可以通过 F 检验来进行。

5.6 实例应用

【例 5-1】1999 年 12 月至 2014 年 10 月我国货币和准货币（M2）供应量的同比增

---

① Q 统计量的构造形式参见第 2.6 节。

长率序列（单位：%）如图 5-4 所示，具体数值参见附录 B 的表 B-3。

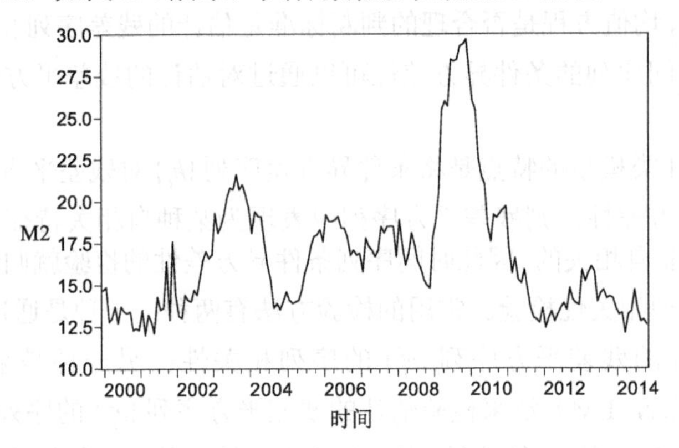

图 5-4　我国的货币供应量（M2）同比增长率序列

（1）单位根检验

对序列进行建模之前，首先应对序列进行单位根检验，判断序列的平稳性。观察图 5-4 中我国 M2 增长率序列的时序图，其发展轨迹不符合趋势平稳或趋势非平稳序列的典型特征，因此无须在单位根检验模型中包含时间趋势项，可以从只包含截距项的模型入手进行 ADF 单位根检验。

在 EViews 中将我国货币和准货币（M2）供应量的同比增长率序列命名为 *M*。首先，基于只包含截距项（Intercept）的模型 $\Delta m_t = a_0 + \gamma m_{t-1} + \sum \eta_i \Delta m_{t-i} + \varepsilon_t$ 进行 ADF 单位根检验。图 5-5 列示的单位根检验结果表明，序列 M 的 DF 统计量为−2.833，伴随概率为 5.57%，虽然伴随概率比 5%略高一点，仍可以 10%的显著性水平拒绝序列 *M* 存在单位根的原假设，认为序列 *M* 平稳。谨慎起见，可以对序列进行其他类型的单位根检验以确认检验结果[①]。

（2）构建均值模型

接下来对序列 *M* 构建 ARMA 模型。图 5-6 列示的自相关图中，第一列和第二列的自相关和偏自相关图表明，序列 *M* 的滞后 1 阶至 4 阶偏自相关系数显著非零，同时由于序列 *M* 为月度数据，滞后 12 阶以后也表现出较为显著的相关性。经过对几种相关模型形式进行尝试，最终确定序列 *M* 的模型形式为 ARMA((1, 2, 4), (12))模型，其中自回归阶数和移动平均阶数都添加括号并逐一标示，表明自回归部分和移动平均部分都是疏系数的，自回归项仅包括滞后 1 阶、2 阶和 4 阶，移动平均项仅包括滞后 12 阶。在 EViews 中估计序

[①] 对序列 *M* 进行 ERS 单位根检验以 5%的显著性水平拒绝原假设，进行 ERS Ponit-Optimal 和 NG-Perron 单位根检验以 1%的显著性水平拒绝原假设。这些单位根检验的原理可参考相关文献，内容所限，本书中不做详细介绍。

列 M 的 ARMA((1, 2, 4), (12))模型，图 5-7 列示了模型的参数估计结果，具体可表示为

$$(1-0.702L-0.571L^2+0.306L^4)M_t=16.808(1-0.702-0.571+0.306)+(1-0.682L^{12})e_t$$

$$(10.00)\quad(6.54)\quad(-5.38)\qquad(17.36)\qquad\qquad(-16.50)$$

Series: M Workfile: EXA::5_m2\

View | Proc | Object | Properties | Print | Name | Freeze | Sample | Genr | Sheet | Graph

Augmented Dickey-Fuller Unit Root Test on M

Null Hypothesis: M has a unit root
Exogenous: Constant
Lag Length: 3 (Automatic - based on SIC, maxlag=13)

		t-Statistic	Prob.*
Augmented Dickey-Fuller test statistic		-2.833080	0.0557
Test critical values:	1% level	-3.467851	
	5% level	-2.877919	
	10% level	-2.575581	

*MacKinnon (1996) one-sided p-values.

Augmented Dickey-Fuller Test Equation
Dependent Variable: D(M)
Method: Least Squares
Date: 12/25/14 Time: 12:22
Sample (adjusted): 2000M04 2014M10
Included observations: 175 after adjustments

Variable	Coefficient	Std. Error	t-Statistic	Prob.
M(-1)	-0.063936	0.022568	-2.833080	0.0052
D(M(-1))	-0.125236	0.072833	-1.719499	0.0873
D(M(-2))	0.198122	0.072230	2.742941	0.0067
D(M(-3))	0.310298	0.072365	4.287957	0.0000
C	1.074267	0.387664	2.771125	0.0062

R-squared	0.151443	Mean dependent var	-0.002286
Adjusted R-squared	0.131477	S.D. dependent var	1.183214
S.E. of regression	1.102691	Akaike info criterion	3.061539
Sum squared resid	206.7076	Schwarz criterion	3.151962
Log likelihood	-262.8847	Hannan-Quinn criter.	3.098217
F-statistic	7.585052	Durbin-Watson stat	2.069443
Prob(F-statistic)	0.000012		

图 5-5 序列 M 的单位根检验结果

Series: M Workfile: EXA::5_m2\

View | Proc | Object | Properties | Print | Name | Freeze | Sample | Genr | Sheet | Graph

Correlogram of M

Date: 12/25/14 Time: 13:15
Sample: 1999M12 2014M10
Included observations: 179

Autocorrelation	Partial Correlation		AC	PAC	Q-Stat	Prob
		1	0.948	0.948	163.72	0.000
		2	0.911	0.112	315.53	0.000
		3	0.857	-0.161	450.78	0.000
		4	0.783	-0.281	564.27	0.000
		5	0.710	-0.077	658.15	0.000
		6	0.637	0.020	734.06	0.000
		7	0.561	-0.003	793.34	0.000
		8	0.477	-0.148	836.46	0.000
		9	0.399	-0.045	866.80	0.000
		10	0.327	0.061	887.33	0.000
		11	0.257	0.023	900.02	0.000
		12	0.190	-0.057	906.99	0.000
		13	0.149	0.185	911.30	0.000
		14	0.118	0.169	914.04	0.000
		15	0.078	-0.181	915.26	0.000
		16	0.055	-0.096	915.87	0.000
		17	0.040	0.079	916.19	0.000
		18	0.019	0.012	916.26	0.000
		19	0.005	-0.071	916.27	0.000
		20	-0.009	-0.134	916.28	0.000
		21	-0.026	-0.047	916.42	0.000
		22	-0.041	0.076	916.76	0.000
		23	-0.059	-0.067	917.49	0.000
		24	-0.071	-0.006	918.56	0.000
		25	-0.088	0.067	920.17	0.000
		26	-0.102	0.084	922.37	0.000
		27	-0.109	-0.031	924.89	0.000
		28	-0.119	-0.076	927.91	0.000
		29	-0.129	0.031	931.49	0.000
		30	-0.141	-0.046	935.83	0.000
		31	-0.143	0.036	940.30	0.000
		32	-0.143	0.027	944.83	0.000
		33	-0.141	-0.008	949.25	0.000

图 5-6 序列 M 的自相关图

ARMA 模型的诊断检验主要包括三部分：参数显著性、平稳可逆性和残差的纯随机性。首先，图 5-7 中参数估计结果的 t 统计量表明，参数都为显著非零。其次，图 5-7 中参数估计结果页面最下方列示的自回归系数多项式根的倒数和移动平均系数多项式根的倒数都在单位圆内，因此平稳可逆性满足。最后，图 5-8 中模型残差的自相关图窗口中，模型残差序列的 Q 统计量的伴随概率都较高，表明模型的残差具有纯随机性。

因此，参数显著性、平稳可逆性和残差的纯随机性三方面的诊断检验都通过，对序列 M 构建季节模型 ARMA((1, 2, 4), (12))（也可以记作 ARIMA((1, 2, 4), 0, 0)×$(0, 0, 1)_{12}$ 模型）是合适的。

Equation: EQM Workfile: EXA::5_m2\

View | Proc | Object | Print | Name | Freeze | Estimate | Forecast | Stats | Resids

Dependent Variable: M
Method: Least Squares
Date: 12/25/14 Time: 13:59
Sample (adjusted): 2000M04 2014M10
Included observations: 175 after adjustments
Failure to improve SSR after 5 iterations
MA Backcast: 1999M04 2000M03

Variable	Coefficient	Std. Error	t-Statistic	Prob.
C	16.80838	0.968226	17.35998	0.0000
AR(1)	0.702284	0.070221	10.00100	0.0000
AR(2)	0.571273	0.087290	6.544529	0.0000
AR(4)	-0.306073	0.056908	-5.378426	0.0000
MA(12)	-0.682193	0.041337	-16.50340	0.0000

R-squared	0.933851	Mean dependent var	16.76400
Adjusted R-squared	0.932295	S.D. dependent var	3.842041
S.E. of regression	0.999709	Akaike info criterion	2.865450
Sum squared resid	169.9011	Schwarz criterion	2.955873
Log likelihood	-245.7269	Hannan-Quinn criter.	2.902128
F-statistic	599.9896	Durbin-Watson stat	1.964082
Prob(F-statistic)	0.000000		

Inverted AR Roots	.94	.76	-.50+.41i	-.50-.41i
Inverted MA Roots	.97	.84+.48i	.84-.48i	.48+.84i
	.48-.84i	.00+.97i	-.00-.97i	-.48+.84i
	-.48-.84i	-.84-.48i	-.84+.48i	-.97

图 5-7 均值模型的参数估计结果

Equation: EQM Workfile: EXA::5_m2\

View | Proc | Object | Print | Name | Freeze | Estimate | Forecast | Stats | Resids

Correlogram of Residuals

Date: 12/25/14 Time: 14:07
Sample: 2000M04 2014M10
Included observations: 175
Q-statistic probabilities adjusted for 4 ARMA term(s)

Autocorrelation	Partial Correlation		AC	PAC	Q-Stat	Prob
		1	0.015	0.015	0.0399	
		2	-0.067	-0.068	0.8516	
		3	0.044	0.046	1.1958	
		4	-0.055	-0.062	1.7525	
		5	-0.074	-0.066	2.7370	0.098
		6	0.061	0.055	3.4239	0.181
		7	0.108	0.103	5.5776	0.134
		8	-0.076	-0.072	6.6549	0.155
		9	0.028	0.033	6.8060	0.235
		10	0.044	0.027	7.1614	0.306
		11	-0.062	-0.036	7.8934	0.342
		12	0.127	0.138	10.963	0.204
		13	-0.048	-0.086	11.409	0.249
		14	0.098	0.134	13.250	0.210
		15	-0.080	-0.105	14.487	0.207
		16	-0.102	-0.086	16.528	0.168
		17	0.075	0.084	17.626	0.172
		18	0.044	0.033	18.008	0.206
		19	0.036	0.031	18.269	0.249
		20	-0.012	-0.017	18.296	0.307
		21	0.043	0.013	18.674	0.348
		22	-0.049	-0.005	19.151	0.383
		23	-0.075	-0.052	20.305	0.376
		24	0.128	0.077	23.679	0.257
		25	-0.071	-0.048	24.733	0.259
		26	-0.073	-0.100	25.841	0.259
		27	0.006	0.015	25.848	0.308
		28	0.028	0.023	26.012	0.353
		29	0.063	0.096	26.842	0.364
		30	-0.055	-0.077	27.493	0.384
		31	0.026	-0.036	27.643	0.430
		32	-0.017	0.029	27.709	0.480
		33	-0.055	-0.046	28.366	0.498

图 5-8 均值模型的残差的自相关图

（3）异方差性检验

通常来说，经过参数显著性、平稳可逆性和残差的纯随机性检验的 ARMA 模型已经能够较好地揭示时间序列的发展规律。但图 5-4 中我国 M2 增长率序列具有明显的波动聚集特性，因此还需进一步检验异方差性。图 5-9 列示的均值模型的残差平方序列的自相关图表明，残差平方序列的 Q 统计量的伴随概率都很小，以 1%的显著性水平拒绝模型的残差平方序列不存在序列相关性的原假设，从而表明残差序列具有异方差性，进而表明序列 M 具有异方差性。图 5-10 中采用拉格朗日乘子（LM）法进行异方差性（ARCH）检验的结果也表明，F 统计量和 TR^2 统计量的伴随概率都很小，以 1%的显著性水平拒绝模型的残差平方序列不存在序列相关性的原假设，从而表明残差序列具有异方差性，进而表明序列 M 具有异方差性。

Equation: EQM　Workfile: EXA::5_m2\

View | Proc | Object | Print | Name | Freeze | Estimate | Forecast | Stats | Resids

Correlogram of Residuals Squared

Date: 12/25/14　Time: 14:22
Sample: 2000M04 2014M10
Included observations: 175
Q-statistic probabilities adjusted for 4 ARMA term(s)

Lag	AC	PAC	Q-Stat	Prob
1	0.256	0.256	11.711	
2	0.253	0.201	23.198	
3	0.083	-0.023	24.435	
4	0.005	-0.066	24.439	
5	0.094	0.105	26.039	0.000
6	-0.017	-0.046	26.094	0.000
7	-0.049	-0.087	26.544	0.000
8	-0.046	-0.010	26.934	0.000
9	-0.091	-0.044	28.495	0.000
10	0.062	0.108	29.216	0.000
11	0.040	0.043	29.524	0.000
12	0.117	0.081	32.103	0.000
13	0.047	-0.023	32.533	0.000
14	-0.023	-0.070	32.639	0.000
15	0.049	0.044	33.098	0.001
16	-0.108	-0.131	35.364	0.000
17	0.016	0.041	35.417	0.001
18	-0.015	0.033	35.458	0.001
19	-0.042	-0.013	35.801	0.002
20	-0.024	-0.030	35.914	0.003
21	-0.124	-0.084	39.008	0.002
22	0.031	0.081	39.209	0.003
23	0.026	0.021	39.348	0.004
24	0.101	0.087	41.443	0.003
25	0.031	-0.059	41.642	0.005
26	-0.057	-0.064	42.326	0.006
27	-0.105	-0.114	44.616	0.004
28	-0.089	-0.020	46.273	0.004
29	-0.084	-0.028	47.775	0.004
30	-0.063	-0.039	48.624	0.005
31	-0.071	0.050	49.704	0.005
32	-0.086	-0.053	51.294	0.005
33	-0.079	-0.016	52.651	0.005

图 5-9　均值模型的残差平方序列的自相关图

Equation: EQM　Workfile: EXA::5_m2\

View | Proc | Object | Print | Name | Freeze | Estimate | Forecast | Stats | Resids

Heteroskedasticity Test: ARCH

F-statistic	9.822413	Prob. F(2,170)	0.0001
Obs*R-squared	17.92063	Prob. Chi-Square(2)	0.0001

Test Equation:
Dependent Variable: RESID^2
Method: Least Squares
Date: 12/25/14　Time: 14:24
Sample (adjusted): 2000M06 2014M10
Included observations: 173 after adjustments

Variable	Coefficient	Std. Error	t-Statistic	Prob.
C	0.581681	0.147281	3.949461	0.0001
RESID^2(-1)	0.204186	0.075108	2.718574	0.0072
RESID^2(-2)	0.202176	0.075144	2.690512	0.0078

R-squared	0.103587	Mean dependent var	0.980443
Adjusted R-squared	0.093041	S.D. dependent var	1.610476
S.E. of regression	1.533727	Akaike info criterion	3.710467
Sum squared resid	399.8941	Schwarz criterion	3.765149
Log likelihood	-317.9554	Hannan-Quinn criter.	3.732651
F-statistic	9.822413	Durbin-Watson stat	1.989236
Prob(F-statistic)	0.000092		

图 5-10　均值模型的 ARCH 检验结果

（4）构建 GARCH 模型

首先，估计 GARCH(1, 1)模型，图 5-11 列示了 GARCH(1, 1)模型的参数估计结果。虽然估计结果表明，估计系数具有显著性，并且满足 GARCH 模型关于参数非负和参数有界的限定条件，但图 5-12 中对 GARCH(1, 1)模型的残差平方序列的 Q 检验表明，GARCH(1, 1)模型的残差平方序列仍具有序列相关性，因此 GARCH(1, 1)模型并不能完全揭示序列 M 的异方差特性。然而，估计更高滞后阶数的 GARCH 模型，则会出现波动率方程中的估计系数为负值的情况，不满足 GARCH 模型关于参数非负的限定条件。因此，应考虑构建 EGARCH 模型以避免参数非负的限定问题。

（5）构建 EGARCH 模型

经过对几种 EGARCH 模型形式进行尝试，最终确定构建 EGARCH(5, 5)模型。图 5-13 列示了 EGARCH(5, 5)模型的参数设定窗口。图 5-14 列示了 EGARCH(5, 5)模型的参数估计结果，具体可以表示为

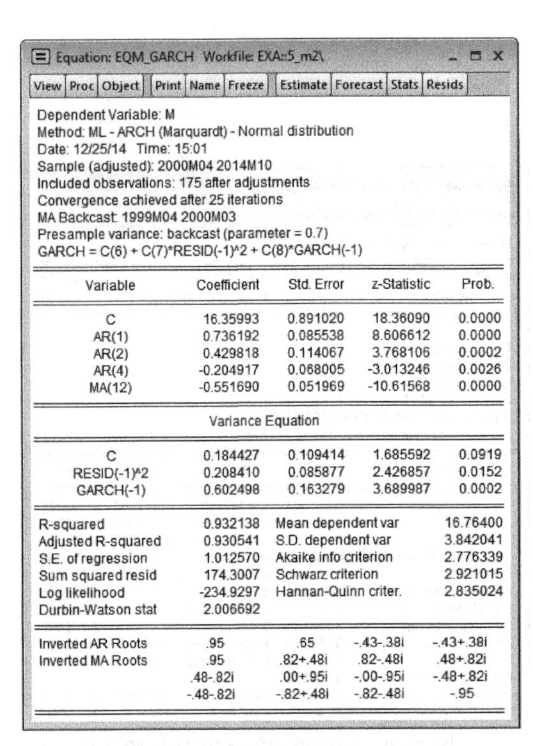

Equation: EQM_GARCH Workfile: EXA::5_m2\

View | Proc | Object | Print | Name | Freeze | Estimate | Forecast | Stats | Resids

Dependent Variable: M
Method: ML - ARCH (Marquardt) - Normal distribution
Date: 12/25/14 Time: 15:01
Sample (adjusted): 2000M04 2014M10
Included observations: 175 after adjustments
Convergence achieved after 25 iterations
MA Backcast: 1999M04 2000M03
Presample variance: backcast (parameter = 0.7)
GARCH = C(6) + C(7)*RESID(-1)^2 + C(8)*GARCH(-1)

Variable	Coefficient	Std. Error	z-Statistic	Prob.
C	16.35993	0.891020	18.36090	0.0000
AR(1)	0.736192	0.085538	8.606612	0.0000
AR(2)	0.429818	0.114067	3.768106	0.0002
AR(4)	-0.204917	0.068005	-3.013246	0.0026
MA(12)	-0.551690	0.051969	-10.61568	0.0000
Variance Equation				
C	0.184427	0.109414	1.685592	0.0919
RESID(-1)^2	0.208410	0.085877	2.426857	0.0152
GARCH(-1)	0.602498	0.163279	3.689987	0.0002

R-squared	0.932138	Mean dependent var	16.76400
Adjusted R-squared	0.930541	S.D. dependent var	3.842041
S.E. of regression	1.012570	Akaike info criterion	2.776339
Sum squared resid	174.3007	Schwarz criterion	2.921015
Log likelihood	-234.9297	Hannan-Quinn criter.	2.835024
Durbin-Watson stat	2.006692		

Inverted AR Roots	.95	.65	-.43-.38i	-.43+.38i
Inverted MA Roots	.95	.82+.48i	.82-.48i	.48+.82i
	.48-.82i	.00+.95i	-.00-.95i	-.48+.82i
	-.48-.82i	-.82+.48i	-.82-.48i	-.95

图 5-11　GARCH 模型的参数估计结果

Equation: EQM_GARCH Workfile: EXA::5_m2\

View | Proc | Object | Print | Name | Freeze | Estimate | Forecast | Stats | Resids

Correlogram of Standardized Residuals Squared

Date: 12/25/14 Time: 15:15
Sample: 2000M04 2014M10
Included observations: 175
Q-statistic probabilities adjusted for 4 ARMA term(s)

Autocorrelation	Partial Correlation		AC	PAC	Q-Stat	Prob
		1	0.076	0.076	1.0352	
		2	-0.061	-0.067	1.6961	
		3	0.020	0.030	1.7647	
		4	-0.049	-0.057	2.1921	
		5	0.155	0.169	6.5589	0.010
		6	-0.025	-0.065	6.6748	0.036
		7	-0.090	-0.057	8.1556	0.043
		8	-0.086	-0.096	9.5176	0.049
		9	-0.078	-0.051	10.650	0.059
		10	0.017	-0.010	10.704	0.098
		11	0.016	0.019	10.751	0.150
		12	0.195	0.224	18.013	0.021
		13	-0.013	-0.038	18.046	0.035
		14	-0.075	-0.036	19.142	0.038
		15	0.033	-0.003	19.351	0.055
		16	-0.121	-0.145	22.221	0.035
		17	0.156	0.125	27.014	0.012
		18	-0.003	-0.038	27.016	0.019
		19	0.002	0.119	27.017	0.029
		20	0.041	0.023	27.358	0.038
		21	-0.139	-0.083	31.252	0.019
		22	0.072	0.032	32.309	0.020
		23	0.013	-0.051	32.344	0.029
		24	0.019	0.005	32.416	0.039
		25	0.101	0.103	34.537	0.032
		26	-0.092	-0.021	36.285	0.028
		27	-0.084	-0.090	37.751	0.027
		28	-0.086	-0.063	39.314	0.025
		29	-0.020	-0.086	39.397	0.034
		30	-0.032	-0.084	39.622	0.042
		31	-0.027	0.032	39.782	0.054
		32	-0.023	-0.020	39.900	0.067
		33	-0.084	0.049	41.429	0.063

图 5-12　GARCH 模型的残差平方序列的自相关图

$$(1-0.717L-0.491L^2+0.222L^4)M_t=16.483(1-0.717-0.491+0.222)+(1-0.494L^{12})e_t$$

$$(16.85)\quad(8.15)\quad(-5.88)\quad(11.39)\qquad\qquad(-15.52)$$

$$e_t=\varepsilon_t\sqrt{h_t}$$

$$\ln h_t=-2.630+0.699\left|\frac{e_{t-1}}{\sqrt{h_{t-1}}}\right|+0.171\left|\frac{e_{t-2}}{\sqrt{h_{t-2}}}\right|+0.355\left|\frac{e_{t-3}}{\sqrt{h_{t-3}}}\right|+0.774\left|\frac{e_{t-4}}{\sqrt{h_{t-4}}}\right|+0.634\left|\frac{e_{t-5}}{\sqrt{h_{t-5}}}\right|$$

$$(-3.15)\quad(3.09)\qquad(1.15)\qquad(3.60)\qquad(3.20)\qquad(2.23)$$

$$-0.136\frac{e_{t-1}}{\sqrt{h_{t-1}}}+0.127\ln h_{t-1}+0.294\ln h_{t-2}-0.389\ln h_{t-3}-0.508\ln h_{t-4}+0.715\ln h_{t-5}$$

$$(-2.15)\quad(0.84)\quad(3.27)\quad(-9.63)\quad(-6.46)\quad(5.34)$$

其中，ε_t 为标准正态白噪声扰动项。

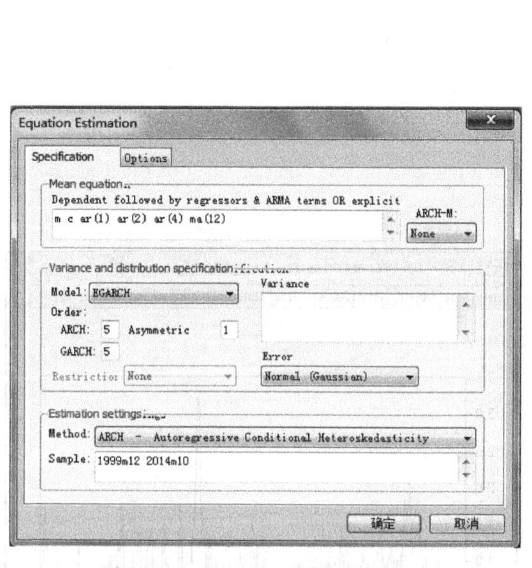

图 5-13　EGARCH 模型设定窗口

Equation: EQM_EGARCH　Workfile: EXA::5_m2\

View | Proc | Object | Print | Name | Freeze | Estimate | Forecast | Stats | Resids

Dependent Variable: M
Method: ML - ARCH (Marquardt) - Normal distribution
Date: 12/25/14　Time: 15:01
Sample (adjusted): 2000M04 2014M10
Included observations: 175 after adjustments
Convergence achieved after 34 iterations
MA Backcast: 1999M04 2000M03
Presample variance: backcast (parameter = 0.7)
LOG(GARCH) = C(6) + C(7)*ABS(RESID(-1)/@SQRT(GARCH(-1))) + C(8)
*ABS(RESID(-2)/@SQRT(GARCH(-2))) + C(9)*ABS(RESID(-3)
/@SQRT(GARCH(-3))) + C(10)*ABS(RESID(-4)/@SQRT(GARCH(-4))) +
C(11)*ABS(RESID(-5)/@SQRT(GARCH(-5))) + C(12)*RESID(-1)
/@SQRT(GARCH(-1)) + C(13)*LOG(GARCH(-1)) + C(14)*LOG(GARCH(
-2)) + C(15)*LOG(GARCH(-3)) + C(16)*LOG(GARCH(-4)) + C(17)
*LOG(GARCH(-5))

Variable	Coefficient	Std. Error	z-Statistic	Prob.
C	16.48306	1.447207	11.38957	0.0000
AR(1)	0.717456	0.042591	16.84539	0.0000
AR(2)	0.491117	0.060233	8.153559	0.0000
AR(4)	-0.221985	0.037729	-5.883623	0.0000
MA(12)	-0.494229	0.031846	-15.51919	0.0000
Variance Equation				
C(6)	-2.629588	0.834135	-3.152473	0.0016
C(7)	0.699064	0.226006	3.093124	0.0020
C(8)	0.170859	0.148074	1.153871	0.2486
C(9)	0.354569	0.098596	3.596201	0.0003
C(10)	0.773954	0.242163	3.196001	0.0014
C(11)	0.633796	0.284168	2.230357	0.0257
C(12)	-0.135647	0.063163	-2.147583	0.0317
C(13)	0.126890	0.151238	0.839009	0.4015
C(14)	0.294181	0.089957	3.270230	0.0011
C(15)	-0.389163	0.040406	-9.631345	0.0000
C(16)	-0.508491	0.078724	-6.459174	0.0000
C(17)	0.714963	0.133767	5.344858	0.0000

R-squared	0.931318	Mean dependent var	16.76400
Adjusted R-squared	0.929702	S.D. dependent var	3.842041
S.E. of regression	1.018674	Akaike info criterion	2.592330

图 5-14　EGARCH 模型的参数估计结果

EGARCH(5, 5)模型的上述估计结果中，均值方程的参数估计结果与相同形式的 ARMA 模型的参数估计结果有略微的不同，主要是由于在这里均值方程是与波动率方程一起在极大似然方法的基础上估计得到的。波动率方程中$\left|e_{t-1}/\sqrt{h_{t-1}}\right|$的估计系数为 0.699，$e_{t-1}/\sqrt{h_{t-1}}$ 的估计系数为−0.136，并且都显著非零，从而表明滞后一期的标准化冲击 $e_{t-1}/\sqrt{h_{t-1}}$ 对条件方差对数值 $\ln h_t$ 具有非对称的影响。当 e_{t-1} 为正值时，滞后一期的标准化冲击对条件方差对数值的影响为 $-0.136+0.699=0.563$；当 e_{t-1} 为负值时，滞后一期的标准化冲击对条件方差对数值的影响为 $-0.136-0.699=-0.835$ 。同时，$\left|e_{t-3}/\sqrt{h_{t-3}}\right|$、$\left|e_{t-4}/\sqrt{h_{t-4}}\right|$ 和 $\left|e_{t-5}/\sqrt{h_{t-5}}\right|$ 的估计系数都显著非零，从而表明滞后三期、四期和五期的标准化冲击对条件方差对数值也具有非对称的影响。

图 5-15 列示了 EGARCH(5, 5)模型残差平方序列的自相关图，图中最后一列的 Q 统计量的伴随概率都大于 5%的显著性水平，表明 EGARCH(5, 5)模型的残差平方序列不再

具有序列相关性，从而表明该 EGARCH(5, 5)模型能够很好地揭示序列 M 的异方差特性。EViews 中可以刻画出已估计 GARCH 类模型的条件方差和条件标准差，图 5-16 列示了 EGARCH(5, 5)模型的条件标准差序列的时序图，它描述了序列 M 的条件波动性的走势和特征。

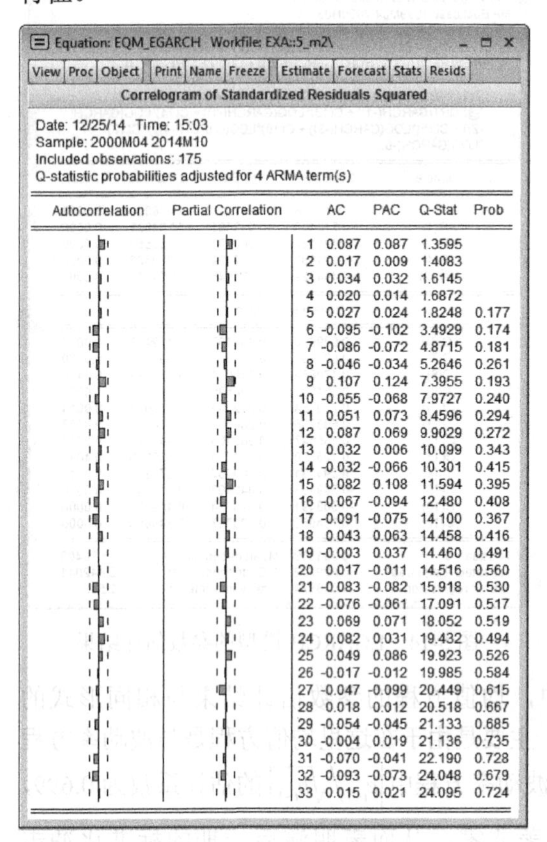

Equation: EQM_EGARCH Workfile: EXA::5_m2\

View | Proc | Object | Print | Name | Freeze | Estimate | Forecast | Stats | Resids

Correlogram of Standardized Residuals Squared

Date: 12/25/14 Time: 15:03
Sample: 2000M04 2014M10
Included observations: 175
Q-statistic probabilities adjusted for 4 ARMA term(s)

Autocorrelation	Partial Correlation		AC	PAC	Q-Stat	Prob
		1	0.087	0.087	1.3595	
		2	0.017	0.009	1.4083	
		3	0.034	0.032	1.6145	
		4	0.020	0.014	1.6872	
		5	0.027	0.024	1.8248	0.177
		6	-0.095	-0.102	3.4929	0.174
		7	-0.086	-0.072	4.8715	0.181
		8	-0.046	-0.034	5.2646	0.261
		9	0.107	0.124	7.3955	0.193
		10	-0.055	-0.068	7.9727	0.240
		11	0.051	0.073	8.4596	0.294
		12	0.087	0.069	9.9029	0.272
		13	0.032	0.006	10.099	0.343
		14	-0.032	-0.066	10.301	0.415
		15	0.082	0.108	11.594	0.395
		16	-0.067	-0.094	12.480	0.408
		17	-0.091	-0.075	14.100	0.367
		18	0.043	0.063	14.458	0.416
		19	-0.003	0.037	14.460	0.491
		20	0.017	-0.011	14.516	0.560
		21	-0.083	-0.082	15.918	0.530
		22	-0.076	-0.061	17.091	0.517
		23	0.069	0.071	18.052	0.519
		24	0.082	0.031	19.432	0.494
		25	0.049	0.086	19.923	0.526
		26	-0.017	-0.012	19.985	0.584
		27	-0.047	-0.099	20.449	0.615
		28	0.018	0.012	20.518	0.667
		29	-0.054	-0.045	21.133	0.685
		30	-0.004	0.019	21.136	0.735
		31	-0.070	-0.041	22.190	0.728
		32	-0.093	-0.073	24.048	0.679
		33	0.015	0.021	24.095	0.724

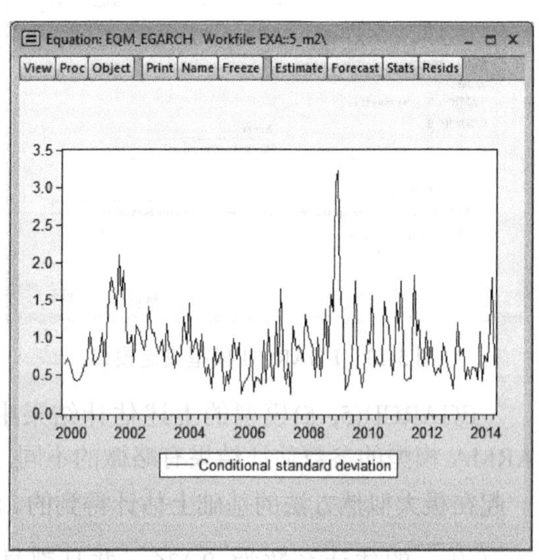

图 5-15 EGARCH 模型的残差平方序列的自相关图　图 5-16 EGARCH 模型基础上拟合的条件标准差

5.7 补充内容

现将例 5-1 的相关 R 语言命令及结果介绍如下。

1. 导入数据，作时序图

```
setwd("D:/lectures/AETS/R/data")
data=read.table("m2.txt",header=TRUE,sep="")
```

```
m=data[,2]
M2<-ts(m,start=c(1999-12),frequency=12)
plot(M2,type="l")
```

执行上述命令，得到我国货币和准货币（M2）供应量的同比增长率序列的时序图，如图 5-17 所示。

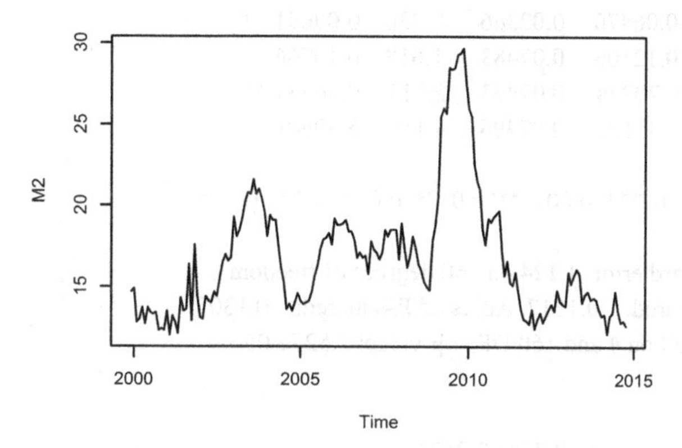

图 5-17　M2 同比增长率序列的时序图

2. 单位根检验

（1）首先采用只包含截距项的模型来对 M2 同比增长率序列进行初步的 ADF 单位根检验，根据 BIC 信息判断准则来确定检验模型的恰当的滞后期。

```
library(urca)
urdf<-ur.df(m,type='drift',lags=13,selectlags='BIC')
summary(urdf)
```

执行上述命令，得到 M2 同比增长率序列的单位根检验结果如下。

```
##
## ###############################################
## # Augmented Dickey-Fuller Test Unit Root Test #
## ###############################################
##
## Test regression drift
##
##
## Call:
## lm(formula = z.diff ~ z.lag.1 + 1 + z.diff.lag)
##
## Residuals:
```

```
##      Min         1Q      Median        3Q        Max
## -2.9631    -0.6563    -0.0637    0.4923    4.3047
##
## Coefficients:
##                 Estimate Std. Error t value Pr(>|t|)
## (Intercept)      1.09265    0.41141    2.656   0.00871 **
## z.lag.1         -0.06476    0.02366   -2.736   0.00691 **
## z.diff.lag1     -0.12106    0.07483   -1.618   0.10766
## z.diff.lag2      0.20278    0.07463    2.717   0.00731 **
## z.diff.lag3      0.31105    0.07496    4.150   5.39e-05 ***
## ---
## Signif. codes:   0 '***' 0.001 '**' 0.01 '*' 0.05 '.' 0.1 ' ' 1
##
## Residual standard error: 1.124 on 160 degrees of freedom
## Multiple R-squared:   0.1517, Adjusted R-squared:   0.1305
## F-statistic: 7.153 on 4 and 160 DF,   p-value: 2.527e-05
##
##
## Value of test-statistic is: -2.7364 3.7474
##
## Critical values for test statistics:
##          1pct    5pct    10pct
## tau2     -3.46   -2.88   -2.57
## phi1      6.52    4.63    3.81
```

检验结果表明，在最长为 13 期的滞后期中，根据 BIC 信息判断准则选择出的恰当滞后期为滞后 3 期。

（2）接下来，采用只包含截距项的模型来对 M2 同比增长率序列进行一次固定滞后阶数的 ADF 单位根检验。

```
urdf1<-ur.df(m,type='drift',lags=3,selectlags='Fixed')
summary(urdf1)
```

执行上述命令，得到如下的单位根检验结果。

```
##
## ###############################################
## # Augmented Dickey-Fuller Test Unit Root Test #
## ###############################################
##
## Test regression drift
##
```

```
##
## Call:
## lm(formula = z.diff ~ z.lag.1 + 1 + z.diff.lag)
##
## Residuals:
##     Min       1Q   Median      3Q     Max
## -2.9466  -0.6431  -0.0751  0.5016  4.3203
##
## Coefficients:
##              Estimate Std. Error t value Pr(>|t|)
## (Intercept)   1.07427    0.38766   2.771  0.00621 **
## z.lag.1      -0.06394    0.02257  -2.833  0.00517 **
## z.diff.lag1  -0.12524    0.07283  -1.719  0.08734 .
## z.diff.lag2   0.19812    0.07223   2.743  0.00674 **
## z.diff.lag3   0.31030    0.07237   4.288  3.02e-05 ***
## ---
## Signif. codes:  0 '***' 0.001 '**' 0.01 '*' 0.05 '.' 0.1 ' ' 1
##
## Residual standard error: 1.103 on 170 degrees of freedom
## Multiple R-squared:  0.1514, Adjusted R-squared:  0.1315
## F-statistic: 7.585 on 4 and 170 DF,  p-value: 1.202e-05
##
##
## Value of test-statistic is: -2.8331 4.0134
##
## Critical values for test statistics:
##       1pct  5pct  10pct
## tau2 -3.46 -2.88  -2.57
## phi1  6.52  4.63   3.81
```

检验结果表明，DF 统计量为−2.833 1，小于 10%临界值−2.57，因此拒绝序列存在单位根的原假设，认为序列平稳。

3. ARMA 模型识别

查看序列自相关图的命令如下。

```
acf(m)
```

执行上述命令，得到自相关图，如图 5-18 所示。

查看序列偏自相关图的命令如下。

```
pacf(m)
```

执行上述命令，得到偏自相关图，如图 5-19 所示。

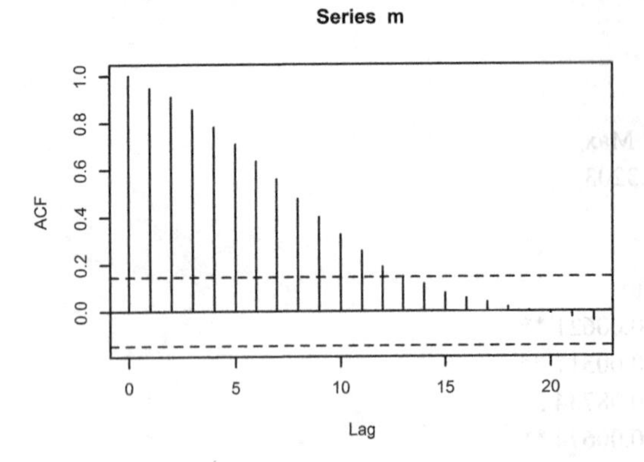

图 5-18　M2 同比增长率序列的自相关图

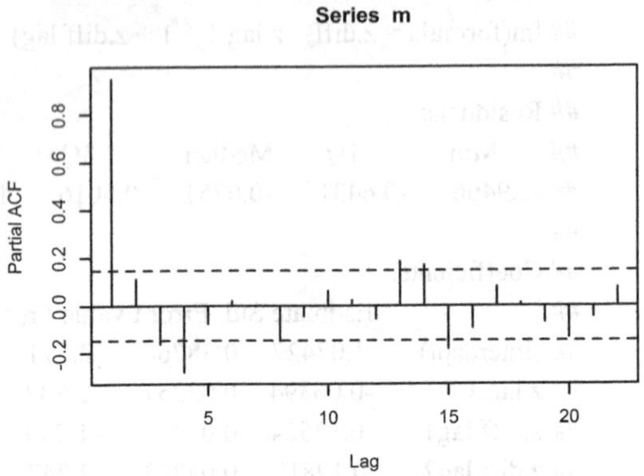

图 5-19　M2 同比增长率序列的偏自相关图

4. ARMA 模型估计

下列命令用于对 M2 同比增长率序列构建一个 ARMA((1, 2, 4), (12))模型，也可以记作 ARIMA((1, 2, 4), 0, 0) $\times$(0, 0, 1)$_{12}$ 模型。

```
mean<-arima(m, order=c(4,0,0), seasonal=list(order=c(0,0,1), period=12), fixed=c(NA,NA,0,NA,NA,
NA), transform.pars = FALSE)
mean
```

执行上述命令，得到如下的 ARMA((1, 2, 4), (12))模型（即 ARIMA((1, 2, 4), 0, 0)×(0, 0, 1)$_{12}$ 模型）的估计结果。

```
##
## Call:
## arima(x = m, order = c(4, 0, 0), seasonal = list(order = c(0, 0, 1), period = 12),
##        transform.pars = FALSE, fixed = c(NA, NA, 0, NA, NA, NA))
##
## Coefficients:
##           ar1      ar2    ar3      ar4      sma1   intercept
##        0.7461   0.4907      0  -0.2755   -0.4059     16.5156
## s.e.   0.0703   0.0907      0   0.0564    0.0889      1.1468
##
## sigma^2 estimated as 1.043:   log likelihood = -260.27,   aic = 532.53
```

5. ARMA 模型的诊断检验

```
tsdiag(mean)
```

执行上述命令，得到 ARMA((1, 2, 4), (12))模型（即 ARIMA((1, 2, 4), 0, 0) ×(0, 0, 1)$_{12}$ 模型）残差的诊断检验结果，如图 5-20 所示。检验结果表明，模型的残差不存在序列相关性。

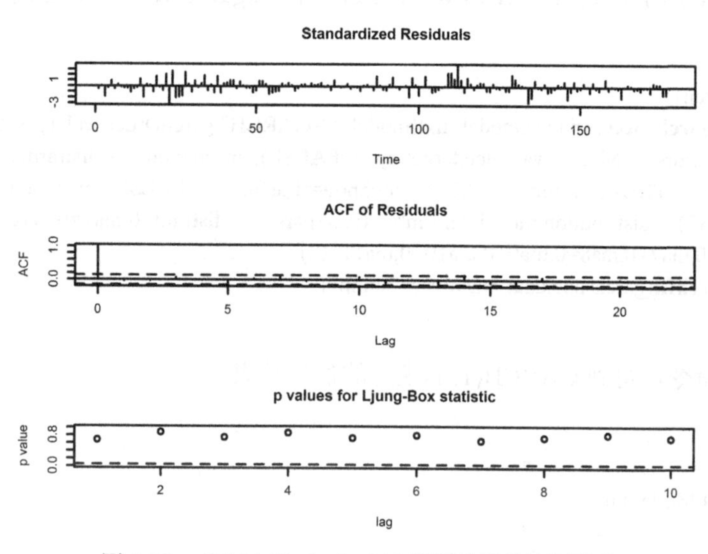

图 5-20　ARMA((1, 2, 4), (12))模型残差的诊断检验

6. ARCH 效应的 LM 检验

图 5-17 中 M2 同比增长率序列具有明显的波动聚集特性，因此还需进一步检验异方差性。下面命令中，函数 resid 用于得到模型的残差序列，函数 ArchTest 用于进行序列异方差性的 LM 检验。

```
library(FinTS)
mean_res<-resid(mean)
ArchTest(mean_res,lags=2)
```

执行上述命令，得到 ARMA((1, 2, 4), (12))模型（即 ARIMA((1, 2, 4), 0, 0) ×(0, 0, 1)$_{12}$ 模型）残差的异方差性（ARCH）检验的结果。

```
##
##    ARCH LM-test; Null hypothesis: no ARCH effects
##
## data:    mean_res
## Chi-squared = 20.363, df = 2, p-value = 3.787e-05
```

该结果表明，拒绝模型的残差序列不存在异方差性的原假设。

7. 拟合 GARCH 模型

下面的命令用于在 ARMA((1, 2, 4), (12))模型的基础上估计 GARCH(1, 1)模型。其中，函数 **ugarchspec** 用于设定 ARCH 模型的形式，函数 **ugarchfit** 用于对已设定 ARCH 模型进行估计。

```
library(rugarch)
garchspec=ugarchspec(variance.model=list(model ="sGARCH",garchOrder=c(1,1), submodel = NULL, external.regressors = NULL, variance.targeting = FALSE), mean.model = list(armaOrder = c(4, 12), include.mean = TRUE, archm = FALSE, archpow=1,arfima = FALSE, external.regressors=NULL, archex=FALSE), distribution.model="norm", fixed.pars = list(ar3=0,ma1=0,ma2=0,ma3=0,ma4=0, ma5=0,ma6=0,ma7=0,ma8=0,ma9=0,ma10=0,ma11=0))
garchfit=ugarchfit(garchspec,data=m,solver="solnp")
garchfit
```

执行上述命令，得到 GARCH(1, 1)模型的估计结果。

```
##
## *---------------------------------*
## * GARCH Model Fit                 *
## *---------------------------------*
##
## Conditional Variance Dynamics
## -----------------------------------
## GARCH Model    : sGARCH(1,1)
## Mean Model     : ARFIMA(4,0,12)
## Distribution : norm
##
## Optimal Parameters
## ------------------------------------
##         Estimate  Std. Error  t value Pr(>|t|)
## mu      14.06425  0.466899  30.12267  0.000000
## ar1      0.75959  0.081734   9.29345  0.000000
## ar2      0.41969  0.101228   4 .14599  0.000034
## ar3      0.00000        NA        NA        NA
## ar4     -0.20161  0.062284  -3.23694  0.001208
## ma1      0.00000        NA        NA        NA
## ma2      0.00000        NA        NA        NA
## ma3      0.00000        NA        NA        NA
## ma4      0.00000        NA        NA        NA
## ma5      0.00000        NA        NA        NA
## ma6      0.00000        NA        NA        NA
```

```
## ma7      0.00000        NA        NA        NA
## ma8      0.00000        NA        NA        NA
## ma9      0.00000        NA        NA        NA
## ma10     0.00000        NA        NA        NA
## ma11     0.00000        NA        NA        NA
## ma12    -0.43832  0.064110  -6.83698  0.000000
## omega    0.14460  0.151487   0.95455  0.339806
## alpha1   0.16643  0.085592   1.94449  0.051837
## beta1    0.69501  0.207586   3.34804  0.000814
##
## Robust Standard Errors:
##          Estimate  Std. Error  t value  Pr(>|t|)
## mu       14.06425  0.513956  27.36470  0.000000
## ar1       0.75959  0.084602   8.97844  0.000000
## ar2       0.41969  0.096572   4.34588  0.000014
## ar3       0.00000        NA        NA        NA
## ar4      -0.20161  0.060185  -3.34979  0.000809
## ma1       0.00000        NA        NA        NA
## ma2       0.00000        NA        NA        NA
## ma3       0.00000        NA        NA        NA
## ma4       0.00000        NA        NA        NA
## ma5       0.00000        NA        NA        NA
## ma6       0.00000        NA        NA        NA
## ma7       0.00000        NA        NA        NA
## ma8       0.00000        NA        NA        NA
## ma9       0.00000        NA        NA        NA
## ma10      0.00000        NA        NA        NA
## ma11      0.00000        NA        NA        NA
## ma12     -0.43832  0.078245  -5.60185  0.000000
## omega     0.14460  0.245011   0.59018  0.555067
## alpha1    0.16643  0.123857   1.34374  0.179032
## beta1     0.69501  0.336537   2.06517  0.038907
##
## LogLikelihood : -248.7968
##
## Information Criteria
## ------------------------------------
##
## Akaike       2.8692
## Bayes        3.0117
## Shibata      2.8655
## Hannan-Quinn 2.9270
```

```
##
## Weighted Ljung-Box Test on Standardized Residuals
## ------------------------------------
##                              statistic  p-value
## Lag[1]                          0.238   0.6257
## Lag[2*(p+q)+(p+q)-1][47]       19.241   1.0000
## Lag[4*(p+q)+(p+q)-1][79]       33.540   0.9238
## d.o.f=16
## H0 : No serial correlation
##
## Weighted Ljung-Box Test on Standardized Squared Residuals
## ------------------------------------
##                             statistic  p-value
## Lag[1]                          1.627   0.2021
## Lag[2*(p+q)+(p+q)-1][5]         3.445   0.3317
## Lag[4*(p+q)+(p+q)-1][9]         6.239   0.2716
## d.o.f=2
##
## Weighted ARCH LM Tests
## ------------------------------------
##                 Statistic  Shape  Scale  P-Value
## ARCH Lag[3]        0.3112  0.500  2.000   0.5769
## ARCH Lag[5]        3.2577  1.440  1.667   0.2545
## ARCH Lag[7]        4.6151  2.315  1.543   0.2664
##
## Nyblom stability test
## ------------------------------------
## Joint Statistic:  2.4818
## Individual Statistics:
## mu       0.02866
## ar1      0.11567
## ar2      0.13820
## ar4      0.09522
## ma12     0.76216
## omega    0.10050
## alpha1   0.17026
## beta1    0.09962
##
## Asymptotic Critical Values (10% 5% 1%)
## Joint Statistic:          1.89 2.11 2.59
## Individual Statistic:     0.35 0.47 0.75
##
```

```
## Sign Bias Test
## ------------------------------------
##                      t-value   prob sig
## Sign Bias            1.1293    0.2603
## Negative Sign Bias   1.2322    0.2196
## Positive Sign Bias   0.0119    0.9905
## Joint Effect         1.9594    0.5809
##
##
## Adjusted Pearson Goodness-of-Fit Test:
## ------------------------------------
##   group   statistic   p-value(g-1)
## 1   20      28.93       0.06705
## 2   30      37.03       0.14537
## 3   40      48.71       0.13707
## 4   50      48.65       0.48709
##
##
## Elapsed time : 0.625402
```

该估计结果表明，估计系数具有显著性，并且满足 GARCH 模型关于参数非负和参数有界的限定条件。

8. 拟合 EGARCH 模型

下面的命令用于在 ARMA((1, 2, 4), (12))模型的基础上估计 EGARCH(3, 2)模型。

```
egarchspec=ugarchspec(variance.model=list(model ="eGARCH",garchOrder=c(3,2), submodel = NULL, external.regressors = NULL, variance.targeting = FALSE), mean.model = list(armaOrder = c(4, 12), include.mean = TRUE, archm = FALSE, archpow=1,arfima = FALSE, external.regressors= NULL, archex=FALSE), distribution.model="norm", fixed.pars = list(ar3=0,ma1=0,ma2=0,ma3=0, ma4=0, ma5=0,ma6=0,ma7=0,ma8=0,ma9=0,ma10=0,ma11=0,alpha1=0,alpha2=0))
egarchfit=ugarchfit(egarchspec,data=m,solver="lbfgs")
egarchfit
```

执行上述命令，得到 EGARCH(3, 2)模型的估计结果。

```
##
## *---------------------------------*
## * GARCH Model Fit                 *
## *---------------------------------*
##
## Conditional Variance Dynamics
```

```
## ---------------------------------
## GARCH Model : eGARCH(3,2)
## Mean Model    : ARFIMA(4,0,12)
## Distribution    : norm
##
## Optimal Parameters
## ----------------------------------
##              Estimate Std. Error t value Pr(>|t|)
## mu           14.254814   0.079642  178.986317   0.000000
## ar1           0.914923   0.001475  620.160301   0.000000
## ar2           0.236305   0.002807   84.194569   0.000000
## ar3           0.000000         NA          NA         NA
## ar4          -0.157570   0.002003  -78.662485   0.000000
## ma1           0.000000         NA          NA         NA
## ma2           0.000000         NA          NA         NA
## ma3           0.000000         NA          NA         NA
## ma4           0.000000         NA          NA         NA
## ma5           0.000000         NA          NA         NA
## ma6           0.000000         NA          NA         NA
## ma7           0.000000         NA          NA         NA
## ma8           0.000000         NA          NA         NA
## ma9           0.000000         NA          NA         NA
## ma10          0.000000         NA          NA         NA
## ma11          0.000000         NA          NA         NA
## ma12         -0.417454   0.034126  -12.232788   0.000000
## omega        -0.027460   0.310515   -0.088432   0.929533
## alpha1        0.000000         NA          NA         NA
## alpha2        0.000000         NA          NA         NA
## alpha3        0.055337   0.100734    0.549341   0.582771
## beta1         0.122422   0.036035    3.397300   0.000681
## beta2         0.551063   0.119071    4.628034   0.000004
## gamma1        1.150812   0.155979    7.377972   0.000000
## gamma2       -0.333037   0.168113   -1.981029   0.047588
## gamma3        0.309557   0.040355    7.670911   0.000000
##
## Robust Standard Errors:
##              Estimate Std. Error t value Pr(>|t|)
## mu           14.254814   0.302230   47.165403   0.000000
## ar1           0.914923   0.007066  129.487380   0.000000
## ar2           0.236305   0.009717   24.319554   0.000000
## ar3           0.000000         NA          NA         NA
## ar4          -0.157570   0.008018  -19.651182   0.000000
```

```
## ma1            0.000000        NA         NA         NA
## ma2            0.000000        NA         NA         NA
## ma3            0.000000        NA         NA         NA
## ma4            0.000000        NA         NA         NA
## ma5            0.000000        NA         NA         NA
## ma6            0.000000        NA         NA         NA
## ma7            0.000000        NA         NA         NA
## ma8            0.000000        NA         NA         NA
## ma9            0.000000        NA         NA         NA
## ma10           0.000000        NA         NA         NA
## ma11           0.000000        NA         NA         NA
## ma12          -0.417454  0.142113  -2.937475   0.003309
## omega         -0.027460  1.343917  -0.020432   0.983698
## alpha1         0.000000        NA         NA         NA
## alpha2         0.000000        NA         NA         NA
## alpha3         0.055337  0.378993   0.146012   0.883912
## beta1          0.122422  0.065886   1.858072   0.063159
## beta2          0.551063  0.531425   1.036954   0.299757
## gamma1         1.150812  0.672738   1.710640   0.087148
## gamma2        -0.333037  0.634418  -0.524948   0.599619
## gamma3         0.309557  0.084529   3.662146   0.000250
##
## LogLikelihood : -237.1986
##
## Information Criteria
## ------------------------------------
##
## Akaike         2.7843
## Bayes          2.9980
## Shibata        2.7761
## Hannan-Quinn   2.8710
##
## Weighted Ljung-Box Test on Standardized Residuals
## ------------------------------------
##                               statistic  p-value
## Lag[1]                            2.483   0.1151
## Lag[2*(p+q)+(p+q)-1][47]         21.959   0.9998
## Lag[4*(p+q)+(p+q)-1][79]         34.350   0.8919
## d.o.f=16
## H0 : No serial correlation
##
```

```
## Weighted Ljung-Box Test on Standardized Squared Residuals
## ------------------------------------
##                              statistic  p-value
## Lag[1]                          0.1307   0.7177
## Lag[2*(p+q)+(p+q)-1][14]        7.1184   0.4906
## Lag[4*(p+q)+(p+q)-1][24]       16.7398   0.1497
## d.o.f=5
##
## Weighted ARCH LM Tests
## ------------------------------------
##                   Statistic  Shape   Scale   P-Value
## ARCH Lag[6]       0.4556     0.500   2.000   0.4997
## ARCH Lag[8]       1.1982     1.480   1.774   0.7101
## ARCH Lag[10]      1.6993     2.424   1.650   0.8262
##
## Nyblom stability test
## ------------------------------------
## Joint Statistic:   5.105
## Individual    Statistics:
## mu            0.08064
## ar1           0.12011
## ar2           0.09651
## ar4           0.18574
## ma12          0.07986
## omega         0.13896
## alpha3        0.08096
## beta1         0.09574
## beta2         0.09422
## gamma1        0.07880
## gamma2        0.09492
## gamma3        0.08245
##
## Asymptotic Critical Values (10% 5% 1%)
## Joint Statistic:            2.69 2.96 3.51
## Individual Statistic:       0.35 0.47 0.75
##
## Sign Bias Test
## ------------------------------------
##                      t-value    prob sig
## Sign Bias            0.4499     0.6533
## Negative Sign Bias   0.1788     0.8583
```

```
## Positive Sign Bias  0.5266       0.5992
## Joint Effect         0.4860       0.9220
##
##
## Adjusted Pearson Goodness-of-Fit Test:
## ------------------------------------
##     group statistic p-value(g-1)
## 1     20      17.98          0.5236
## 2     30      32.01          0.3196
## 3     40      34.41          0.6792
## 4     50      48.09          0.5098
##
##
## Elapsed time : 4.784213
```

习题及参考答案

1．求如下形式 GARCH(1, 1)过程中，e_t 的条件均值、条件方差、无条件均值和无条件方差，y_t 的条件均值、条件方差、无条件均值和无条件方差。

$$y_t = a_0 + a_1 y_{t-1} + e_t$$

$$e_t = \varepsilon_t \sqrt{h_t},\ \ h_t = \alpha_0 + \alpha_1 e_{t-1}^2 + \beta_1 h_{t-1}$$

其中，ε_t 为标准正态白噪声扰动项。

解：由于 $h_t = \alpha_0 + \alpha_1 e_{t-1}^2 + \beta_1 h_{t-1}$ 等价于

$$h_t = \frac{\alpha_0 + \alpha_1 e_{t-1}^2}{1-\beta_1 L}$$

（1）考虑 e_t 的条件均值和条件方差。由于 ε_t 和 e_{t-i}（$i=1,2,\cdots,q$）相互独立，且 $E\varepsilon_t = 0$，$E\varepsilon_t^2 = 1$，因此有

$$\begin{aligned}
E_{t-1}e_t &= E\left[e_t \mid e_{t-1}, e_{t-2}, \cdots\right] \\
&= E\left[\varepsilon_t \sqrt{\frac{\alpha_0 + \alpha_1 e_{t-1}^2}{1-\beta_1 L}} \middle| e_{t-1}, e_{t-2}, \cdots\right] \\
&= E\varepsilon_t \times E\left[\sqrt{\frac{\alpha_0 + \alpha_1 e_{t-1}^2}{1-\beta_1 L}} \middle| e_{t-1}, e_{t-2}, \cdots\right] \\
&= 0
\end{aligned}$$

$$
\begin{aligned}
E_{t-1}e_t^2 &= E\left[e_t^2 \mid e_{t-1}, e_{t-2}, \cdots\right] \\
&= E\left[\varepsilon_t^2 \frac{\alpha_0+\alpha_1 e_{t-1}^2}{1-\beta_1 L}\middle| e_{t-1}, e_{t-2}, \cdots\right] \\
&= E\varepsilon_t^2 \times E\left[\frac{\alpha_0+\alpha_1 e_{t-1}^2}{1-\beta_1 L}\middle| e_{t-1}, e_{t-2}, \cdots\right] \\
&= 1\times\left(\frac{\alpha_0+\alpha_1 e_{t-1}^2}{1-\beta_1 L}\right) \\
&= \frac{\alpha_0+\alpha_1 e_{t-1}^2}{1-\beta_1 L} \\
&= h_t
\end{aligned}
$$

则 y_t 的条件均值和条件方差为

$$E_{t-1}y_t = E\left[a_0 + a_1 y_{t-1} + e_t \mid F_{t-1}\right] = a_0 + a_1 y_{t-1}$$

$$\text{Var}\left[y_t \mid F_{t-1}\right] = E\left[(y_t - E_{t-1}y_t)^2 \mid F_{t-1}\right] = E\left[e_t^2 \mid e_{t-1}, e_{t-2}, \cdots\right] = h_t$$

（2）考虑 e_t 的无条件均值和无条件方差。由于 ε_t 和 e_{t-i}（$i=1,2,\cdots,q$）相互独立，且 $E\varepsilon_t=0$，$E\varepsilon_t^2=1$，因此有

$$Ee_t = E\left[\varepsilon_t\sqrt{\frac{\alpha_0+\alpha_1 e_{t-1}^2}{1-\beta_1 L}}\right] = E\varepsilon_t \times E\left[\sqrt{\frac{\alpha_0+\alpha_1 e_{t-1}^2}{1-\beta_1 L}}\right] = 0$$

$$Ee_t^2 = E\left[\varepsilon_t^2\left(\frac{\alpha_0+\alpha_1 e_{t-1}^2}{1-\beta_1 L}\right)\right] = E\varepsilon_t^2 \times E\left[\frac{\alpha_0+\alpha_1 e_{t-1}^2}{1-\beta_1 L}\right] = \frac{\alpha_0+\alpha_1 Ee_{t-1}^2}{1-\beta_1 L}$$

由于 e_t 为平稳过程，其无条件方差为常数，即 $Ee_t^2 = Ee_{t-i}^2$，因此有

$$Ee_t^2 = \frac{\alpha_0}{1-\alpha_1-\beta_1}$$

则 y_t 的无条件均值和无条件方差为

$$Ey_t = E\left[a_0 + a_1 y_{t-1} + e_t\right] = a_0 + a_1 Ey_{t-1}$$

由于 $Ey_t = Ey_{t-1}$，因此

$$Ey_t = \frac{a_0}{1-a_1}$$

由于 $y_t = a_0 + a_1 y_{t-1} + e_t$ 等价于

$$y_t = \frac{a_0 + e_t}{1-a_1 L} = \frac{a_0}{1-a_1} + \frac{e_t}{1-a_1 L}$$

则

$$\operatorname{Var}[y_t]=E\left[(y_t-Ey_t)^2\right]=E\left[\left(\frac{e_t}{1-a_1L}\right)^2\right]=E\left[\left(\sum_{i=0}^{\infty}a_1^ie_{t-i}\right)^2\right]$$

由于残差 $\{e_t\}$ 为非序列相关的，因此

$$E\left[\left(\sum_{i=0}^{\infty}a_1^ie_{t-i}\right)^2\right]=\sum_{i=0}^{\infty}a_1^{2i}Ee_{t-i}^2=\sum_{i=0}^{\infty}a_1^{2i}Ee_t^2=\frac{Ee_t^2}{1-a_1^2}=\frac{\alpha_0}{(1-\alpha_1-\beta_1)(1-a_1^2)}$$

即

$$\operatorname{Var}[y_t]=\frac{\alpha_0}{(1-\alpha_1-\beta_1)(1-a_1^2)}$$

2．已知序列 $\{y_t\}$ 为如下的 GARCH(1, 1)过程：

$$y_t=0.2+0.5y_{t-1}+e_t$$
$$e_t=\varepsilon_t\sqrt{h_t},\ \ h_t=0.3+0.6e_{t-1}^2+0.2h_{t-1}$$

其中，ε_t 为标准正态白噪声扰动项。请计算条件方差 h_t 的向前一步预测 $\hat{h}_{t+1|t}$ 和向前 j 步预测 $\hat{h}_{t+j|t}$（$j=2,3$），e_t 的无条件方差，y_t 的向前一步预测 $\hat{y}_{t+1|t}$ 和向前 j 步预测 $\hat{y}_{t+j|t}$（$j=2,3$）。

解：在已知 t 期及历史信息的基础上，GARCH(1, 1)过程条件方差 h_t 的向前一步预测 $\hat{h}_{t+1|t}$ 为

$$\hat{h}_{t+1|t}=E_th_{t+1}=\alpha_0+\alpha_1e_t^2+\beta_1h_t=0.3+0.6e_t^2+0.2h_t$$

其中，在 t 期 e_t^2 和 h_t 已知。

而涉及 $j\geqslant 2$ 的更高预测期时，GARCH(1, 1)过程条件方差的向前 j 步预测 $\hat{h}_{t+j|t}$ 为

$$\hat{h}_{t+j|t}=E_th_{t+j}=\alpha_0+(\alpha_1+\beta_1)\hat{h}_{t+j-1|t}$$

则

$$\begin{aligned}\hat{h}_{t+2|t}&=E_th_{t+2}=\alpha_0+(\alpha_1+\beta_1)\hat{h}_{t-1|t}=0.3+0.8(0.3+0.6e_t^2+0.2h_t)\\&=0.54+0.48e_t^2+0.16h_t\\\hat{h}_{t+3|t}&=E_th_{t+3}=\alpha_0+(\alpha_1+\beta_1)\hat{h}_{t-2|t}=0.3+0.8(0.54+0.48e_t^2+0.16h_t)\\&=0.732+0.384e_t^2+0.128h_t\end{aligned}$$

e_t 的无条件方差

$$Ee_t^2=\frac{\alpha_0}{1-\alpha_1-\beta_1}=\frac{0.3}{1-0.6-0.2}=1.5$$

y_t 的向前预测为

$$\hat{y}_{t+1|t}=E_t y_{t+1}=E\left[a_0+a_1 y_t+e_{t+1}\mid F_t\right]=a_0+a_1 y_t$$
$$=0.2+0.5y_t$$
$$\hat{y}_{t+2|t}=E_t y_{t+2}=E\left[a_0+a_1 y_{t+1}+e_{t+2}\mid F_t\right]=a_0+a_1 E_t y_{t+1}$$
$$=0.2+0.5\left(0.2+0.5y_t\right)=0.3+0.25y_t$$
$$\hat{y}_{t+3|t}=E_t y_{t+3}=E\left[a_0+a_1 y_{t+2}+e_{t+3}\mid F_t\right]=a_0+a_1 E_t y_{t+2}$$
$$=0.2+0.5\left(0.3+0.25y_t\right)=0.35+0.125y_t$$

3．已知序列 $\{y_t\}$ 为如下的 GARCH-M(1, 1)过程：

$$y_t=0.2+0.5y_{t-1}+0.6h_t+e_t$$
$$e_t=\varepsilon_t\sqrt{h_t},\quad h_t=0.3+0.6e_{t-1}^2+0.2h_{t-1}$$

其中，ε_t 为标准正态白噪声扰动项。请计算 y_t 的向前一步预测 $\hat{y}_{t+1|t}$ 和向前 j 步预测 $\hat{y}_{t+j|t}$（$j=2,3$）。

解：GARCH-M(1, 1)过程的条件方差 h_t 的向前预测与 GARCH(1, 1)过程相同，为

$$\hat{h}_{t+1|t}=E_t h_{t+1}=\alpha_0+\alpha_1 e_t^2+\beta_1 h_t=0.3+0.6e_t^2+0.2h_t$$
$$\hat{h}_{t+2|t}=E_t h_{t+2}=\alpha_0+(\alpha_1+\beta_1)\hat{h}_{t-1|t}=0.3+0.8(0.3+0.6e_t^2+0.2h_t)$$
$$=0.54+0.48e_t^2+0.16h_t$$
$$\hat{h}_{t+3|t}=E_t h_{t+3}=\alpha_0+(\alpha_1+\beta_1)\hat{h}_{t-2|t}=0.3+0.8(0.54+0.48e_t^2+0.16h_t)$$
$$=0.732+0.384e_t^2+0.128h_t$$

y_t 的向前预测为

$$\hat{y}_{t+1|t}=E_t y_{t+1}=E\left[a_0+a_1 y_t+g(h_{t+1})+e_{t+1}\mid F_t\right]=a_0+a_1 y_t+E_t[g(h_{t+1})]$$
$$=0.2+0.5y_t+0.6E_t h_{t+1}=0.2+0.5y_t+0.6(0.3+0.6e_t^2+0.2h_t)$$
$$=0.38+0.5y_t+0.36e_t^2+0.12h_t$$
$$\hat{y}_{t+2|t}=E_t y_{t+2}=E\left[a_0+a_1 y_{t+1}+g(h_{t+2})+e_{t+2}\mid F_t\right]=a_0+a_1 E_t y_{t+1}+E_t[g(h_{t+2})]$$
$$=0.2+0.5(0.2+0.5y_t)+0.6E_t h_{t+2}$$
$$=0.3+0.25y_t+0.6(0.54+0.48e_t^2+0.16h_t)$$
$$=0.624+0.25y_t+0.288e_t^2+0.096h_t$$

$$\hat{y}_{t+3|t} = E_t y_{t+3} = E\left[a_0 + a_1 y_{t+2} + g(h_{t+3}) + e_{t+3} \mid F_t\right] = a_0 + a_1 E_t y_{t+2} + E_t[g(h_{t+3})]$$
$$= 0.2 + 0.5(0.3 + 0.25 y_t) + 0.6 E_t h_{t+3}$$
$$= 0.35 + 0.125 y_t + 0.6(0.732 + 0.384 e_t^2 + 0.128 h_t)$$
$$= 0.739\,2 + 0.125 y_t + 0.230\,4 e_t^2 + 0.076\,8 h_t$$

4．已知序列 $\{y_t\}$ 为如下的 IGARCH(1, 1)过程：

$$y_t = 0.2 + 0.5 y_{t-1} + e_t$$
$$e_t = \varepsilon_t \sqrt{h_t},\ \ h_t = 0.3 + 0.6 e_{t-1}^2 + 0.4 h_{t-1}$$

其中，ε_t 为标准正态白噪声扰动项。请计算条件方差 h_t 的向前一步预测 $\hat{h}_{t+1|t}$ 和向前 j 步预测 $\hat{h}_{t+j|t}$（$j = 2,3$），y_t 的向前一步预测 $\hat{y}_{t+1|t}$ 和向前 j 步预测 $\hat{y}_{t+j|t}$（$j = 2,3$）。

解：在已知 t 期及历史信息的基础上，IGARCH(1, 1)过程条件方差 h_t 的向前一步预测 $\hat{h}_{t+1|t}$ 为

$$\hat{h}_{t+1|t} = E_t h_{t+1} = \alpha_0 + \alpha_1 e_t^2 + \beta_1 h_t = 0.3 + 0.6 e_t^2 + 0.4 h_t$$

其中，在 t 期 e_t^2 和 h_t 已知。

而涉及 $j \geqslant 2$ 的更高预测期时，IGARCH(1, 1)条件方差过程的向前 j 步预测 $\hat{h}_{t+j|t}$ 为

$$\hat{h}_{t+j|t} = E_t h_{t+j} = (j-1)\alpha_0 + \hat{h}_{t+1|t}$$

则

$$\hat{h}_{t+2|t} = E_t h_{t+2} = \alpha_0 + \hat{h}_{t+1|t} = 0.3 + (0.3 + 0.6 e_t^2 + 0.4 h_t)$$
$$= 0.6 + 0.6 e_t^2 + 0.4 h_t$$
$$\hat{h}_{t+3|t} = E_t h_{t+3} = 2\alpha_0 + \hat{h}_{t+1|t} = 2 \times 0.3 + (0.3 + 0.6 e_t^2 + 0.4 h_t)$$
$$= 0.9 + 0.6 e_t^2 + 0.4 h_t$$

IGARCH(1, 1)过程 y_t 的向前预测与 GARCH(1, 1)过程的向前预测相同，为

$$\hat{y}_{t+1|t} = E_t y_{t+1} = E\left[a_0 + a_1 y_t + e_{t+1} \mid F_t\right] = a_0 + a_1 y_t$$
$$= 0.2 + 0.5 y_t$$
$$\hat{y}_{t+2|t} = E_t y_{t+2} = E\left[a_0 + a_1 y_{t+1} + e_{t+2} \mid F_t\right] = a_0 + a_1 E_t y_{t+1}$$
$$= 0.2 + 0.5(0.2 + 0.5 y_t) = 0.3 + 0.25 y_t$$
$$\hat{y}_{t+3|t} = E_t y_{t+3} = E\left[a_0 + a_1 y_{t+2} + e_{t+3} \mid F_t\right] = a_0 + a_1 E_t y_{t+2}$$
$$= 0.2 + 0.5(0.3 + 0.25 y_t) = 0.35 + 0.125 y_t$$

5．表 5-1 给定标准正态白噪声扰动项序列 $\{\varepsilon_t\}$ 的 100 个样本序列，已知某条件异方

差序列$\{e_t\}$与序列$\{\varepsilon_t\}$之间有关系式$e_t=\varepsilon_t\sqrt{h_t}$，假定$e_0=h_0=0$，请根据下面两个条件方差设定关系式：（1）$h_t=0.3+0.6e_{t-1}^2+0.2h_{t-1}$和（2）$h_t=0.3+0.2e_{t-1}^2+0.6h_{t-1}$，分别计算两种条件方差设定形式下序列$\{e_t\}$的100个样本序列值，并画图比较两种条件方差设定形式下序列$\{e_t\}$样本值的条件方差表现情况。

表 5-1　100 个样本序列

序　号	ε_t	序　号	ε_t	序　号	ε_t	序　号	ε_t	序　号	ε_t
1	−0.162 22	21	0.633 762	41	0.706 877	61	0.702 003	81	1.494 95
2	0.144 541	22	1.261 334	42	−0.877 35	62	−2.710 11	82	−0.575 7
3	0.320 517	23	−0.031 9	43	1.186 669	63	−0.307 92	83	0.272 562
4	−0.193 95	24	2.026 644	44	2.394 816	64	0.561 647	84	−0.254 15
5	0.855 606	25	−1.834 74	45	0.378 469	65	−0.008 7	85	1.339 805
6	−0.161 15	26	1.000 263	46	0.234 453	66	2.081 868	86	−0.451 01
7	−0.089 1	27	0.116 317	47	1.381 336	67	0.533 048	87	−0.371 62
8	2.107 043	28	−1.174 24	48	−1.865 42	68	−0.400 84	88	0.324 218
9	1.369 964	29	0.493 137	49	0.144 152	69	−0.273 94	89	0.640 538
10	0.347 22	30	0.006 942	50	−1.327 63	70	−1.459 87	90	−0.552 43
11	1.288 612	31	0.942 363	51	−2.757 12	71	0.063 208	91	0.035 916
12	−1.417 21	32	0.838 87	52	−0.236 43	72	−0.572 85	92	0.915 94
13	1.253 941	33	1.978 216	53	1.557 659	73	2.000 054	93	−0.935 77
14	0.739 304	34	0.928 76	54	0.770 223	74	−0.401 35	94	−0.343 5
15	0.934 426	35	1.876 859	55	−1.363 87	75	0.684 25	95	−0.980 5
16	0.252 001	36	−0.560 78	56	−0.780 92	76	−1.119 7	96	0.549 288
17	0.286 572	37	−0.383 92	57	0.990 596	77	0.420 76	97	−1.331 35
18	0.427 476	38	0.228 795	58	1.969 462	78	−1.156 66	98	-0.041 31
19	−0.851 77	39	0.163 634	59	−0.041 59	79	−0.992 14	99	−1.432 89
20	0.064 306	40	1.020 136	60	2.681 294	80	−0.066 24	100	0.389 077

解：题中两种条件方差设定形式下序列$\{e_t\}$样本值的条件方差表现情况如图 5-21 所示。

图 5-21 中，从序列$\{e_t\}$样本值的条件方差h_t的图形来看，模型（1）中e_{t-1}^2前的系数较大，从而导致前期冲击对h_t的影响较显著，因此模型（1）的条件方差H_1具有更大的峰值。模型（2）中h_{t-1}前的系数较大，因此模型（2）的条件方差H_2表现出更强的自回归持久性。

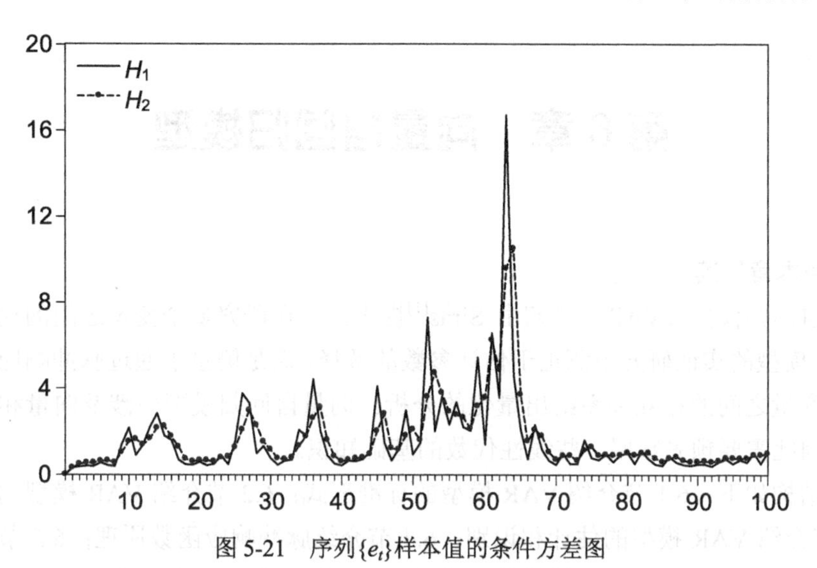

图 5-21　序列$\{e_t\}$样本值的条件方差图

6．查找上证综合指数数据，计算日收益率，构建合适的 GARCH 类模型。

参 考 文 献

[1] Engle R F. Autoregressive Conditional Heteroscedasticity with Estimates of the Variance of United Kingdom Inflation[J]. Econometrica, 1982, 50(4): 987-1007.

[2] Bollerslev T. Generalized Autoregressive Conditional Heteroscedasticity[J]. Journal of Econometrics, 1986, 31(3): 307-327.

[3] Engle R F, Lilien D M, Robins R P. Estimating Time Varying Risk Premia in the Term Structure: The ARCH-M Model[J]. Econometrica, 1987, 55(2): 391-407.

[4] Engle R F, Bollerslev T. Modelling the Persistence of Conditional Variances[J]. Econometric Reviews, 1986, 5(1): 1-50.

[5] Nelson D B. Conditional Heteroscedasticity in Asset Returns: A New Approach[J]. Econometrica, 1991, 59(2): 347-370.

[6] Glosten L R, Jagannathan R, Runkle D E. On the Relation between the Expected Value and the Volatility of the Nominal Excess Return on Stocks [J]. The Journal of Finance, 1993, 48(5): 1779-1801.

第 6 章　向量自回归模型

本章导读

向量自回归模型（VAR）最初由 Sims[1]提出，旨在研究多个变量之间的动态关系。基于 VAR 模型的实证研究不侧重于估计参数的解释，而是侧重于通过脉冲响应函数和方差分解对变量之间的相互关系给出量化的分析。向量自回归模型中涉及向量和矩阵的内容较多，因此需要预先掌握一些线性代数的基础知识。

本章结构如下：6.1 节介绍 VAR 模型的标准形式；6.2 节介绍 VAR 模型的平稳性条件；6.3 节介绍 VAR 模型的估计和识别；6.4 节介绍脉冲响应函数原理；6.5 节介绍方差分解原理；6.6 节介绍 Granger 因果关系检验；6.7 节介绍 VAR 模型的应用实例。

6.1　VAR 模型的标准形式

一个 n 维 p 阶向量自回归（Vector Auto-Regressive，VAR）模型的**标准形式**（standard form）为

$$\boldsymbol{Y}_t = \boldsymbol{A}_0 + \boldsymbol{A}_1\boldsymbol{Y}_{t-1} + \boldsymbol{A}_2\boldsymbol{Y}_{t-2} + \cdots + \boldsymbol{A}_p\boldsymbol{Y}_{t-p} + \boldsymbol{e}_t \tag{6-1}$$

其中

$$\boldsymbol{Y}_t = \begin{bmatrix} y_{1t} \\ y_{2t} \\ \vdots \\ y_{nt} \end{bmatrix}, \quad \boldsymbol{e}_t = \begin{bmatrix} e_{1t} \\ e_{2t} \\ \vdots \\ e_{nt} \end{bmatrix}, \quad \boldsymbol{A}_0 = \begin{bmatrix} a_{10} \\ a_{20} \\ \vdots \\ a_{n0} \end{bmatrix}$$

$$\boldsymbol{A}_i = \begin{bmatrix} a_{11}(i) & a_{12}(i) & \cdots & a_{1n}(i) \\ a_{21}(i) & a_{22}(i) & \cdots & a_{2n}(i) \\ \vdots & \vdots & \vdots & \vdots \\ a_{n1}(i) & a_{n2}(i) & \cdots & a_{nn}(i) \end{bmatrix} (i = 1, 2, \cdots, p)$$

y_{it} 是所关注的变量；a_{i0} 是截距项；$a_{ij}(k)$ 是第 i 个方程中 $y_{j,t-k}$ 项对应的自回归系数；每个 e_{it} 都是独立同分布的扰动项，即 $e_{it} \sim i.i.d.(0, \sigma_i^2)$，通常不同方程的扰动项 e_{it} 和

e_{jt}（$i \neq j$）之间是相关的；上述各项中 $i,j=1,2,\cdots,n$，$k=1,2,\cdots,p$。扰动项 $[e_{1t},e_{2t},\cdots,e_{nt}]'$ 的方差协方差矩阵记为

$$\boldsymbol{\Sigma}=\begin{bmatrix}\sigma_1^2 & \sigma_{12} & \cdots & \sigma_{1n}\\ \sigma_{21} & \sigma_2^2 & \cdots & \sigma_{2n}\\ \vdots & \vdots & \vdots & \vdots\\ \sigma_{n1} & \sigma_{n2} & \cdots & \sigma_n^2\end{bmatrix}=\boldsymbol{E}\left(\begin{bmatrix}e_{1t}\\ e_{2t}\\ \vdots\\ e_{nt}\end{bmatrix}\begin{bmatrix}e_{1t} & e_{2t} & \cdots & e_{nt}\end{bmatrix}\right) \tag{6-2}$$

其中，$\sigma_{ij}=\sigma_{ji}$（$i,j=1,2,\cdots,n$），即方差协方差矩阵 $\boldsymbol{\Sigma}$ 为对称阵。

式（6-1）的矩阵表示形式也可以具体地表示为

$$\begin{aligned}
y_{1t}=&a_{10}+a_{11}(1)y_{1,t-1}+a_{12}(1)y_{2,t-1}+\cdots+a_{1n}(1)y_{n,t-1}\\
&+a_{11}(2)y_{1,t-2}+a_{12}(2)y_{2,t-2}+\cdots+a_{1n}(2)y_{n,t-2}+\cdots\\
&+a_{11}(p)y_{1,t-p}+a_{12}(p)y_{2,t-p}+\cdots+a_{1n}(p)y_{n,t-p}+e_{1t}\\
y_{2t}=&a_{20}+a_{21}(1)y_{1,t-1}+a_{22}(1)y_{2,t-1}+\cdots+a_{2n}(1)y_{n,t-1}\\
&+a_{21}(2)y_{1,t-2}+a_{22}(2)y_{2,t-2}+\cdots+a_{2n}(2)y_{n,t-2}+\cdots\\
&+a_{21}(p)y_{1,t-p}+a_{22}(p)y_{2,t-p}+\cdots+a_{2n}(p)y_{n,t-p}+e_{2t}\\
&\vdots\\
y_{nt}=&a_{n0}+a_{n1}(1)y_{1,t-1}+a_{n2}(1)y_{2,t-1}+\cdots+a_{nn}(1)y_{n,t-1}\\
&+a_{n1}(2)y_{1,t-2}+a_{n2}(2)y_{2,t-2}+\cdots+a_{nn}(2)y_{n,t-2}+\cdots\\
&+a_{n1}(p)y_{1,t-p}+a_{n2}(p)y_{2,t-p}+\cdots+a_{nn}(p)y_{n,t-p}+e_{nt}
\end{aligned} \tag{6-3}$$

显然，在模型系统中变量较多的情况下，式（6-3）的这种表示方式较为复杂，而用向量和矩阵表示的式（6-1）则会简单清晰许多。

值得注意的是，任何自回归阶数高于 1 阶，即 $p>1$ 的 n 维 p 阶 VAR 模型都可以通过矩阵变换将其改写为 1 阶自回归形式。对于式（6-1）的 n 维 p 阶 VAR 模型，有

$$\begin{bmatrix}\boldsymbol{Y}_t\\ \boldsymbol{Y}_{t-1}\\ \boldsymbol{Y}_{t-2}\\ \vdots\\ \boldsymbol{Y}_{t-p+2}\\ \boldsymbol{Y}_{t-p+1}\end{bmatrix}_{np\times1}=\begin{bmatrix}\boldsymbol{A}_0\\ \boldsymbol{O}\\ \boldsymbol{O}\\ \vdots\\ \boldsymbol{O}\\ \boldsymbol{O}\end{bmatrix}_{np\times1}+\begin{bmatrix}\boldsymbol{A}_1 & \boldsymbol{A}_2 & \cdots & \boldsymbol{A}_{p-1} & \boldsymbol{A}_p\\ I & \boldsymbol{O} & \cdots & \boldsymbol{O} & \boldsymbol{O}\\ \boldsymbol{O} & I & \cdots & \boldsymbol{O} & \boldsymbol{O}\\ \vdots & \vdots & \vdots & \vdots & \vdots\\ \boldsymbol{O} & \boldsymbol{O} & \cdots & \boldsymbol{O} & \boldsymbol{O}\\ \boldsymbol{O} & \boldsymbol{O} & \cdots & I & \boldsymbol{O}\end{bmatrix}_{np\times np}\begin{bmatrix}\boldsymbol{Y}_{t-1}\\ \boldsymbol{Y}_{t-2}\\ \boldsymbol{Y}_{t-3}\\ \vdots\\ \boldsymbol{Y}_{t-p+1}\\ \boldsymbol{Y}_{t-p}\end{bmatrix}_{np\times1}+\begin{bmatrix}\boldsymbol{e}_t\\ \boldsymbol{O}\\ \boldsymbol{O}\\ \vdots\\ \boldsymbol{O}\\ \boldsymbol{O}\end{bmatrix}_{np\times1} \tag{6-4}$$

因此，接下来重点讨论 n 维 1 阶 VAR 模型的各种特性。

6.2 VAR 模型的平稳性条件

VAR 模型中的变量是否需要平稳，在学界一直存在争论。一些观点认为对所有单整变量都进行差分将可能丢失原始变量间的重要信息，例如协同运动等信息，相关的内容会在第 7 章中的向量误差修正模型部分进一步讨论。本章中仅考虑所有变量均为平稳变量的 VAR 模型。对于平稳变量 VAR 模型，必然也存在与单变量 ARMA 模型类似的平稳性条件问题。下面首先以 2 维 1 阶 VAR 模型为例来讨论 VAR 模型的平稳性问题。

2 维 1 阶 VAR 模型的标准形式为

$$\begin{bmatrix} y_{1t} \\ y_{2t} \end{bmatrix} = \begin{bmatrix} a_{10} \\ a_{20} \end{bmatrix} + \begin{bmatrix} a_{11} & a_{12} \\ a_{21} & a_{22} \end{bmatrix} \begin{bmatrix} y_{1,t-1} \\ y_{2,t-1} \end{bmatrix} + \begin{bmatrix} e_{1t} \\ e_{2t} \end{bmatrix} \tag{6-5}$$

采用滞后算子表示，即

$$\begin{bmatrix} y_{1t} \\ y_{2t} \end{bmatrix} = \begin{bmatrix} a_{10} \\ a_{20} \end{bmatrix} + \begin{bmatrix} a_{11}L & a_{12}L \\ a_{21}L & a_{22}L \end{bmatrix} \begin{bmatrix} y_{1t} \\ y_{2t} \end{bmatrix} + \begin{bmatrix} e_{1t} \\ e_{2t} \end{bmatrix} \tag{6-6}$$

移项有

$$\begin{bmatrix} 1-a_{11}L & -a_{12}L \\ -a_{21}L & 1-a_{22}L \end{bmatrix} \begin{bmatrix} y_{1t} \\ y_{2t} \end{bmatrix} = \begin{bmatrix} a_{10} \\ a_{20} \end{bmatrix} + \begin{bmatrix} e_{1t} \\ e_{2t} \end{bmatrix} \tag{6-7}$$

根据式 Cramer 法则，有

$$\begin{bmatrix} y_{1t} \\ y_{2t} \end{bmatrix} = \begin{bmatrix} 1-a_{11}L & -a_{12}L \\ -a_{21}L & 1-a_{22}L \end{bmatrix}^{-1} \begin{bmatrix} a_{10} \\ a_{20} \end{bmatrix} + \begin{bmatrix} 1-a_{11}L & -a_{12}L \\ -a_{21}L & 1-a_{22}L \end{bmatrix}^{-1} \begin{bmatrix} e_{1t} \\ e_{2t} \end{bmatrix} \tag{6-8}$$

其中

$$\begin{bmatrix} 1-a_{11}L & -a_{12}L \\ -a_{21}L & 1-a_{22}L \end{bmatrix}^{-1} = \frac{\begin{bmatrix} 1-a_{22}L & a_{12}L \\ a_{21}L & 1-a_{11}L \end{bmatrix}}{(1-a_{11}L)(1-a_{22}L)-a_{12}a_{21}L^2}$$

因此

$$\begin{bmatrix} y_{1t} \\ y_{2t} \end{bmatrix} = \frac{\begin{bmatrix} 1-a_{22} & a_{12} \\ a_{21} & 1-a_{11} \end{bmatrix} \begin{bmatrix} a_{10} \\ a_{20} \end{bmatrix} + \begin{bmatrix} 1-a_{22}L & a_{12}L \\ a_{21}L & 1-a_{11}L \end{bmatrix} \begin{bmatrix} e_{1t} \\ e_{2t} \end{bmatrix}}{(1-a_{11}L)(1-a_{22}L)-a_{12}a_{21}L^2} \tag{6-9}$$

即

$$y_{1t}=\frac{a_{10}(1-a_{22})+a_{12}a_{20}+(1-a_{22}L)e_{1t}+a_{12}Le_{2t}}{(1-a_{11}L)(1-a_{22}L)-a_{12}a_{21}L^2}$$
$$y_{2t}=\frac{a_{20}(1-a_{11})+a_{21}a_{10}+a_{21}Le_{1t}+(1-a_{11}L)e_{2t}}{(1-a_{11}L)(1-a_{22}L)-a_{12}a_{21}L^2} \tag{6-10}$$

式（6-10）表明，在 a_{12} 和 a_{21} 不为零的情况下，序列$\{y_{1t}\}$和$\{y_{2t}\}$都同时受到两个扰动项 e_{1t} 和 e_{2t} 的影响，而且序列$\{y_{1t}\}$和$\{y_{2t}\}$平稳都要求自回归系数多项式$(1-a_{11}L)(1-a_{22}L)-a_{12}a_{21}L^2$的根在单位圆外。因此，式（6-5）所示的 2 维 1 阶 VAR 模型平稳性条件为滞后算子多项式$(1-a_{11}L)(1-a_{22}L)-a_{12}a_{21}L^2$的根在单位圆外。

对于更一般的 n 维 1 阶 VAR 模型，标准形式为

$$\begin{bmatrix} y_{1t} \\ y_{2t} \\ \vdots \\ y_{nt} \end{bmatrix}=\begin{bmatrix} a_{10} \\ a_{20} \\ \vdots \\ a_{n0} \end{bmatrix}+\begin{bmatrix} a_{11} & a_{12} & \cdots & a_{1n} \\ a_{21} & a_{22} & \cdots & a_{2n} \\ \vdots & \vdots & \vdots & \vdots \\ a_{n1} & a_{n2} & \cdots & a_{nn} \end{bmatrix}\begin{bmatrix} y_{1,t-1} \\ y_{2,t-1} \\ \vdots \\ y_{n,t-1} \end{bmatrix}+\begin{bmatrix} e_{1t} \\ e_{2t} \\ \vdots \\ e_{nt} \end{bmatrix} \tag{6-11}$$

令

$$\boldsymbol{Y}_t=\begin{bmatrix} y_{1t} \\ y_{2t} \\ \vdots \\ y_{nt} \end{bmatrix},\quad \boldsymbol{A}_0=\begin{bmatrix} a_{10} \\ a_{20} \\ \vdots \\ a_{n0} \end{bmatrix},\quad \boldsymbol{A}_1=\begin{bmatrix} a_{11} & a_{12} & \cdots & a_{1n} \\ a_{21} & a_{22} & \cdots & a_{2n} \\ \vdots & \vdots & \vdots & \vdots \\ a_{n1} & a_{n2} & \cdots & a_{nn} \end{bmatrix},\quad \boldsymbol{e}_t=\begin{bmatrix} e_{1t} \\ e_{2t} \\ \vdots \\ e_{nt} \end{bmatrix}$$

则式（6-11）可以更加简洁地表示为

$$\boldsymbol{Y}_t=\boldsymbol{A}_0+\boldsymbol{A}_1\boldsymbol{Y}_{t-1}+\boldsymbol{e}_t \tag{6-12}$$

式（6-11）和式（6-12）所示的 n 维 1 阶 VAR 模型的平稳性条件是，$|\boldsymbol{I}-\boldsymbol{A}_1L|=0$ 的所有根都在单位圆外，或者等价表述为，**特征方程$|\boldsymbol{A}_1-\lambda\boldsymbol{I}|=0$的所有根 λ_i（$i=1,2,\cdots,n$）都在单位圆内**。而$|\boldsymbol{A}_1-\lambda\boldsymbol{I}|=0$的根，即为矩阵理论中使得 $\boldsymbol{A}_1x=\lambda x$ 成立的矩阵 $\boldsymbol{A}_1$ 的特征值，因此 n 维 1 阶 VAR 模型的平稳性条件也可以描述为，系数矩阵 $\boldsymbol{A}_1$ 的特征值都在单位圆内。

显然，n 维 1 阶 VAR 模型的平稳性条件对于 2 维 1 阶 VAR 模型同样适用。考虑

$$\boldsymbol{A}_1=\begin{bmatrix} a_{11} & a_{12} \\ a_{21} & a_{22} \end{bmatrix}$$

则$|\boldsymbol{I}-\boldsymbol{A}_1L|=0$意味着

$$\left|\begin{bmatrix} 1 & 0 \\ 0 & 1 \end{bmatrix}-\begin{bmatrix} a_{11} & a_{12} \\ a_{21} & a_{22} \end{bmatrix}L\right|=0$$

即

$$\begin{vmatrix} 1-a_{11}L & -a_{12}L \\ -a_{21}L & 1-a_{22}L \end{vmatrix} = 0$$

计算行列式则有平稳性条件为$(1-a_{11}L)(1-a_{22}L)-a_{12}a_{21}L^2=0$的根在单位圆外，与之前通过式（6-10）逐一方程讨论的结论一致。

【例 6-1】 请判断下列 VAR 模型是否满足平稳性条件。

（1）$\begin{bmatrix} y_{1t} \\ y_{2t} \end{bmatrix} = \begin{bmatrix} 0.3 & 0.5 \\ 0.7 & 0.5 \end{bmatrix} \begin{bmatrix} y_{1,t-1} \\ y_{2,t-1} \end{bmatrix} + \begin{bmatrix} e_{1t} \\ e_{2t} \end{bmatrix}$

（2）$\begin{bmatrix} y_{1t} \\ y_{2t} \end{bmatrix} = \begin{bmatrix} 0.3 & 0.5 \\ 0.5 & 0.3 \end{bmatrix} \begin{bmatrix} y_{1,t-1} \\ y_{2,t-1} \end{bmatrix} + \begin{bmatrix} e_{1t} \\ e_{2t} \end{bmatrix}$

解：（1）

$$\begin{aligned} |A_1-\lambda I| &= \begin{vmatrix} 0.3-\lambda & 0.5 \\ 0.7 & 0.5-\lambda \end{vmatrix} \\ &= (0.3-\lambda)(0.5-\lambda)-0.5\times 0.7 \\ &= \lambda^2-0.8\lambda-0.2 \\ &= (\lambda-1)(\lambda+0.2) \end{aligned}$$

该 VAR 模型的两个特征根分别为 1 和−0.2，一个特征根在单位圆上，一个特征根在单位圆内，不满足特征方程$|\boldsymbol{A}_1-\lambda\boldsymbol{I}|=0$的所有根都在单位圆内的平稳性条件。

（2）

$$\begin{aligned} |\boldsymbol{A}_1-\lambda\boldsymbol{I}| &= \begin{vmatrix} 0.3-\lambda & 0.5 \\ 0.5 & 0.3-\lambda \end{vmatrix} \\ &= (0.3-\lambda)(0.3-\lambda)-0.5\times 0.5 \\ &= \lambda^2-0.6\lambda-0.16 \\ &= (\lambda-0.8)(\lambda+0.2) \end{aligned}$$

该 VAR 模型的两个特征根分别为 0.8 和−0.2，都在单位圆内，满足特征方程$|\boldsymbol{A}_1-\lambda\boldsymbol{I}|=0$的所有根都在单位圆内的平稳性条件。

6.3 VAR 模型的估计和识别

6.3.1 VAR 模型的估计

如式（6-1）的标准型 VAR 模型等号的右端只有前定变量，并设定误差项为方差恒定和不存在序列相关，因此系统中的每一个方程都可以采用 OLS 方法进行估计，同时估计量具有一致性和无偏性。一个 n 维 p 阶 VAR 模型中，各方程中所有解释变量的滞后期都是相同的，都为滞后 p 期，因此共估计得到 pn^2+n 个系数，此外还可得到扰动项的方差协方差阵 $\boldsymbol{\Sigma}$ 中的 $(n^2+n)/2$ 个参数（考虑方差协方差阵为对称阵，因此有在 n 阶方阵的 n^2 个参数中，上三角和下三角两部分的 $(n^2-n)/2$ 个参数是相同的）。

6.3.2　VAR 模型的识别——2 维 1 阶情况

值得关注的是，如式（6-1）的 VAR 模型的标准形式只描述了各变量受到历史变量系统影响的情况，其显著优势是易于估计和方便预测，但结构意义不明确。事实上，一个变量不仅会受到自身及其他变量历史信息的影响，还可能受到系统中其他变量当期信息的影响。仍以 2 维 1 阶情况为例，考虑

$$\begin{aligned} y_{1t} &= b_{10} - b_{12}y_{2t} + \gamma_{11}y_{1,t-1} + \gamma_{12}y_{2,t-1} + \varepsilon_{1t} \\ y_{2t} &= b_{20} - b_{21}y_{1t} + \gamma_{21}y_{1,t-1} + \gamma_{22}y_{2,t-1} + \varepsilon_{2t} \end{aligned} \tag{6-13}$$

其中，ε_{1t} 和 ε_{2t} 为两个不相关的白噪声过程，分别代表 y_{1t} 和 y_{2t} 的新息（或冲击），它们的方差协方差矩阵记为

$$\boldsymbol{\Sigma}_{\varepsilon} = \begin{bmatrix} \sigma_{\varepsilon 1}^2 & 0 \\ 0 & \sigma_{\varepsilon 2}^2 \end{bmatrix} = \boldsymbol{E}\left(\begin{bmatrix} \varepsilon_{1t} \\ \varepsilon_{2t} \end{bmatrix} \begin{bmatrix} \varepsilon_{1t} & \varepsilon_{2t} \end{bmatrix} \right) \tag{6-14}$$

与 VAR 模型的标准形式相区别，类似于式（6-13）的模型形式称作的 VAR 模型**结构式或原始系统**。

VAR 模型的结构式（6-13）可以变换为

$$\begin{aligned} y_{1t} + b_{12}y_{2t} &= b_{10} + \gamma_{11}y_{1,t-1} + \gamma_{12}y_{2,t-1} + \varepsilon_{1t} \\ b_{21}y_{1t} + y_{2t} &= b_{20} + \gamma_{21}y_{1,t-1} + \gamma_{22}y_{2,t-1} + \varepsilon_{2t} \end{aligned} \tag{6-15}$$

式（6-15）也可记为矩阵形式

$$\begin{bmatrix} 1 & b_{12} \\ b_{21} & 1 \end{bmatrix} \begin{bmatrix} y_{1t} \\ y_{2t} \end{bmatrix} = \begin{bmatrix} b_{10} \\ b_{20} \end{bmatrix} + \begin{bmatrix} \gamma_{11} & \gamma_{12} \\ \gamma_{21} & \gamma_{22} \end{bmatrix} \begin{bmatrix} y_{1,t-1} \\ y_{2,t-1} \end{bmatrix} + \begin{bmatrix} \varepsilon_{1t} \\ \varepsilon_{2t} \end{bmatrix} \tag{6-16}$$

令

$$\boldsymbol{B} = \begin{bmatrix} 1 & b_{12} \\ b_{21} & 1 \end{bmatrix}, \boldsymbol{Y}_t = \begin{bmatrix} y_{1t} \\ y_{2t} \end{bmatrix}, \boldsymbol{\Gamma}_0 = \begin{bmatrix} b_{10} \\ b_{20} \end{bmatrix}, \boldsymbol{\Gamma}_1 = \begin{bmatrix} \gamma_{11} & \gamma_{12} \\ \gamma_{21} & \gamma_{22} \end{bmatrix}, \boldsymbol{\varepsilon}_t = \begin{bmatrix} \varepsilon_{1t} \\ \varepsilon_{2t} \end{bmatrix}$$

则式（6-16）可简化表示为

$$\boldsymbol{B}\boldsymbol{Y}_t = \boldsymbol{\Gamma}_0 + \boldsymbol{\Gamma}_1\boldsymbol{Y}_{t-1} + \boldsymbol{\varepsilon}_t \tag{6-17}$$

若 $\boldsymbol{B}^{-1}$ 存在，则式（6-17）两端同时左乘 $\boldsymbol{B}^{-1}$ 有

$$\boldsymbol{Y}_t=\boldsymbol{B}^{-1}\boldsymbol{\Gamma}_0+\boldsymbol{B}^{-1}\boldsymbol{\Gamma}_1\boldsymbol{Y}_{t-1}+\boldsymbol{B}^{-1}\boldsymbol{\varepsilon}_t \tag{6-18}$$

事实上，式（6-18）即为 VAR 模型的标准形式。令

$$\boldsymbol{B}^{-1}\boldsymbol{\Gamma}_0=\begin{bmatrix}1 & b_{12}\\ b_{21} & 1\end{bmatrix}^{-1}\begin{bmatrix}b_{10}\\ b_{20}\end{bmatrix}=\begin{bmatrix}a_{10}\\ a_{20}\end{bmatrix} \tag{6-19}$$

$$\boldsymbol{B}^{-1}\boldsymbol{\Gamma}_1=\begin{bmatrix}1 & b_{12}\\ b_{21} & 1\end{bmatrix}^{-1}\begin{bmatrix}\gamma_{11} & \gamma_{12}\\ \gamma_{21} & \gamma_{22}\end{bmatrix}=\begin{bmatrix}a_{11} & a_{12}\\ a_{21} & a_{22}\end{bmatrix} \tag{6-20}$$

$$\boldsymbol{B}^{-1}\boldsymbol{\varepsilon}_t=\begin{bmatrix}1 & b_{12}\\ b_{21} & 1\end{bmatrix}^{-1}\begin{bmatrix}\varepsilon_{1t}\\ \varepsilon_{2t}\end{bmatrix}=\begin{bmatrix}e_{1t}\\ e_{2t}\end{bmatrix} \tag{6-21}$$

则在关系式（6-19）~式（6-21）的基础上，式（6-18）可以记为

$$\begin{bmatrix}y_{1t}\\ y_{2t}\end{bmatrix}=\begin{bmatrix}a_{10}\\ a_{20}\end{bmatrix}+\begin{bmatrix}a_{11} & a_{12}\\ a_{21} & a_{22}\end{bmatrix}\begin{bmatrix}y_{1,t-1}\\ y_{2,t-1}\end{bmatrix}+\begin{bmatrix}e_{1t}\\ e_{2t}\end{bmatrix} \tag{6-22}$$

扰动项$[e_{1t},e_{2t}]'$的方差协方差阵为

$$\begin{aligned}\boldsymbol{\Sigma}&=\begin{bmatrix}\sigma_1^2 & \sigma_{12}\\ \sigma_{21} & \sigma_2^2\end{bmatrix}=\begin{bmatrix}\mathrm{Var}(e_{1t}) & \mathrm{Cov}(e_{1t},e_{2t})\\ \mathrm{Cov}(e_{1t},e_{2t}) & \mathrm{Var}(e_{2t})\end{bmatrix}=\boldsymbol{E}\begin{bmatrix}e_{1t}\\ e_{2t}\end{bmatrix}\begin{bmatrix}e_{1t} & e_{2t}\end{bmatrix}\\ &=\boldsymbol{E}\left[\boldsymbol{B}^{-1}\boldsymbol{\varepsilon}_t\boldsymbol{\varepsilon}_t'(\boldsymbol{B}^{-1})'\right]=\boldsymbol{B}^{-1}E(\boldsymbol{\varepsilon}_t\boldsymbol{\varepsilon}_t')(\boldsymbol{B}^{-1})'=\boldsymbol{B}^{-1}\boldsymbol{\Sigma}_\varepsilon(\boldsymbol{B}^{-1})' \\ &=\begin{bmatrix}1 & b_{12}\\ b_{21} & 1\end{bmatrix}^{-1}\begin{bmatrix}\sigma_{\varepsilon1}^2 & 0\\ 0 & \sigma_{\varepsilon2}^2\end{bmatrix}\left(\begin{bmatrix}1 & b_{12}\\ b_{21} & 1\end{bmatrix}^{-1}\right)'\end{aligned} \tag{6-23}$$

其中，$\sigma_{12}=\sigma_{21}$。

问题的关键在于，通常 VAR 模型的结构式是未知的，可以视为已知的是通过参数估计得到的 VAR 模型标准形式（6-22）。正如本节最初提到的，可以通过估计得到标准形式（6-22）的 6 个系数$a_{10},a_{20},a_{11},a_{12},a_{21},a_{22}$和对称的方差协方差阵$\boldsymbol{\Sigma}$中的 3 个参数$\sigma_1^2,\sigma_2^2,\sigma_{12}$，共 9 个参数的估计值。然而，VAR 模型的结构式（6-16）中有 8 个系数$b_{12},b_{21},b_{10},b_{20},\gamma_{11},\gamma_{12},\gamma_{21},\gamma_{22}$和方差协方差阵$\boldsymbol{\Sigma}_\varepsilon$中的 2 个参数$\sigma_{\varepsilon1}^2,\sigma_{\varepsilon2}^2$，共计 10 个参数需要识别。这相当于要在 9 个已知参数的基础上识别出 10 个未知参数，式（6-19）、式（6-20）和式（6-23）分别给出它们之间的 2 个、4 个和 3 个关系式，共计 9 个关系式。若想从 9 个方程中求得 10 个未知量的确切值，必须要在系统中施加 1 个约束条件。在 VAR 模型结构式的识别过程中，这个约束条件可以有多种形式，例如对系数矩阵 $\boldsymbol{B}$ 施加一个约束，或者对方差$\sigma_{\varepsilon i}^2$施加一个约束，再或者施加某些对称性约束条件等。在缺乏特定理论作为约束条件支撑的情况下，比较常见的是采用一种被称为 Cholesky 分解的方法对系数矩阵 $\boldsymbol{B}$ 施加约束。

具体地考虑上述 2 维 1 阶 VAR 模型的结构式（6-16），Cholesky 分解所施加的约束性条件为，令 $b_{12}=0$。这相当于限定了 y_{1t} 和 y_{2t} 对应的新息 ε_{1t} 和 ε_{2t} 对系统产生影响的次序。由于在这一约束条件下，有

$$\begin{bmatrix} e_{1t} \\ e_{2t} \end{bmatrix} = \begin{bmatrix} 1 & 0 \\ b_{21} & 1 \end{bmatrix}^{-1} \begin{bmatrix} \varepsilon_{1t} \\ \varepsilon_{2t} \end{bmatrix} = \begin{bmatrix} 1 & 0 \\ -b_{21} & 1 \end{bmatrix} \begin{bmatrix} \varepsilon_{1t} \\ \varepsilon_{2t} \end{bmatrix} = \begin{bmatrix} \varepsilon_{1t} \\ \varepsilon_{2t} - b_{21}\varepsilon_{1t} \end{bmatrix} \tag{6-24}$$

这表明 y_{1t} 的新息 ε_{1t} 对 y_{2t} 具有当期影响，而 y_{2t} 的新息 ε_{2t} 对 y_{1t} 没有当期影响，从而使得新息 ε_{1t} 和 ε_{2t} 对 VAR 系统的影响具有了先后的次序。

6.3.3　VAR 模型的识别——n 维 1 阶情况

进一步考虑 n 维 1 阶 VAR 模型，其结构式为

$$\begin{bmatrix} 1 & b_{12} & \cdots & b_{1n} \\ b_{21} & 1 & \cdots & b_{2n} \\ \vdots & \vdots & \vdots & \vdots \\ b_{n1} & b_{n2} & \cdots & 1 \end{bmatrix} \begin{bmatrix} y_{1t} \\ y_{2t} \\ \vdots \\ y_{nt} \end{bmatrix} = \begin{bmatrix} b_{10} \\ b_{20} \\ \vdots \\ b_{n0} \end{bmatrix} + \begin{bmatrix} \gamma_{11} & \gamma_{12} & \cdots & \gamma_{1n} \\ \gamma_{21} & \gamma_{22} & \cdots & \gamma_{2n} \\ \vdots & \vdots & \vdots & \vdots \\ \gamma_{n1} & \gamma_{n2} & \cdots & \gamma_{nn} \end{bmatrix} \begin{bmatrix} y_{1,t-1} \\ y_{2,t-1} \\ \vdots \\ y_{n,t-1} \end{bmatrix} + \begin{bmatrix} \varepsilon_{1t} \\ \varepsilon_{2t} \\ \vdots \\ \varepsilon_{nt} \end{bmatrix} \tag{6-25}$$

其中，新息 $[\varepsilon_{1t},\varepsilon_{2t},\cdots,\varepsilon_{nt}]'$ 的方差协方差矩阵为

$$\boldsymbol{\Sigma}_{\varepsilon} = \begin{bmatrix} \sigma_{\varepsilon 1}^2 & 0 & \cdots & 0 \\ 0 & \sigma_{\varepsilon 2}^2 & \cdots & 0 \\ \vdots & \vdots & \vdots & \vdots \\ 0 & 0 & \cdots & \sigma_{\varepsilon n}^2 \end{bmatrix} = \boldsymbol{E}\left(\begin{bmatrix} \varepsilon_{1t} \\ \varepsilon_{2t} \\ \vdots \\ \varepsilon_{nt} \end{bmatrix} [\varepsilon_{1t},\varepsilon_{2t},\cdots,\varepsilon_{nt}] \right) \tag{6-26}$$

n 维 1 阶 VAR 模型的结构式（6-25）中有 $2n^2$ 个系数和方差协方差阵 $\boldsymbol{\Sigma}_{\varepsilon}$ 中的 n 个参数，共计 $2n^2+n$ 个参数需要识别。而 n 维 1 阶 VAR 模型的标准形式（6-11）中有 n^2+n 个系数和对称的方差协方差阵 $\boldsymbol{\Sigma}$ 中的 $(n^2+n)/2$ 个参数，共计 $3(n^2+n)/2$ 个参数可以通过估计得到。他们之间通过 $3(n^2+n)/2$ 个关系式联系起来，因此。若想从 $3(n^2+n)/2$ 个方程中求得 $2n^2+n$ 个未知量的确切值，至少要在系统中施加 $(2n^2+n)-\left[3(n^2+n)/2\right]=(n^2-n)/2$ 个约束条件。Cholesky 分解对系数矩阵 $\boldsymbol{B}$ 施加的 $(n^2-n)/2$ 个约束条件为令 $\boldsymbol{B}$ 的上三角部分为零，即

$$\boldsymbol{B} = \begin{bmatrix} 1 & 0 & \cdots & 0 \\ b_{21} & 1 & \cdots & 0 \\ \vdots & \vdots & \vdots & \vdots \\ b_{n1} & b_{n2} & \cdots & 1 \end{bmatrix} \tag{6-27}$$

6.4 脉冲响应函数

6.4.1 Cholesky 分解下的脉冲响应

与单一时间序列的自回归模型类似，在满足平稳性条件下，式（6-1）所示的 n 维 1 阶 VAR 模型

$$\boldsymbol{Y}_t = \boldsymbol{A}_0 + \boldsymbol{A}_1\boldsymbol{Y}_{t-1} + \boldsymbol{e}_t \tag{6-28}$$

可以表示为向量移动平均（Vector Moving Average，VMA）模型形式。对式（6-28）进行迭代

$$\begin{aligned}\boldsymbol{Y}_t &= \boldsymbol{A}_0 + \boldsymbol{A}_1(\boldsymbol{A}_0 + \boldsymbol{A}_1\boldsymbol{Y}_{t-2} + \boldsymbol{e}_{t-1}) + \boldsymbol{e}_t \\ &= (\boldsymbol{I} + \boldsymbol{A}_1)\boldsymbol{A}_0 + \boldsymbol{A}_1^2\boldsymbol{Y}_{t-2} + \boldsymbol{A}_1\boldsymbol{e}_{t-1} + \boldsymbol{e}_t\end{aligned}$$

经过 n 次迭代，可以得到

$$\boldsymbol{Y}_t = (\boldsymbol{I} + \boldsymbol{A}_1 + \cdots + \boldsymbol{A}_1^n)\boldsymbol{A}_0 + \sum_{k=0}^{n}\boldsymbol{A}_1^k\boldsymbol{e}_{t-k} + \boldsymbol{A}_1^{n+1}\boldsymbol{Y}_{t-n-1} \tag{6-29}$$

由于已知 VAR 模型满足平稳性条件，当 n 趋于无穷大时，$\boldsymbol{A}_1^n$ 趋于零，因此 n 维 1 阶 VAR 模型可以写成对应的 VMA 模型形式

$$\boldsymbol{Y}_t = \boldsymbol{\mu} + \sum_{k=0}^{\infty}\boldsymbol{A}_1^k\boldsymbol{e}_{t-k} \tag{6-30}$$

其中

$$\boldsymbol{\mu} = \boldsymbol{A}_0\sum_{k=0}^{\infty}\boldsymbol{A}_1^k = (\boldsymbol{I} - \boldsymbol{A}_1)^{-1}\boldsymbol{A}_0 \tag{6-31}$$

然而，在 VAR 模型分析中更为关注的是系统中的变量对原始冲击 $\boldsymbol{\varepsilon}_t = [\varepsilon_{1t}, \varepsilon_{2t}, \cdots, \varepsilon_{nt}]'$ 的响应过程。由于

$$\boldsymbol{e}_t = \boldsymbol{B}^{-1}\boldsymbol{\varepsilon}_t \tag{6-32}$$

因此，式（6-28）所示的 n 维 1 阶 VAR 模型对应的 VMA 模型式（6-30），可以用原始冲击表示为

$$\boldsymbol{Y}_t = \boldsymbol{\mu} + \sum_{k=0}^{\infty}\boldsymbol{A}_1^k\boldsymbol{B}^{-1}\boldsymbol{\varepsilon}_{t-k} \tag{6-33}$$

为了更加清晰地表示脉冲响应过程，不妨令

$$
\boldsymbol{\Phi}_k = \begin{bmatrix} \varphi_{11}(k) & \varphi_{12}(k) & \cdots & \varphi_{1n}(k) \\ \varphi_{21}(k) & \varphi_{22}(k) & \cdots & \varphi_{2n}(k) \\ \vdots & \vdots & \vdots & \vdots \\ \varphi_{n1}(k) & \varphi_{n2}(k) & \cdots & \varphi_{nn}(k) \end{bmatrix}
= \begin{bmatrix} a_{11} & a_{12} & \cdots & a_{1n} \\ a_{21} & a_{22} & \cdots & a_{2n} \\ \vdots & \vdots & \vdots & \vdots \\ a_{n1} & a_{n2} & \cdots & a_{nn} \end{bmatrix}^k \begin{bmatrix} 1 & b_{12} & \cdots & b_{1n} \\ b_{21} & 1 & \cdots & b_{2n} \\ \vdots & \vdots & \vdots & \vdots \\ b_{n1} & b_{n2} & \cdots & 1 \end{bmatrix}^{-1} = \boldsymbol{A}_1^k \boldsymbol{B}^{-1} \tag{6-34}
$$

则 n 维 1 阶的 VMA 模型表示为

$$
\boldsymbol{Y}_t = \boldsymbol{\mu} + \sum_{k=0}^{\infty} \boldsymbol{\Phi}_k \boldsymbol{\varepsilon}_{t-k} \tag{6-35}
$$

具体地，以 2 维 1 阶 VAR 模型为例

$$
\begin{bmatrix} y_{1t} \\ y_{2t} \end{bmatrix} = \begin{bmatrix} a_{10} \\ a_{20} \end{bmatrix} + \begin{bmatrix} a_{11} & a_{12} \\ a_{21} & a_{22} \end{bmatrix} \begin{bmatrix} y_{1,t-1} \\ y_{2,t-1} \end{bmatrix} + \begin{bmatrix} e_{1t} \\ e_{2t} \end{bmatrix} \tag{6-36}
$$

式（6-36）对应的 VMA 模型形式为

$$
\begin{bmatrix} y_{1t} \\ y_{2t} \end{bmatrix} = \begin{bmatrix} \mu_1 \\ \mu_2 \end{bmatrix} + \sum_{k=0}^{\infty} \begin{bmatrix} a_{11} & a_{12} \\ a_{21} & a_{22} \end{bmatrix}^k \begin{bmatrix} e_{1,t-k} \\ e_{2,t-k} \end{bmatrix} \tag{6-37}
$$

其中

$$
\begin{aligned}
\begin{bmatrix} \mu_1 \\ \mu_2 \end{bmatrix} &= \left(\begin{bmatrix} 1 & 0 \\ 0 & 1 \end{bmatrix} - \begin{bmatrix} a_{11} & a_{12} \\ a_{21} & a_{22} \end{bmatrix} \right)^{-1} \begin{bmatrix} a_{10} \\ a_{20} \end{bmatrix} \\
&= \begin{bmatrix} 1-a_{11} & -a_{12} \\ -a_{21} & 1-a_{22} \end{bmatrix}^{-1} \begin{bmatrix} a_{10} \\ a_{20} \end{bmatrix} \\
&= \frac{1}{(1-a_{11})(1-a_{22})-a_{12}a_{21}} \begin{bmatrix} 1-a_{22} & a_{12} \\ a_{21} & 1-a_{11} \end{bmatrix} \begin{bmatrix} a_{10} \\ a_{20} \end{bmatrix} \\
&= \frac{1}{(1-a_{11})(1-a_{22})-a_{12}a_{21}} \begin{bmatrix} a_{10}(1-a_{22})+a_{12}a_{20} \\ a_{20}(1-a_{11})+a_{21}a_{10} \end{bmatrix}
\end{aligned} \tag{6-38}
$$

由于

$$
\begin{bmatrix} e_{1t} \\ e_{2t} \end{bmatrix} = \begin{bmatrix} 1 & b_{12} \\ b_{21} & 1 \end{bmatrix}^{-1} \begin{bmatrix} \varepsilon_{1t} \\ \varepsilon_{2t} \end{bmatrix} \tag{6-39}
$$

因此，式（6-37）的 VMA 模型可以进一步通过原始冲击 ε_{1t} 和 ε_{2t} 表示为

$$\begin{bmatrix} y_{1t} \\ y_{2t} \end{bmatrix} = \begin{bmatrix} \mu_1 \\ \mu_2 \end{bmatrix} + \sum_{k=0}^{\infty} \begin{bmatrix} a_{11} & a_{12} \\ a_{21} & a_{22} \end{bmatrix}^k \begin{bmatrix} 1 & b_{12} \\ b_{21} & 1 \end{bmatrix}^{-1} \begin{bmatrix} \varepsilon_{1,t-k} \\ \varepsilon_{2,t-k} \end{bmatrix} \tag{6-40}$$

不妨令

$$\boldsymbol{\Phi}_k = \begin{bmatrix} \varphi_{11}(k) & \varphi_{12}(k) \\ \varphi_{21}(k) & \varphi_{22}(k) \end{bmatrix} = \begin{bmatrix} a_{11} & a_{12} \\ a_{21} & a_{22} \end{bmatrix}^k \begin{bmatrix} 1 & b_{12} \\ b_{21} & 1 \end{bmatrix}^{-1} \tag{6-41}$$

则 2 维 1 阶的 VMA 模型可进一步表示为

$$\begin{bmatrix} y_{1t} \\ y_{2t} \end{bmatrix} = \begin{bmatrix} \mu_1 \\ \mu_2 \end{bmatrix} + \sum_{k=0}^{\infty} \begin{bmatrix} \varphi_{11}(k) & \varphi_{12}(k) \\ \varphi_{21}(k) & \varphi_{22}(k) \end{bmatrix} \begin{bmatrix} \varepsilon_{1,t-k} \\ \varepsilon_{2,t-k} \end{bmatrix} \tag{6-42}$$

显然，$\varphi_{ij}(k) = \dfrac{\partial y_{it}}{\partial \varepsilon_{j,t-k}}$ 揭示了原始冲击序列 ε_{1t} 和 ε_{2t} 对序列 y_{1t} 和 y_{2t} 产生影响的时间路径，因此称 $\varphi_{ij}(k)$ 为**脉冲响应函数**（impulse response function）。例如，$\varphi_{12}(k)$ 表明 t 期 1 单位 ε_{2t} 的变化对 $t+k$ 期的 $y_{1,t+k}$ 的影响。为了直观描述脉冲响应的时间路径，通常会对脉冲响应函数在一定期限内逐期绘制图形。对于平稳序列的 VAR 模型，任何脉冲响应的累积效果都是有限的。

值得注意的是，由于脉冲响应函数中包含系数矩阵 $\boldsymbol{B}$，因此讨论脉冲响应过程的前提是，也要对系数矩阵 $\boldsymbol{B}$ 施加必要的约束，一种常见的约束方式就是在模型识别中提到的 Cholesky 分解。

Cholesky 分解实际上限定了不同的原始冲击影响的先后次序。在 $b_{12}=0$ 的假设下，有

$$\begin{bmatrix} e_{1t} \\ e_{2t} \end{bmatrix} = \begin{bmatrix} 1 & 0 \\ b_{21} & 1 \end{bmatrix}^{-1} \begin{bmatrix} \varepsilon_{1t} \\ \varepsilon_{2t} \end{bmatrix} = \begin{bmatrix} 1 & 0 \\ -b_{21} & 1 \end{bmatrix} \begin{bmatrix} \varepsilon_{1t} \\ \varepsilon_{2t} \end{bmatrix} = \begin{bmatrix} \varepsilon_{1t} \\ \varepsilon_{2t} - b_{21}\varepsilon_{1t} \end{bmatrix} \tag{6-43}$$

这表明 y_{1t} 的冲击 ε_{1t} 对 y_{2t} 具有当期影响，而 y_{2t} 的冲击 ε_{2t} 对 y_{1t} 没有当期影响。实践中，如果有理论或事实依据可以假定某些变量对其他变量没有当期影响，则可以将该变量作为 y_{2t}。而大部分的情况是，无法明确变量之间影响的先后次序，此时通常会采用几种不同的变量次序，然后将脉冲响应函数进行比较，如果存在较大的差异，则有必要对变量之间的相互关系进行检验，或者有必要采用 Cholesky 分解之外的其他结构性冲击识别方法识别原始冲击的影响方式。

6.4.2　相关系数对 Cholesky 分解中变量次序重要性的影响

脉冲响应分析过程中，Cholesky 分解的变量次序的重要性取决于 e_{1t} 和 e_{2t} 的相关系数

的大小。若 e_{1t} 和 e_{2t} 的相关系数很小，则 Cholesky 分解中的变量次序不会对脉冲响应函数结果产生重要影响；若 e_{1t} 和 e_{2t} 的相关系数较大，则变量次序会对脉冲响应函数结果产生重要影响，此时应慎重决定 Cholesky 分解的变量的次序，或者采取其他结构性冲击识别方法。

为了阐明 e_{1t} 和 e_{2t} 的相关系数对 Cholesky 分解中变量次序重要性的影响，下面将拟合生成一系列不同相关系数的扰动项 e_{1t} 和 e_{2t}，并以此为基础拟合生成一系列变量系统 y_{1t} 和 y_{2t}，对其进行 VAR 建模和脉冲响应分析，从而考察相关系数对 Cholesky 分解下脉冲响应分析结果的影响。具体过程如下。

（1）拟合生成原始冲击序列 ε_{1t} 和 ε_{2t}，不妨令其为方差等于 1 的高斯白噪声过程，即 $\varepsilon_{1t},\varepsilon_{2t}\sim \mathrm{WN}(0,1)$，则原始冲击 $[\varepsilon_{1t},\varepsilon_{2t}]'$ 的方差协方差阵为

$$\boldsymbol{\Sigma}_{\varepsilon}=\begin{bmatrix}1 & 0\\ 0 & 1\end{bmatrix}=\boldsymbol{I} \tag{6-44}$$

（2）在原始冲击序列 ε_{1t} 和 ε_{2t} 的基础上拟合生成扰动项序列 e_{1t} 和 e_{2t}。令系数矩阵 $\boldsymbol{B}$ 中 $b_{12}=0$，则

$$\boldsymbol{B}=\begin{bmatrix}1 & 0\\ b_{21} & 1\end{bmatrix} \tag{6-45}$$

$$\begin{bmatrix}e_{1t}\\ e_{2t}\end{bmatrix}=\begin{bmatrix}1 & 0\\ b_{21} & 1\end{bmatrix}^{-1}\begin{bmatrix}\varepsilon_{1t}\\ \varepsilon_{2t}\end{bmatrix}=\begin{bmatrix}1 & 0\\ -b_{21} & 1\end{bmatrix}\begin{bmatrix}\varepsilon_{1t}\\ \varepsilon_{2t}\end{bmatrix}=\begin{bmatrix}\varepsilon_{1t}\\ \varepsilon_{2t}-b_{21}\varepsilon_{1t}\end{bmatrix} \tag{6-46}$$

此时，扰动项 $\begin{bmatrix}e_{1t} & e_{2t}\end{bmatrix}'$ 的方差协方差阵为

$$\boldsymbol{\Sigma}=\boldsymbol{B}^{-1}\boldsymbol{\Sigma}_{\varepsilon}(\boldsymbol{B}^{-1})'=\boldsymbol{B}^{-1}\boldsymbol{I}(\boldsymbol{B}^{-1})'=\boldsymbol{B}^{-1}(\boldsymbol{B}^{-1})'=\begin{bmatrix}1 & -b_{21}\\ -b_{21} & 1+b_{21}^2\end{bmatrix} \tag{6-47}$$

则扰动项 e_{1t} 和 e_{2t} 的相关系数 ρ 为

$$\rho=\frac{\mathrm{Cov}(e_{1t},e_{2t})}{\sqrt{\mathrm{Var}(e_{1t})\cdot\mathrm{Var}(e_{2t})}}=\frac{-b_{21}}{\sqrt{1+b_{21}^2}} \tag{6-48}$$

其一阶导数为

$$\rho'=\left(\frac{-b_{21}}{\sqrt{1+b_{21}^2}}\right)'=\frac{-\sqrt{1+b_{21}^2}+\dfrac{b_{21}^2}{\sqrt{1+b_{21}^2}}}{1+b_{21}^2}=\frac{-1}{\left(1+b_{21}^2\right)\sqrt{1+b_{21}^2}} \tag{6-49}$$

由此可见，扰动项 e_{1t} 和 e_{2t} 的相关系数 ρ 是 b_{21} 的减函数。

（3）考虑 $-b_{21}$ 为 0.1、0.5 和 0.8 三种情形，分别生成扰动项序列 e_{1t} 和 e_{2t}，此时 e_{1t} 和 e_{2t} 的相关系数 ρ 分别约为 0.10、0.45 和 0.62。

（4）在三种情况扰动项序列 e_{1t} 和 e_{2t} 的基础上分别拟合生成变量系统 y_{1t} 和 y_{2t}。令

$$\begin{bmatrix} y_{1t} \\ y_{2t} \end{bmatrix} = \begin{bmatrix} 0.5 & 0.3 \\ 0.3 & 0.5 \end{bmatrix} \begin{bmatrix} y_{1,t-1} \\ y_{2,t-1} \end{bmatrix} + \begin{bmatrix} e_{1t} \\ e_{2t} \end{bmatrix} \tag{6-50}$$

（5）在三种情况变量系统的基础上分别构建 VAR 模型。对每个 VAR 模型，考虑在 Cholesky 分解中采用 y_{1t} 为先和 y_{2t} 为先两种次序。在 y_{1t} 为先的次序假定下，扰动项与原始冲击的关系与数据生成过程一致，为

$$\begin{bmatrix} e_{1t} \\ e_{2t} \end{bmatrix} = \begin{bmatrix} \varepsilon_{1t} \\ \varepsilon_{2t} - b_{21}\varepsilon_{1t} \end{bmatrix} \tag{6-51}$$

而在 y_{2t} 为先的次序假定下，扰动项与原始冲击的关系与数据生成过程不一致，为

$$\begin{bmatrix} e_{2t} \\ e_{1t} \end{bmatrix} = \begin{bmatrix} \varepsilon_{2t} \\ \varepsilon_{1t} - b_{21}\varepsilon_{2t} \end{bmatrix} \tag{6-52}$$

显然，y_{1t} 为先的次序假定下得到的脉冲响应函数是正确的，而 y_{2t} 为先的次序假定下得到的脉冲响应函数是错误的。

（6）讨论 e_{1t} 和 e_{2t} 的相关系数对 Cholesky 分解中变量次序重要性的影响。

在 $-b_{21}$ 较小，即 e_{1t} 和 e_{2t} 的相关系数 ρ 较小的情况下，y_{1t} 为先和 y_{2t} 为先两种次序下的脉冲响应函数差别不明显。具体地，$-b_{21}$ 为 0.1 时，y_{1t} 为先和 y_{2t} 为先两种次序下的脉冲响应函数列示于图 6-1。图中（a）列的两幅图为 y_{1t} 为先的次序假定下的脉冲响应函数，（b）列的两幅图为 y_{2t} 为先的次序假定下的脉冲响应函数。（a）列和（b）列中上面的图都是序列 y_{1t} 分别对 y_{1t} 和 y_{2t} 的单位标准差原始冲击的响应过程（Response of Y1 to Cholesky One S. D. Innovations），下面的图都是序列 y_{2t} 分别对 y_{1t} 和 y_{2t} 的单位标准差原始冲击的响应过程（Response of Y2 to Cholesky One S. D. Innovations）。虽然在不同的变量次序假定下，（a）列和（b）列中的脉冲响应图有不明显的差异，具体表现为在第 1 期时，（a）列中 y_{1t} 对 y_{2t} 原始冲击无响应，而（b）列中是 y_{2t} 对 y_{1t} 的原始冲击无响应，这是由变量次序假定所决定的。然而，总体来看（a）列和（b）列中脉冲响应图大致相同，因此说明 e_{1t} 和 e_{2t} 的相关系数 ρ 较小的情况下，变量次序不会对 Cholesky 分解下的脉冲响应函数产生重要的影响。即使采用与数据生成过程相反的变量次序假定（如（b）列中的情况），脉冲响应函数图也没有产生严重的偏误。

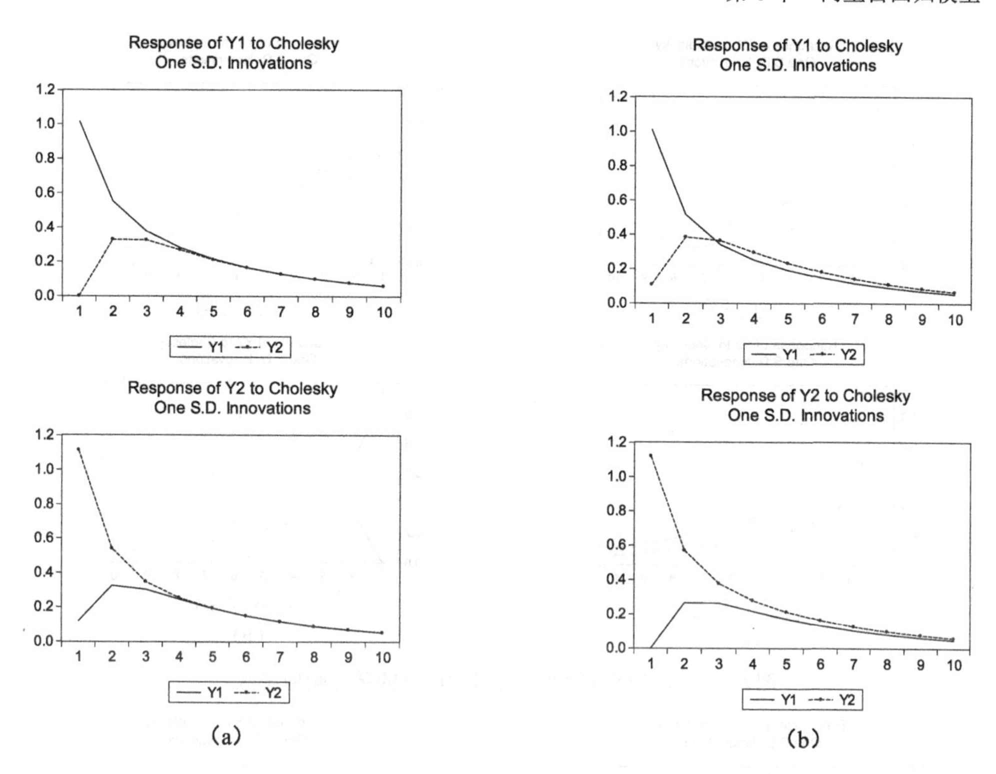

图 6-1　$-b_{21}$为 0.1 时两种变量次序下的脉冲响应函数

在$-b_{21}$较大，即e_{1t}和e_{2t}的相关系数ρ较大的情况下，y_{1t}为先和y_{2t}为先两种次序下的脉冲响应函数差别显著。具体地，$-b_{21}$为 0.5 和 0.8 时，y_{1t}为先和y_{2t}为先两种次序下的脉冲响应函数分别如图 6-2 和图 6-3 所示。同样，图 6-2 和图 6-3 中（a）列的两幅图为y_{1t}为先的次序假定下的脉冲响应函数，（b）列的两幅图为y_{2t}为先的次序假定下的脉冲响应函数。（a）列和（b）列中上面的图都是序列y_{1t}分别对y_{1t}和y_{2t}的单位标准差原始冲击的响应过程（Response of Y1 to Cholesky One S. D. Innovations），下面的图都是序列y_{2t}分别对y_{1t}和y_{2t}的单位标准差原始冲击的响应过程（Response of Y2 to Cholesky One S. D. Innovations）。显然，在不同的变量次序假定下，图 6-2 和图 6-3 中（a）列和（b）列中的脉冲响应图有明显的差异，因此说明e_{1t}和e_{2t}的相关系数ρ较大的情况下，变量次序对 Cholesky 分解下的脉冲响应函数产生重要的影响。如果采用与数据生成过程相反的变量次序假定（如（b）列中的情况），脉冲响应函数图会产生偏误。

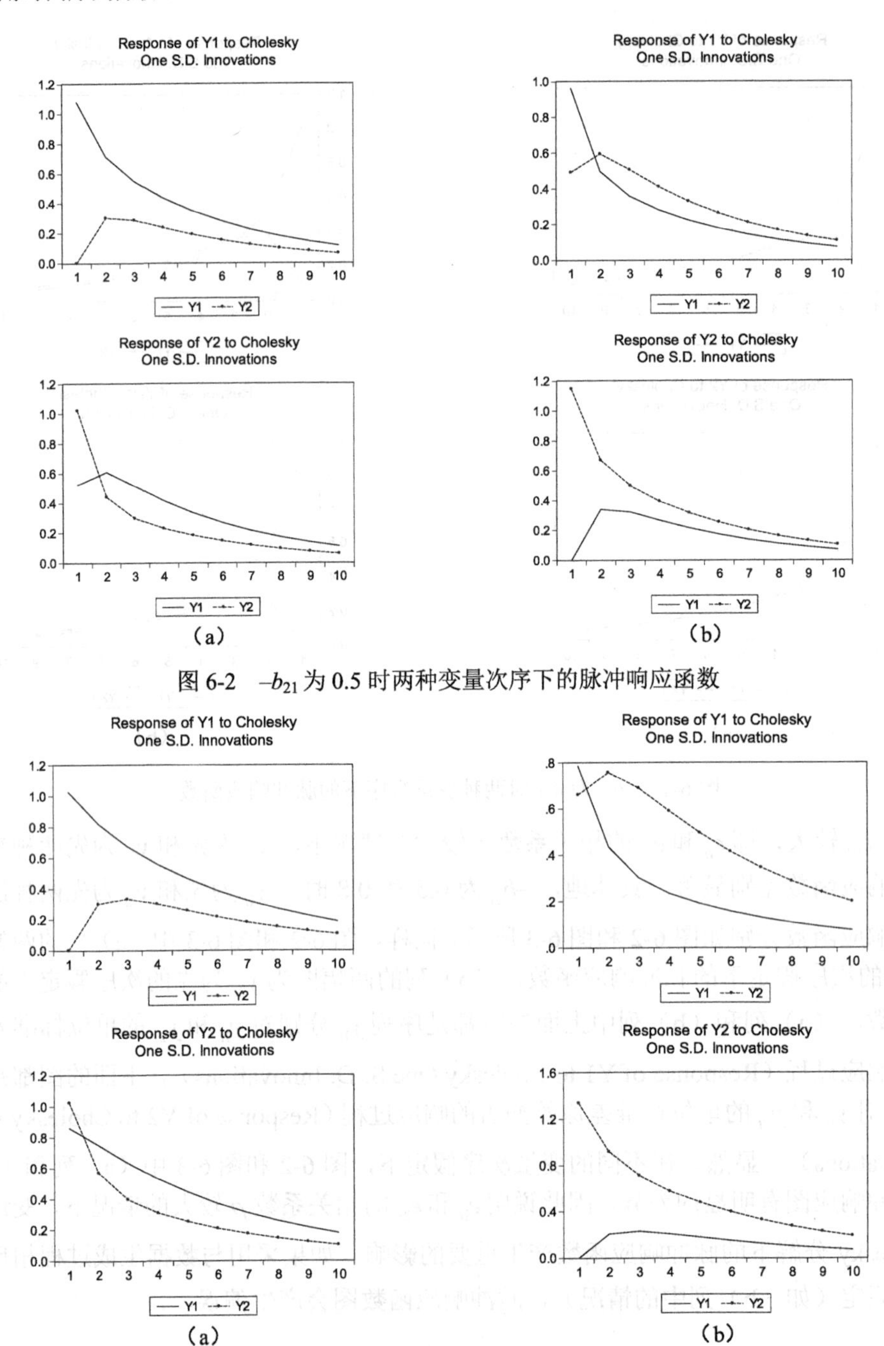

图 6-2 $-b_{21}$ 为 0.5 时两种变量次序下的脉冲响应函数

图 6-3 $-b_{21}$ 为 0.8 时两种变量次序下的脉冲响应函数

6.5 方差分解

仍旧考虑如式（6-35）的 n 维 1 阶 VAR 模型的 VMA 模型形式

$$\boldsymbol{Y}_t = \boldsymbol{\mu} + \sum_{k=0}^{\infty} \boldsymbol{\Phi}_k \boldsymbol{\varepsilon}_{t-k}$$

其 1 步预测值为

$$E_t \boldsymbol{Y}_{t+1} = E_t\left(\boldsymbol{\mu} + \sum_{k=0}^{\infty} \boldsymbol{\Phi}_k \boldsymbol{\varepsilon}_{t+1-k}\right) = \boldsymbol{\mu} + \sum_{k=1}^{\infty} \boldsymbol{\Phi}_k \boldsymbol{\varepsilon}_{t+1-k} \tag{6-53}$$

1 步预测误差为

$$y_{t+1} - E_t \boldsymbol{Y}_{t+1} = \left(\boldsymbol{\mu} + \sum_{k=0}^{\infty} \boldsymbol{\Phi}_k \boldsymbol{\varepsilon}_{t+1-k}\right) - \left(\boldsymbol{\mu} + \sum_{k=1}^{\infty} \boldsymbol{\Phi}_k \boldsymbol{\varepsilon}_{t+1-k}\right) = \boldsymbol{\Phi}_0 \boldsymbol{\varepsilon}_{t+1} \tag{6-54}$$

事实上，由于 $\boldsymbol{\Phi}_0 \boldsymbol{\varepsilon}_{t+1} = \boldsymbol{A}_1^0 \boldsymbol{B}^{-1} \boldsymbol{\varepsilon}_{t+1} = \boldsymbol{B}^{-1} \boldsymbol{\varepsilon}_{t+1} = \boldsymbol{e}_{t+1}$，因此 $\boldsymbol{e}_{t+1}$ 即为 1 步预测误差。

类似地，n 步预测误差为

$$y_{t+n} - E_t \boldsymbol{Y}_{t+n} = \left(\boldsymbol{\mu} + \sum_{k=0}^{\infty} \boldsymbol{\Phi}_k \boldsymbol{\varepsilon}_{t+n-k}\right) - \left(\boldsymbol{\mu} + \sum_{k=n}^{\infty} \boldsymbol{\Phi}_k \boldsymbol{\varepsilon}_{t+n-k}\right) = \sum_{k=0}^{n-1} \boldsymbol{\Phi}_k \boldsymbol{\varepsilon}_{t+n-k} \tag{6-55}$$

其中，$\boldsymbol{\Phi}_k \boldsymbol{\varepsilon}_{t+n-k} = \boldsymbol{A}_1^k \boldsymbol{B}^{-1} \boldsymbol{\varepsilon}_{t+n-k} = \boldsymbol{A}_1^k \boldsymbol{e}_{t+n-k}$。

具体地，仍以 2 维 1 阶 VAR 模型为例，考虑如式（6-42）的 VMA 模型形式

$$\begin{bmatrix} y_{1t} \\ y_{2t} \end{bmatrix} = \begin{bmatrix} \mu_1 \\ \mu_2 \end{bmatrix} + \sum_{k=0}^{\infty} \begin{bmatrix} \varphi_{11}(k) & \varphi_{12}(k) \\ \varphi_{21}(k) & \varphi_{22}(k) \end{bmatrix} \begin{bmatrix} \varepsilon_{1,\,t-k} \\ \varepsilon_{2,\,t-k} \end{bmatrix}$$

其 n 步预测误差为

$$\begin{bmatrix} y_{1,\,t+n} \\ y_{2,\,t+n} \end{bmatrix} - E_t \begin{bmatrix} y_{1,\,t+n} \\ y_{2,\,t+n} \end{bmatrix} = \sum_{k=0}^{n-1} \begin{bmatrix} \varphi_{11}(k) & \varphi_{12}(k) \\ \varphi_{21}(k) & \varphi_{22}(k) \end{bmatrix} \begin{bmatrix} \varepsilon_{1,\,t+n-k} \\ \varepsilon_{2,\,t+n-k} \end{bmatrix} \tag{6-56}$$

若记 n 步预测误差的方差为 $\sigma_y^2(n)$，则有

$$\begin{aligned} \sigma_y^2(n) &= E\left(\begin{bmatrix} y_{1,\,t+n} \\ y_{2,\,t+n} \end{bmatrix} - E_t \begin{bmatrix} y_{1,\,t+n} \\ y_{2,\,t+n} \end{bmatrix}\right)^2 \\ &= \sum_{k=0}^{n-1} \begin{bmatrix} \varphi_{11}(k)^2 & \varphi_{12}(k)^2 \\ \varphi_{21}(k)^2 & \varphi_{22}(k)^2 \end{bmatrix} \begin{bmatrix} \sigma_{\varepsilon 1}^2 \\ \sigma_{\varepsilon 2}^2 \end{bmatrix} \\ &= \begin{bmatrix} \sum_{k=0}^{n-1} \varphi_{11}(k)^2 & \sum_{k=0}^{n-1} \varphi_{12}(k)^2 \\ \sum_{k=0}^{n-1} \varphi_{21}(k)^2 & \sum_{k=0}^{n-1} \varphi_{22}(k)^2 \end{bmatrix} \begin{bmatrix} \sigma_{\varepsilon 1}^2 \\ \sigma_{\varepsilon 2}^2 \end{bmatrix} \end{aligned} \tag{6-57}$$

例如，序列$\{y_{1t}\}$的 n 步预测误差的方差$\sigma_{y1}^2(n)$可以表示为

$$\sigma_{y1}^2(n)=\sum_{k=0}^{n-1}\varphi_{11}(k)^2\sigma_{\varepsilon 1}^2+\sum_{k=0}^{n-1}\varphi_{12}(k)^2\sigma_{\varepsilon 2}^2 \tag{6-58}$$

因此，可以将序列$\{y_{1t}\}$的 n 步预测误差的方差分解为两部分，分别归因于原始冲击ε_{1t}和ε_{2t}，其中归因于y_{1t}的冲击ε_{1t}的部分为$\dfrac{\sum_{k=0}^{n-1}\varphi_{11}(k)^2\sigma_{\varepsilon 1}^2}{\sigma_{y1}^2(n)}$，归因于$y_{2t}$的冲击$\varepsilon_{2t}$的部分为$\dfrac{\sum_{k=0}^{n-1}\varphi_{12}(k)^2\sigma_{\varepsilon 2}^2}{\sigma_{y1}^2(n)}$。类似地，序列$\{y_{2t}\}$的 n 步预测误差的方差中，归因于y_{1t}的冲击ε_{1t}的部分为$\dfrac{\sum_{k=0}^{n-1}\varphi_{21}(k)^2\sigma_{\varepsilon 1}^2}{\sigma_{y2}^2(n)}$，归因于$y_{2t}$的冲击$\varepsilon_{2t}$的部分为$\dfrac{\sum_{k=0}^{n-1}\varphi_{22}(k)^2\sigma_{\varepsilon 2}^2}{\sigma_{y2}^2(n)}$。

上述过程即为 VAR 模型预测误差的方差分解（forecast error variance decomposition），该分解揭示了序列由于自身冲击和其他序列冲击而导致的变动的比例情况。如果一个序列的冲击在任何预测水平上都无法解释其他序列的预测误差方差，则这个序列是外生的。通常情况下，VAR 系统中各个序列的预测误差的方差都会以一定比例归因于其他序列的冲击。

与脉冲响应函数一样，预测误差的方差分解也同样涉及结构性冲击识别的问题。

6.6 Granger 因果关系检验

Granger 因果关系检验考察的是一个序列的历史信息是否有助于对另一个序列的预测。具体是通过在 VAR 模型系统中考察序列滞后项的系数是否全为零来进行检验。以 2 维 p 阶平稳 VAR 模型为例

$$\begin{aligned}y_{1t}&=a_{10}+a_{11}(1)y_{1,t-1}+a_{11}(2)y_{1,t-2}+\cdots+a_{11}(p)y_{1,t-p}\\&\quad+a_{12}(1)y_{2,t-1}+a_{12}(2)y_{2,t-2}+\cdots+a_{12}(p)y_{2,t-p}+e_{1t}\\y_{2t}&=a_{20}+a_{21}(1)y_{1,t-1}+a_{21}(2)y_{1,t-2}+\cdots+a_{21}(p)y_{1,t-p}\\&\quad+a_{22}(1)y_{2,t-1}+a_{22}(2)y_{2,t-2}+\cdots+a_{22}(p)y_{2,t-p}+e_{2t}\end{aligned} \tag{6-59}$$

检验原假设：$\{y_{2t}\}$不是$\{y_{1t}\}$的 Granger 原因，则通过 F 检验来检验联合假设

$$a_{12}(1)=a_{12}(2)=\cdots=a_{12}(p)=0 \tag{6-60}$$

若检验结果拒绝原假设，即拒绝$\{y_{2t}\}$不是$\{y_{1t}\}$的 Granger 原因，则通常称$\{y_{2t}\}$是$\{y_{1t}\}$的 Granger 原因。

检验原假设：$\{y_{1t}\}$不是$\{y_{2t}\}$的 Granger 原因，则通过F检验来检验联合假设

$$a_{21}(1)=a_{21}(2)=\cdots=a_{21}(p)=0 \tag{6-61}$$

若检验结果拒绝原假设，即拒绝$\{y_{1t}\}$不是$\{y_{2t}\}$的 Granger 原因，则通常称$\{y_{1t}\}$是$\{y_{2t}\}$的 Granger 原因。

Granger 因果关系检验也可以在包含 2 个以上变量的 VAR 系统中，检验两两变量之间的 Granger 因果关系。此时，检验原假设：$\{y_{jt}\}$不是$\{y_{it}\}$的 Granger 原因，可以在以y_{it}为被解释变量的方程中，通过F检验来检验联合假设

$$a_{ij}(1)=a_{ij}(2)=\cdots=a_{ij}(p)=0 \tag{6-62}$$

值得注意的是，Granger 因果关系不同于外生性。$\{y_{2t}\}$不是$\{y_{1t}\}$的 Granger 原因意味着$\{y_{2t}\}$的历史信息对$\{y_{1t}\}$的未来值不产生影响，但$\{y_{2t}\}$对于$\{y_{1t}\}$是外生的要求$\{y_{2t}\}$对$\{y_{1t}\}$不产生同期影响。Granger 因果关系检验并没有涉及序列间的同期关系，因此不能认为不存在 Granger 因果关系就是外生的。

另外，由于 Granger 因果关系检验是在 VAR 模型的基础上进行的，因此 VAR 模型本身的合理性对 Granger 因果关系检验的结果也非常重要。例如，VAR 模型应具有恰当的滞后期。通常 **VAR 模型选择合适的滞后期**，是通过比较不同滞后期长度模型之间的 AIC、SBC 等的信息判断准则统计量，认为信息判断准则统计量数值较小的模型的滞后期长度更为合适。除此之外，也可以通过其他方法来为 VAR 模型确定恰当的滞后期，例如 Sims[1]采用的似然比检验方法，但该方法不适用于小样本分析。

6.7 实例应用

【例 6-2】1996 年 10 月至 2014 年 12 月我国居民消费价格指数（CPI）和工业生产者出厂价格指数（PPI）（上年同月=100）如图 6-4 所示，具体数值参见附录 B 的表 B-4 和表 B-5。

（1）单位根检验

对序列进行建模之前，首先应对序列进行单位根检验，判断序列的平稳性。在 EViews 中，分别将居民消费价格指数序列和工业生产者出厂价格指数序列命名为 CPI 和 PPI。对序列 CPI 在同时包含截距项和时间趋势项的模型的基础上进行单位根检验，图 6-5 的检

验结果表明，DF 统计量的伴随概率为 4.78%，拒绝序列 CPI 包含单位根的原假设，认为序列 CPI 为趋势平稳的（检验模型中时间趋势项显著非零）。显然，序列 CPI 中的确定性时间趋势不容易从图 6-4 中 CPI 的时序图轻易地发现，从而可见对序列平稳性的判断还是很有必要通过正规的统计检验来进行，简单的观察只能作为判断的辅助手段。

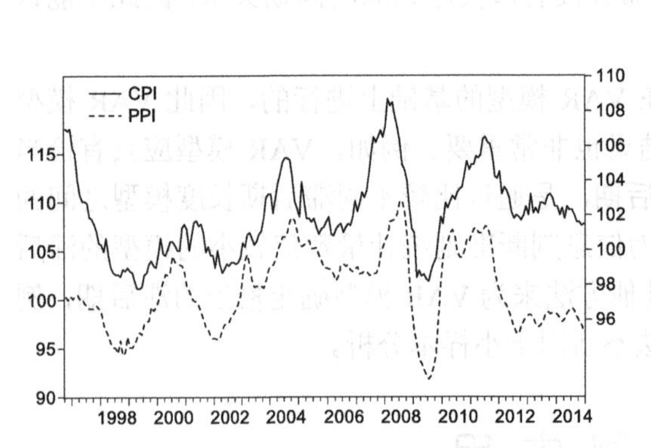

图 6-4　我国居民消费价格指数和工业生产者价格指数序列

Series: CPI Workfile: EXA::6_2m\

View | Proc | Object | Properties | Print | Name | Freeze | Sample | Genr | Sheet | Graph | St

Augmented Dickey-Fuller Unit Root Test on CPI

Null Hypothesis: CPI has a unit root
Exogenous: Constant, Linear Trend
Lag Length: 12 (Automatic - based on SIC, maxlag=14)

		t-Statistic	Prob.*
Augmented Dickey-Fuller test statistic		-3.449176	0.0478
Test critical values:	1% level	-4.003226	
	5% level	-3.431789	
	10% level	-3.139601	

*MacKinnon (1996) one-sided p-values.

Augmented Dickey-Fuller Test Equation
Dependent Variable: D(CPI)
Method: Least Squares
Date: 03/03/15 Time: 08:34
Sample (adjusted): 1997M11 2014M12
Included observations: 206 after adjustments

Variable	Coefficient	Std. Error	t-Statistic	Prob.
CPI(-1)	-0.088026	0.025521	-3.449176	0.0007
D(CPI(-1))	0.136922	0.058622	2.335666	0.0205
D(CPI(-2))	0.056661	0.058454	0.969326	0.3336
D(CPI(-3))	0.065716	0.058043	1.132188	0.2590
D(CPI(-4))	0.132300	0.058254	2.271094	0.0243
D(CPI(-5))	0.115573	0.058832	1.964454	0.0509
D(CPI(-6))	0.092803	0.059184	1.568050	0.1185
D(CPI(-7))	0.131254	0.059175	2.218055	0.0277
D(CPI(-8))	0.138856	0.058975	2.354488	0.0196
D(CPI(-9))	0.057501	0.059526	0.965987	0.3353
D(CPI(-10))	-0.022637	0.059246	-0.382078	0.7028
D(CPI(-11))	0.230141	0.059288	3.881760	0.0001
D(CPI(-12))	-0.473231	0.061121	-7.742565	0.0000
C	8.766751	2.548323	3.440204	0.0007
@TREND("1996M10")	0.001762	0.000759	2.321838	0.0213

R-squared	0.402534	Mean dependent var	0.000000
Adjusted R-squared	0.358740	S.D. dependent var	0.622896

图 6-5　CPI 的单位根检验结果——包含截距和趋势项

对序列 PPI 在同时包含截距项和时间趋势项的模型的基础上进行单位根检验，图 6-6 的检验结果表明，DF 统计量的伴随概率为 3.06%，拒绝序列 PPI 包含单位根的原假设。但检验结果页面下方的检验模型的估计结果显示，时间趋势项不显著。因此有必要继续在只包含截距项的模型的基础上进行单位根检验，图 6-7 的检验结果表明，DF 统计量的伴随概率为 0.56%，同样拒绝序列 PPI 包含单位根的原假设。因此，序列 PPI 是平稳的。

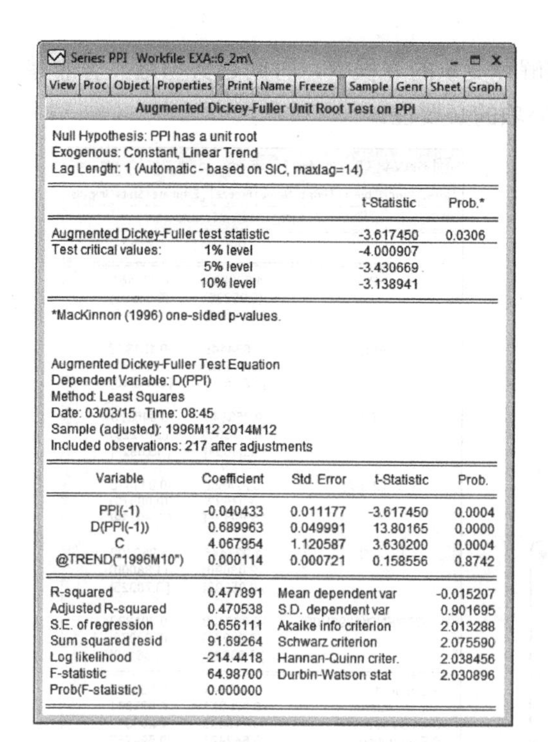

Series: PPI Workfile: EXA::6_2m\

View | Proc | Object | Properties | Print | Name | Freeze | Sample | Genr | Sheet | Graph

Augmented Dickey-Fuller Unit Root Test on PPI

Null Hypothesis: PPI has a unit root
Exogenous: Constant, Linear Trend
Lag Length: 1 (Automatic - based on SIC, maxlag=14)

		t-Statistic	Prob.*
Augmented Dickey-Fuller test statistic		-3.617450	0.0306
Test critical values:	1% level	-4.000907	
	5% level	-3.430669	
	10% level	-3.138941	

*MacKinnon (1996) one-sided p-values.

Augmented Dickey-Fuller Test Equation
Dependent Variable: D(PPI)
Method: Least Squares
Date: 03/03/15 Time: 08:45
Sample (adjusted): 1996M12 2014M12
Included observations: 217 after adjustments

Variable	Coefficient	Std. Error	t-Statistic	Prob.
PPI(-1)	-0.040433	0.011177	-3.617450	0.0004
D(PPI(-1))	0.689963	0.049991	13.80165	0.0000
C	4.067954	1.120587	3.630200	0.0004
@TREND("1996M10")	0.000114	0.000721	0.158556	0.8742

R-squared	0.477891	Mean dependent var	-0.015207
Adjusted R-squared	0.470538	S.D. dependent var	0.901695
S.E. of regression	0.656111	Akaike info criterion	2.013288
Sum squared resid	91.69264	Schwarz criterion	2.075590
Log likelihood	-214.4418	Hannan-Quinn criter.	2.038456
F-statistic	64.98700	Durbin-Watson stat	2.030896
Prob(F-statistic)	0.000000		

图 6-6 PPI 的单位根检验结果——包含截距和趋势项

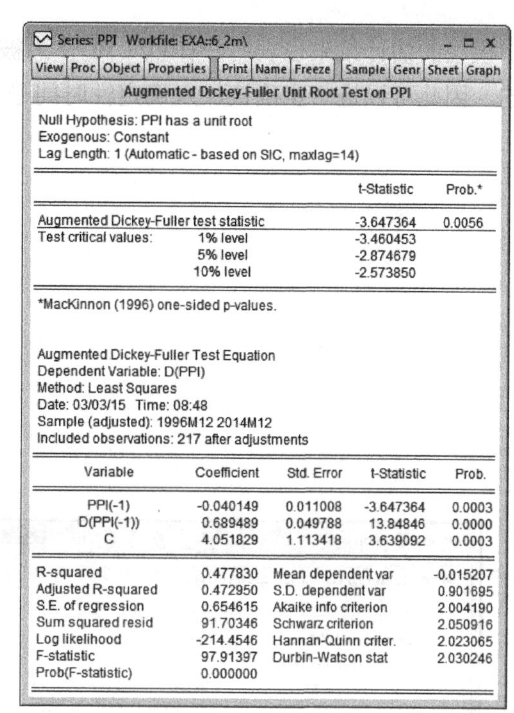

Series: PPI Workfile: EXA::6_2m\

View | Proc | Object | Properties | Print | Name | Freeze | Sample | Genr | Sheet | Graph

Augmented Dickey-Fuller Unit Root Test on PPI

Null Hypothesis: PPI has a unit root
Exogenous: Constant
Lag Length: 1 (Automatic - based on SIC, maxlag=14)

		t-Statistic	Prob.*
Augmented Dickey-Fuller test statistic		-3.647364	0.0056
Test critical values:	1% level	-3.460453	
	5% level	-2.874679	
	10% level	-2.573850	

*MacKinnon (1996) one-sided p-values.

Augmented Dickey-Fuller Test Equation
Dependent Variable: D(PPI)
Method: Least Squares
Date: 03/03/15 Time: 08:48
Sample (adjusted): 1996M12 2014M12
Included observations: 217 after adjustments

Variable	Coefficient	Std. Error	t-Statistic	Prob.
PPI(-1)	-0.040149	0.011008	-3.647364	0.0003
D(PPI(-1))	0.689489	0.049788	13.84846	0.0000
C	4.051829	1.113418	3.639092	0.0003

R-squared	0.477830	Mean dependent var	-0.015207
Adjusted R-squared	0.472950	S.D. dependent var	0.901695
S.E. of regression	0.654615	Akaike info criterion	2.004190
Sum squared resid	91.70346	Schwarz criterion	2.050916
Log likelihood	-214.4546	Hannan-Quinn criter.	2.023065
F-statistic	97.91397	Durbin-Watson stat	2.030246
Prob(F-statistic)	0.000000		

图 6-7 PPI 的单位根检验结果——只包含截距项

（2）在 VAR 对象下进行 VAR 模型的设定、估计和分析

图 6-8 列示了 VAR 模型的设定窗口。在 VAR Type 选择框中，可选择构建无约束 VAR（Unrestricted VAR）模型还是向量误差修正（Vector Error Correct）模型，这里选择构建无约束 VAR 模型。在 Endogenous Variables 文本框中应填写 VAR 模型中的内生变量，这里填写“ppi cpi”。

VAR 模型的设定环节中，有两项内容特别值得注意：一是外生变量（Exogenous Variables）的确定；二是模型滞后期（Lag Intervals for Endogenous）的选择。

在 Exogenous Variables 文本框中应填写 VAR 模型中的外生变量，一般情况下填写“c”即可，代表 VAR 模型中包含截距项；如果认为 VAR 模型中不应包含截距项，则可以不填写任何内容，但这种情况比较少见；如果认为 VAR 模型中还应包含确定性时间趋势项，则可以在文本框中加入“@trend()”，其中@trend 命令是 EViews 中生成时间趋势序列的命令，@trend 命令后面的括号中填写应设置为 0 的时间点。本例中，考虑到 CPI 为趋势平稳序列，因此应该在 VAR 模型中加入确定性时间趋势项“@trend(1996m09)”。图 6-9

中模型的估计结果也表明，在以 CPI 作为被解释变量的方程中，时间趋势项是显著非零的，因此可以进一步确认加入确定性时间趋势项的必要性。

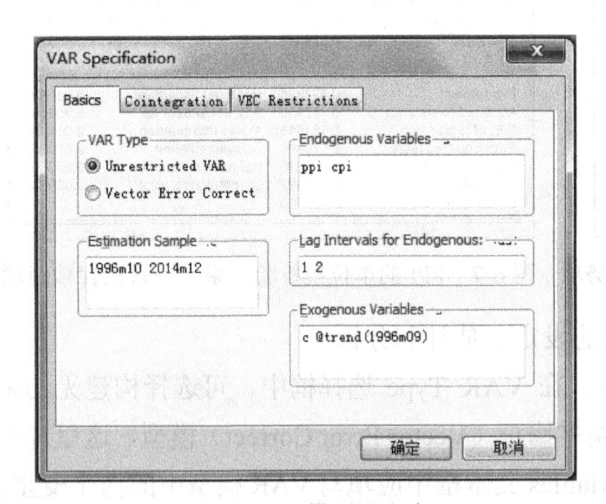

图 6-8　VAR 模型设定窗口

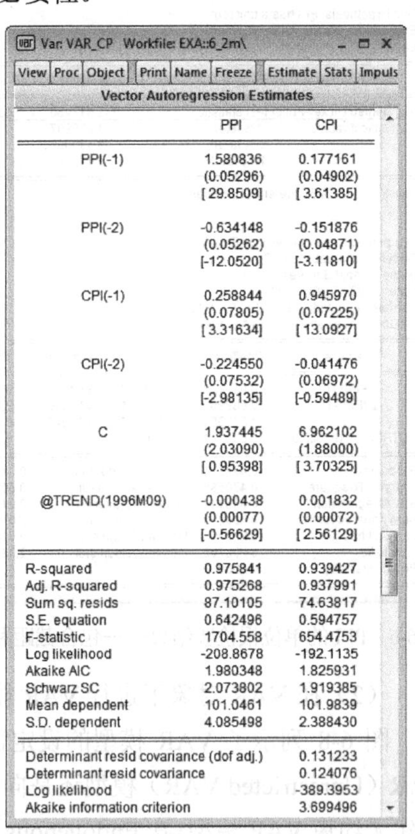

Var: VAR_CP Workfile: EXA::6_2m\

Vector Autoregression Estimates

	PPI	CPI
PPI(-1)	1.580836	0.177161
	(0.05296)	(0.04902)
	[29.8509]	[3.61385]
PPI(-2)	-0.634148	-0.151876
	(0.05262)	(0.04871)
	[-12.0520]	[-3.11810]
CPI(-1)	0.258844	0.945970
	(0.07805)	(0.07225)
	[3.31634]	[13.0927]
CPI(-2)	-0.224550	-0.041476
	(0.07532)	(0.06972)
	[-2.98135]	[-0.59489]
C	1.937445	6.962102
	(2.03090)	(1.88000)
	[0.95398]	[3.70325]
@TREND(1996M09)	-0.000438	0.001832
	(0.00077)	(0.00072)
	[-0.56629]	[2.56129]
R-squared	0.975841	0.939427
Adj. R-squared	0.975268	0.937991
Sum sq. resids	87.10105	74.63817
S.E. equation	0.642496	0.594757
F-statistic	1704.558	654.4753
Log likelihood	-208.8678	-192.1135
Akaike AIC	1.980348	1.825931
Schwarz SC	2.073802	1.919385
Mean dependent	101.0461	101.9839
S.D. dependent	4.085498	2.388430
Determinant resid covariance (dof adj.)		0.131233
Determinant resid covariance		0.124076
Log likelihood		-389.3953
Akaike information criterion		3.699496

图 6-9　VAR 模型估计结果

在 Lag Intervals for Endogenous 文本框中需要填写 VAR 模型内生变量的滞后期范围，填写的第一个数字是最低滞后期，第二个数字是最高滞后期。为了选择合适的滞后期，可以在滞后期文本框中填写不同的滞后期范围，从不同的估计结果中选择 AIC、SBC 等的信息判断准则统计量数值最小的滞后期范围作为模型的滞后期。本例中，尝试滞后期范围为“1 1”、“1 2”和“1 3”的 VAR 模型，图 6-10 列示了这三种滞后期范围下 VAR 模型估计结果页面下方的统计量信息，其中图 6-10（a）是滞后期范围为“1 1”的 VAR 模型估计结果页面下方的统计量信息，图 6-10（b）是滞后期范围为“1 2”的 VAR 模型估计结果页面下方的统计量信息，图 6-10（c）是滞后期范围为“1 3”的 VAR 模型估计结果页面下方的统计量信息。重点关注图 6-10 中的 AIC 和 SBC 统计量数值，显然信息判断准则统计量数值最小的是图 6-10（b）的 2 阶滞后 VAR 模型，其 AIC 和 SBC 统计量数值分别为 3.699 和 3.886，因此本例中应选择 2 阶滞后 VAR 模型。

	(a)	(b)	(c)
Determinant resid covariance (dof adj.)	0.256675	0.131233	0.131264
Determinant resid covariance	0.247342	0.124076	0.121721
Log likelihood	-466.3860	-389.3953	-385.5308
Akaike information criterion	4.352165	3.699496	3.717878
Schwarz criterion	4.476367	3.886402	3.967899

图 6-10　不同滞后期 VAR 模型估计结果页面下方的统计量信息

（3）脉冲响应分析

在对恰当形式的 VAR 模型进行估计的基础上，可以进一步进行脉冲响应分析。EViews 中的脉冲响应设定窗口包含两个分窗口，如图 6-11 的 Display 分窗口中可以设定脉冲响应分析结果的显示型式和显示顺序，如图 6-12 的 Impulse Definition 分窗口中可以设定脉冲响应分析过程中的识别方法。简单的脉冲响应分析是在 Cholesky 分解的基础上进行识别的，Cholesky 分解过程中变量的次序对脉冲响应结果会产生重要影响，因此确定哪个变量为先，即明确哪个变量不会对另一个变量产生当期影响是非常重要的。本例中，居民消费价格指数（CPI）和工业生产者出厂价格指数（PPI）之间，认为工业生产者出厂价格指数（PPI）为先，即认为对居民消费价格指数（CPI）不会对工业生产者出厂价格指数（PPI）产生当期影响。因此在图 6-12 的脉冲响应设定的 Impulse Definition 分窗口中，在 Cholesky Ordering 文本框中填写的顺序是，PPI 序列在前，CPI 序列在后。

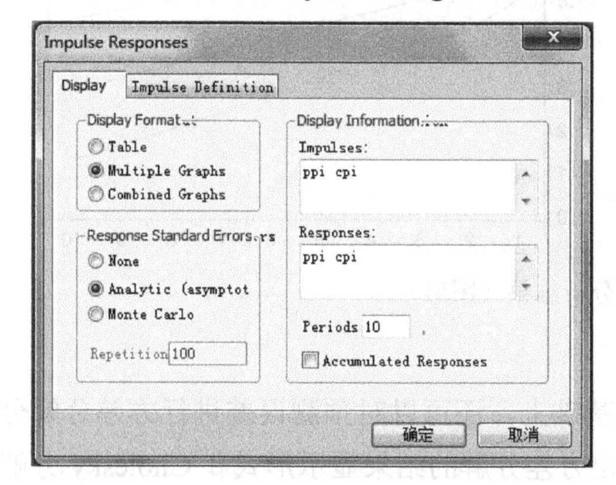

图 6-11　脉冲响应设定窗口——显示结果设定

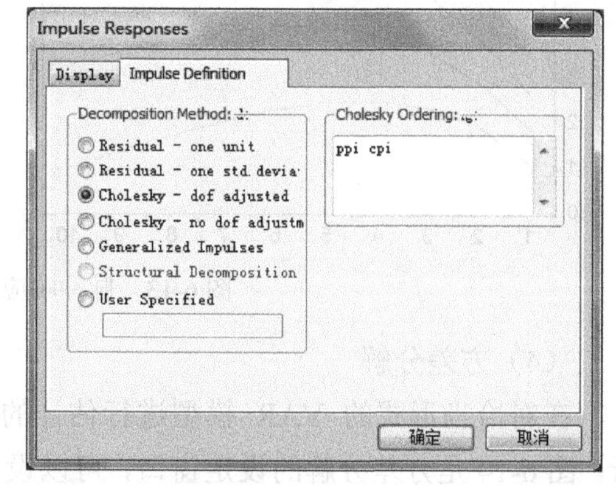

图 6-12　脉冲响应设定窗口——脉冲响应设定

对于平稳序列构建的 VAR 模型来说，脉冲响应结果一定是收敛的。脉冲响应的结果可以表格的方式表现，也可以图形的方式表现。这里仅列示脉冲响应的图形结果，如图 6-13 所示。图 6-13 中，脉冲响应结果的上面两幅图分别表明 PPI 序列对 PPI 序列的一个标准差冲击的响应情况和 PPI 序列对 CPI 序列的一个标准差冲击的响应情况；脉冲响应结果的下面两幅图分别表明 CPI 序列对 PPI 序列的一个标准差冲击的响应情况和 CPI 序列对 CPI 序列的一个标准差冲击的响应情况。值得注意的是，由于在 Cholesky 分解中假定 PPI 序列为先，所以在上面的右侧图形中 PPI 序列对 CPI 序列的脉冲响应过程显示，第 1 期的脉冲响应为零，即表明 CPI 序列不对 PPI 序列产生当期影响。

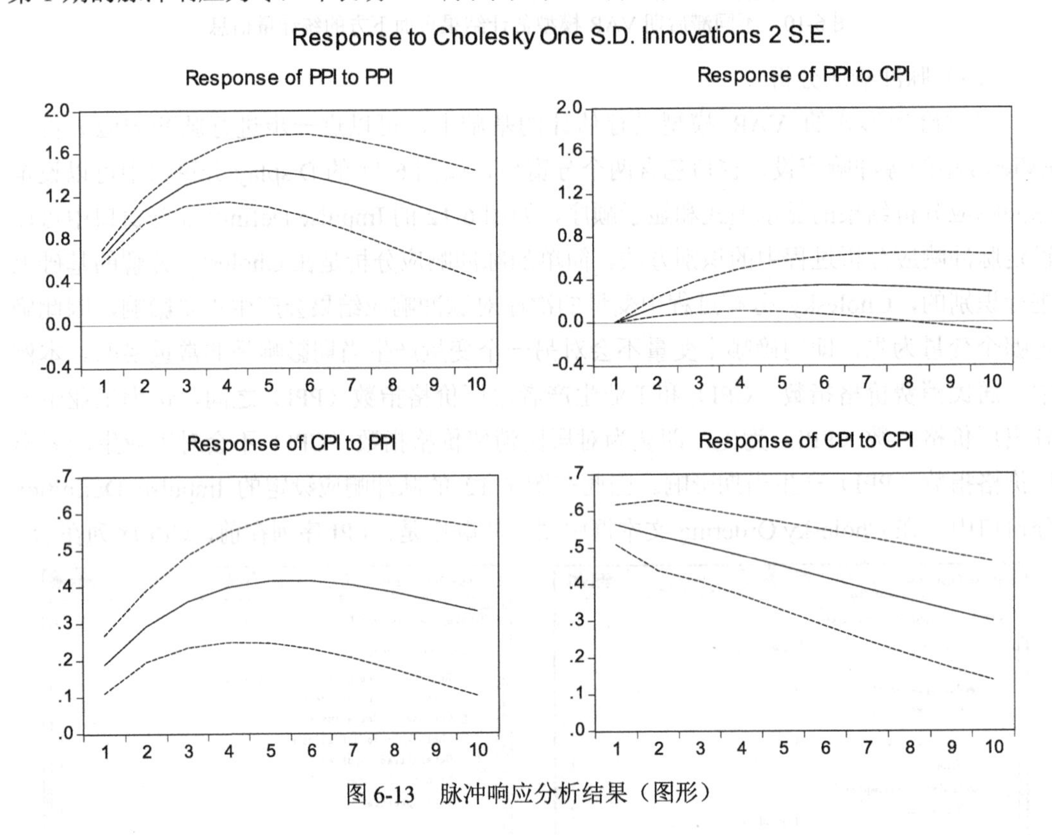

图 6-13　脉冲响应分析结果（图形）

（4）方差分解

在对恰当形式的 VAR 模型进行估计的基础上，还可以对预测误差进行方差分解分析。图 6-14 是方差分解的设定窗口，可以设定方差分解的结果显示形式和 Cholesky 分解过程中的变量次序。图 6-15 和图 6-16 分别以数据表和图形的方式列示了方差分解的结果。方差分解的结果表明了在变量预测的过程中，不同变量影响的重要程度。

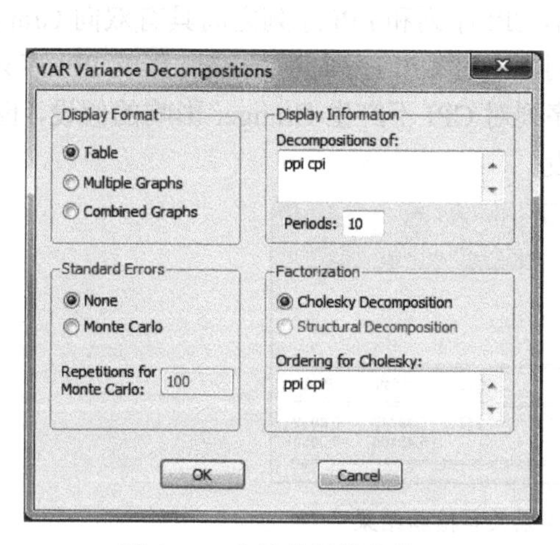

图 6-14　方差分解设定窗口

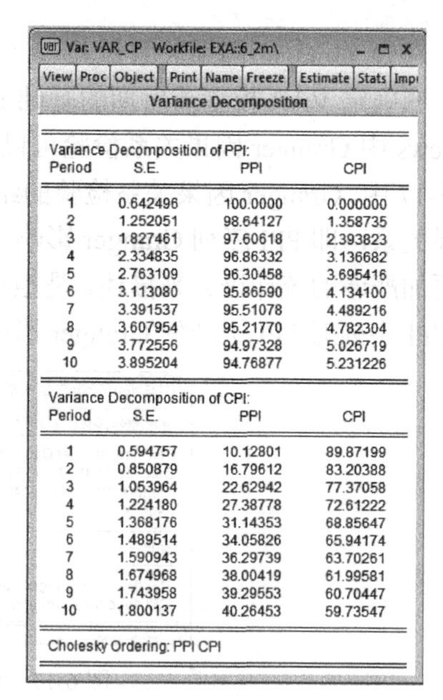

Var: VAR_CP　Workfile: EXA::6_2m\

View | Proc | Object | Print | Name | Freeze | Estimate | Stats | Impu

Variance Decomposition

Variance Decomposition of PPI:

Period	S.E.	PPI	CPI
1	0.642496	100.0000	0.000000
2	1.252051	98.64127	1.358735
3	1.827461	97.60618	2.393823
4	2.334835	96.86332	3.136682
5	2.763109	96.30458	3.695416
6	3.113080	95.86590	4.134100
7	3.391537	95.51078	4.489216
8	3.607954	95.21770	4.782304
9	3.772556	94.97328	5.026719
10	3.895204	94.76877	5.231226

Variance Decomposition of CPI:

Period	S.E.	PPI	CPI
1	0.594757	10.12801	89.87199
2	0.850879	16.79612	83.20388
3	1.053964	22.62942	77.37058
4	1.224180	27.38778	72.61222
5	1.368176	31.14353	68.85647
6	1.489514	34.05826	65.94174
7	1.590943	36.29739	63.70261
8	1.674968	38.00419	61.99581
9	1.743958	39.29553	60.70447
10	1.800137	40.26453	59.73547

Cholesky Ordering: PPI CPI

图 6-15　方差分解的结果（数据表）

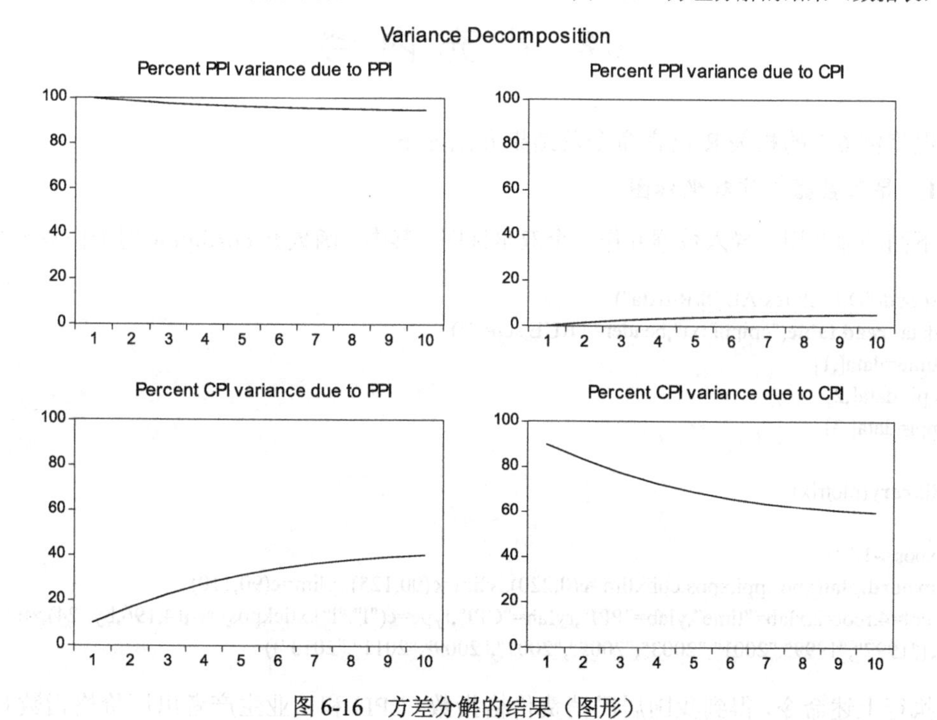

图 6-16　方差分解的结果（图形）

（5）Granger 因果关系检验

在确定 VAR 模型滞后期的基础上，可以进一步对变量进行 Granger 因果关系检验。EViews 中 Granger 因果关系检验可以在 Group 对象下进行，也可以在 VAR 对象下进行。图 6-17 中，Granger 因果关系检验的结果表明，CPI 序列和 PPI 序列之间具有双向 Granger 因果关系，即 PPI 序列 Granger 影响 CPI 序列，同时 CPI 序列也 Granger 影响 PPI 序列。用更加严谨的统计语言来描述，是拒绝 PPI 序列对 CPI 不产生 Granger 影响的假设，也拒绝 CPI 序列对 PPI 不产生 Granger 影响的假设。

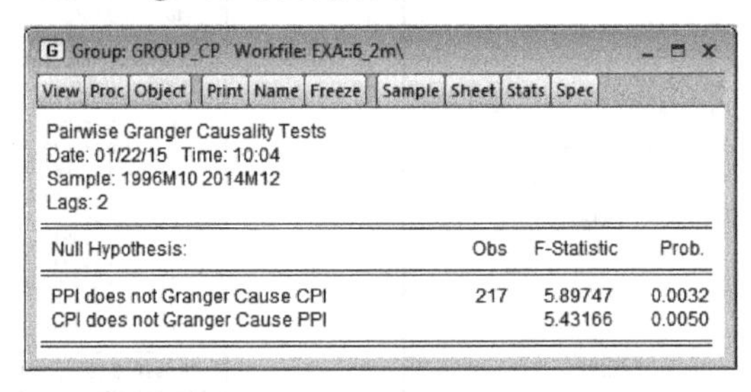

Group: GROUP_CP Workfile: EXA::6_2m\

View | Proc | Object | Print | Name | Freeze | Sample | Sheet | Stats | Spec

Pairwise Granger Causality Tests
Date: 01/22/15 Time: 10:04
Sample: 1996M10 2014M12
Lags: 2

Null Hypothesis:	Obs	F-Statistic	Prob.
PPI does not Granger Cause CPI	217	5.89747	0.0032
CPI does not Granger Cause PPI		5.43166	0.0050

图 6-17 Granger 因果关系检验结果

6.8 补充内容

现将例 6-2 的相关 R 语言命令及结果介绍如下。

1. 导入数据，作双坐标图

下面的命令用于导入数据并作一个双坐标图。其中，函数 **twoord.plot** 用于作双坐标图。

```
setwd("D:/lectures/AETS/R/data")
data=read.table("cpippi.txt",header=TRUE,sep="")
time=data[,1]
cpi=data[,2]
ppi=data[,3]

library(plotrix)

xpos<-1:219
twoord.plot(xpos,ppi,xpos,cpi,xlim=c(0,220),lylim=c(90,125),rylim=c(90,110),
lcol=4,rcol=2,xlab="time",ylab="PPI",rylab="CPI",type=c("l","l"),xtickpos=seq(4,196,by=24),xticklab=
c("1997","1999","2001","2003","2005","2007","2009","2011","2013"))
```

执行上述命令，得到我国居民消费价格指数（CPI）和工业生产者出厂价格指数（PPI）

两个序列的双坐标时序图，如图 6-18 所示。

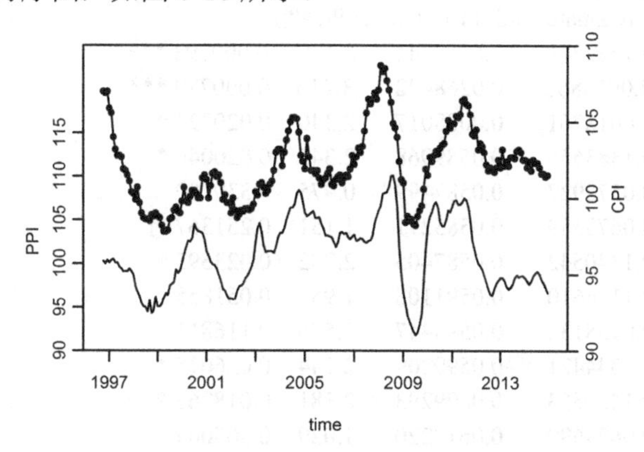

图 6-18　CPI 序列和 PPI 序列的时序图

2. 单位根检验

（1）CPI 序列

首先采用同时包含截距和趋势项的模型来对 CPI 序列进行初步的 ADF 单位根检验，根据 BIC 信息判断准则来确定检验模型的恰当的滞后期。

```
library(urca)
urdft<-ur.df(cpi,type='trend',lags=14,selectlags='BIC')
summary(urdft)
```

执行上述命令，得到 CPI 序列的单位根检验结果如下。

```
##
## ###############################################
## # Augmented Dickey-Fuller Test Unit Root Test #
## ###############################################
##
## Test regression trend
##
##
## Call:
## lm(formula = z.diff ~ z.lag.1 + 1 + tt + z.diff.lag)
##
## Residuals:
##      Min        1Q    Median       3Q      Max
## -1.38073  -0.27889   0.00592  0.29139  1.62141
##
```

```
## Coefficients:
##                  Estimate  Std. Error t value Pr(>|t|)
## (Intercept)     9.1252271   2.6757744   3.410  0.000793 ***
## z.lag.1        -0.0916866   0.0268422  -3.416  0.000779 ***
## tt              0.0018761   0.0008017   2.340  0.020324 *
## z.diff.lag1     0.1383656   0.0589968   2.345  0.020049 *
## z.diff.lag2     0.0572927   0.0587499   0.975  0.330709
## z.diff.lag3     0.0673389   0.0585271   1.151  0.251367
## z.diff.lag4     0.1340542   0.0587405   2.282  0.023595 *
## z.diff.lag5     0.1156610   0.0591108   1.957  0.051858 .
## z.diff.lag6     0.0938134   0.0595447   1.576  0.116811
## z.diff.lag7     0.1344421   0.0599209   2.244  0.026015 *
## z.diff.lag8     0.1450653   0.0609293   2.381  0.018265 *
## z.diff.lag9     0.0629699   0.0612220   1.029  0.305005
## z.diff.lag10   -0.0187386   0.0602443  -0.311  0.756110
## z.diff.lag11    0.2330395   0.0601556   3.874  0.000148 ***
## z.diff.lag12   -0.4723519   0.0614539  -7.686  8.03e-13 ***
## ---
## Signif. codes:  0 '***' 0.001 '**' 0.01 '*' 0.05 '.' 0.1 ' ' 1
##
## Residual standard error: 0.5012 on 189 degrees of freedom
## Multiple R-squared:  0.3982, Adjusted R-squared:  0.3537
## F-statistic: 8.934 on 14 and 189 DF,  p-value: 7.731e-15
##
##
## Value of test-statistic is: -3.4158 3.8967 5.8381
##
## Critical values for test statistics:
##        1pct   5pct  10pct
## tau3  -3.99  -3.43  -3.13
## phi2   6.22   4.75   4.07
## phi3   8.43   6.49   5.47
```

检验结果表明，在最长为 14 期的滞后期中，根据 BIC 信息判断准则选择出的恰当滞后期为滞后 12 期。

接下来，采用同时包含截距和趋势项的模型来对 CPI 序列进行一次固定滞后阶数的 ADF 单位根检验。

```
urdft1<-ur.df(cpi,type='trend',lags=12,selectlags='Fixed')
summary(urdft1)
```

执行上述命令，得到如下的单位根检验结果。

```
##
## ###############################################
## # Augmented Dickey-Fuller Test Unit Root Test #
## ###############################################
##
## Test regression trend
##
##
## Call:
## lm(formula = z.diff ~ z.lag.1 + 1 + tt + z.diff.lag)
##
## Residuals:
##      Min        1Q    Median        3Q       Max
## -1.38748  -0.26910   0.01018   0.28745   1.61931
##
## Coefficients:
##               Estimate Std. Error t value Pr(>|t|)
## (Intercept)   8.7667509  2.5483229   3.440 0.000714 ***
## z.lag.1      -0.0880258  0.0255208  -3.449 0.000692 ***
## tt            0.0017615  0.0007587   2.322 0.021296 *
## z.diff.lag1   0.1369219  0.0586222   2.336 0.020547 *
## z.diff.lag2   0.0566613  0.0584543   0.969 0.333608
## z.diff.lag3   0.0657158  0.0580431   1.132 0.258975
## z.diff.lag4   0.1322997  0.0582537   2.271 0.024257 *
## z.diff.lag5   0.1155733  0.0588323   1.964 0.050928 .
## z.diff.lag6   0.0928034  0.0591840   1.568 0.118525
## z.diff.lag7   0.1312539  0.0591752   2.218 0.027730 *
## z.diff.lag8   0.1388558  0.0589749   2.354 0.019563 *
## z.diff.lag9   0.0575013  0.0595259   0.966 0.335272
## z.diff.lag10 -0.0226368  0.0592465  -0.382 0.702828
## z.diff.lag11  0.2301411  0.0592878   3.882 0.000143 ***
## z.diff.lag12 -0.4732305  0.0611206  -7.743 5.54e-13 ***
## ---
## Signif. codes:  0 '***' 0.001 '**' 0.01 '*' 0.05 '.' 0.1 ' ' 1
##
## Residual standard error: 0.4988 on 191 degrees of freedom
## Multiple R-squared:  0.4025, Adjusted R-squared:  0.3587
## F-statistic: 9.192 on 14 and 191 DF,  p-value: 2.655e-15
##
##
## Value of test-statistic is: -3.4492 3.9875 5.9661
##
## Critical values for test statistics:
```

```
##          1pct    5pct    10pct
## tau3    -3.99   -3.43   -3.13
## phi2     6.22    4.75    4.07
## phi3     8.43    6.49    5.47
```

检验结果表明，DF 统计量为-3.449 2，小于 5%临界值-3.43，因此拒绝序列存在单位根的原假设，认为序列趋势平稳。

（2）PPI 序列

首先采用只包含截距项的模型来对 PPI 序列进行初步的 ADF 单位根检验，根据 BIC 信息判断准则来确定检验模型的恰当的滞后期。

```
urdfc_p<-ur.df(ppi,type='drift',lags=14,selectlags='BIC')
summary(urdfc_p)
```

执行上述命令，得到 PPI 序列的单位根检验结果如下。

```
##
## ###############################################
## # Augmented Dickey-Fuller Test Unit Root Test #
## ###############################################
##
## Test regression drift
##
##
## Call:
## lm(formula = z.diff ~ z.lag.1 + 1 + z.diff.lag)
##
## Residuals:
##      Min        1Q      Median      3Q       Max
## -2.63657  -0.35798  -0.01627  0.33601  2.58940
##
## Coefficients:
##               Estimate Std. Error t value Pr(>|t|)
## (Intercept)    4.08974    1.14136   3.583  0.000426 ***
## z.lag.1       -0.04048    0.01127  -3.590  0.000415 ***
## z.diff.lag     0.69515    0.05097  13.640   < 2e-16 ***
## ---
## Signif. codes:  0 '***' 0.001 '**' 0.01 '*' 0.05 '.' 0.1 ' ' 1
##
## Residual standard error: 0.6682 on 201 degrees of freedom
## Multiple R-squared:  0.486,  Adjusted R-squared:  0.4808
## F-statistic: 95.01 on 2 and 201 DF,  p-value: < 2.2e-16
```

```
##
##
## Value of test-statistic is: -3.5905 6.4511
##
## Critical values for test statistics:
##        1pct  5pct  10pct
## tau2  -3.46  -2.88  -2.57
## phi1   6.52   4.63   3.81
```

检验结果表明，在最长为 14 期的滞后期中，根据 BIC 信息判断准则选择出的恰当滞后期为滞后 1 期。

接下来，采用只包含截距项的模型来对 PPI 序列进行一次固定滞后阶数的 ADF 单位根检验。

```
urdfc_p1<-ur.df(ppi,type='drift',lags=1,selectlags='Fixed')
summary(urdfc_p1)
```

执行上述命令，得到如下的单位根检验结果。

```
##
## ###############################################
## # Augmented Dickey-Fuller Test Unit Root Test #
## ###############################################
##
## Test regression drift
##
##
## Call:
## lm(formula = z.diff ~ z.lag.1 + 1 + z.diff.lag)
##
## Residuals:
##      Min       1Q   Median      3Q     Max
## -2.64823 -0.36239 -0.01753 0.33747 2.60281
##
## Coefficients:
##             Estimate Std. Error t value Pr(>|t|)
## (Intercept)  4.05183    1.11342   3.639 0.000343 ***
## z.lag.1     -0.04015    0.01101  -3.647 0.000333 ***
## z.diff.lag   0.68949    0.04979  13.848  < 2e-16 ***
## ---
## Signif. codes:  0 '***' 0.001 '**' 0.01 '*' 0.05 '.' 0.1 ' ' 1
##
## Residual standard error: 0.6546 on 214 degrees of freedom
```

```
## Multiple R-squared:   0.4778, Adjusted R-squared:   0.4729
## F-statistic: 97.91 on 2 and 214 DF,   p-value: < 2.2e-16
##
##
## Value of test-statistic is: -3.6474 6.6607
##
## Critical values for test statistics:
##          1pct    5pct    10pct
## tau2     -3.46   -2.88   -2.57
## phi1      6.52    4.63    3.81
```

检验结果表明，DF 统计量为-3.647 4，小于 1%临界值-3.46，因此拒绝序列存在单位根的原假设，认为序列平稳。

3. VAR 模型估计

下列命令用于确定 CPI 序列和 PPI 序列作为内生变量的 VAR 模型的滞后期。其中，函数 **data.frame** 用于生成一个数据框，函数 **VARselect** 用于选择 VAR 模型的滞后期。

```
library(vars)

data2<-data.frame(ppi,cpi)
VARselect(data2,type="both",lag.max=4)
```

执行上述命令，得到如下的 VAR 模型滞后期选择结果。结果显示 VAR 模型的合适滞后期为滞后 2 期。

```
## $selection
## AIC(n)   HQ(n)   SC(n) FPE(n)
##      2       2       2      2
##
## $criteria
##                  1            2            3            4
## AIC(n)   -1.3169856   -1.9762638   -1.9557724   -1.9482939
## HQ(n)    -1.2663105   -1.9002511   -1.8544222   -1.8216061
## SC(n)    -1.1915665   -1.7881352   -1.7049342   -1.6347461
## FPE(n)    0.2679441    0.1385901    0.1414649    0.1425362
```

下列命令用于估计以 CPI 序列和 PPI 序列作为内生变量的 VAR 模型。其中，函数 **VAR** 用于估计一个 VAR 模型，这里的参数“type="both"”表明 VAR 模型中同时包含截距项和时间趋势项。

```
cp<-VAR(data2,p=2,type="both")
cp
```

执行上述命令，得到如下的 VAR 模型估计结果。

```
##
## VAR Estimation Results:
## ==========================
##
## Estimated coefficients for equation ppi:
## =============================================
## Call:
## ppi = ppi.l1 + cpi.l1 + ppi.l2 + cpi.l2 + const + trend
##
##        ppi.l1        cpi.l1        ppi.l2        cpi.l2         const

##  1.5808356712  0.2588439902 -0.6341483061 -0.2245495435  1.9374448797
##         trend
## -0.0004376628
##
##
## Estimated coefficients for equation cpi:
## =============================================
## Call:
## cpi = ppi.l1 + cpi.l1 + ppi.l2 + cpi.l2 + const + trend
##
##       ppi.l1       cpi.l1       ppi.l2       cpi.l2        const
##  0.177160866  0.945969628 -0.151876087 -0.041476407  6.962102255
##        trend
##  0.001832418
```

下面的函数 **roots** 用于计算 VAR 模型的特征根。

```
roots(cp)
```

执行上述命令，得到如下的 VAR 模型特征根计算结果。结果显示特征根都在单位圆内，因此 VAR 模型是稳定的。

```
## [1] 0.90396126 0.82400905 0.82400905 0.01271057
```

4. 脉冲响应分析

下面的函数 **irf** 用于对 VAR 模型进行脉冲响应分析。

```
cp.irf<-irf(cp,ci=0.95,runs=100)
plot(cp.irf)
```

执行上述命令，得到 VAR 模型脉冲响应分析图，如图 6-19 所示。

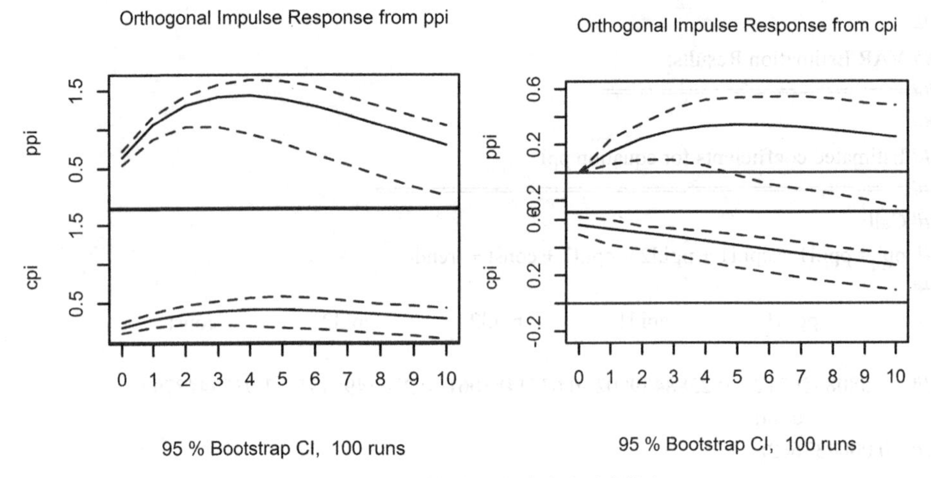

图 6-19 VAR 模型的脉冲响应分析图

5. *方差分解*

下面的函数 **fevd** 用于对 VAR 模型进行方差分解。

```
cp.fevd<-fevd(cp)
cp.fevd
```

执行上述命令，得到如下的 VAR 模型方差分解结果。

```
## $ppi
##           ppi         cpi
##   [1,] 1.0000000  0.00000000
##   [2,] 0.9864127  0.01358735
##   [3,] 0.9760618  0.02393823
##   [4,] 0.9686332  0.03136682
##   [5,] 0.9630458  0.03695416
##   [6,] 0.9586590  0.04134100
##   [7,] 0.9551078  0.04489216
##   [8,] 0.9521770  0.04782304
##   [9,] 0.9497328  0.05026719
##  [10,] 0.9476877  0.05231226
##
## $cpi
##           ppi         cpi
##   [1,] 0.1012801  0.8987199
```

```
##   [2,] 0.1679612   0.8320388
##   [3,] 0.2262942   0.7737058
##   [4,] 0.2738778   0.7261222
##   [5,] 0.3114353   0.6885647
##   [6,] 0.3405826   0.6594174
##   [7,] 0.3629739   0.6370261
##   [8,] 0.3800419   0.6199581
##   [9,] 0.3929553   0.6070447
##  [10,] 0.4026453   0.5973547
```

6. Granger 因果关系检验

下面的函数 **granger.test** 用于对 CPI 序列和 PPI 序列进行 Granger 因果关系检验。

```
library(MSBVAR)
granger.test(data2,2)
```

执行上述命令，得到如下的 Granger 因果关系检验结果。

```
##              F-statistic       p-value
## cpi -> ppi      5.431661   0.005006215
## ppi -> cpi      5.897467   0.003217175
```

习题及参考答案

1．请判断下列 VAR 模型是否满足平稳性条件，并将其表示为如式（6-9）的序列自身的 ARMA 模型形式。

（1）$\begin{bmatrix} y_{1t} \\ y_{2t} \end{bmatrix} = \begin{bmatrix} 0.3 \\ 0.5 \end{bmatrix} + \begin{bmatrix} 0.5 & 0.8 \\ 0.75 & -0.2 \end{bmatrix} \begin{bmatrix} y_{1,t-1} \\ y_{2,t-1} \end{bmatrix} + \begin{bmatrix} e_{1t} \\ e_{2t} \end{bmatrix}$

（2）$\begin{bmatrix} y_{1t} \\ y_{2t} \end{bmatrix} = \begin{bmatrix} 0.3 \\ 0.5 \end{bmatrix} + \begin{bmatrix} 0.6 & -0.5 \\ 0.14 & -0.2 \end{bmatrix} \begin{bmatrix} y_{1,t-1} \\ y_{2,t-1} \end{bmatrix} + \begin{bmatrix} e_{1t} \\ e_{2t} \end{bmatrix}$

解：（1）
$$\begin{aligned} |\boldsymbol{A}_1 - \lambda \boldsymbol{I}| &= \begin{vmatrix} 0.5-\lambda & 0.8 \\ 0.75 & -0.2-\lambda \end{vmatrix} \\ &= (0.5-\lambda)(-0.2-\lambda) - 0.8 \times 0.75 \\ &= \lambda^2 - 0.3\lambda - 0.7 \\ &= (\lambda - 1)(\lambda + 0.7) \end{aligned}$$

该 VAR 模型的两个特征根分别为 1 和−0.7，一个特征根在单位圆上，一个特征根在

单位圆内，不满足特征方程$|\boldsymbol{A}_1-\lambda\boldsymbol{I}|=0$的所有根都在单位圆内的平稳性条件。

采用滞后算子表示该VAR模型，即

$$\begin{bmatrix} y_{1t} \\ y_{2t} \end{bmatrix}=\begin{bmatrix} 0.3 \\ 0.5 \end{bmatrix}+\begin{bmatrix} 0.5L & 0.8L \\ 0.75L & -0.2L \end{bmatrix}\begin{bmatrix} y_{1t} \\ y_{2t} \end{bmatrix}+\begin{bmatrix} e_{1t} \\ e_{2t} \end{bmatrix}$$

移项有

$$\begin{bmatrix} 1-0.5L & -0.8L \\ -0.75L & 1+0.2L \end{bmatrix}\begin{bmatrix} y_{1t} \\ y_{2t} \end{bmatrix}=\begin{bmatrix} 0.3 \\ 0.5 \end{bmatrix}+\begin{bmatrix} e_{1t} \\ e_{2t} \end{bmatrix}$$

根据式Cramer法则，有

$$\begin{bmatrix} y_{1t} \\ y_{2t} \end{bmatrix}=\begin{bmatrix} 1-0.5L & -0.8L \\ -0.75L & 1+0.2L \end{bmatrix}^{-1}\begin{bmatrix} 0.3 \\ 0.5 \end{bmatrix}+\begin{bmatrix} 1-0.5L & -0.8L \\ -0.75L & 1+0.2L \end{bmatrix}^{-1}\begin{bmatrix} e_{1t} \\ e_{2t} \end{bmatrix}$$

其中

$$\begin{bmatrix} 1-0.5L & -0.8L \\ -0.75L & 1+0.2L \end{bmatrix}^{-1}=\frac{\begin{bmatrix} 1+0.2L & 0.8L \\ 0.75L & 1-0.5L \end{bmatrix}}{(1-0.5L)(1+0.2L)-0.8\times 0.75L^2}=\frac{\begin{bmatrix} 1+0.2L & 0.8L \\ 0.75L & 1-0.5L \end{bmatrix}}{(1-L)(1+0.7L)}$$

因此

$$\begin{bmatrix} y_{1t} \\ y_{2t} \end{bmatrix}=\frac{\begin{bmatrix} 1+0.2 & 0.8 \\ 0.75 & 1-0.5 \end{bmatrix}\begin{bmatrix} 0.3 \\ 0.5 \end{bmatrix}+\begin{bmatrix} 1+0.2L & 0.8L \\ 0.75L & 1-0.5L \end{bmatrix}\begin{bmatrix} e_{1t} \\ e_{2t} \end{bmatrix}}{(1-L)(1+0.7L)}$$

即

$$y_{1t}=\frac{0.76+e_{1t}+0.2e_{1,t-1}+0.8e_{2,t-1}}{(1-L)(1+0.7L)}$$

$$y_{2t}=\frac{0.475+e_{2t}-0.5e_{2,t-1}+0.75e_{1,t-1}}{(1-L)(1+0.7L)}$$

（2）$$|\boldsymbol{A}_1-\lambda\boldsymbol{I}|=\begin{vmatrix} 0.6-\lambda & -0.5 \\ 0.14 & -0.2-\lambda \end{vmatrix}$$
$$=(0.6-\lambda)(-0.2-\lambda)+0.5\times 0.14$$
$$=\lambda^2-0.4\lambda-0.05$$
$$=(\lambda-0.5)(\lambda+0.1)$$

该VAR模型的两个特征根分别为0.5和−0.1，都在单位圆内，满足特征方程$|\boldsymbol{A}_1-\lambda\boldsymbol{I}|=0$的所有根都在单位圆内的平稳性条件。

采用滞后算子表示该VAR模型，即

$$\begin{bmatrix} y_{1t} \\ y_{2t} \end{bmatrix} = \begin{bmatrix} 0.3 \\ 0.5 \end{bmatrix} + \begin{bmatrix} 0.6L & 0.5L \\ 0.76L & -0.2L \end{bmatrix} \begin{bmatrix} y_{1t} \\ y_{2t} \end{bmatrix} + \begin{bmatrix} e_{1t} \\ e_{2t} \end{bmatrix}$$

移项有

$$\begin{bmatrix} 1-0.6L & -0.5L \\ -0.76L & 1+0.2L \end{bmatrix} \begin{bmatrix} y_{1t} \\ y_{2t} \end{bmatrix} = \begin{bmatrix} 0.3 \\ 0.5 \end{bmatrix} + \begin{bmatrix} e_{1t} \\ e_{2t} \end{bmatrix}$$

根据式 Cramer 法则，有

$$\begin{bmatrix} y_{1t} \\ y_{2t} \end{bmatrix} = \begin{bmatrix} 1-0.6L & -0.5L \\ -0.76L & 1+0.2L \end{bmatrix}^{-1} \begin{bmatrix} 0.3 \\ 0.5 \end{bmatrix} + \begin{bmatrix} 1-0.6L & -0.5L \\ -0.76L & 1+0.2L \end{bmatrix}^{-1} \begin{bmatrix} e_{1t} \\ e_{2t} \end{bmatrix}$$

其中

$$\begin{bmatrix} 1-0.6L & -0.5L \\ -0.76L & 1+0.2L \end{bmatrix}^{-1} = \frac{\begin{bmatrix} 1+0.2L & 0.5L \\ 0.76L & 1-0.6L \end{bmatrix}}{(1-0.6L)(1+0.2L)-0.5\times 0.76L^2} = \frac{\begin{bmatrix} 1+0.2L & 0.5L \\ 0.76L & 1-0.6L \end{bmatrix}}{(1-0.5L)(1+0.1L)}$$

因此

$$\begin{bmatrix} y_{1t} \\ y_{2t} \end{bmatrix} = \frac{\begin{bmatrix} 1+0.2 & 0.5 \\ 0.76 & 1-0.6 \end{bmatrix} \begin{bmatrix} 0.3 \\ 0.5 \end{bmatrix} + \begin{bmatrix} 1+0.2L & 0.5L \\ 0.76L & 1-0.6L \end{bmatrix} \begin{bmatrix} e_{1t} \\ e_{2t} \end{bmatrix}}{(1-0.5L)(1+0.1L)}$$

即

$$y_{1t} = \frac{0.61 + e_{1t} + 0.2e_{1,t-1} + 0.5e_{2,t-1}}{(1-0.5L)(1+0.1L)}$$

$$y_{2t} = \frac{0.428 + e_{2t} - 0.6e_{2,t-1} + 0.76e_{1,t-1}}{(1-0.5L)(1+0.1L)}$$

2．已知 VAR 模型 $\begin{bmatrix} y_{1t} \\ y_{2t} \end{bmatrix} = \begin{bmatrix} 0.5 & 0.3 \\ 0.3 & 0.5 \end{bmatrix} \begin{bmatrix} y_{1,t-1} \\ y_{2,t-1} \end{bmatrix} + \begin{bmatrix} e_{1t} \\ e_{2t} \end{bmatrix}$，其中 $\begin{bmatrix} e_{1t} \\ e_{2t} \end{bmatrix} = \begin{bmatrix} \varepsilon_{1t} \\ \varepsilon_{2t} + 0.8\varepsilon_{1t} \end{bmatrix}$，请计算一单位标准差的 0、1、2 和 3 期的脉冲响应结果。

解：由于

$$\begin{bmatrix} e_{1t} \\ e_{2t} \end{bmatrix} = \begin{bmatrix} 1 & 0 \\ b_{21} & 1 \end{bmatrix}^{-1} \begin{bmatrix} \varepsilon_{1t} \\ \varepsilon_{2t} \end{bmatrix} = \begin{bmatrix} 1 & 0 \\ -b_{21} & 1 \end{bmatrix} \begin{bmatrix} \varepsilon_{1t} \\ \varepsilon_{2t} \end{bmatrix} = \begin{bmatrix} \varepsilon_{1t} \\ \varepsilon_{2t} + 0.8\varepsilon_{1t} \end{bmatrix}$$

因此

$$\begin{bmatrix} 1 & 0 \\ b_{21} & 1 \end{bmatrix}^{-1} = \begin{bmatrix} 1 & 0 \\ -b_{21} & 1 \end{bmatrix} = \begin{bmatrix} 1 & 0 \\ 0.8 & 1 \end{bmatrix}$$

$$
\begin{aligned}
\begin{bmatrix} y_{1t} \\ y_{2t} \end{bmatrix} &= \sum_{k=0}^{\infty} \begin{bmatrix} \varphi_{11}(k) & \varphi_{12}(k) \\ \varphi_{21}(k) & \varphi_{22}(k) \end{bmatrix} \begin{bmatrix} \varepsilon_{1,t-k} \\ \varepsilon_{2,t-k} \end{bmatrix} \\
&= \sum_{k=0}^{\infty} \begin{bmatrix} a_{11} & a_{12} \\ a_{21} & a_{22} \end{bmatrix}^k \begin{bmatrix} 1 & b_{12} \\ b_{21} & 1 \end{bmatrix}^{-1} \begin{bmatrix} \varepsilon_{1,t-k} \\ \varepsilon_{2,t-k} \end{bmatrix} \\
&= \sum_{k=0}^{\infty} \begin{bmatrix} 0.5 & 0.3 \\ 0.3 & 0.5 \end{bmatrix}^k \begin{bmatrix} 1 & 0 \\ -0.8 & 1 \end{bmatrix}^{-1} \begin{bmatrix} \varepsilon_{1,t-k} \\ \varepsilon_{2,t-k} \end{bmatrix} \\
&= \sum_{k=0}^{\infty} \begin{bmatrix} 0.5 & 0.3 \\ 0.3 & 0.5 \end{bmatrix}^k \begin{bmatrix} 1 & 0 \\ 0.8 & 1 \end{bmatrix} \begin{bmatrix} \varepsilon_{1,t-k} \\ \varepsilon_{2,t-k} \end{bmatrix}
\end{aligned}
$$

则有

$$
\boldsymbol{\Phi}_0 = \begin{bmatrix} \varphi_{11}(0) & \varphi_{12}(0) \\ \varphi_{21}(0) & \varphi_{22}(0) \end{bmatrix} = \begin{bmatrix} 0.5 & 0.3 \\ 0.3 & 0.5 \end{bmatrix}^0 \begin{bmatrix} 1 & 0 \\ 0.8 & 1 \end{bmatrix} = \begin{bmatrix} 1 & 0 \\ 0.8 & 1 \end{bmatrix}
$$

$$
\boldsymbol{\Phi}_1 = \begin{bmatrix} \varphi_{11}(1) & \varphi_{12}(1) \\ \varphi_{21}(1) & \varphi_{22}(1) \end{bmatrix} = \begin{bmatrix} 0.5 & 0.3 \\ 0.3 & 0.5 \end{bmatrix}^1 \begin{bmatrix} 1 & 0 \\ 0.8 & 1 \end{bmatrix} = \begin{bmatrix} 0.74 & 0.3 \\ 0.7 & 0.5 \end{bmatrix}
$$

$$
\boldsymbol{\Phi}_2 = \begin{bmatrix} \varphi_{11}(2) & \varphi_{12}(2) \\ \varphi_{21}(2) & \varphi_{22}(2) \end{bmatrix} = \begin{bmatrix} 0.5 & 0.3 \\ 0.3 & 0.5 \end{bmatrix}^2 \begin{bmatrix} 1 & 0 \\ 0.8 & 1 \end{bmatrix} = \begin{bmatrix} 0.5 & 0.3 \\ 0.3 & 0.5 \end{bmatrix} \begin{bmatrix} 0.74 & 0.3 \\ 0.7 & 0.5 \end{bmatrix} = \begin{bmatrix} 0.58 & 0.3 \\ 0.572 & 0.34 \end{bmatrix}
$$

$$
\boldsymbol{\Phi}_3 = \begin{bmatrix} \varphi_{11}(3) & \varphi_{12}(3) \\ \varphi_{21}(3) & \varphi_{22}(3) \end{bmatrix} = \begin{bmatrix} 0.5 & 0.3 \\ 0.3 & 0.5 \end{bmatrix}^3 \begin{bmatrix} 1 & 0 \\ 0.8 & 1 \end{bmatrix} = \begin{bmatrix} 0.5 & 0.3 \\ 0.3 & 0.5 \end{bmatrix} \begin{bmatrix} 0.58 & 0.3 \\ 0.572 & 0.34 \end{bmatrix} = \begin{bmatrix} 0.4616 & 0.252 \\ 0.46 & 0.26 \end{bmatrix}
$$

所以，序列 $\{y_{1t}\}$ 对序列 $\{y_{1t}\}$ 的一单位标准差的 0、1、2 和 3 期的脉冲响应分别为 1、0.74、0.58 和 0.461 6。

序列 $\{y_{1t}\}$ 对序列 $\{y_{2t}\}$ 的一单位标准差的 0、1、2 和 3 期的脉冲响应分别为 0、0.3、0.3 和 0.252。

序列 $\{y_{2t}\}$ 对序列 $\{y_{1t}\}$ 的一单位标准差的 0、1、2 和 3 期的脉冲响应分别为 0.8、0.7、0.572 和 0.46。

序列 $\{y_{2t}\}$ 对序列 $\{y_{2t}\}$ 的一单位标准差的 0、1、2 和 3 期的脉冲响应分别为 1、0.5、0.34 和 0.26。

参 考 文 献

[1] Sims C A. Macroeconomics and Reality[J]. Econometrica, 1980, 48(1): 1-48.

第7章　协整和误差修正

本章导读

在对时间序列进行分析时，传统的分析方法通常要求时间序列是平稳的，否则会产生“伪回归”问题。但是，现实中的时间系列经常会出现非平稳的情况，我们可以对这些非平稳序列进行差分使之平稳，但这样会失去总量的长期信息，而这些长期信息对分析问题往往又是必要的。Engle 和 Granger[1]提出的协整理论，使非平稳的原始序列之间直接建模成为可能。

本章结构如下：7.1 节介绍协整理论的基本内容；7.2 节介绍 Engle-Granger 协整检验方法；7.3 节介绍 Johansen 协整检验方法和向量误差修正模型；7.4 节简要介绍伪回归问题。

7.1　协 整 理 论

在介绍协整（co-integration）理论之前，有必要再次强调一下单整（integration）的概念。时间序列若经过 $d-1$ 阶差分仍不平稳，经过 d 阶差分才平稳，则称序列是 d 阶单整的，记作 $I(d)$。也理解为 d 阶单整序列至少需要经过 d 阶差分才平稳。

两个单整序列的线性组合，一般来说也是单整的。例如，若 $y_{1t} \sim I(d)$，$y_{2t} \sim I(d)$，则 $z_t = \beta_1 y_{1t} + \beta_2 y_{2t} \sim I(d)$，此时建立回归模型会产生伪回归问题。协整理论重点考察的问题是，单整序列之间的线性组合是平稳的情况。协整意味着单整序列之间存在长期稳定的均衡关系，或者说存在特定的内在均衡机制在维持着单整序列之间的长期稳定关系。虽然时间序列在长期的发展过程中经常会小幅偏离均衡关系，但内在均衡机制会不断地消除偏差，进而维持时间序列之间的长期稳定的均衡关系。非平稳时间序列之间的这种长期稳定的均衡关系就是典型的协整关系。而对于协整关系更加直观的理解是，协整变量之间具有共同的发展趋势[2]。

Engle 和 Granger[1]给出的**协整**的定义是：

由 n 组的 d 阶单整序列组成向量 $y_t = [y_{1t}, y_{2t}, \cdots, y_{nt}]'$，如果存在一个向量 $\beta = [\beta_1, \beta_2, \cdots, \beta_n]$ 使得线性组合 $\beta y_t = \beta_1 y_{1t} + \beta_2 y_{2t} + \cdots + \beta_n y_{nt}$ 是 $d-b$ 阶单整，其中 $b>0$。则向量 $y_t = [y_{1t}, y_{2t}, \cdots, y_{nt}]'$ 称为 d、b 阶**协整**，记为 $y_t \sim CI(d,b)$，向量 β 称为**协整向量**。

从协整的定义可以看出，平稳序列之间无所谓协整关系，也没有探讨协整关系的必要；协整关系只存在于单整序列之间，事实上协整理论关注的是单整序列的随机趋势之间的线性关系。例如，假设有一个随机游走过程$\{u_t\}$和两个平稳过程$\{e_{1t}\}$和$\{e_{2t}\}$，图 7-1 中的序列$\{y_{1t}\}$和$\{y_{2t}\}$的数据生成过程分别为

$$y_{1t} = u_t + e_{1t} \tag{7-1}$$

$$y_{2t} = 2u_t + e_{2t} \tag{7-2}$$

序列$\{y_{1t}\}$和$\{y_{2t}\}$都是一阶单整序列。$2y_{1t} - y_{2t} = 2e_{1t} - e_{2t} \sim I(0)$，即两个序列的线性组合是平稳序列，根据定义它们具有协整关系。显然，这里的线性组合平稳的本质原因是两个单整序列的**随机趋势之间线性成比例**。

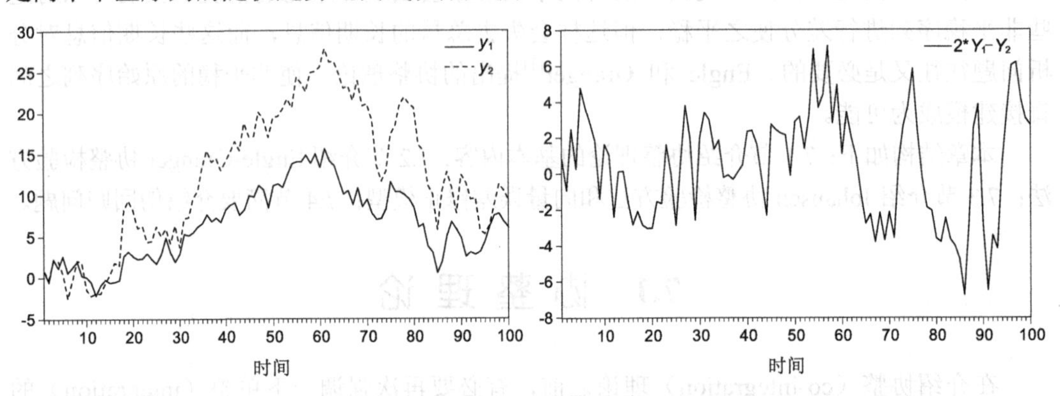

图 7-1　两个序列协整

进一步考虑三个序列的情形。假设有两个随机游走过程$\{u_{1t}\}$ $\{u_{2t}\}$和三个平稳过程$\{e_{1t}\}$、$\{e_{2t}\}$和$\{e_{3t}\}$，图 7-2 中的序列$\{x_t\}$、$\{y_t\}$和$\{z_t\}$的数据生成过程分别为

$$x_t = u_{1t} + e_{1t} \tag{7-3}$$

$$y_t = u_{2t} + e_{2t} \tag{7-4}$$

$$z_t = u_{1t} + 2u_{2t} + e_{3t} \tag{7-5}$$

序列$\{x_t\}$、$\{y_t\}$和$\{z_t\}$都是一阶单整序列。三个序列的线性组合也是平稳序列，$x_t + 2y_t - z_t = e_{1t} + 2e_{2t} - e_{3t} \sim I(0)$，根据定义它们具有协整关系。显然，这里的线性组合平稳的本质原因是三个单整序列的随机趋势之间具有线性关系。

同时需要注意的是，协整向量不是唯一的，特别是三个以上序列之间的协整关系可能较为复杂，很可能存在多种线性组合满足协整关系的情况。

另外，虽然在 Engle 和 Granger 的协整定义中，协整关系只涉及单整阶数相同的时间序列之间，但这并不意味着不同单整阶数的序列之间不会存在协整关系。如果仅针对两个不同单整阶数的时间序列进行探讨，则这两个序列之间一定不存在协整关系。但如果是三个或三个以上不同单整阶数的时间序列，就有可能存在协整关系。考虑三个单整序

列$\{y_{1t}\}$、$\{y_{2t}\}$和$\{y_{3t}\}$，如果其中有两个序列的单整阶数相同，且单整阶数相对较高，另外一个序列的单整阶数相对较低，即假设$y_{1t} \sim I(d)$，$y_{2t} \sim I(d)$，$y_{3t} \sim I(c)$，$d > c$。那么，如果单整阶数相对较高的两个序列之间存在协整关系，而这两个序列线性组合之后生成的序列的单整阶数，降低至与第三个序列的单整阶数相同$z_t = \beta_1 y_{1t} + \beta_2 y_{2t} \sim I(c)$，进一步地，如果线性组合后生成的序列与第三个序列之间也存在协整关系$z_t = \beta_1 y_{1t} + \beta_2 y_{2t} + \beta_3 y_{3t} \sim I(c-b)$，其中$b > 0$。那么这样的三个不同单整阶数的序列之间也存在协整关系，这被称之为**多重协整**（multicointegration）。但需要注意的是，多重协整关系存在的前提是每一重的协整关系都确实存在。因此在进行多重协整关系检验时，需要逐层地验证每一重协整关系的存在性。

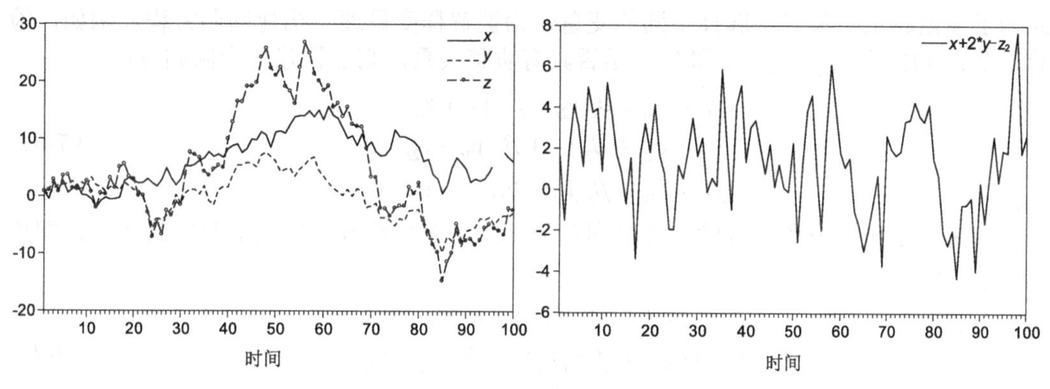

图 7-2　三个序列协整

除了上述所讨论的关注单整序列之间线性关系的传统的协整理论之外，学界近年来也有文献开始研究非线性协整理论。但本章中所讨论的协整仅限于线性协整，不涉及非线性协整。

随着协整理论研究的不断深入，研究者提出了多种协整检验的方法。这里主要介绍两种协整检验方法：Engle-Granger 协整检验和 Johansen 协整检验。

7.2　Engle-Granger 协整检验

7.2.1　EG 协整检验原理

虽然 Engle 和 Granger 给出的协整定义中并不要求线性组合后生成的序列一定是平稳的，只要在线性组合的过程中有单整阶数的降低即可。但在经济领域所研究的时间序列大都是一阶单整的，因此在经济时间序列的研究过程中，很多协整关系的讨论最终归结为 $CI(1, 1)$情形，即对单整序列线性组合后生成序列的平稳性的讨论。Engle 和 Granger[1] 提出的 Engle-Granger 检验方法（简称 EG 检验法）就是通过对单整序列线性组合后生成序列的平稳性检验来达到协整检验的目的。通过 EG 检验法进行 $CI(1, 1)$协整检验的步骤为：

第一步：确认待检验时间序列的单整阶数。可以通过 ADF 或其他单位根检验方法来确认时间序列的单整阶数。如果序列都是平稳的，则可以直接进行回归，没有必要进行协整检验。如果序列都是一阶单整的，则可以执行后续的检验步骤。

第二步：建立回归方程，估计长期均衡关系。这里需要注意的是，EG 协整检验的目的仅是为了检验变量之间是否具有长期均衡关系，并不限定哪个变量是被解释变量。因此为了谨慎起见，最好将选择不同的变量作为被解释变量逐一构建回归方程。例如，检验三个 $I(1)$ 序列 $\{y_{1t}\}$、$\{y_{2t}\}$ 和 $\{y_{3t}\}$ 是否具有协整关系，则需构建三个回归方程

$$
\begin{aligned}
y_{1t} &= c_{10} + \beta_{11}y_{2t} + \beta_{12}y_{3t} + e_{1t} \\
y_{2t} &= c_{20} + \beta_{21}y_{1t} + \beta_{22}y_{3t} + e_{2t} \\
y_{3t} &= c_{30} + \beta_{31}y_{1t} + \beta_{32}y_{2t} + e_{3t}
\end{aligned}
\tag{7-6}
$$

如果单整序列中还包含确定性时间趋势，则需在协整方程中增加时间趋势项，即构建三个回归方程

$$
\begin{aligned}
y_{1t} &= c_{10} + c_{11}t + \beta_{11}y_{2t} + \beta_{12}y_{3t} + e_{1t} \\
y_{2t} &= c_{20} + c_{21}t + \beta_{21}y_{1t} + \beta_{22}y_{3t} + e_{2t} \\
y_{3t} &= c_{30} + c_{31}t + \beta_{31}y_{1t} + \beta_{32}y_{2t} + e_{3t}
\end{aligned}
\tag{7-7}
$$

特殊情况下，如果能够确定单整序列都不包含截距和时间趋势项，还可以构建三个回归方程

$$
\begin{aligned}
y_{1t} &= \beta_{11}y_{2t} + \beta_{12}y_{3t} + e_{1t} \\
y_{2t} &= \beta_{21}y_{1t} + \beta_{22}y_{3t} + e_{2t} \\
y_{3t} &= \beta_{31}y_{1t} + \beta_{32}y_{2t} + e_{3t}
\end{aligned}
\tag{7-8}
$$

第三步：对回归方程的残差进行单位根检验。如果所有回归方程的残差都平稳，则说明序列之间存在协整关系。仍然以上述三个 $I(1)$ 序列 $\{y_{1t}\}$、$\{y_{2t}\}$ 和 $\{y_{3t}\}$ 为例，由于在第二步中建立了三个回归方程，因此需三个回归方程中的残差序列 $\{e_{1t}\}$、$\{e_{2t}\}$ 和 $\{e_{3t}\}$ 都平稳，才能认定协整关系的存在，此时 OLS 估计是协整向量的超一致估计，三个回归方程中的任何一个都可以认定为**协整方程**，该方程描述了序列间的长期均衡关系。而方程的残差则意味着相对于长期均衡的离差，称为**均衡误差**（equilibrium error）。如果三个残差序列都不平稳，则表明不存在协整关系。如果仅有部分残差序列平稳，则可能是由于仅有部分序列协整，也可能是回归方程的形式有误，也可能是样本容量小等其他原因，

此时需谨慎对待并尽量查明原因，或者也可以采用其他方法进行协整检验。

值得注意的是，对于残差序列平稳性的检验不能简单地采用普通的单位根检验方法。由于残差序列是在 OLS 估计的基础上得到的，这导致残差序列平稳的可能性变大，因此残差序列单位根检验的临界值应该比普通单位根检验的临界值更小。Engle 和 Granger 给出了特定样本容量下残差序列单位根检验临界值的蒙特卡洛（Monte Carlo）模拟结果，称之为 EG 协整检验临界值。更加全面地，MacKinnon[3]应用响应面方法提供了更多情况下 EG 协整检验的临界值表。

另外，虽然 OLS 估计能够得到协整向量的超一致估计，但对其估计系数却不能用标准的 t 检验来进行显著性检验，因为可能存在的内生性和序列相关性会使得标准差的估计存在问题。为了克服该问题，Phillips 和 Hansen[4]提出一种采用函数变换方法来修正协整方程估计量的方法，称为完全修正最小二乘（Fully Modified OLS，FMOLS）估计方法，该方法得到的参数估计量具有更小的方差。Park[5]采用不同的函数变换方法，也类似地提出规范协整回归（Canonical Cointegrating Regression，CCR）估计方法。这些修正的协整方程估计方法估计得到的协整方程比 OLS 方法估计得到的协整方程具有更好的性质。

7.2.2　EG 协整检验实例

假设有一个随机游走过程 $\{u_t\}$ 和两个平稳过程 $\{e_{1t}\}$ 和 $\{e_{2t}\}$，序列 $\{z_{1t}\}$ 和 $\{z_{2t}\}$ 的数据生成过程分别为

$$z_{1t} = 0.8 + u_t + e_{1t} \tag{7-9}$$

$$z_{2t} = 0.5 + 0.3t + u_t + e_{2t} \tag{7-10}$$

序列 $\{z_{1t}\}$ 和 $\{z_{2t}\}$ 都是一阶单整序列。显然，序列 $\{z_{1t}\}$ 和 $\{z_{2t}\}$ 包含相同的随机趋势，这样的数据生成过程表明它们是协整的。

如对序列 $\{z_{1t}\}$ 和 $\{z_{2t}\}$ 的样本序列进行 EG 协整检验，理应得出存在协整关系的结论。但前提是在不知道真实数据生成过程的情况下，选择恰当的协整检验回归方程形式。

EViews 7①在 Group 对象下可以进行 EG 协整检验。在 EViews 中按照式（7-9）和式（7-10）的序列 $\{z_{1t}\}$ 和 $\{z_{2t}\}$ 的数据生成过程拟合样本序列（样本容量为 100），将其命名为 *Z*1 和 *Z*2。图 7-3 中列示了样本序列 *Z*1 和 *Z*2 的时序图。

【例 7-1】假设不知道如图 7-3 所示序列 *Z*1 和 *Z*2（见附录 B 的表 B-6）真实的数据生成过程，在 EViews 7 中采用 EG 方法检验序列 *Z*1 和 *Z*2 之间是否具有协整关系。

---

① EViews 6 及以下版本没有 EG 协整检验选项。

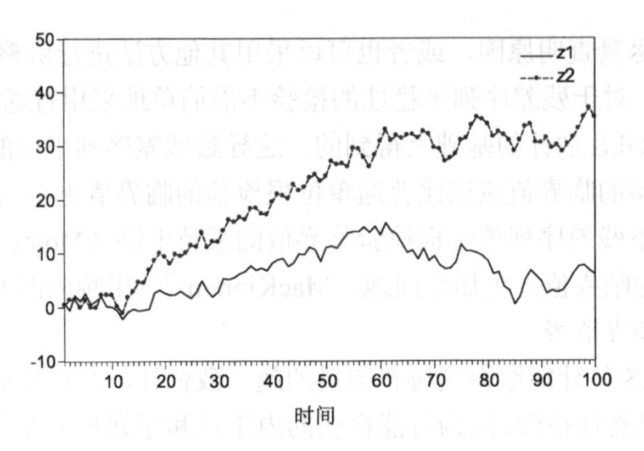

图 7-3　样本序列 Z1 和 Z2 的时序

在 EViews 7 中进行 EG 协整检验需执行如下三个步骤：（1）对序列进行单位根检验，确定序列的单整阶数；（2）在 Group 对象下进行 EG 协整检验；（3）如果检验结果表明存在协整关系，则构建恰当形式的协整方程。

（1）对序列 Z1 和 Z2 进行单位根检验，确定序列的单整阶数。由于不知道序列 Z1 和 Z2 真实的数据生成过程，可以根据 Dolado，Jenkinson 和 Sosvilla-Rivero[6]提出的 ADF 单位根检验模型选择过程来进行恰当的单位根检验。

首先对于序列 Z1，从图 7-3 中的时序图中可以看出，序列 Z1 没有表现出明显的时间趋势。根据 Dolado，Jenkinson 和 Sosvilla-Rivero[6]的模型选择过程来选择合适的检验模型进行 ADF 单位根检验。具体可以参见第 3 章中例 3-1 的序列 Z1（它与本例中的样本序列 Z1 相同）的检验模型选择过程，根据该选择过程，确认对序列 Z1 基于无截距和趋势项的模型 $\Delta z_t = \gamma z_{t-1} + \sum \eta_i \Delta z_{t-i} + \varepsilon_t$ 进行 ADF 单位根检验是恰当的，图 7-4 列示的检验结果表明序列 Z1 的 DF 统计量为−0.43，伴随概率为 52.67%，不能拒绝序列 Z1 存在单位根的原假设。进一步对序列 Z1 的一阶差分序列进行单位根检验，图 7-5 中列示的检验结果表明 DF 统计量为−14.88，伴随概率为 0.00%，拒绝序列 Z1 的一阶差分序列存在单位根的原假设，因此序列 Z1 为一阶单整序列。

对于序列 Z2，从图 7-3 的时序图中可以看出，序列 Z2 表现出明显的时间趋势。根据 Dolado，Jenkinson 和 Sosvilla-Rivero[6]的模型选择过程来选择合适的检验模型来进行 ADF 单位根检验。具体可以参见第 3 章中例 3-2 的序列 Z2（它与本例中的样本序列 Z2 相同）的检验模型选择过程，根据该选择过程，确认对序列 Z2 基于只包含截距项的检验模型 $\Delta z_t = a_0 + \gamma z_{t-1} + \sum \eta_i \Delta z_{t-i} + \varepsilon_t$ 进行 ADF 单位根检验是恰当的，图 7-6 列示的检验结果表明不能拒绝序列 Z2 存在单位根的原假设。进一步对序列 Z2 的一阶差分序列进行单位根检验，图 7-7 列示的检验结果表明 DF 统计量为−13.58，伴随概率为 0.01%，拒绝序列 Z2 的一阶差分序列存在单位根的原假设，因此序列 Z2 为一阶单整序列。

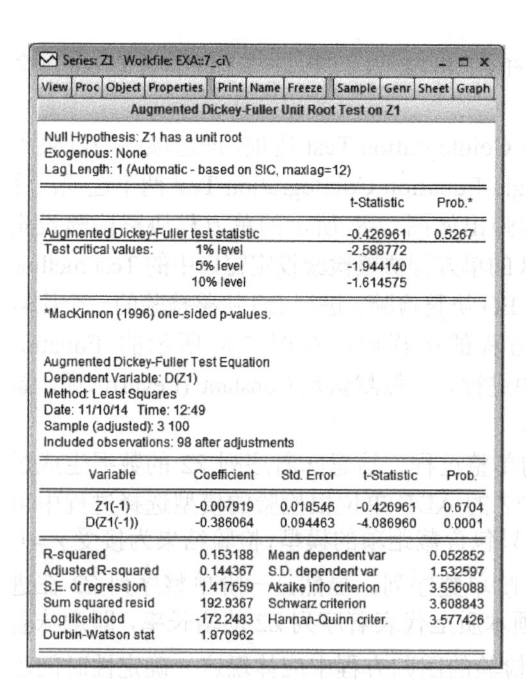

Series: Z1　Workfile: EXA::7_ci\

Augmented Dickey-Fuller Unit Root Test on Z1

Null Hypothesis: Z1 has a unit root
Exogenous: None
Lag Length: 1 (Automatic - based on SIC, maxlag=12)

		t-Statistic	Prob.*
Augmented Dickey-Fuller test statistic		-0.426961	0.5267
Test critical values:	1% level	-2.588772	
	5% level	-1.944140	
	10% level	-1.614575	

*MacKinnon (1996) one-sided p-values.

Augmented Dickey-Fuller Test Equation
Dependent Variable: D(Z1)
Method: Least Squares
Date: 11/10/14　Time: 12:49
Sample (adjusted): 3 100
Included observations: 98 after adjustments

Variable	Coefficient	Std. Error	t-Statistic	Prob.
Z1(-1)	-0.007919	0.018546	-0.426961	0.6704
D(Z1(-1))	-0.386064	0.094463	-4.086960	0.0001

R-squared	0.153188	Mean dependent var	0.052852
Adjusted R-squared	0.144367	S.D. dependent var	1.532597
S.E. of regression	1.417659	Akaike info criterion	3.556088
Sum squared resid	192.9367	Schwarz criterion	3.608843
Log likelihood	-172.2483	Hannan-Quinn criter.	3.577426
Durbin-Watson stat	1.870962		

图 7-4　序列 Z1 的单位根检验结果

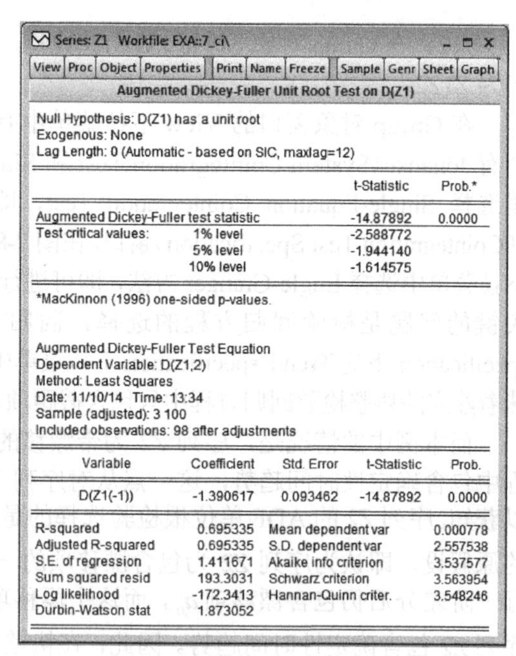

Series: Z1　Workfile: EXA::7_ci\

Augmented Dickey-Fuller Unit Root Test on D(Z1)

Null Hypothesis: D(Z1) has a unit root
Exogenous: None
Lag Length: 0 (Automatic - based on SIC, maxlag=12)

		t-Statistic	Prob.*
Augmented Dickey-Fuller test statistic		-14.87892	0.0000
Test critical values:	1% level	-2.588772	
	5% level	-1.944140	
	10% level	-1.614575	

*MacKinnon (1996) one-sided p-values.

Augmented Dickey-Fuller Test Equation
Dependent Variable: D(Z1,2)
Method: Least Squares
Date: 11/10/14　Time: 13:34
Sample (adjusted): 3 100
Included observations: 98 after adjustments

Variable	Coefficient	Std. Error	t-Statistic	Prob.
D(Z1(-1))	-1.390617	0.093462	-14.87892	0.0000

R-squared	0.695335	Mean dependent var	0.000778
Adjusted R-squared	0.695335	S.D. dependent var	2.557538
S.E. of regression	1.411671	Akaike info criterion	3.537577
Sum squared resid	193.3031	Schwarz criterion	3.563954
Log likelihood	-172.3413	Hannan-Quinn criter.	3.548246
Durbin-Watson stat	1.873052		

图 7-5　序列 Z1 的一阶差分序列的单位根检验结果

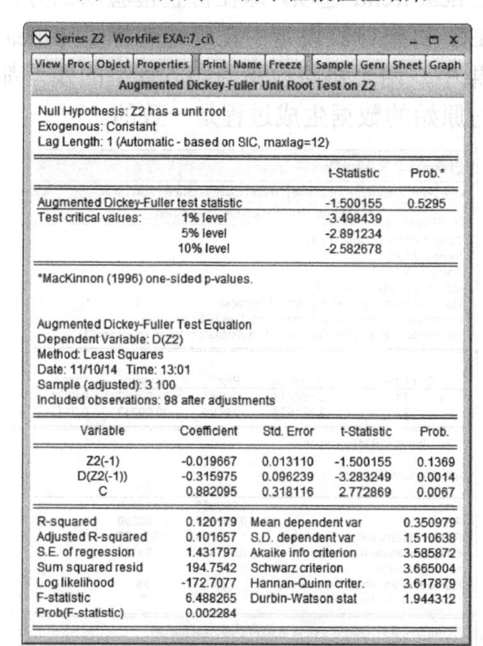

Series: Z2　Workfile: EXA::7_ci\

Augmented Dickey-Fuller Unit Root Test on Z2

Null Hypothesis: Z2 has a unit root
Exogenous: Constant
Lag Length: 1 (Automatic - based on SIC, maxlag=12)

		t-Statistic	Prob.*
Augmented Dickey-Fuller test statistic		-1.500155	0.5295
Test critical values:	1% level	-3.498439	
	5% level	-2.891234	
	10% level	-2.582678	

*MacKinnon (1996) one-sided p-values.

Augmented Dickey-Fuller Test Equation
Dependent Variable: D(Z2)
Method: Least Squares
Date: 11/10/14　Time: 13:01
Sample (adjusted): 3 100
Included observations: 98 after adjustments

Variable	Coefficient	Std. Error	t-Statistic	Prob.
Z2(-1)	-0.019667	0.013110	-1.500155	0.1369
D(Z2(-1))	-0.315975	0.096239	-3.283249	0.0014
C	0.882095	0.318116	2.772869	0.0067

R-squared	0.120179	Mean dependent var	0.350979
Adjusted R-squared	0.101657	S.D. dependent var	1.510638
S.E. of regression	1.431797	Akaike info criterion	3.585872
Sum squared resid	194.7542	Schwarz criterion	3.665004
Log likelihood	-172.7077	Hannan-Quinn criter.	3.617879
F-statistic	6.488265	Durbin-Watson stat	1.944312
Prob(F-statistic)	0.002284		

图 7-6　序列 Z2 的单位根检验结果

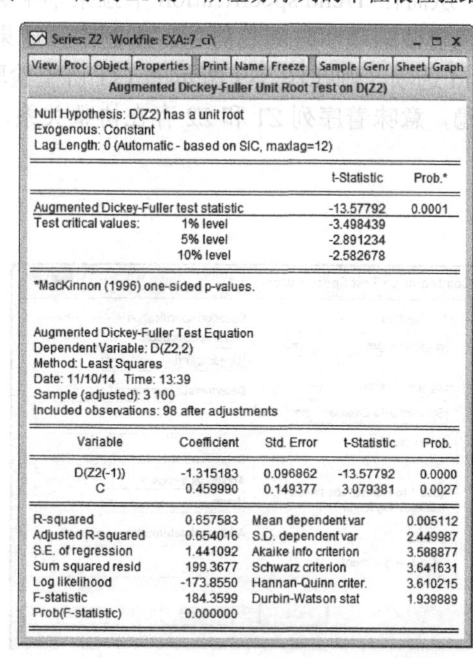

Series: Z2　Workfile: EXA::7_ci\

Augmented Dickey-Fuller Unit Root Test on D(Z2)

Null Hypothesis: D(Z2) has a unit root
Exogenous: Constant
Lag Length: 0 (Automatic - based on SIC, maxlag=12)

		t-Statistic	Prob.*
Augmented Dickey-Fuller test statistic		-13.57792	0.0001
Test critical values:	1% level	-3.498439	
	5% level	-2.891234	
	10% level	-2.582678	

*MacKinnon (1996) one-sided p-values.

Augmented Dickey-Fuller Test Equation
Dependent Variable: D(Z2,2)
Method: Least Squares
Date: 11/10/14　Time: 13:39
Sample (adjusted): 3 100
Included observations: 98 after adjustments

Variable	Coefficient	Std. Error	t-Statistic	Prob.
D(Z2(-1))	-1.315183	0.096862	-13.57792	0.0000
C	0.459990	0.149377	3.079381	0.0027

R-squared	0.657583	Mean dependent var	0.005112
Adjusted R-squared	0.654016	S.D. dependent var	2.449987
S.E. of regression	1.441092	Akaike info criterion	3.588877
Sum squared resid	199.3677	Schwarz criterion	3.641631
Log likelihood	-173.8550	Hannan-Quinn criter.	3.610215
F-statistic	184.3599	Durbin-Watson stat	1.939889
Prob(F-statistic)	0.000000		

图 7-7　序列 Z2 的一阶差分序列的单位根检验结果

（2）在 Group 对象下进行 EG 协整检验。在 Z1 和 Z2 两个序列的基础上构建 Group，命名为 Z1Z2。

在 Group 对象窗口的 View 下拉菜单中有 Cointegration Test 选项，该选项的级联菜单中有 JohansenSystem Cointegration Test 和 Single-Equation Cointegration Test 两个选项，这里选择 Single-Equation Cointegration Test，即弹出如图 7-8 所示的单方程协整检验设定（Cointegration Test Specification）窗口。在图 7-8 的单方程协整检验设定窗口中的 Test method 下拉菜单中选择 Engle-Granger 方法，即可进行 EG 协整检验。进行 EG 协整检验的一个比较关键的问题是检验回归方程的选择，回归方程的选择可以在图 7-8 所示的 Equation specification 下的 Trend specification 下拉菜单中进行。一般默认是 Constant (Level)选项，意味着建立的协整检验回归方程中只包含截距项。

而本例中的情况是，序列 Z2 为带漂移的单整过程，这意味着序列 Z2 的数据生成过程中包含确定性时间趋势，这一点从对序列 Z2 的 ADF 单位根检验的模型选择过程中可以获知。序列 Z2 的 ADF 单位根检验选择的是只包含截距项的模型，检验结果为接受 $\gamma=0$ 的原假设，即认为序列 Z2 为包含漂移项的一阶单整序列。显然，一阶单整序列 Z2 在进行一阶差分后仍包含漂移项 a_0，而这个漂移项本质上代表着序列 Z2 的增长率，即意味着序列 Z2 包含确定性时间趋势。因此，在协整检验的回归方程中应体现这一确定性时间趋势，从而在 Trend specification 下拉菜单中选择 Linear trend 选项，即在协整检验回归方程中包含截距项和时间趋势项。本例中，如果在 EG 协整检验设定中正确地选择了 Linear trend 选项，则在图 7-9 所示的 EG 协整检验结果中，两个协整检验回归方程型的残差都平稳，意味着序列 Z1 和 Z2 存在协整关系，这与原始的数据生成过程是一致的。

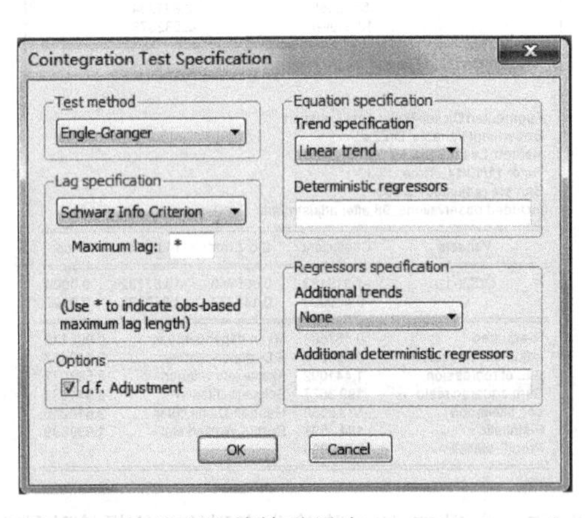

图 7-8　单方程协整检验设定——Linear trend

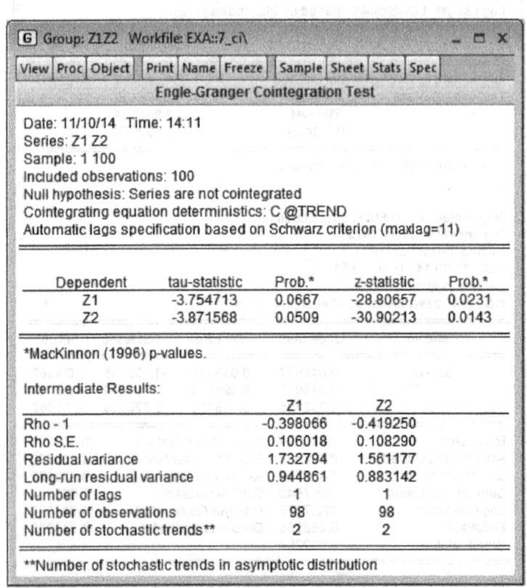

Group: Z1Z2 Workfile: EXA::7_ci\

View | Proc | Object | Print | Name | Freeze | Sample | Sheet | Stats | Spec

Engle-Granger Cointegration Test

Date: 11/10/14 Time: 14:11
Series: Z1 Z2
Sample: 1 100
Included observations: 100
Null hypothesis: Series are not cointegrated
Cointegrating equation deterministics: C @TREND
Automatic lags specification based on Schwarz criterion (maxlag=11)

Dependent	tau-statistic	Prob.*	z-statistic	Prob.*
Z1	-3.754713	0.0667	-28.80657	0.0231
Z2	-3.871568	0.0509	-30.90213	0.0143

*MacKinnon (1996) p-values.

Intermediate Results:

	Z1	Z2
Rho - 1	-0.398066	-0.419250
Rho S.E.	0.106018	0.108290
Residual variance	1.732794	1.561177
Long-run residual variance	0.944861	0.883142
Number of lags	1	1
Number of observations	98	98
Number of stochastic trends**	2	2

**Number of stochastic trends in asymptotic distribution

图 7-9　EG 协整检验结果——Linear trend

如果在图 7-10 的 EG 协整检验设定窗口中错误地选择了 Constant (Level)选项，则图 7-11 所示的 EG 协整检验结果中，两个协整检验回归方程的残差都不平稳，意味着序列 $Z1$ 和 $Z2$ 不存在协整关系，这是与原始的数据生成过程相悖的错误的结论。可见，EG 协整检验过程中回归方程形式的选择，对于是否能够得出正确的结论是非常重要的。

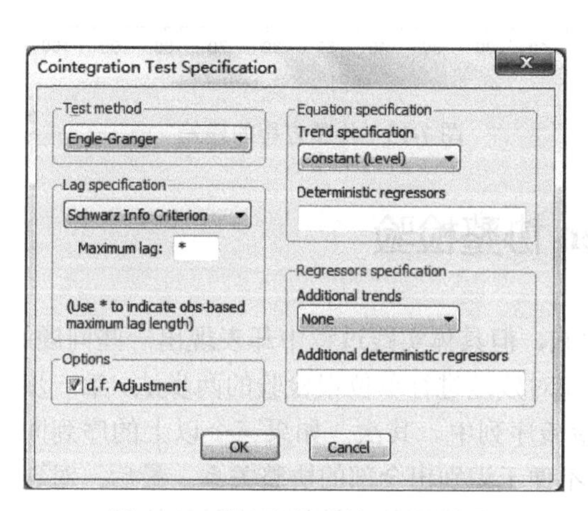

图 7-10　单方程协整检验设定窗口——Constant(Level)

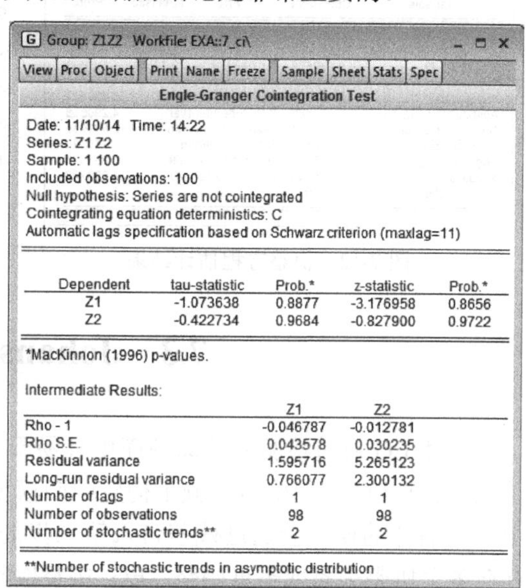
Group: Z1Z2　Workfile: EXA::7_ci\

Engle-Granger Cointegration Test

Date: 11/10/14　Time: 14:22
Series: Z1 Z2
Sample: 1 100
Included observations: 100
Null hypothesis: Series are not cointegrated
Cointegrating equation deterministics: C
Automatic lags specification based on Schwarz criterion (maxlag=11)

Dependent	tau-statistic	Prob.*	z-statistic	Prob.*
Z1	-1.073638	0.8877	-3.176958	0.8656
Z2	-0.422734	0.9684	-0.827900	0.9722

*MacKinnon (1996) p-values.

Intermediate Results:

	Z1	Z2
Rho - 1	-0.046787	-0.012781
Rho S.E.	0.043578	0.030235
Residual variance	1.595716	5.265123
Long-run residual variance	0.766077	2.300132
Number of lags	1	1
Number of observations	98	98
Number of stochastic trends**	2	2

**Number of stochastic trends in asymptotic distribution

图 7-11　EG 协整检验结果——Constant(Level)

（3）对 EG 协整检验结果表明存在协整关系的序列，构建恰当形式的协整方程。考虑在第二步中检验结果表明存在协整关系的序列 $Z1$ 和 $Z2$，由于序列 $Z1$ 为不包含漂移项的 $I(1)$序列，而 $Z2$ 为包含漂移项的 $I(1)$序列，因此应构建包含时间趋势项的协整方程。图 7-12 中协整方程的 OLS 估计结果表明，协整方程可具体表示为

$$z_1 = 0.159 - 0.291t + 0.980z_2 + e_t$$
$$(0.48)\ (-17.38)\quad (22.74)$$

从图 7-13 中协整方程残差的时序图也可以看出该残差为平稳序列，从而也进一步印证了 EG 协整检验的结果。

上述对 EG 协整检验过程的讨论是以 $I(1)$序列为例，Haldrup[7]与 Engsted，Gonzalo 和 Haldrup[8]则给出了 $I(1)$序列和 $I(2)$序列之间多重协整关系的检验过程和检验临界值。这里需要强调的是，正如在前面多重协整的定义中所提到的，至少要有 2 个具有更高阶单整阶数的 $I(2)$序列，才可能在 $I(1)$序列和 $I(2)$序列之间存在协整关系。

Equation: EQ_CI Workfile: EXA::7_ci\

View | Proc | Object | Print | Name | Freeze | Estimate | Forecast | Stats | Resids

Dependent Variable: Z1
Method: Least Squares
Date: 11/21/14 Time: 11:59
Sample: 1 100
Included observations: 100

Variable	Coefficient	Std. Error	t-Statistic	Prob.
C	0.158976	0.328150	0.484461	0.6292
@TREND(0)	-0.290663	0.016720	-17.38428	0.0000
Z2	0.979670	0.043089	22.73584	0.0000

R-squared	0.877629	Mean dependent var	6.426528
Adjusted R-squared	0.875105	S.D. dependent var	4.290556
S.E. of regression	1.516301	Akaike info criterion	3.699965
Sum squared resid	223.0193	Schwarz criterion	3.778120
Log likelihood	-181.9983	Hannan-Quinn criter.	3.731596
F-statistic	347.8343	Durbin-Watson stat	1.232783
Prob(F-statistic)	0.000000		

图 7-12 协整方程估计结果

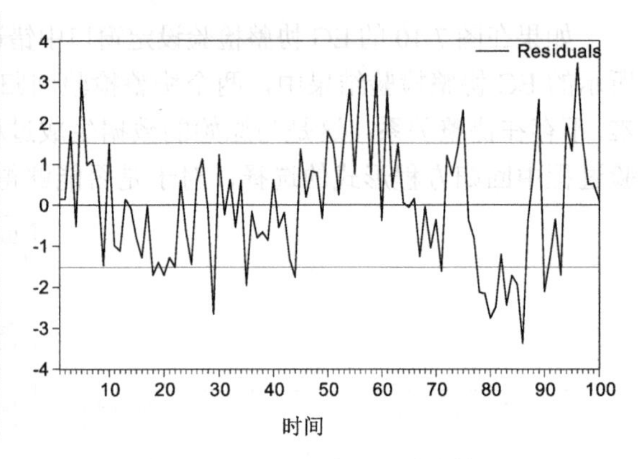

图 7-13 协整方程的残差

7.3 Johansen 协整检验

虽然 EG 协整检验方法原理简单且易于实施，但具体实践过程中却表现出一些问题。首先，由于 EG 协整检验依赖于构建回归模型和对残差进行单位根检验的两步法，第一步中参数估计的误差会通过残差带入第二步的检验序列中。其次，如果三个以上的序列间存在多个协整关系或多重协整，EG 协整检验不便于识别出全部的协整关系。最后，对现实问题采用 EG 方法进行协整检验，经常会出现以不同序列作为被解释变量的检验回归方程的残差的单整性不一致的问题，而理论上协整关系不应受到标准化序列选择问题的影响，虽然有时可以通过改变检验回归方程的形式和寻找部分序列的协整关系解决这种不一致问题，但也可能是其他未知原因导致这种不一致性，此时最好选择其他方法进行协整检验。

7.3.1 Johansen 协整检验原理

Johansen[9]给出了一种基于矩阵的秩和特征根的协整检验方法，称为 Johansen 协整检验。考虑不包含截距项的 n 维 1 阶 VAR 模型

$$\boldsymbol{Y}_t = \boldsymbol{A}_1\boldsymbol{Y}_{t-1} + \boldsymbol{e}_t \tag{7-11}$$

其中，$\boldsymbol{Y}_t$ 是 n 维向量 $[y_{1t}, y_{2t}, \cdots, y_{nt}]'$，$\boldsymbol{e}_t$ 是独立同分布的 n 维扰动项 $[e_{1t}, e_{2t}, \cdots, e_{nt}]'$，$\boldsymbol{A}_1$ 是 $n \times n$ 的系数矩阵。

式（7-11）等号两端同时减 $\boldsymbol{Y}_{t-1}$，有

$$\Delta\boldsymbol{Y}_t = -(\boldsymbol{I} - \boldsymbol{A}_1)\boldsymbol{Y}_{t-1} + \boldsymbol{e}_t \tag{7-12}$$

令 $\boldsymbol{\pi} = -(\boldsymbol{I} - \boldsymbol{A}_1)$，则有

$$\Delta \boldsymbol{Y}_t = \pi \boldsymbol{Y}_{t-1} + \boldsymbol{e}_t \tag{7-13}$$

考虑矩阵 $\boldsymbol{\pi}$ 的秩的三种情况：

（1）若 $r(\boldsymbol{\pi})=n$，则 VAR 模型平稳。回顾 n 维 1 阶 VAR 模型的平稳性条件为：系数矩阵 $\boldsymbol{A}_1$ 的特征值都在单位圆内，即特征方程 $|\boldsymbol{A}_1-\lambda\boldsymbol{I}|=0$ 的所有根 λ_i（$i=1,2,\cdots,n$）都在单位圆内，则 $|\boldsymbol{I}-\boldsymbol{A}_1|\neq 0$，此时 $\boldsymbol{\pi}$ 为满秩矩阵 $r(\boldsymbol{\pi})=n$。因此 $r(\boldsymbol{\pi})=n$ 时 VAR 模型平稳，这也意味着 n 维向量 $[y_{1t},y_{2t},\cdots,y_{nt}]'$ 中的每个序列都是平稳序列，平稳序列之间无所谓协整关系。

（2）若 $r(\boldsymbol{\pi})=0$，则有 $\boldsymbol{\pi}=\boldsymbol{O}$，此时式（7-6）即为 $\Delta\boldsymbol{Y}_t=\boldsymbol{e}_t$，这表明 n 维向量 $[y_{1t},y_{2t},\cdots,y_{nt}]'$ 中的每个序列都是单整过程，序列之间不存在平稳的线性组合，序列之间不存在协整关系。

（3）若 $0<r(\boldsymbol{\pi})=r<n$，则 $\boldsymbol{\pi}$ 中有 r 个线性无关的行向量，这表明 n 维向量 $[y_{1t},y_{2t},\cdots,y_{nt}]'$ 的序列之间存在 r 个协整关系。

Johansen 协整检验推广至高阶自回归同样适用。考虑不包含截距项的 n 维 p 阶 VAR 模型

$$\boldsymbol{Y}_t = \boldsymbol{A}_1\boldsymbol{Y}_{t-1} + \boldsymbol{A}_2\boldsymbol{Y}_{t-2} + \cdots + \boldsymbol{A}_p\boldsymbol{Y}_{t-p} + \boldsymbol{e}_t \tag{7-14}$$

式（7-14）的等号两端同时减 $\boldsymbol{Y}_{t-1}$，有

$$\Delta\boldsymbol{Y}_t = -\boldsymbol{Y}_{t-1} + \boldsymbol{A}_1\boldsymbol{Y}_{t-1} + \boldsymbol{A}_2\boldsymbol{Y}_{t-2} + \cdots + \boldsymbol{A}_p\boldsymbol{Y}_{t-p} + \boldsymbol{e}_t \tag{7-15}$$

式（7-15）的等号右端进行一系列变形

$$\begin{aligned}
\Delta\boldsymbol{Y}_t &= -\boldsymbol{Y}_{t-1} + \boldsymbol{A}_1\boldsymbol{Y}_{t-1} + \boldsymbol{A}_2\boldsymbol{Y}_{t-2} + \cdots + \boldsymbol{A}_p\boldsymbol{Y}_{t-p} + \boldsymbol{e}_t \\
&= -\left(\boldsymbol{I}-\sum_{j=1}^{p}\boldsymbol{A}_j\right)\boldsymbol{Y}_{t-1} - \sum_{j=2}^{p}\boldsymbol{A}_j\boldsymbol{Y}_{t-1} + \boldsymbol{A}_2\boldsymbol{Y}_{t-2} + \cdots + \boldsymbol{A}_p\boldsymbol{Y}_{t-p} + \boldsymbol{e}_t \\
&= -\left(\boldsymbol{I}-\sum_{j=1}^{p}\boldsymbol{A}_j\right)\boldsymbol{Y}_{t-1} - \sum_{j=2}^{p}\boldsymbol{A}_j\Delta\boldsymbol{Y}_{t-1} - \sum_{j=3}^{p}\boldsymbol{A}_j\boldsymbol{Y}_{t-2} + \boldsymbol{A}_3\boldsymbol{Y}_{t-3} + \cdots + \boldsymbol{A}_p\boldsymbol{Y}_{t-p} + \boldsymbol{e}_t \\
&\ \vdots \\
&= -\left(\boldsymbol{I}-\sum_{j=1}^{p}\boldsymbol{A}_j\right)\boldsymbol{Y}_{t-1} - \sum_{j=2}^{p}\boldsymbol{A}_j\Delta\boldsymbol{Y}_{t-1} - \sum_{j=3}^{p}\boldsymbol{A}_j\Delta\boldsymbol{Y}_{t-2} - \cdots - \boldsymbol{A}_p\Delta\boldsymbol{Y}_{t-p+1} + \boldsymbol{e}_t
\end{aligned}$$

令 $\boldsymbol{\pi} = -\left(\boldsymbol{I}-\sum_{j=1}^{p}\boldsymbol{A}_i\right)$，$\boldsymbol{\pi}_i = -\sum_{j=i+1}^{p}\boldsymbol{A}_j$，则有

$$\Delta\boldsymbol{Y}_t = \boldsymbol{\pi}\,\boldsymbol{Y}_{t-1} + \sum_{i=1}^{p-1}\boldsymbol{\pi}_i\Delta\boldsymbol{Y}_{t-i} + \boldsymbol{e}_t \tag{7-16}$$

对于高阶自回归过程，检验 n 维向量 $[y_{1t},y_{2t},\cdots,y_{nt}]'$ 的序列之间协整关系的关键仍是矩阵 $\boldsymbol{\pi}$ 的秩：若 $r(\boldsymbol{\pi})=n$，则 n 维向量 $[y_{1t},y_{2t},\cdots,y_{nt}]'$ 中的每个序列都是平稳序列，无所

谓协整关系；若$r(\boldsymbol{\pi})=0$，则n维向量$[y_{1t},y_{2t},\cdots,y_{nt}]'$中的每个序列都是单整过程，但序列之间不存在协整关系；若$0<r(\boldsymbol{\pi})=r<n$，则$n$维向量$[y_{1t},y_{2t},\cdots,y_{nt}]'$的序列之间存在$r$个协整关系。

接下来，以2维1阶VAR模型为例进行详细的探讨。考虑不包含截距项的2维1阶VAR模型

$$\begin{bmatrix} y_{1t} \\ y_{2t} \end{bmatrix}=\begin{bmatrix} a_{11} & a_{12} \\ a_{21} & a_{22} \end{bmatrix}\begin{bmatrix} y_{1,t-1} \\ y_{2,t-1} \end{bmatrix}+\begin{bmatrix} e_{1t} \\ e_{2t} \end{bmatrix} \tag{7-17}$$

移项后有

$$\begin{bmatrix} 1-a_{11}L & -a_{12}L \\ -a_{21}L & 1-a_{22}L \end{bmatrix}\begin{bmatrix} y_{1t} \\ y_{2t} \end{bmatrix}=\begin{bmatrix} e_{1t} \\ e_{2t} \end{bmatrix} \tag{7-18}$$

根据Cramer法则，有

$$\begin{bmatrix} y_{1t} \\ y_{2t} \end{bmatrix}=\begin{bmatrix} 1-a_{11}L & -a_{12}L \\ -a_{21}L & 1-a_{22}L \end{bmatrix}^{-1}\begin{bmatrix} e_{1t} \\ e_{2t} \end{bmatrix}=\frac{\begin{bmatrix} 1-a_{22}L & a_{12}L \\ a_{21}L & 1-a_{11}L \end{bmatrix}\begin{bmatrix} e_{1t} \\ e_{2t} \end{bmatrix}}{(1-a_{11}L)(1-a_{22}L)-a_{12}a_{21}L^2} \tag{7-19}$$

即

$$\begin{aligned} y_{1t}&=\frac{(1-a_{22}L)e_{1t}+a_{12}Le_{2t}}{(1-a_{11}L)(1-a_{22}L)-a_{12}a_{21}L^2} \\ y_{2t}&=\frac{a_{21}Le_{1t}+(1-a_{11}L)e_{2t}}{(1-a_{11}L)(1-a_{22}L)-a_{12}a_{21}L^2} \end{aligned} \tag{7-20}$$

显然，y_{1t}和y_{2t}的自回归系数多项式都为$(1-a_{11}L)(1-a_{22}L)-a_{12}a_{21}L^2$，即具有相同的二阶自回归特性，也具有相同的特征方程和特征根，从而具有相类似的时间路径。

进一步考虑式（7-17）的一阶差分形式

$$\begin{bmatrix} \Delta y_{1t} \\ \Delta y_{2t} \end{bmatrix}=\begin{bmatrix} a_{11}-1 & a_{12} \\ a_{21} & a_{22}-1 \end{bmatrix}\begin{bmatrix} y_{1,t-1} \\ y_{2,t-1} \end{bmatrix}+\begin{bmatrix} e_{1t} \\ e_{2t} \end{bmatrix} \tag{7-21}$$

与式（7-13）类似，令$\boldsymbol{\pi}=\begin{bmatrix} a_{11}-1 & a_{12} \\ a_{21} & a_{22}-1 \end{bmatrix}$。

考虑矩阵$\boldsymbol{\pi}$的秩的三种情况：

（1）若$r(\boldsymbol{\pi})=2$，则$\begin{vmatrix} a_{11}-1 & a_{12} \\ a_{21} & a_{22}-1 \end{vmatrix}\neq 0$，则特征方程$|\boldsymbol{A}_1-\lambda\boldsymbol{I}|=0$没有等于1的特征根，其中$\boldsymbol{A}_1=\begin{bmatrix} a_{11} & a_{12} \\ a_{21} & a_{22} \end{bmatrix}$，序列$y_{1t}$和$y_{2t}$都不包含单位根，都是平稳序列，而平稳序列之

间无所谓协整关系。

（2）若 $r(\boldsymbol{\pi})=0$，则有 $\boldsymbol{\pi}=\begin{bmatrix} a_{11}-1 & a_{12} \\ a_{21} & a_{22}-1 \end{bmatrix}=\boldsymbol{O}$，因此有 $a_{11}=a_{22}=1$ 和 $a_{12}=a_{21}=0$，此时式（7-17）和式（7-21）意味着序列 y_{1t} 和 y_{2t} 都是单整过程，它们之间不存在平稳的线性组合，序列之间不存在协整关系。

（3）若 $0<r(\boldsymbol{\pi})=1<2$，意味着 $\begin{vmatrix} a_{11}-1 & a_{12} \\ a_{21} & a_{22}-1 \end{vmatrix}=0$ 且 $\boldsymbol{\pi}=\begin{bmatrix} a_{11}-1 & a_{12} \\ a_{21} & a_{22}-1 \end{bmatrix}\neq\boldsymbol{O}$，则特征方程 $|\boldsymbol{A}_1-\lambda\boldsymbol{I}|=0$ 有一个特征根在单位圆上，从而使得 $|\boldsymbol{A}_1-\boldsymbol{I}|=\begin{vmatrix} a_{11}-1 & a_{12} \\ a_{21} & a_{22}-1 \end{vmatrix}=0$ 成立，而另一个特征根在单位圆内。由于 y_{1t} 和 y_{2t} 具有相同的二阶自回归特性，也具有相同的特征方程和特征根，因此序列 y_{1t} 和 y_{2t} 都是 $I(1)$序列，其一阶差分序列 Δy_{1t} 和 Δy_{2t} 平稳，则式（7-21）的等号两端都平稳，由于 e_{1t} 和 e_{2t} 是平稳的扰动项序列，因此 $\boldsymbol{\pi}\boldsymbol{Y}_{t-1}$ 必定也平稳。同时 $r(\boldsymbol{\pi})=1$ 还意味着矩阵 $\boldsymbol{\pi}$ 的第一行和第二行向量线性相关，因此 $\boldsymbol{\pi}\boldsymbol{Y}_{t-1}$ 的第一行和第二行对应成比例，都是序列 $y_{1,t-1}$ 和 $y_{2,t-1}$ 的一个平稳的非零线性组合的倍数，这个平稳的非零线性组合就代表了序列 y_{1t} 和 y_{2t} 之间的协整关系。

【例 7-2】 考虑如下的三个 2 维 1 阶 VAR 生成过程下的序列 y_{1t} 和 y_{2t} 之间是否具有协整关系。

$$\begin{bmatrix} y_{1t} \\ y_{2t} \end{bmatrix}=\begin{bmatrix} 0.7 & 0.1 \\ 0.5 & 0.3 \end{bmatrix}\begin{bmatrix} y_{1,t-1} \\ y_{2,t-1} \end{bmatrix}+\begin{bmatrix} e_{1t} \\ e_{2t} \end{bmatrix} \tag{7-22}$$

$$\begin{bmatrix} y_{1t} \\ y_{2t} \end{bmatrix}=\begin{bmatrix} 1 & 0 \\ 0 & 1 \end{bmatrix}\begin{bmatrix} y_{1,t-1} \\ y_{2,t-1} \end{bmatrix}+\begin{bmatrix} e_{1t} \\ e_{2t} \end{bmatrix} \tag{7-23}$$

$$\begin{bmatrix} y_{1t} \\ y_{2t} \end{bmatrix}=\begin{bmatrix} 0.5 & 0.8 \\ 0.5 & 0.2 \end{bmatrix}\begin{bmatrix} y_{1,t-1} \\ y_{2,t-1} \end{bmatrix}+\begin{bmatrix} e_{1t} \\ e_{2t} \end{bmatrix} \tag{7-24}$$

其中，e_{1t} 和 e_{2t} 是独立同分布的扰动项。

解：（1）式（7-22）中，由于

$$|\boldsymbol{A}_1-\lambda\boldsymbol{I}|=\begin{vmatrix} 0.7-\lambda & 0.1 \\ 0.5 & 0.3-\lambda \end{vmatrix}=\lambda^2-\lambda+0.16=(\lambda-0.2)(\lambda-0.8)$$

因此特征方程 $|\boldsymbol{A}_1-\lambda\boldsymbol{I}|=0$ 两个特征根 $\lambda=0.2$ 和 $\lambda=0.8$ 都在单位圆内，这意味着序列 y_{1t} 和 y_{2t} 都为平稳过程，因此序列 y_{1t} 和 y_{2t} 之间无所谓协整关系。此时

$$r(\boldsymbol{\pi})=r\begin{bmatrix} 0.7-1 & 0.1 \\ 0.5 & 0.3-1 \end{bmatrix}=r\begin{bmatrix} -0.3 & 0.1 \\ 0.5 & -0.7 \end{bmatrix}=2$$

（2）式（7-23）中的 VAR 模型，事实上可以简化为

$$y_{1t}=y_{1,t-1}+e_{1t}$$

和

$$y_{2t}=y_{2,t-1}+e_{2t}$$

即序列 y_{1t} 和 y_{2t} 都为单整过程，它们之间不存在平稳的线性组合，因此序列之间不存在协整关系。此时

$$r(\boldsymbol{\pi})=r\begin{bmatrix}1-1 & 0\\ 0 & 1-1\end{bmatrix}=r\begin{bmatrix}0 & 0\\ 0 & 0\end{bmatrix}=0$$

（3）式（7-24）中，由于

$$|\boldsymbol{A}_1-\lambda\boldsymbol{I}|=\begin{vmatrix}0.5-\lambda & 0.8\\ 0.5 & 0.2-\lambda\end{vmatrix}=\lambda^2-0.7\lambda-0.3=(\lambda-1)(\lambda+0.3)$$

因此特征方程 $|\boldsymbol{A}_1-\lambda\boldsymbol{I}|=0$ 的两个特征根中，一个特征根 $\lambda=1$ 在单位圆上，另一个特征根 $\lambda=-0.3$ 在单位圆内。此时 $r(\boldsymbol{\pi})=r\begin{bmatrix}0.5-1 & 0.8\\ 0.5 & 0.2-1\end{bmatrix}=r\begin{bmatrix}-0.5 & 0.8\\ 0.5 & -0.8\end{bmatrix}=1$，意味着序列 y_{1t} 和 y_{2t} 之间存在一个协整关系。

7.3.2 向量误差修正模型

Granger 定理（Granger representation theorem）表明，对于任意一组 $I(1)$变量，误差修正模型与协整是等价的。这意味着存在协整关系的变量间一定存在相应的向量误差修正模型表示形式，而在误差修正模型中则明确了协整关系的具体表示形式。

1. 2 维 1 阶 VAR 模型对应的向量误差修正形式

当式（7-21）中 $r(\boldsymbol{\pi})=1$时，序列 y_{1t} 和 y_{2t} 之间存在一个协整关系，不妨设 y_{1t} 和 y_{2t} 之间的协整向量可标准化为$[1 \quad -\beta]$，且令

$$\boldsymbol{\pi}\,\boldsymbol{Y}_{t-1}=\begin{bmatrix}\alpha_1\\ \alpha_2\end{bmatrix}[1 \quad -\beta]\begin{bmatrix}y_{1,t-1}\\ y_{2,t-1}\end{bmatrix}=\begin{bmatrix}\alpha_1(y_{1,t-1}-\beta y_{2,t-1})\\ \alpha_2(y_{1,t-1}-\beta y_{2,t-1})\end{bmatrix} \tag{7-25}$$

则式（7-21）可表示为

$$\begin{aligned}\Delta y_{1t}&=\alpha_1(y_{1,t-1}-\beta y_{2,t-1})+e_{1t}\\ \Delta y_{2t}&=\alpha_2(y_{1,t-1}-\beta y_{2,t-1})+e_{2t}\end{aligned} \tag{7-26}$$

事实上，根据 $r(\boldsymbol{\pi})=1$，可具体推算出（推算过程参见式（7-31）~式（7-41））

$$\alpha_1=-\frac{a_{12}a_{21}}{1-a_{22}},\alpha_2=a_{21},\beta=\frac{1-a_{22}}{a_{21}} \tag{7-27}$$

形如式（7-26）的模型称为**向量误差修正模型**（Vector Error Correction Model，VECM）。其中 $y_{1,t-1}-\beta y_{2,t-1}$ 代表上期的均衡误差，α_1 和 α_2 称为**速度调整系数**，速度调整系数和上期均衡误差的乘积项 $\alpha_1(y_{1,t-1}-\beta y_{2,t-1})$ 和 $\alpha_2(y_{1,t-1}-\beta y_{2,t-1})$ 称为**误差修正项**。如果说协整关系阐明了序列之间的长期均衡关系，向量误差修正模型则阐明了系统中各序列的短期波动特征，特别是速度调整系数表明了序列的短期波动受到均衡回复机制或者说误差修正机制的影响情况。

关于误差修正项中的速度调整系数 α_1 和 α_2，有必要强调以下几点。

（1）向量误差修正系统中的速度调整系数至少有一个不为零。如果速度调整系数都等于零，则 $\boldsymbol{\pi}=\boldsymbol{O}$，此时不存在协整关系，进而也不存在误差修正项。显然，如果存在协整关系，则系统能够回复到长期均衡的条件是，至少有一个变量的变化会对均衡偏离做出响应或者说对均衡误差进行修正。然而，速度调整系数也并不要求全都不为零，只有一个速度调整系数显著不为零的情况也是可能的。那些显著为零的速度调整系数意味着，其所在模型被解释变量的短期波动不受长期均衡离差的影响，这种情形下，该被解释变量被称作是**弱外生**（weakly exogenous）的。例如，如果式（7-26）中的 α_2 等于零，则序列 $\{y_{2t}\}$ 在系统中是弱外生的。

（2）当式（7-26）中的两个速度调整系数 α_1 和 α_2 都不为零时，只有在 α_1 为负且 α_2 为正的情况下，才能够形成均衡回复机制或者说误差修正机制，这也被称作长期均衡离差的负反馈效应。例如，当上期的均衡误差 $y_{1,t-1}-\beta y_{2,t-1}$ 为正，即 $y_{1,t-1}$ 高于长期均衡水平时，只有负的速度调整系数 α_1 才能够使得误差修正项起到拉低 Δy_{1t} 的效果，从而将 y_{1t} 尽量拉回到长期均衡水平上来。同样地，上期的误差修正项 $y_{1,t-1}-\beta y_{2,t-1}$ 为正，也意味着 $y_{2,t-1}$ 低于长期均衡水平，只有正的速度调整系数 α_2 才能够使得误差修正项起到提升 Δy_{2t} 的效果，从而将 y_{2t} 尽量拉回到长期均衡水平上来。

（3）较大的速度调整系数意味着，其所在模型被解释变量的短期波动对长期均衡离差的响应程度比较大。

【**例 7-3**】以例 7-2 中的 2 维 1 阶 VAR 模型式（7-24）为例，写出其误差修正模型表示形式。

$$\begin{bmatrix} y_{1t} \\ y_{2t} \end{bmatrix}=\begin{bmatrix} 0.5 & 0.8 \\ 0.5 & 0.2 \end{bmatrix}\begin{bmatrix} y_{1,t-1} \\ y_{2,t-1} \end{bmatrix}+\begin{bmatrix} e_{1t} \\ e_{2t} \end{bmatrix}$$

解：模型式（7-24）的一阶差分形式为

$$\begin{bmatrix} \Delta y_{1t} \\ \Delta y_{2t} \end{bmatrix}=\begin{bmatrix} 0.5-1 & 0.8 \\ 0.5 & 0.2-1 \end{bmatrix}\begin{bmatrix} y_{1,t-1} \\ y_{2,t-1} \end{bmatrix}+\begin{bmatrix} e_{1t} \\ e_{2t} \end{bmatrix}$$

即

$$\begin{bmatrix}\Delta y_{1t}\\ \Delta y_{2t}\end{bmatrix}=\begin{bmatrix}-0.5 & 0.8\\ 0.5 & -0.8\end{bmatrix}\begin{bmatrix}y_{1,t-1}\\ y_{2,t-1}\end{bmatrix}+\begin{bmatrix}e_{1t}\\ e_{2t}\end{bmatrix}$$

在例 7-2 中已经明确，由于$r(\boldsymbol{\pi})=r\begin{bmatrix}0.5-1 & 0.8\\ 0.5 & 0.2-1\end{bmatrix}=r\begin{bmatrix}-0.5 & 0.8\\ 0.5 & -0.8\end{bmatrix}=1$，意味着序列$y_{1t}$和$y_{2t}$之间存在一个协整关系。因此式（7-24）一定有误差修正表示形式。由于$\boldsymbol{\pi}$可以分解为

$$\boldsymbol{\pi}=\begin{bmatrix}-0.5 & 0.8\\ 0.5 & -0.8\end{bmatrix}=\begin{bmatrix}-0.5\\ 0.5\end{bmatrix}\begin{bmatrix}1 & -1.6\end{bmatrix}$$

因此式（7-24）的误差修正表示形式为

$$\begin{bmatrix}\Delta y_{1t}\\ \Delta y_{2t}\end{bmatrix}=\begin{bmatrix}-0.5\\ 0.5\end{bmatrix}\begin{bmatrix}1 & -1.6\end{bmatrix}\begin{bmatrix}y_{1,t-1}\\ y_{2,t-1}\end{bmatrix}+\begin{bmatrix}e_{1t}\\ e_{2t}\end{bmatrix}$$

或者

$$\Delta y_{1t}=-0.5(y_{1,t-1}-1.6y_{2,t-1})+e_{1t}$$
$$\Delta y_{2t}=0.5(y_{1,t-1}-1.6y_{2,t-1})+e_{2t}$$

其中误差修正项表明序列y_{1t}和y_{2t}之间具有$y_{1t}=1.6y_{2t}+e_t$的协整关系。

2. *n* 维 VAR 模型对应的向量误差修正形式

对于 n 维向量$[y_{1t},y_{2t},\cdots,y_{nt}]'$，如果存在 r 个协整关系，则一定有其对应的误差修正模型形式。对于一阶自回归情况，有如式（7-13）的误差修正模型形式

$$\Delta \boldsymbol{Y}_t=\boldsymbol{\pi}\boldsymbol{Y}_{t-1}+\boldsymbol{e}_t$$

对于高阶自回归情况，有形如式（7-16）的误差修正模型形式

$$\Delta \boldsymbol{Y}_t=\boldsymbol{\pi}\boldsymbol{Y}_{t-1}+\sum_{i=1}^{p-1}\boldsymbol{\pi}_i\Delta\boldsymbol{Y}_{t-i}+\boldsymbol{e}_t$$

其中，$\boldsymbol{\pi}\boldsymbol{Y}_{t-1}$为误差修正项。

对于这里秩等于 r 的矩阵$\boldsymbol{\pi}$，Johansen 进一步定义了两个$n\times r$的矩阵$\boldsymbol{\alpha}$和$\boldsymbol{\beta}$，满足$\boldsymbol{\pi}=\boldsymbol{\alpha}\boldsymbol{\beta}'$。其中$\boldsymbol{\beta}$代表 r 个协整向量构成的矩阵，$\boldsymbol{\alpha}$代表速度调整系数构成的矩阵。因此，误差修正模型也经常表示为

$$\Delta \boldsymbol{Y}_t=\boldsymbol{\alpha}\boldsymbol{\beta}'\boldsymbol{Y}_{t-1}+\sum_{i=1}^{p-1}\boldsymbol{\pi}_i\Delta\boldsymbol{Y}_{t-i}+\boldsymbol{e}_t \tag{7-28}$$

其中，$\boldsymbol{\beta}'\boldsymbol{Y}_{t-1}$表示 n 维向量$[y_{1t},y_{2t},\cdots,y_{nt}]'$的序列之间的 r 个协整关系。

值得注意的是，由于 VECM 中包含 $I(1)$变量，因此不能通过标准的 F 检验来进行 Granger 因果关系检验。

7.3.3　VECM 中的截距项

前面对 $CI(1, 1)$的 Johansen 协整检验中所考虑的模型中都不包含截距项，这只有在系统中的序列都是不包含漂移项的 $I(1)$过程时才适用。然而对现实问题进行研究时，这样的情况并不多见，更经常遇到的是包含漂移项的 $I(1)$过程，此时就需要在模型中增加截距项或确定性时间趋势项。

以包含截距项的 2 维 1 阶 VAR 模型为例

$$\begin{bmatrix} y_{1t} \\ y_{2t} \end{bmatrix} = \begin{bmatrix} a_{10} \\ a_{20} \end{bmatrix} + \begin{bmatrix} a_{11} & a_{12} \\ a_{21} & a_{22} \end{bmatrix} \begin{bmatrix} y_{1,t-1} \\ y_{2,t-1} \end{bmatrix} + \begin{bmatrix} e_{1t} \\ e_{2t} \end{bmatrix} \tag{7-29}$$

考虑式（7-29）的一阶差分形式

$$\begin{bmatrix} \Delta y_{1t} \\ \Delta y_{2t} \end{bmatrix} = \begin{bmatrix} a_{10} \\ a_{20} \end{bmatrix} + \begin{bmatrix} a_{11}-1 & a_{12} \\ a_{21} & a_{22}-1 \end{bmatrix} \begin{bmatrix} y_{1,t-1} \\ y_{2,t-1} \end{bmatrix} + \begin{bmatrix} e_{1t} \\ e_{2t} \end{bmatrix} \tag{7-30}$$

与式（7-13）和式（7-21）类似，令 $\boldsymbol{\pi} = \begin{bmatrix} a_{11}-1 & a_{12} \\ a_{21} & a_{22}-1 \end{bmatrix}$。

根据前面的结论，若 $r(\boldsymbol{\pi}) = 1$，则序列 y_{1t} 和 y_{2t} 之间存在一个协整关系。此时，$\begin{vmatrix} a_{11}-1 & a_{12} \\ a_{21} & a_{22}-1 \end{vmatrix} = 0$ 且 $\boldsymbol{\pi} = \begin{bmatrix} a_{11}-1 & a_{12} \\ a_{21} & a_{22}-1 \end{bmatrix} \neq \boldsymbol{O}$，这要求特征方程 $|\boldsymbol{A}_1 - \lambda \boldsymbol{I}| = 0$ 有一个特征根在单位圆上，从而使得 $|\boldsymbol{A}_1 - \boldsymbol{I}| = \begin{vmatrix} a_{11}-1 & a_{12} \\ a_{21} & a_{22}-1 \end{vmatrix} = 0$ 成立，而另一个特征根在单位圆内。

特征方程 $|\boldsymbol{A}_1 - \lambda \boldsymbol{I}| = 0$，具体为 $\begin{vmatrix} a_{11}-\lambda & a_{12} \\ a_{21} & a_{22}-\lambda \end{vmatrix} = 0$，也可以表示为

$$(a_{11}-\lambda)(a_{22}-\lambda) - a_{12}a_{21} = \lambda^2 - (a_{11}+a_{22})\lambda + (a_{11}a_{22} - a_{12}a_{21}) = 0 \tag{7-31}$$

在 $CI(1, 1)$情况下，其一个特征根在单位圆上，另一个特征根在单位圆内。这意味着较大的特征根 $\lambda_1 = 1$，而另一个较小的特征根 $|\lambda_2| < 1$，即

$$\lambda_1 = 0.5(a_{11}+a_{22}) + 0.5\sqrt{(a_{11}+a_{22})^2 - 4(a_{11}a_{22} - a_{12}a_{21})} = 1 \tag{7-32}$$

$$|\lambda_2| = \left|0.5(a_{11}+a_{22}) - 0.5\sqrt{(a_{11}+a_{22})^2 - 4(a_{11}a_{22} - a_{12}a_{21})}\right| < 1 \tag{7-33}$$

式（7-32）移项后，等号两边取平方有

$$[1 - 0.5(a_{11}+a_{22})]^2 = 0.25[(a_{11}+a_{22})^2 - 4(a_{11}a_{22} - a_{12}a_{21})]$$

即

$$1 - (a_{11}+a_{22}) + 0.25(a_{11}+a_{22})^2 = 0.25(a_{11}+a_{22})^2 - (a_{11}a_{22} - a_{12}a_{21})$$

因此有

$$1-(a_{11}+a_{22})+a_{11}a_{22}=a_{12}a_{21}$$

即

$$(1-a_{11})(1-a_{22})=a_{12}a_{21} \tag{7-34}$$

则在满足式（7-34）的条件下，特征方程$|\boldsymbol{A}_1-\lambda \boldsymbol{I}|=0$中较大的特征根在单位圆上，此时序列$y_{1t}$和$y_{2t}$为$I(1)$过程，才有可能形成$CI(1, 1)$的关系。若$a_{22}\neq 1$，则有

$$1-a_{11}=\frac{a_{12}a_{21}}{1-a_{22}} \tag{7-35}$$

将式（7-35）代入式（7-30）有

$$\begin{bmatrix}\Delta y_{1t}\\ \Delta y_{2t}\end{bmatrix}=\begin{bmatrix}a_{10}\\ a_{20}\end{bmatrix}+\begin{bmatrix}-\dfrac{a_{12}a_{21}}{1-a_{22}} & a_{12}\\ a_{21} & a_{22}-1\end{bmatrix}\begin{bmatrix}y_{1,t-1}\\ y_{2,t-1}\end{bmatrix}+\begin{bmatrix}e_{1t}\\ e_{2t}\end{bmatrix} \tag{7-36}$$

即

$$\begin{aligned}\Delta y_{1t}&=a_{10}-\frac{a_{12}a_{21}}{1-a_{22}}y_{1,t-1}+a_{12}y_{2,t-1}+e_{1t}\\ \Delta y_{2t}&=a_{20}+a_{21}y_{1,t-1}-(1-a_{22})y_{2,t-1}+e_{2t}\end{aligned} \tag{7-37}$$

上式可分解为

$$\begin{aligned}\Delta y_{1t}&=-\frac{a_{12}a_{21}}{1-a_{22}}\left(y_{1,t-1}-\frac{1-a_{22}}{a_{21}}y_{2,t-1}-\frac{1-a_{22}}{a_{12}a_{21}}a_{10}\right)+e_{1t}\\ \Delta y_{2t}&=a_{21}\left(y_{1,t-1}-\frac{1-a_{22}}{a_{21}}y_{2,t-1}+\frac{a_{20}}{a_{21}}\right)+e_{2t}\end{aligned} \tag{7-38}$$

（1）若$-\dfrac{1-a_{22}}{a_{12}a_{21}}a_{10}=\dfrac{a_{20}}{a_{21}}$，即

$$a_{10}=-\frac{a_{12}a_{20}}{1-a_{22}} \tag{7-39}$$

此时，均衡关系为$y_{1,t-1}-\dfrac{1-a_{22}}{a_{21}}y_{2,t-1}+\dfrac{a_{20}}{a_{21}}=0$。则式（7-38）可简记为

$$\begin{aligned}\Delta y_{1t}&=\alpha_1(y_{1,t-1}-\beta y_{2,t-1}+c)+e_{1t}\\ \Delta y_{2t}&=\alpha_2(y_{1,t-1}-\beta y_{2,t-1}+c)+e_{2t}\end{aligned} \tag{7-40}$$

其中

$$\alpha_1=-\frac{a_{12}a_{21}}{1-a_{22}},\alpha_2=a_{21},\beta=\frac{1-a_{22}}{a_{21}},c=\frac{a_{20}}{a_{21}}=-\frac{1-a_{22}}{a_{12}a_{21}}a_{10} \tag{7-41}$$

显然，式（7-40）中的 Δy_{1t} 和 Δy_{2t} 都为零均值平稳过程，则原序列 y_{1t} 和 y_{2t} 为不包含漂移项的单整过程。

因此在建模过程中，如果原始单整序列都并没有表现出确定性趋势，则应当构建不包含截距项的 VECM，如式（7-26）；或者仅在协整向量中包含截距项，如式（7-40）。

（2）若 $-\dfrac{1-a_{22}}{a_{12}a_{21}}a_{10} \neq \dfrac{a_{20}}{a_{21}}$，则式（7-38）可简记为

$$\begin{aligned}\Delta y_{1t} &= c_1 + \alpha_1(y_{1,t-1} - \beta y_{2,t-1} + c_0) + e_{1t} \\ \Delta y_{2t} &= c_2 + \alpha_2(y_{1,t-1} - \beta y_{2,t-1} + c_0) + e_{2t}\end{aligned} \tag{7-42}$$

其中

$$\alpha_1 = -\frac{a_{12}a_{21}}{1-a_{22}}, \alpha_2 = a_{21}, \beta = \frac{1-a_{22}}{a_{21}}, c_1 + \alpha_1 c_0 = a_{10}, c_2 + \alpha_2 c_0 = a_{20} \tag{7-43}$$

显然，式（7-42）中的 Δy_{1t} 和 Δy_{2t} 包含漂移项，则原序列 y_{1t} 和 y_{2t} 为包含漂移项的单整过程。这里，包含在误差修正项中的常数项 c_0 是任意的，若想给出其具体取值需要确定响应的识别方法，例如 EViews 中确定误差修正项中的常数项 c_0 的方法是限定误差修正项的样本均值为零。

因此在建模过程中，如果原始单整序列表现出确定性趋势，则应当在 VECM 中包含截距项（如式（7-42）），有时还应包含时间趋势项。

【例 7-4】考虑如下的两个 2 维 1 阶 VAR 模型，判断其 VECM 中是否包含截距项。

$$\begin{bmatrix} y_{1t} \\ y_{2t} \end{bmatrix} = \begin{bmatrix} -0.2 \\ 0.2 \end{bmatrix} + \begin{bmatrix} 0.5 & 0.8 \\ 0.5 & 0.2 \end{bmatrix} \begin{bmatrix} y_{1,t-1} \\ y_{2,t-1} \end{bmatrix} + \begin{bmatrix} e_{1t} \\ e_{2t} \end{bmatrix} \tag{7-44}$$

$$\begin{bmatrix} y_{1t} \\ y_{2t} \end{bmatrix} = \begin{bmatrix} 0.5 \\ 0.3 \end{bmatrix} + \begin{bmatrix} 0.5 & 0.8 \\ 0.5 & 0.2 \end{bmatrix} \begin{bmatrix} y_{1,t-1} \\ y_{2,t-1} \end{bmatrix} + \begin{bmatrix} e_{1t} \\ e_{2t} \end{bmatrix} \tag{7-45}$$

其中，e_{1t} 和 e_{2t} 是独立同分布的扰动项序列。

解：（1）模型（7-44）的一阶差分形式为

$$\begin{bmatrix} \Delta y_{1t} \\ \Delta y_{2t} \end{bmatrix} = \begin{bmatrix} -0.2 \\ 0.2 \end{bmatrix} + \begin{bmatrix} -0.5 & 0.8 \\ 0.5 & -0.8 \end{bmatrix} \begin{bmatrix} y_{1,t-1} \\ y_{2,t-1} \end{bmatrix} + \begin{bmatrix} e_{1t} \\ e_{2t} \end{bmatrix}$$

即

$$\begin{aligned}\Delta y_{1t} &= -0.2 - 0.5y_{1,t-1} + 0.8y_{2,t-1} + e_{1t} \\ \Delta y_{2t} &= 0.2 + 0.5y_{1,t-1} - 0.8y_{2,t-1} + e_{2t}\end{aligned}$$

可以记为如下的误差修正模型形式

$$\begin{aligned}\Delta y_{1t} &= -0.5(y_{1,t-1} - 1.6y_{2,t-1} + 0.1) + e_{1t} \\ \Delta y_{2t} &= 0.5(y_{1,t-1} - 1.6y_{2,t-1} + 0.1) + e_{2t}\end{aligned}$$

由于 $-\dfrac{1-a_{22}}{a_{12}a_{21}}a_{10}=\dfrac{a_{20}}{a_{21}}\left(-\dfrac{1-0.2}{0.8\times0.5}\times(-0.2)=\dfrac{0.2}{0.5}\right)$，因此模型（7-44）对应的误差修正模型形式中可以在协整向量中包含截距项，而在误差修正模型中无须包含截距项。

（2）模型（7-45）的一阶差分形式为

$$\begin{bmatrix}\Delta y_{1t}\\ \Delta y_{2t}\end{bmatrix}=\begin{bmatrix}0.5\\ 0.3\end{bmatrix}+\begin{bmatrix}-0.5 & 0.8\\ 0.5 & -0.8\end{bmatrix}\begin{bmatrix}y_{1,t-1}\\ y_{2,t-1}\end{bmatrix}+\begin{bmatrix}e_{1t}\\ e_{2t}\end{bmatrix}$$

即

$$\Delta y_{1t}=0.5-0.5y_{1,t-1}+0.8y_{2,t-1}+e_{1t}$$
$$\Delta y_{2t}=0.3+0.5y_{1,t-1}-0.8y_{2,t-1}+e_{2t}$$

可以记为如下的误差修正模型形式

$$\Delta y_{1t}=(0.5+0.5c_0)-0.5(y_{1,t-1}-1.6y_{2,t-1}+c_0)+e_{1t}$$
$$\Delta y_{2t}=(0.3-0.5c_0)+0.5(y_{1,t-1}-1.6y_{2,t-1}+c_0)+e_{2t}$$

由于 $-\dfrac{1-a_{22}}{a_{12}a_{21}}a_{10}\neq\dfrac{a_{20}}{a_{21}}\left(-\dfrac{1-0.2}{0.8\times0.5}\times0.5=-1\neq\dfrac{0.3}{0.5}=0.6\right)$，具体来看 $0.5+0.5c_0$ 和 $0.3-0.5c_0$ 不可能同时为零，因此模型式（7-45）对应的误差修正模型形式中包含截距项。

在相同的扰动项样本序列 e_{1t} 和 e_{2t} 的基础上，分别根据模型式（7-44）和式（7-45）拟合生成的 y_{1t} 和 y_{2t} 的样本序列如图 7-14 所示。其中，图 7-14（a）根据模型式（7-44）拟合生成，虽然模型式（7-44）中包含截距项，但其对应的误差修正模型中不包含截距项，从而表明 Δy_{1t} 和 Δy_{2t} 都为零均值平稳过程，则原序列 y_{1t} 和 y_{2t} 为不包含漂移项的单整过程，与此相印证，图 7-14（a）中 y_{1t} 和 y_{2t} 的样本序列都没有表现出确定性趋势。图 7-14（b）根据模型式（7-45）拟合生成，模型式（7-45）中包含截距项，更加重要的是，其对应的误差修正模型中也包含截距项，从而表明 Δy_{1t} 和 Δy_{2t} 包含漂移项，则原序列 y_{1t} 和 y_{2t} 为包含漂移项的单整过程，与此相印证，图 7-14（b）中 y_{1t} 和 y_{2t} 的样本序列都表现出明显的确定性趋势。

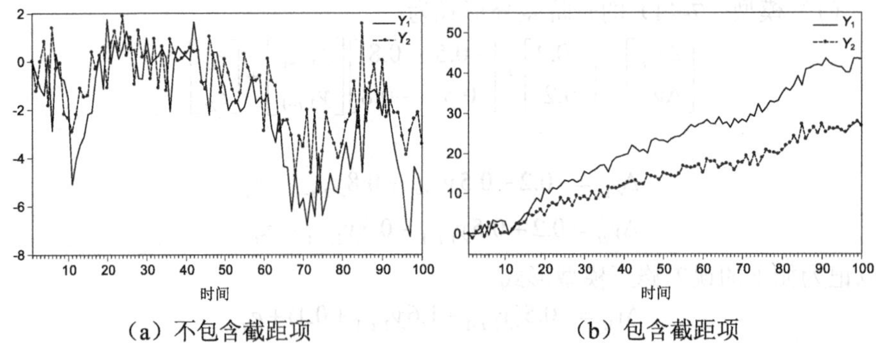

（a）不包含截距项　　　　（b）包含截距项

图 7-14　误差修正模型中不包含截距项和包含截距项的样本序列比较

7.3.4　模型滞后阶数的选择

实际问题中，并不是所有的 VECM 都只包含误差修正项，很多情况下还包含滞后差分项。考虑如式（7-16）的 n 维 $p-1$ 阶 VECM

$$\Delta \boldsymbol{Y}_t = \boldsymbol{\pi} \boldsymbol{Y}_{t-1} + \sum_{i=1}^{p-1} \boldsymbol{\pi}_i \Delta \boldsymbol{Y}_{t-i} + \boldsymbol{e}_t$$

与在 ADF 单位根检验中滞后阶数的选择问题类似，根据 Sims，Stock 和 Watson[10] 的研究结论：如果一个残差为白噪声的回归模型中同时含有 $I(1)$和 $I(0)$变量，则模型中零均值平稳变量系数的 OLS 估计渐进趋于正态分布，因此 t 检验和 F 检验可以用于检验这些平稳变量系数的显著性，但 $I(1)$变量的系数显著性则不适用 t 检验。因此 VECM 中滞后差分项 ΔY_{t-i} 的系数的显著性可以用 t 检验和 F 检验进行检验，从而确定 VECM 的滞后阶数。也可以通过 AIC 或 SBC 等信息判断准则来选择恰当滞后阶数的模型。

值得注意的是，一般在 Johansen 协整检验之前就需要确定检验模型的滞后阶数。因此，在进行 Johansen 协整检验之前，首先应估计无约束 VAR 模型以确定模型的滞后阶数。而对于含有 $I(1)$序列的 VAR 模型，无论是否存在协整关系，也仍然可以通过 t 检验或 F 检验来检验 VAR 模型中某些变量系数的显著性。例如，考虑两个 $I(1)$序列 y_{1t} 和 y_{2t} 的 2 阶滞后 VAR 模型

$$\begin{aligned} y_{1t} &= a_{11} y_{1,t-1} + b_{11} y_{1,t-2} + a_{12} y_{2,t-1} + b_{12} y_{2,t-2} + e_{1t} \\ y_{2t} &= a_{21} y_{1,t-1} + b_{21} y_{1,t-2} + a_{22} y_{2,t-1} + b_{22} y_{2,t-2} + e_{2t} \end{aligned} \tag{7-46}$$

式（7-46）中的系数 b_{11}、b_{12}、b_{21} 和 b_{22} 可以写为平稳变量的系数，只需在对式（7-46）做如下的变换：

$$\begin{aligned} y_{1t} = a_{11} y_{1,t-1} &+ b_{11} y_{1,t-2} - b_{11} y_{1,t-1} + b_{11} y_{1,t-1} \\ &+ a_{12} y_{2,t-1} + b_{12} y_{2,t-2} - b_{12} y_{2,t-1} + b_{12} y_{2,t-1} + e_{1t} \\ y_{2t} = a_{21} y_{1,t-1} &+ b_{21} y_{1,t-2} - b_{21} y_{1,t-1} + b_{21} y_{1,t-1} \\ &+ a_{22} y_{2,t-1} + b_{22} y_{2,t-2} - b_{22} y_{2,t-1} + b_{22} y_{2,t-1} + e_{2t} \end{aligned}$$

整理得到

$$\begin{aligned} y_{1t} &= (a_{11} + b_{11}) y_{1,t-1} - b_{11} \Delta y_{1,t-1} + (a_{12} + b_{12}) y_{2,t-1} - b_{12} \Delta y_{2,t-1} + e_{1t} \\ y_{2t} &= (a_{21} + b_{21}) y_{1,t-1} - b_{21} \Delta y_{1,t-1} + (a_{22} + b_{22}) y_{2,t-1} - b_{22} \Delta y_{2,t-1} + e_{2t} \end{aligned} \tag{7-47}$$

显然，式（7-47）中 $\Delta y_{1,t-1}$ 和 $\Delta y_{2,t-1}$ 为平稳变量，因此其前面的系数 b_{11}、b_{12}、b_{21} 和 b_{22} 的显著性可以通过 t 检验来进行判断。

具体地，在进行 Johansen 协整检验之前，无须考虑序列之间是否存在协整关系，都直接先对 VAR 模型采用 t 检验或 F 检验，或信息判断准则等其他方法确定 VAR 模型的滞后阶数。假定选定的 VAR 模型的滞后阶数为 p 阶，则可以确定在 Johansen 协整检验中所采用的对应 VECM 的滞后阶数应为 $p-1$ 阶。

7.3.5 Johansen 协整检验统计量

Johansen 协整检验的原理是判断式（7-16）中 Y_{t-1} 的系数矩阵 $\boldsymbol{\pi}$ 的秩。若 $r(\boldsymbol{\pi})=n$，则每个序列都是平稳序列，无所谓协整关系；若 $r(\boldsymbol{\pi})=0$，则每个序列都是 $I(1)$过程，但序列之间不存在协整关系；若 $0<r(\boldsymbol{\pi})=r<n$，则序列之间存在 r 个协整关系。而在具体的检验过程中，则是通过检验 $\boldsymbol{\pi}$ 的特征值的显著性来判断协整关系的个数。这是由于矩阵理论表明矩阵的秩等于其非零特征根的个数。

具体地，对估计得到的系数矩阵 $\boldsymbol{\pi}$ 计算特征值，并将所有特征值由大到小排序，记为 $\lambda_1 \geqslant \lambda_2 \geqslant \cdots \geqslant \lambda_n$。若 $r(\boldsymbol{\pi})=0$，则所有特征值 λ_i（$i=1,2,\cdots,r$）都等于 0，此时每个序列都是 $I(1)$过程，但序列之间不存在协整关系，相应地有 $\ln(1-\lambda_i)=\ln 1=0$（$i=1,2,\cdots,r$）。若 $r(\boldsymbol{\pi})=r$，则有 r 个特征值不为零，且有 $1>\lambda_1 \geqslant \lambda_2 \geqslant \cdots \geqslant \lambda_r>0$①，此时序列之间存在 r 个协整关系，相应地 $\ln(1-\lambda_i)<0$（$i=1,2,\cdots,r$）且 $\ln(1-\lambda_j)=0$（$j=r+1,r+2,\cdots,n$）。若 $r(\boldsymbol{\pi})=n$，则有 n 个特征值不为零，此时每个序列都是平稳序列，无所谓协整关系。

Johansen 检验通过迹（trace）统计量 λ_{trace} 和最大特征值（Max-Eigenvalue）统计量 $\lambda_{\max}$ 来进行特征值 λ_i 显著性的检验，从而对协整关系的数量 r 进行判断。

$$\lambda_{\text{trace}}(r)=-T\sum_{i=r+1}^{n}\ln(1-\hat{\lambda}_i) \tag{7-48}$$

$$\lambda_{\max}(r,r+1)=-T\ln(1-\hat{\lambda}_{r+1}) \tag{7-49}$$

其中，T 是样本数，$\hat{\lambda}_i$ 是特征值的估计。

迹统计量 λ_{trace} 的原假设是：协整关系的个数小于等于 r；备择假设为协整关系的个数大于 r。

最大特征值统计量 $\lambda_{\max}$ 的原假设是：协整关系的个数等于 r；备择假设为协整关系的个数等于 $r+1$。

通过蒙特卡洛方法可以得出迹统计量 λ_{trace} 和最大特征值统计量 $\lambda_{\max}$ 的临界值。当计算得到的统计量大于临界值时拒绝原假设，小于临界值时接受原假设。

---

① 系数矩阵 $\boldsymbol{\pi}$ 的特征值 $0\leqslant\lambda_i<1$ 的证明参见汉密尔顿[11]。

具体在检验过程中，先从检验 $r=0$ 开始，如果迹统计量 λ_{trace} 和最大特征值统计量 λ_{max} 都小于临界值，则接受原假设，认为不存在协整关系；否则拒绝原假设，继续检验 $r=1$ 的情况，如果迹统计量 λ_{trace} 和最大特征值统计量 λ_{max} 都小于临界值，则接受原假设，认为存在 1 个协整关系；否则拒绝原假设，继续检验 $r=2$ 的情况，直至 $r=r^*$ 出现接受原假设的情况为止，则认为存在 r^* 个协整关系。

某些情况下迹统计量 λ_{trace} 和最大特征值统计量 λ_{max} 的检验结果会相互冲突，此时应谨慎对待，可重新选择检验模型或检验方法来进行协整检验。

7.3.6　Johansen 协整检验实例

【例 7-5】仍以图 7-3 所示的序列 $Z1$ 和 $Z2$（见附录 B 的表 B-6）为例，在 EViews 中采用 Johansen 方法检验序列 $Z1$ 和 $Z2$ 之间是否具有协整关系。

在 EViews 中进行 Johansen 协整检验需执行四个步骤：① 对序列进行单位根检验，确定序列的单整阶数；② VEC 模型形式的选择；③ VAR 模型滞后阶数的选择；④ 在 group 对象或 var 对象下进行 Johansen 协整检验；⑤ 如果检验结果表明存在协整关系，则构建恰当形式的 VEC 方程。

（1）对序列 $Z1$ 和 $Z2$ 进行单位根检验，确定序列的单整阶数。检验过程与例 7-1 中相同，这里不再赘述。检验结论是序列 $Z1$ 和 $Z2$ 都为一阶单整序列。值得强调的是，从对序列 $Z1$ 的 ADF 单位根检验的模型选择过程中可以看出，序列 $Z1$ 为不包含漂移的单整过程，这意味着序列 $Z1$ 的数据生成过程中不包含确定性时间趋势，这与图 7-3 中序列 $Z1$ 的时序图所表现出的没有明显的时间趋势相吻合。从对序列 $Z2$ 的 ADF 单位根检验的模型选择过程中可以看出，序列 $Z2$ 为带漂移的单整过程，这意味着序列 $Z2$ 的数据生成过程中包含确定性时间趋势，这也与图 7-3 中序列 $Z2$ 的时序图所表现出的具有明显的时间趋势相吻合。

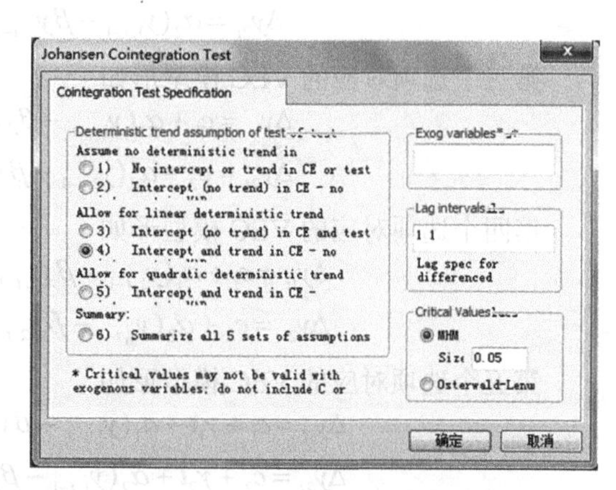

图 7-15　Johansen 协整检验设定窗口

（2）EViews 中的 Johansen 协整检验窗口如图 7-15 所示，其中 Deterministic trend assumption of test 选择框中给出了五种检验模型的设定形式（即前面的五个选项），而如果选择第六个选项 Summarize all 5 sets of assumptions，则可以给出所有五种检验模型的设定形式下的 Johansen 协整检验结果。这五种 VEC 模型的设定形式分别为：① 协整方程中不包含截距项和时间趋势项，VAR 模型中不包含截距项（No intercept or trend in CE or test VAR）；② 协整方程中包含截距项（不包含时间趋势项），VAR 模型中不包含截距项（Intercept (no trend) in CE – no intercept in VAR）；③ 协整方程中包含截距项（不包含时间趋势项），VAR 模型中包含截距项（Intercept (no trend) in CE and test VAR）；④ 协整方程中包含截距项和时间趋势项，VAR 模型中不包含截距项（Intercept and trend in CE – no intercept in VAR）；⑤ 协整方程中包含截距项和时间趋势项，VAR 模型中包含截距项（Intercept and trend in CE – intercept in VAR）。如果存在协整关系，第一和第二个选项意味着 VEC 模型中不包含截距项和时间趋势项，此时序列本身都不包含时间趋势，因此这两个选项对应的模型适用于不包含漂移项的单整过程之间的协整关系检验；第三和第四个选项意味着 VEC 模型中包含截距项（不包含时间趋势项），此时序列本身包含线性的确定性时间趋势，因此这两个选项对应的模型适用于包含漂移项的单整过程之间的协整关系检验；第五个选项意味着 VEC 模型中包含截距项和时间趋势项，这意味着序列本身包含二次的确定性时间趋势，因此这个选项对应的模型适用于包含二次确定性时间趋势的序列之间的协整关系检验。

具体来说，以存在协整关系的序列 $\{y_{1t}\}$ 和 $\{y_{2t}\}$ 的二维一阶滞后 VEC 模型为例，第一个选项对应的 VEC 模型形如

$$\begin{aligned}\Delta y_{1t} &= \alpha_1(y_{1,t-1} - \beta y_{2,t-1}) + e_{1t} \\ \Delta y_{2t} &= \alpha_2(y_{1,t-1} - \beta y_{2,t-1}) + e_{2t}\end{aligned} \tag{7-50}$$

第二个选项对应的 VEC 模型形如

$$\begin{aligned}\Delta y_{1t} &= \alpha_1(y_{1,t-1} - \beta y_{2,t-1} + c_0) + e_{1t} \\ \Delta y_{2t} &= \alpha_2(y_{1,t-1} - \beta y_{2,t-1} + c_0) + e_{2t}\end{aligned} \tag{7-51}$$

第三个选项对应的 VEC 模型形如

$$\begin{aligned}\Delta y_{1t} &= c_1 + \alpha_1(y_{1,t-1} - \beta y_{2,t-1} + c_0) + e_{1t} \\ \Delta y_{2t} &= c_2 + \alpha_2(y_{1,t-1} - \beta y_{2,t-1} + c_0) + e_{2t}\end{aligned} \tag{7-52}$$

第四个选项对应的 VEC 模型形如

$$\begin{aligned}\Delta y_{1t} &= c_1 + \alpha_1(y_{1,t-1} - \beta y_{2,t-1} + \gamma t + c_0) + e_{1t} \\ \Delta y_{2t} &= c_2 + \alpha_2(y_{1,t-1} - \beta y_{2,t-1} + \gamma t + c_0) + e_{2t}\end{aligned} \tag{7-53}$$

第五个选项对应的 VEC 模型形如

$$\begin{aligned}\Delta y_{1t} &= c_1 + \gamma_1 t + \alpha_1(y_{1,t-1} - \beta y_{2,t-1} + \gamma t + c_0) + e_{1t} \\ \Delta y_{2t} &= c_2 + \gamma_2 t + \alpha_2(y_{1,t-1} - \beta y_{2,t-1} + \gamma t + c_0) + e_{2t}\end{aligned} \tag{7-54}$$

本例中，由于序列 Z1 和 Z2 的时序图和单位根检验结果都表明，序列 Z1 为不包含漂移项的单整过程，这意味着其数据生成过程中不包含确定性时间趋势；而 Z2 为包含漂移项的单整过程，这意味着其数据生成过程中包含确定性时间趋势。如果序列 Z1 和 Z2 存在协整关系，则该协整关系中必然包含时间趋势项。因此进行 Johansen 协整检验的 VEC 模型的误差修正项中应当包含时间趋势项，或者说协整方程中应当包含时间趋势项。具体地，应选择第四种模型进行协整关系检验。

（3）Johansen 协整检验还需要确定用于进行检验的 VEC 模型中的解释变量的滞后阶数。由于 VEC 模型可以视作是 VAR 模型的一阶差分形式。因此只要能够确定 VAR 模型的滞后阶数，则 VEC 模型的滞后阶数在 VAR 模型的滞后阶数基础上减一即可。

图 7-16（a）、图 7-16（b）和图 7-17（c）分别列示了序列 Z1 和 Z2 的最高滞后阶数为 1 阶、2 阶和 3 阶的 VAR 模型的 AIC 和 SBC 准则数值，其中 2 阶滞后 VAR 模型的 AIC 和 SBC 准则数值最小，分别约为 6.89 和 7.16。因此对序列 Z1 和 Z2 应构建 2 阶滞后 VAR 模型，则相应的 VEC 模型应为滞后 1 阶的。因此在图 7-15 的 Johansen 协整检验的 Lag intervals 文本框中应填入“1 1”，表明 VEC 模型中滞后差分序列的滞后阶数区间，其中第一个数值是滞后差分序列的最低滞后阶数，第二个数值是滞后差分序列的最高滞后阶数。

可见，如果模型滞后阶数的选择结果认为 VAR 模型应为滞后 3 阶的，则相应的 VEC 模型应为滞后 2 阶的，此时在 Lag intervals 文本框中应填入“1 2”。值得强调的是，如果模型滞后阶数的选择结果认为 VAR 模型应为滞后 1 阶的，则相应的 VEC 模型应为滞后 0 阶的，此时在 Lag intervals 文本框中应填入“0 0”。

（4）在 EViews 中，Johansen 协整检验在 Group 对象或 VAR 对象下都可以执行。协整检验结果页面中列示了迹统计量和最大特征值统计量的检验结果，同时也在页面下方列示有 VEC 模型中主要的估计系数，例如协整向量和速度调整系数等。

图 7-17 列示了序列 Z1 和 Z2 基于第四种形式的 1 阶滞后 VEC 模型进行 Johansen 协整检验的结果，迹统计量的检验结果接受“协整关系的个数小于等于 0”的原假设（检验统计量的伴随概率为 12.73%），而最大特征值统计量的检验结果则拒绝“协整关系的个数等于 0”的原假设（检验统计量的伴随概率为 4.64%），接受“协整关系的个数等于 1”的原假设（检验统计量的伴随概率为 90.03%）。在现实的检验过程中，这种迹统计量和最大特征值统计量的检验结果相矛盾的情况常有出现，这时需要研究者谨慎判断，或者结合其他检验方法的结果来得出更为可靠的结论。本例中，结合 EG 协整检验的结果可以采纳最大特征值统计量的检验结果，认为序列 Z1 和 Z2 之间存在一个协整关系。

Determinant resid covariance (dof adj.)	4.368155
Determinant resid covariance	4.107430
Log likelihood	-350.8833
Akaike information criterion	7.209764
Schwarz criterion	7.367044

(a)

Determinant resid covariance (dof adj.)	3.054330
Determinant resid covariance	2.750615
Log likelihood	-327.6913
Akaike information criterion	6.891660
Schwarz criterion	7.155432

(b)

Determinant resid covariance (dof adj.)	2.990747
Determinant resid covariance	2.574668
Log likelihood	-321.1415
Akaike information criterion	6.910134
Schwarz criterion	7.281742

(c)

图 7-16 不同滞后期 VAR 模型估计结果页面下方的统计量信息

Group: Z1Z2 Workfile: EXA::7_ci\

View | Proc | Object | Print | Name | Freeze | Sample | Sheet | Stats | Spec

Johansen Cointegration Test

Date: 01/13/15 Time: 16:52
Sample (adjusted): 3 100
Included observations: 98 after adjustments
Trend assumption: Linear deterministic trend (restricted)
Series: Z1 Z2
Lags interval (in first differences): 1 to 1

Unrestricted Cointegration Rank Test (Trace)

Hypothesized No. of CE(s)	Eigenvalue	Trace Statistic	0.05 Critical Value	Prob.**
None	0.181374	22.40393	25.87211	0.1273
At most 1	0.028082	2.791387	12.51798	0.9003

Trace test indicates no cointegration at the 0.05 level
* denotes rejection of the hypothesis at the 0.05 level
**MacKinnon-Haug-Michelis (1999) p-values

Unrestricted Cointegration Rank Test (Maximum Eigenvalue)

Hypothesized No. of CE(s)	Eigenvalue	Max-Eigen Statistic	0.05 Critical Value	Prob.**
None *	0.181374	19.61254	19.38704	0.0464
At most 1	0.028082	2.791387	12.51798	0.9003

Max-eigenvalue test indicates 1 cointegrating eqn(s) at the 0.05 level
* denotes rejection of the hypothesis at the 0.05 level
**MacKinnon-Haug-Michelis (1999) p-values

图 7-17 Johansen 协整检验结果

（5）在 EViews 中，构建 VEC 模型是在 VAR 对象下进行。首先在如图 7-18 所示的 VAR（VEC）模型设定窗口的 Basics 分窗口的 VAR Type 选项框中选择 Vector Error Correct 模型，并在 Lag intervals for D(Endogenous)文本框中填入正确的模型滞后阶数区间。然后在如图 7-19 所示的 VAR（VEC）模型设定窗口的 Cointegration 分窗口中选择正确的模型形式。

图 7-20 列示的序列 $Z1$ 和 $Z2$ 基于第四种形式的 1 阶滞后 VEC 模型的估计结果表明，协整关系的估计为

$$erc_t = z_{1t} - 1.09z_{2t} + 0.32t + 0.58$$
$$(-13.19) \quad (9.99)$$

VEC 模型的估计为

$$\Delta z_{1t} = 0.008 + 0.046erc_{t-1} - 0.485\Delta z_{1,t-1} + 0.201\Delta z_{2,t-1} + e_{1t}$$
$$(0.06) \quad (0.42) \quad (-4.08) \quad (1.75)$$
$$\Delta z_{2t} = 0.411 + 0.428erc_{t-1} - 0.138\Delta z_{1,t-1} - 0.152\Delta z_{2,t-1} + e_{2t}$$
$$(2.95) \quad (4.11) \quad (-1.22) \quad (-1.40)$$

图 7-18　VAR（VEC）模型设定窗口——基本内容

图 7-19　VAR（VEC）模型设定——协整选项

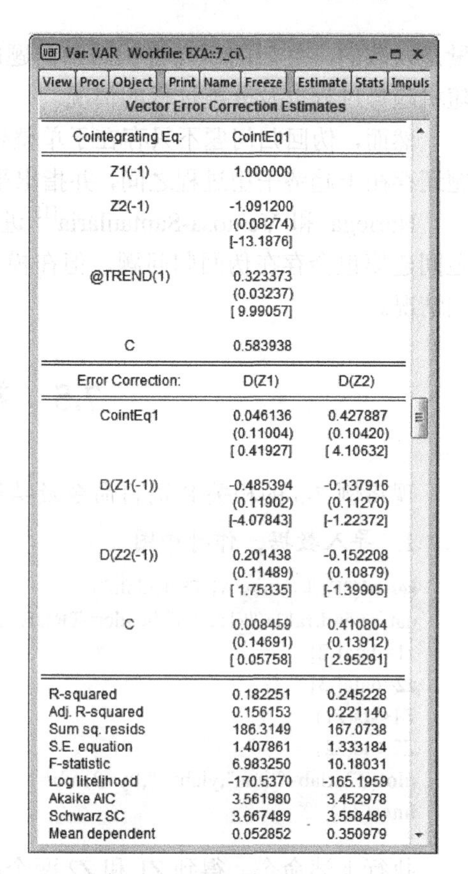

Var: VAR　Workfile: EXA::7_ci\

Vector Error Correction Estimates

Cointegrating Eq:	CointEq1	
Z1(-1)	1.000000	
Z2(-1)	-1.091200 (0.08274) [-13.1876]	
@TREND(1)	0.323373 (0.03237) [9.99057]	
C	0.583938	
Error Correction:	D(Z1)	D(Z2)
CointEq1	0.046136 (0.11004) [0.41927]	0.427887 (0.10420) [4.10632]
D(Z1(-1))	-0.485394 (0.11902) [-4.07843]	-0.137916 (0.11270) [-1.22372]
D(Z2(-1))	0.201438 (0.11489) [1.75335]	-0.152208 (0.10879) [-1.39905]
C	0.008459 (0.14691) [0.05758]	0.410804 (0.13912) [2.95291]
R-squared	0.182251	0.245228
Adj. R-squared	0.156153	0.221140
Sum sq. resids	186.3149	167.0738
S.E. equation	1.407861	1.333184
F-statistic	6.983250	10.18031
Log likelihood	-170.5370	-165.1959
Akaike AIC	3.561980	3.452978
Schwarz SC	3.667489	3.558486
Mean dependent	0.052852	0.350979

图 7-20　VEC 模型估计结果

7.4　伪　回　归

伪回归问题也称虚假回归（spurious regression）问题，是指回归模型的参数检验过程中夸大变量相关性的情形。具体地，指那些不存在相关关系的变量，在回归模型中却检验为显著相关的情况。出现这种情况的原因，通常是由于回归系数的 t 统计量或 F 统计量是发散的，如果仍然以标准的 t 统计量或 F 统计量临界值进行检验，则很容易拒绝回归系数等于零的原假设，从而形成所谓的伪回归。

最早受到关注的是单整过程之间的伪回归问题。Granger 和 Newbold[12]在蒙特卡洛模拟的基础上，指出在独立的随机游走过程之间建模会产生伪回归问题。Phillips[13]则给出了伪回归的理论解释，发现独立随机游走过程之间的回归系数不收敛于零，而且其 t 统计量是发散的。之后的研究将伪回归问题的研究拓展到数据生成过程为更高阶单整过程、随机趋势过程以及分整过程的情况。

然而，伪回归问题不只存在于单整过程之间，Kim，Lee 和 Newbold[14]指出伪回归问题还存在于趋势平稳过程之间，并指出平稳成分的自相关性会对伪回归的程度产生影响。

Noriega 和 Ventosa-Santaulària[15]进一步指出差分平稳（单整）过程和趋势平稳过程之间建模也会存在伪回归问题，但在模型中引入时间趋势项可以在某些情况下缓解伪回归情况。

7.5 补充内容

现将例 7-5 的相关 R 语言命令及结果介绍如下。

1. 导入数据，作时序图

```
setwd("D:/lectures/AETS/R/data")
data=read.table("z1z2.txt",header=TRUE,sep="")
z1=data[,2]
z2=data[,3]
Z1<-ts(z1)
Z2<-ts(z2)
plot(Z2,xlab="time",ylab="",lty=2,sub="——    Z1    ------    Z2")
lines(Z1)
```

执行上述命令，得到 Z1 和 Z2 两个序列的时序图，如图 7-21 所示。

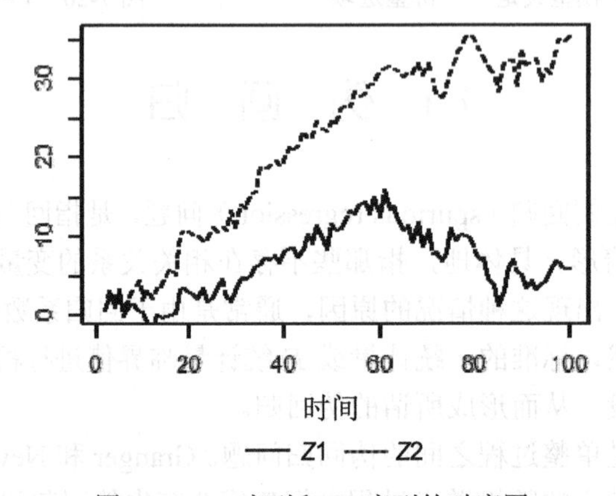

图 7-21 Z1 序列和 Z2 序列的时序图

2. 单位根检验

（1）Z1 序列

首先采用无截距和趋势项的模型来对 Z1 序列进行初步的 ADF 单位根检验，根据 BIC 信息判断准则来确定检验模型的恰当的滞后期。

```
library(urca)
urdf1<-ur.df(z1,type='none',lags=12,selectlags='BIC')
summary(urdf1)
```

执行上述命令，得到 CPI 序列的单位根检验结果如下。

```
##
## ###############################################
## # Augmented Dickey-Fuller Test Unit Root Test #
## ###############################################
##
## Test regression none
##
##
## Call:
## lm(formula = z.diff ~ z.lag.1 - 1 + z.diff.lag)
##
## Residuals:
##      Min       1Q   Median       3Q      Max
## -2.6984  -0.8959   0.2252   1.1524   3.5579
##
## Coefficients:
##              Estimate Std. Error t value Pr(>|t|)
## z.lag.1     -0.006934   0.018332  -0.378  0.70620
## z.diff.lag  -0.325469   0.101363  -3.211  0.00187 **
## ---
## Signif. codes:  0 '***' 0.001 '**' 0.01 '*' 0.05 '.' 0.1 ' ' 1
##
## Residual standard error: 1.399 on 85 degrees of freedom
## Multiple R-squared:  0.113,   Adjusted R-squared:  0.09209
## F-statistic: 5.412 on 2 and 85 DF,  p-value: 0.00613
##
##
## Value of test-statistic is: -0.3782
##
## Critical values for test statistics:
```

```
##          1pct  5pct  10pct
## tau1   -2.6  -1.95  -1.61
```

检验结果表明，在最长为 12 期的滞后期中，根据 BIC 信息判断准则选择出的恰当滞后期为滞后 1 期。

接下来，再采用无截距和趋势项的模型来对 *Z*1 序列进行一次固定滞后阶数的 ADF 单位根检验。

```
urdf1_1<-ur.df(z1,type='none',lags=1,selectlags='Fixed')
summary(urdf1_1)
```

执行上述命令，得到如下的单位根检验结果。

```
##
## ###############################################
## # Augmented Dickey-Fuller Test Unit Root Test #
## ###############################################
##
## Test regression none
##
##
## Call:
## lm(formula = z.diff ~ z.lag.1 - 1 + z.diff.lag)
##
## Residuals:
##     Min       1Q   Median      3Q     Max
## -2.7323  -1.0158  0.1826  1.1310  3.6715
##
## Coefficients:
##              Estimate Std. Error t value Pr(>|t|)
## z.lag.1     -0.007919  0.018546  -0.427     0.67
## z.diff.lag  -0.386064  0.094463  -4.087  9.07e-05 ***
## ---
## Signif. codes:  0 '***' 0.001 '**' 0.01 '*' 0.05 '.' 0.1 ' ' 1
##
## Residual standard error: 1.418 on 96 degrees of freedom
## Multiple R-squared:  0.1542, Adjusted R-squared:  0.1366
## F-statistic: 8.751 on 2 and 96 DF,  p-value: 0.0003227
##
##
## Value of test-statistic is: -0.427
##
```

```
## Critical values for test statistics:
##         1pct   5pct   10pct
## tau1    -2.6   -1.95  -1.61
```

检验结果表明，DF 统计量为-0.427，大于 10%临界值-1.61，因此不能拒绝序列存在单位根的原假设。

进一步采用无截距和趋势项的模型来对 *Z*1 的一阶差分序列进行固定滞后阶数的 ADF 单位根检验。

```
urdf1_2<-ur.df(diff(z1),type='none',lags=0,selectlags='Fixed')
summary(urdf1_2)
```

执行上述命令，得到如下的单位根检验结果。

```
##
## ###############################################
## # Augmented Dickey-Fuller Test Unit Root Test #
## ###############################################
##
## Test regression none
##
##
## Call:
## lm(formula = z.diff ~ z.lag.1 - 1)
##
## Residuals:
##     Min       1Q    Median      3Q     Max
## -2.7658  -1.0585   0.1179  1.0741  3.6547
##
## Coefficients:
##          Estimate Std. Error t value Pr(>|t|)
## z.lag.1  -1.39062    0.09346  -14.88   <2e-16 ***
## ---
## Signif. codes:  0 '***' 0.001 '**' 0.01 '*' 0.05 '.' 0.1 ' ' 1
##
## Residual standard error: 1.412 on 97 degrees of freedom
## Multiple R-squared:  0.6953, Adjusted R-squared:  0.6922
## F-statistic: 221.4 on 1 and 97 DF,  p-value: < 2.2e-16
##
##
## Value of test-statistic is: -14.8789
##
```

```
## Critical values for test statistics:
##        1pct  5pct  10pct
## tau1  -2.6  -1.95  -1.61
```

检验结果表明，DF 统计量为-14.878 9，小于 1%临界值-2.6，因此拒绝 *Z*1 的一阶差分序列存在单位根的原假设，从而表明 *Z*1 序列为 1 阶单整序列。

（2）*Z*2 序列

首先采用只包含截距项的模型来对 *Z*2 序列进行初步的 ADF 单位根检验，根据 BIC 信息判断准则来确定检验模型的恰当的滞后期。

```
urdf2<-ur.df(z2,type='drift',lags=12,selectlags='BIC')
summary(urdf2)
```

执行上述命令，得到 *Z*2 序列的单位根检验结果如下。

```
##
## ###############################################
## # Augmented Dickey-Fuller Test Unit Root Test #
## ###############################################
##
## Test regression drift
##
##
## Call:
## lm(formula = z.diff ~ z.lag.1 + 1 + z.diff.lag)
##
## Residuals:
##     Min        1Q    Median       3Q      Max
## -3.3661   -0.9847   -0.1138    0.8911   3.8071
##
## Coefficients:
##              Estimate Std. Error t value Pr(>|t|)
## (Intercept)   1.35318    0.42928    3.152  0.00225 **
## z.lag.1      -0.03642    0.01664   -2.189  0.03138 *
## z.diff.lag   -0.31899    0.10095   -3.160  0.00219 **
## ---
## Signif. codes:  0 '***' 0.001 '**' 0.01 '*' 0.05 '.' 0.1 ' ' 1
##
## Residual standard error: 1.426 on 84 degrees of freedom
## Multiple R-squared:  0.1432, Adjusted R-squared:  0.1228
## F-statistic: 7.018 on 2 and 84 DF,  p-value: 0.001519
##
```

```
##
## Value of test-statistic is: -2.1888 7.0266
##
## Critical values for test statistics:
##       1pct  5pct  10pct
## tau2  -3.51 -2.89 -2.58
## phi1  6.70  4.71  3.86
```

检验结果表明，在最长为 12 期的滞后期中，根据 BIC 信息判断准则选择出的恰当滞后期为滞后 1 期。

接下来，采用只包含截距项的模型来对 *Z*2 序列进行一次固定滞后阶数的 ADF 单位根检验。

```
urdf2_1<-ur.df(z2,type='drift',lags=1,selectlags='Fixed')
summary(urdf2_1)
```

执行上述命令，得到如下的单位根检验结果。

```
##
## ###############################################
## # Augmented Dickey-Fuller Test Unit Root Test #
## ###############################################
##
## Test regression drift
##
##
## Call:
## lm(formula = z.diff ~ z.lag.1 + 1 + z.diff.lag)
##
## Residuals:
##     Min      1Q   Median     3Q    Max
## -3.4354 -0.8572 -0.0166 0.7736 4.1936
##
## Coefficients:
##             Estimate Std. Error t value Pr(>|t|)
## (Intercept)  0.88209    0.31812   2.773  0.00669 **
## z.lag.1     -0.01967    0.01311  -1.500  0.13689
## z.diff.lag  -0.31598    0.09624  -3.283  0.00144 **
## ---
## Signif. codes:  0 '***' 0.001 '**' 0.01 '*' 0.05 '.' 0.1 ' ' 1
##
## Residual standard error: 1.432 on 95 degrees of freedom
```

```
## Multiple R-squared:   0.1202, Adjusted R-squared:   0.1017
## F-statistic: 6.488 on 2 and 95 DF,   p-value: 0.002284
##
##
## Value of test-statistic is: -1.5002 5.9283
##
## Critical values for test statistics:
##        1pct   5pct   10pct
## tau2   -3.51  -2.89  -2.58
## phi1    6.70   4.71   3.86
```

检验结果表明，DF 统计量为-1.500 2，大于 10%临界值-2.58，因此不能拒绝序列存在单位根的原假设。

进一步采用只包含截距项的模型来对 *Z*2 的一阶差分序列进行固定滞后阶数的 ADF 单位根检验。

```
urdf2_2<-ur.df(diff(z2),type='drift',lags=0,selectlags='Fixed')
summary(urdf2_2)
```

执行上述命令，得到如下的单位根检验结果。

```
##
## ###############################################
## # Augmented Dickey-Fuller Test Unit Root Test #
## ###############################################
##
## Test regression drift
##
##
## Call:
## lm(formula = z.diff ~ z.lag.1 + 1)
##
## Residuals:
##     Min       1Q    Median      3Q     Max
## -3.6475  -0.7776  -0.0324   0.9140  4.5145
##
## Coefficients:
##             Estimate Std. Error t value Pr(>|t|)
## (Intercept)  0.45999    0.14938   3.079   0.00271 **
## z.lag.1     -1.31518    0.09686  -13.578  < 2e-16 ***
## ---
## Signif. codes:  0 '***' 0.001 '**' 0.01 '*' 0.05 '.' 0.1 ' ' 1
```

```
##
## Residual standard error: 1.441 on 96 degrees of freedom
## Multiple R-squared:   0.6576, Adjusted R-squared:   0.654
## F-statistic: 184.4 on 1 and 96 DF,   p-value: < 2.2e-16
##
##
## Value of test-statistic is: -13.5779 92.1805
##
## Critical values for test statistics:
##        1pct   5pct   10pct
## tau2   -3.51  -2.89  -2.58
## phi1    6.70   4.71   3.86
```

检验结果表明，DF 统计量为-13.577 9，小于 1%临界值-3.51，因此拒绝 *Z*2 的一阶差分序列存在单位根的原假设，从而表明 *Z*2 序列为 1 阶单整序列。

3. VAR 模型滞后阶数

下列命令用于确定 *Z*1 序列和 *Z*2 序列作为内生变量的 VAR 模型的滞后期。

```
library(vars)
data2<-data.frame(Z1,Z2)
VARselect(data2,type="both",lag.max=4)
```

执行上述命令，得到如下的 VAR 模型滞后期选择结果。结果显示 VAR 模型的合适滞后期为滞后 2 期。

```
## $selection
## AIC(n)  HQ(n)  SC(n) FPE(n)
##      2      2      2      2
##
## $criteria
##                1          2          3          4
## AIC(n)  1.224317   1.086261   1.140143   1.190492
## HQ(n)   1.310696   1.215830   1.312901   1.406440
## SC(n)   1.438013   1.406804   1.567534   1.724731
## FPE(n)  3.402171   2.964141   3.129639   3.293691
```

4. Johansen 协整检验

下列命令用于对 *Z*1 序列和 *Z*2 序列进行 Johansen 协整检验。其中，函数 **ca.jo** 用于进行 Johansen 协整检验，参数“type='trace'”表明通过迹统计量给出协整检验结果，参数“ecdet='trend'”表明协整方程中包含时间趋势项。

```
library(urca)
jh.trace<-ca.jo (data2,type='trace',K=2,ecdet='trend' )
summary(jh.trace)
```

执行上述命令，得到如下的协整检验结果。

```
##
## ######################
## # Johansen-Procedure #
## ######################
##
## Test type: trace statistic , with linear trend in cointegration
##
## Eigenvalues (lambda):
## [1]    1.813740e-01    2.808171e-02    -9.761364e-18
##
## Values of teststatistic and critical values of test:
##
##              test    10pct    5pct    1pct
## r <= 1 |     2.79    10.49    12.25   16.26
## r = 0  |    22.40    22.76    25.32   30.45
##
## Eigenvectors, normalised to first column:
## (These are the cointegration relations)
##
##                  Z1.l2          Z2.l2          trend.l2
## Z1.l2        1.0000000     1.00000000        1.000000
## Z2.l2       -1.0912000    -0.03519222      -17.618478
## trend.l2     0.3233735     0.03098673        9.060426
##
## Weights W:
## (This is the loading matrix)
##
##                Z1.l2           Z2.l2          trend.l2
## Z1.d      0.04613572     -0.05228304      2.214221e-18
## Z2.d      0.42788682     -0.02169349      3.142098e-17
```

从迹统计量的检验结果来看，“r = 0”原假设下的迹统计量为 22.40，小于 10%的临界值 22.76，因此不能拒绝“协整关系的个数小于等于 0”的原假设。该协整检验结果表明 *Z*1 序列和 *Z*2 序列之间不存在协整关系。

下列命令用于对 *Z*1 序列和 *Z*2 序列进行 Johansen 协整检验。其中，参数 **“type='eigen'”**

表明通过最大特征根统计量给出协整检验结果。

```
jh.eigen<-ca.jo (data2,type='eigen',K=2,ecdet='trend')
summary(jh.eigen)
```

执行上述命令，得到如下的协整检验结果。

```
##
## ######################
## # Johansen-Procedure #
## ######################
##
## Test type: maximal eigenvalue statistic (lambda max) , with linear trend in cointegration
##
## Eigenvalues (lambda):
## [1]   1.813740e-01   2.808171e-02   -9.761364e-18
##
## Values of teststatistic and critical values of test:
##
##              test   10pct    5pct    1pct
## r <= 1 |   2.79   10.49   12.25   16.26
## r = 0  |  19.61   16.85   18.96   23.65
##
## Eigenvectors, normalised to first column:
## (These are the cointegration relations)
##
##                  Z1.l2          Z2.l2          trend.l2
## Z1.l2        1.0000000     1.00000000      1.000000
## Z2.l2       -1.0912000    -0.03519222    -17.618478
## trend.l2     0.3233735     0.03098673      9.060426
##
## Weights W:
## (This is the loading matrix)
##
##                Z1.l2           Z2.l2          trend.l2
## Z1.d      0.04613572     -0.05228304     2.214221e-18
## Z2.d      0.42788682     -0.02169349     3.142098e-17
```

从最大特征根统计量的检验结果来看，**“r = 0”**原假设下的最大特征根统计量为 19.61，大于 5%的临界值 18.96，因此拒绝“协整关系的个数等于 0”的原假设；**“r <= 1”**原假设下的最大特征根统计量为 2.79，小于 10%的临界值 10.49，不能拒绝“协整关系的个数等于 1”的原假设。该协整检验结果表明 *Z*1 序列和 *Z*2 序列之间存在协整关系。

5. 构建VEC模型

下列命令用于估计以Z1序列和Z2序列作为内生变量的VEC模型。其中，函数**VECM**用于估计一个VEC模型，这里的参数“**r=1**”表明VEC模型中包含一个协整关系，参数“include ="const"”表明VEC模型中包含截距项，参数“LRinclude="trend"”表明协整关系中包含时间趋势项。

```
library(tsDyn)
vecz<-VECM(data2,lag=1,r=1,include ="const",beta=NULL, estim="ML",LRinclude="trend")
summary(vecz)
```

执行上述命令，得到如下的VEC模型估计结果。

```
## #############
## ###Model VECM
## #############
## Full sample size: 100       End sample size: 98
## Number of variables: 2      Number of estimated slope parameters 8
## AIC 102.7452        BIC 126.0099        SSR 353.3886
## Cointegrating vector (estimated by ML):
##        Z1         Z2          trend
## r1      1    -1.0912     0.3233735
##
##
##                        ECT                      Intercept                Z1 -1
## Equation Z1 0.0461(0.1100)          0.0503(0.1690)          -0.4854(0.1190)***
## Equation Z2 0.4279(0.1042)***     0.7990(0.1601)***     -0.1379(0.1127)

##                         Z2 -1
## Equation Z1 0.2014(0.1149).
## Equation Z2 -0.1522(0.1088)
```

习题及参考答案

1．请阐述一个平稳序列和一个随机游走序列之间是否可能存在协整关系？

解：不可能。因为一个平稳序列和一个随机游走序列的线性组合为一个单整过程，而非平稳过程。

2．请阐述一个趋势平稳序列和一个随机游走序列之间是否可能存在协整关系？

解：不可能。因为趋势平稳序列中包含确定性趋势而非随机趋势，而随机游走序列中包含随机趋势，因此两个序列之间无法形成平稳的线性组合。

3．请阐述一个 $I(1)$过程和一个 $I(2)$过程之间是否可能存在协整关系？

解：不可能。因为一个 $I(1)$过程和一个 $I(2)$过程的线性组合为一个 $I(2)$过程。

4．请阐述一个 $I(1)$过程和两个 $I(2)$过程之间是否可能存在协整关系？

解：可能。因为两个 $I(2)$过程之间可能存在 $CI(2, 1)$阶协整，因此它们的线性组合为 $I(1)$过程，这两个 $I(2)$过程的线性组合形成的 $I(1)$过程又与另一个 $I(1)$过程可能存在 $CI(1, 1)$阶协整，因此一个 $I(1)$过程和两个 $CI(2, 1)$阶协整的 $I(2)$过程之间可能存在协整关系。

5．查表观察 EG 协整检验临界值与 ADF 单位根检验临界值之间的差异。

解：EG 协整检验临界值比 ADF 单位根检验临界值更小。

6．EG 协整检验过程中，以不同序列作为被解释变量情况下，回归方程的残差序列平稳性结论不一致时，例如一个回归方程的残差序列平稳，而另一个回归方程的残差序列不平稳时，是否可以简单认为检验序列之间存在协整关系？

解：不能。如果仅有部分残差序列平稳，则可能是由于仅有部分序列协整，也可能是回归方程的形式有误，也可能是样本容量小等其他原因，此时需谨慎对待并尽量查明原因，或者也可以采用其他方法进行协整检验。

7．序列 $\{u_{1t}\}$ 的数据生成过程为 $u_{1t}=u_{1,t-1}+e_{1t}$，序列 $\{u_{2t}\}$ 的数据生成过程为 $u_{2t}=c_1+u_{2,t-1}+e_{2t}$，其中 $\{e_{1t}\}$ 和 $\{e_{2t}\}$ 都为零均值平稳过程，若对序列 $\{u_{1t}\}$ 和 $\{u_{2t}\}$ 进行 EG 协整检验，应在哪种模型的基础上进行检验？

解：应在包含截距项和时间趋势项的回归模型基础上进行 EG 协整检验。因为序列 $\{u_{1t}\}$ 为无漂移的随机游走过程，其数据生成过程中只包含随机趋势；而序列 $\{u_{2t}\}$ 为包含漂移的随机游走过程，其数据生成过程中除了包含随机趋势，还包含确定性趋势。因此应在回归模型中包含截距项和时间趋势项。

8．考虑如下的三个 2 维 1 阶 VAR 生成过程下的序列 y_{1t} 和 y_{2t} 之间是否具有协整关系。如果存在协整关系，请将其写为 VEC 模型形式。

$$\begin{bmatrix} y_{1t} \\ y_{2t} \end{bmatrix}=\begin{bmatrix} 0.2 \\ 0.6 \end{bmatrix}+\begin{bmatrix} 0.8 & -0.5 \\ 0.44 & -0.5 \end{bmatrix}\begin{bmatrix} y_{1,t-1} \\ y_{2,t-1} \end{bmatrix}+\begin{bmatrix} e_{1t} \\ e_{2t} \end{bmatrix}$$

$$\begin{bmatrix} y_{1t} \\ y_{2t} \end{bmatrix}=\begin{bmatrix} 0.2 \\ 0.6 \end{bmatrix}+\begin{bmatrix} 1 & 0 \\ 0 & 1 \end{bmatrix}\begin{bmatrix} y_{1,t-1} \\ y_{2,t-1} \end{bmatrix}+\begin{bmatrix} e_{1t} \\ e_{2t} \end{bmatrix}$$

$$\begin{bmatrix} y_{1t} \\ y_{2t} \end{bmatrix}=\begin{bmatrix} 0.2 \\ 0.6 \end{bmatrix}+\begin{bmatrix} 1.2 & -0.6 \\ 0.6 & -0.8 \end{bmatrix}\begin{bmatrix} y_{1,t-1} \\ y_{2,t-1} \end{bmatrix}+\begin{bmatrix} e_{1t} \\ e_{2t} \end{bmatrix}$$

其中，e_{1t} 和 e_{2t} 是独立同分布的扰动项序列。

解：（1）由于$\left|\boldsymbol{A}_1-\lambda\boldsymbol{I}\right|=\begin{vmatrix}0.8-\lambda & -0.5\\ 0.44 & -0.5-\lambda\end{vmatrix}=\lambda^2-0.3\lambda-0.18=(\lambda+0.3)(\lambda-0.6)$，因此特征方程$\left|\boldsymbol{A}_1-\lambda\boldsymbol{I}\right|=0$的两个特征根$\lambda=-0.3$和$\lambda=0.6$都在单位圆内，这意味着序列$y_{1t}$和$y_{2t}$都为平稳过程，因此序列$y_{1t}$和$y_{2t}$之间无所谓协整关系。

（2）该 VAR 模型，事实上可以简化为$y_{1t}=0.5+y_{1,t-1}+e_{1t}$和$y_{2t}=0.3+y_{2,t-1}+e_{2t}$，即序列$y_{1t}$和$y_{2t}$都为单整过程，它们之间不存在平稳的线性组合，因此序列之间不存在协整关系。

（3）由于$\left|\boldsymbol{A}_1-\lambda\boldsymbol{I}\right|=\begin{vmatrix}1.2-\lambda & -0.6\\ 0.6 & -0.8-\lambda\end{vmatrix}=\lambda^2-0.4\lambda-0.6=(\lambda-1)(\lambda+0.4)$，因此特征方程$\left|A_1-\lambda I\right|=0$的两个特征根中，一个特征根$\lambda=1$在单位圆上，一个特征根$\lambda=-0.4$在单位圆内。此时$r(\boldsymbol{\pi})=r\begin{bmatrix}1.2-1 & -0.6\\ 0.6 & -0.8-1\end{bmatrix}=r\begin{bmatrix}0.2 & -0.6\\ 0.6 & -1.8\end{bmatrix}=1$，意味着序列$y_{1t}$和$y_{2t}$之间存在一个协整关系。

该模型的一阶差分形式为

$$\begin{bmatrix}\Delta y_{1t}\\ \Delta y_{2t}\end{bmatrix}=\begin{bmatrix}0.2\\ 0.6\end{bmatrix}+\begin{bmatrix}0.2 & -0.6\\ 0.6 & -1.8\end{bmatrix}\begin{bmatrix}y_{1,t-1}\\ y_{2,t-1}\end{bmatrix}+\begin{bmatrix}e_{1t}\\ e_{2t}\end{bmatrix}$$

即

$$\Delta y_{1t}=0.2+0.2y_{1,t-1}-0.6y_{2,t-1}+e_{1t}$$
$$\Delta y_{2t}=0.6+0.6y_{1,t-1}-1.8y_{2,t-1}+e_{2t}$$

可以记为

$$\Delta y_{1t}=0.2(y_{1,t-1}-3y_{2,t-1}+1)+e_{1t}$$
$$\Delta y_{2t}=0.6(y_{1,t-1}-3y_{2,t-1}+1)+e_{2t}$$

这里，由于$-\dfrac{1-a_{22}}{a_{12}a_{21}}a_{10}=\dfrac{a_{20}}{a_{21}}\left(-\dfrac{1+0.8}{-0.6\times0.6}\times(0.2)=1=\dfrac{0.6}{0.6}\right)$，因此模型对应的误差修正模型形式中可以在协整向量中包含截距项，而在误差修正模型中无须包含截距项。

参考文献

[1] Engle R F, Granger C W J. Co-Integration and Error Correction: Representation, Estimation, and Testing[J]. Econometrica, 1987, 55(2): 251-276.

[2] Stock J H, Watson M W. Testing for Common Trends[J]. Journal of the American Statistical Association, 1988, 83(404): 1097-1107.

[3] MacKinnon G J. Numerical Distribution Functions for Unit Root and Cointegration Tests[J]. Journal of Applied Econometrics, 1996, 11(6): 601-618.

[4] Phillips P C B, Hansen B E. Statistical Inference in Instrumental Variables Regression with I(1) Processes[J]. The Review of Economics Studies, 1990, 57(1): 99-125.

[5] Park J Y. Canonical Cointegrating Regressions[J]. Econometrica, 1992, 60(1): 119-143.

[6] Dolado J J, Jenkinson T, Sosvilla-Rivero S. Cointegration and Unit Roots[J]. Journal of Economic Surveys, 1990, 4(3): 249-273.

[7] Haldrup N. The Asymptotics of Single-equation Cointegration Regressions with I(1) and I(2) Variables[J]. The Journal of Econometrics, 1994, 63(1): 153-181.

[8] Engsted T, Gonzalo J, Haldrup N. Testing for Multicointegration[J]. Economics Letters, 1997, 56(3): 259-266.

[9] Johansen S. Statistical Analysis of Cointegration Vectors[J]. Journal of Economic Dynamics and Control, 1988, 12(2-3): 231-254.

[10] Sims C A, Stock J H, Watson M W. Inference in Linear Time Series Models with some Unit Roots[J]. Econometrica, 1990, 58(1): 113-144.

[11] （美）詹姆斯 D. 汉密尔顿．时间序列分析[M]．刘明志，译．北京：中国社会科学出版社，1999．

[12] Granger C W J, Newbold P. Spurious Regressions in Econometrics[J]. Journal of Econometrics, 1974, 2(2): 111-120.

[13] Phillips P C B. Understanding Spurious Regressions in Econometrics[J]. Journal of Econometrics, 1986, 33(3): 311-340.

[14] Kim T, Lee Y, Newbold P. Spurious Regressions with Stationary Processes around Linear Trends[J]. Economics Letters, 2004, 83(2): 257-262.

[15] Noriega A E, Ventosa-Santaulària D. Spurious Regression under Deterministic and Stochastic Trends[R/OL]. University Library of Munich, Germany: MPRA Paper 58772, 2005. http://mpra.ub.uni-muenchen.de/58772/1/MPRA_paper_58772.pdf.

附录 A　EViews 软件快速入门

EViews 是基于 Windows 平台的可视化数据分析软件。EViews 是在大型计算机的 TSP（Time Series Processor）软件包基础上发展起来的，是处理时间序列数据的有效工具。1981 年 Micro TSP 面世，1994 年 QMS（Quantitative Micro Software）公司在 Micro TSP 基础上直接开发成功 EViews 并投入使用。自 EViews 软件开发成功以来，随着数据分析技术的发展，软件研发人员不断将成熟的数据分析技术引入到软件功能中来，EViews 软件的版本也不断更新。本书中的应用实例都是在 EViews 7 版本的基础上实现的。

A.1　主界面窗口

EViews 软件的一个典型特点是其类似于 Windows 的可视化操作界面。EViews 软件的主界面中主要包括标题栏、主菜单栏、命令窗口和状态栏，如图 A-1 所示。

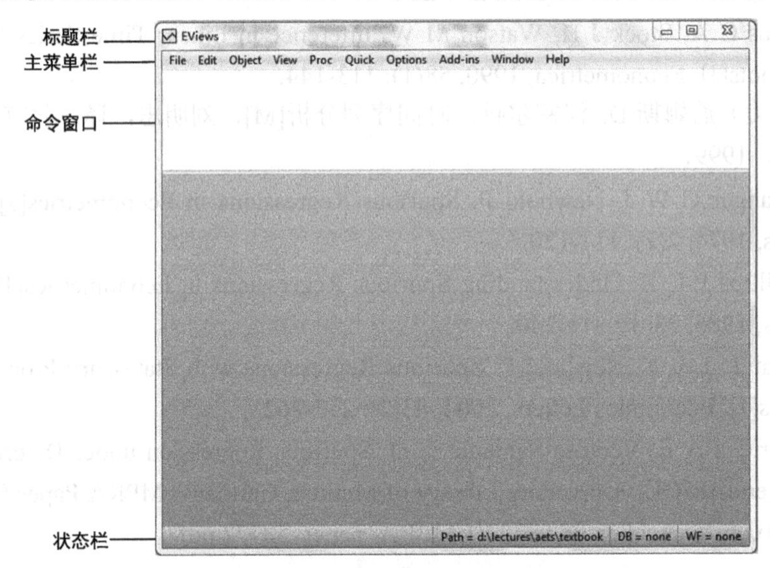

图 A-1　EViews 的主界面窗口

标题栏：EViews 窗口的标题栏会显示名称和路径等信息。

主菜单栏：在 EViews 的主菜单栏中，单击任意一个菜单都会出现囊括相关命令选项的下拉菜单。

命令窗口：在 EViews 的命令窗口中，可以输入命令行。每行的命令输入完毕，按 Enter 键，则执行该行的命令。若希望多行命令同时执行，则需要建立以.prg 为后缀名的程序文档，在程序文档中，命令也是一行一行地输入的。

状态栏：EViews 窗口的状态栏会显示 EViews 运行过程中的简要信息。

A.2 工作文件

EViews 软件的主要工作都是在以.wfl 为后缀名的工作文件中进行的。新建一个工作文件，可以通过选择 File→New→Workfile 命令，即可弹出如图 A-2 所示的工作文件生成窗口。在工作文件生成窗口中需要确定工作文件中存放的数据类型。在 Workfile structure type 列表框中选择工作文件中存放的方式：按日期排序的固定频率的数据（Dated - regular frequency）、按日期排序的非固定频率的数据（Unstructured/Undated）、面板数据（Balanced Panel）。时间序列分析实践中一般选择按日期排序的固定频率的数据。接着在 Date specification 列表框中的 Frequency 下拉列表中选择具体的数据频率信息，例如年度数据选择 Annual，季度数据选择 Quarterly，月度数据选择 Monthly 等。最后在 Start date 文本框中填入数据的起始时间，在 End date 文本框中填入数据的结束时间。

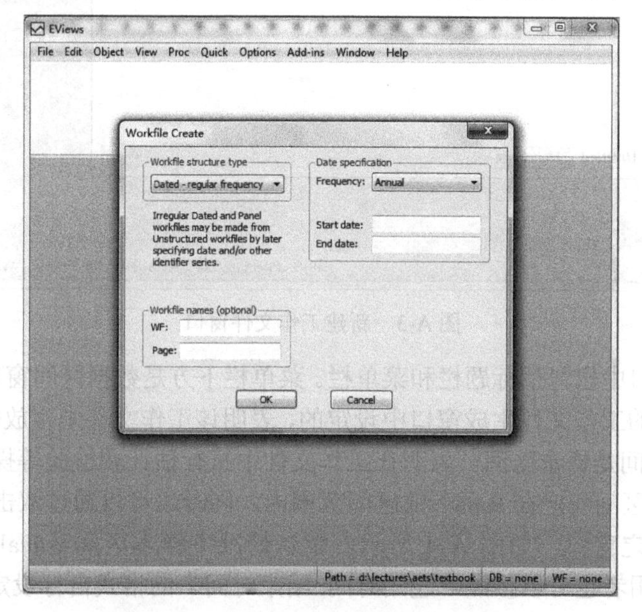

图 A-2　EViews 的工作文件生成窗口

在如图 A-2 的工作文件生成窗口填写好数据类型等参数后，单击 OK 按钮则弹出如图 A-3 所示的新建工作文件窗口。新建工作文件窗口中都包含两个原始对象：一个是命名为 c 的系数对象，用于存放模型的估计系数；另一个是命名为 resid 的序列对象，用于存放模型估计后生成的残差序列。

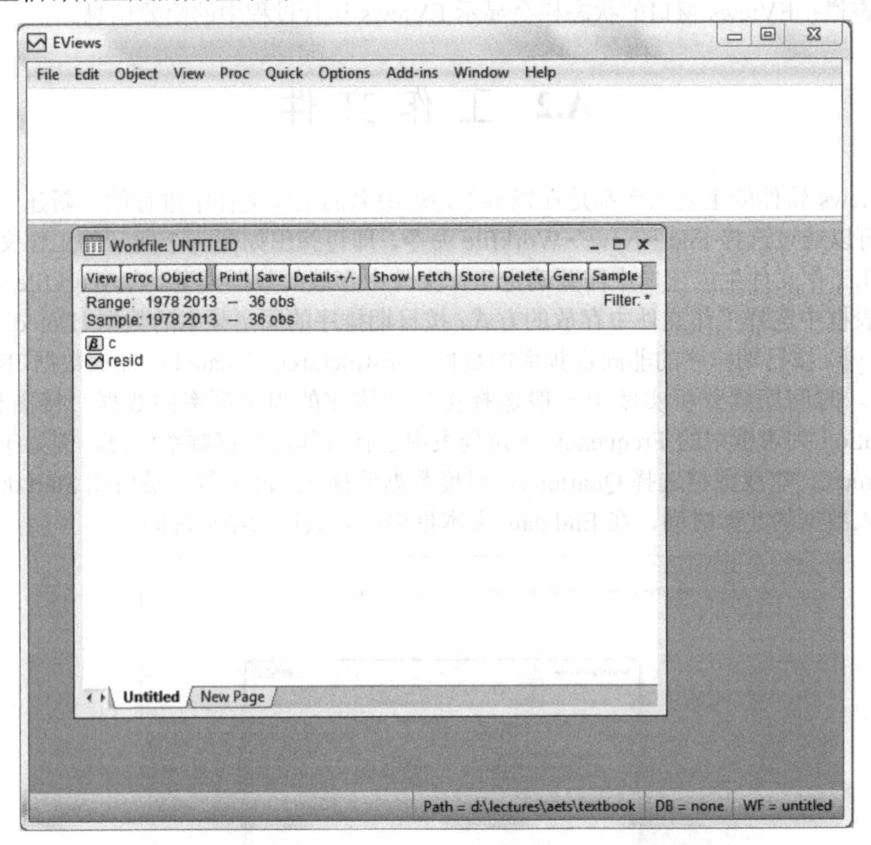

图 A-3 新建工作文件窗口

工作文件窗口中也包括标题栏和菜单栏。菜单栏下方是数据区间窗口，Range 后面的区间是在图 A-2 的工作文件生成窗口中设定的，表明该工作文件中存放数据的最大区间；Sample 后面的区间是样本区间，表明在工作文件中执行估计和检验等操作的样本区间。Sample 中的样本区间一定在 Range 的区间范围内，同时也可以通过双击数据区间窗口，弹出样本区间设定窗口，如图 A-4 所示。默认情况下样本区间是@all，代表取 Range 的所有区间，使用者也可以按照“起始时间 结束时间”的格式自行设定样本区间。

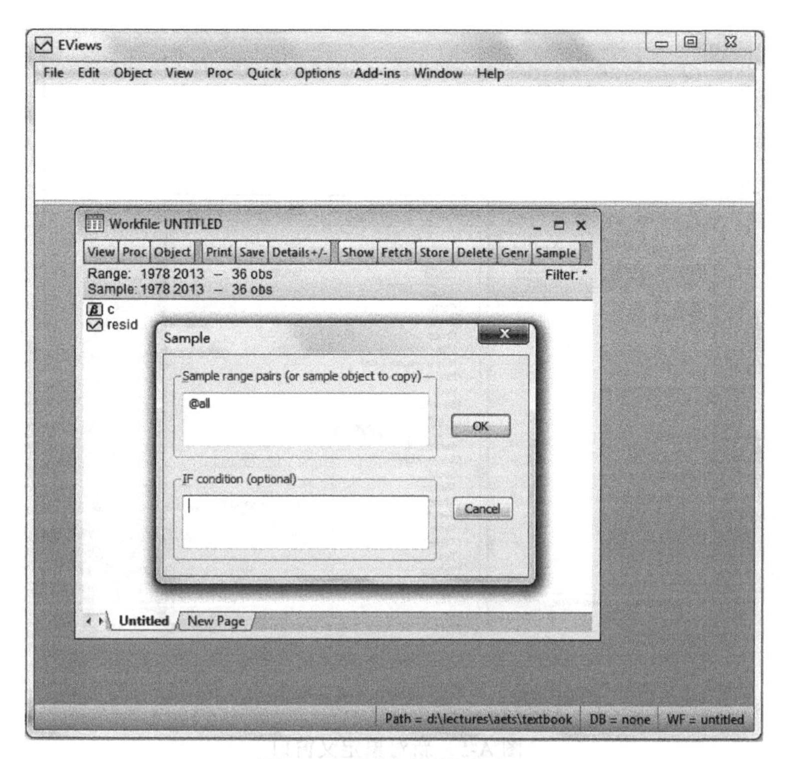

图 A-4　样本区间设定窗口

A.3 常用对象

在 EViews 的工作文件中，数据的存放和建模分析等都是在对象（Object）的基础上实现的。本书中用到的对象主要包括序列（Series）、方程（Equation）、组（Group）、向量自回归（VAR）。

EViews 中很多时候都可以通过多种方式来进行某种操作。例如，定义一个新的对象，可以通过在主界面窗口中主菜单栏中选择 Object→New Object 命令，即可弹出新对象定义窗口，如图 A-5 所示。新对象的定义也可以通过选择菜单栏的 Object→New Object 命令实现，或工作文件空白处右击，在弹出的快捷菜单中选择 New Object 命令来弹出新对象定义窗口。

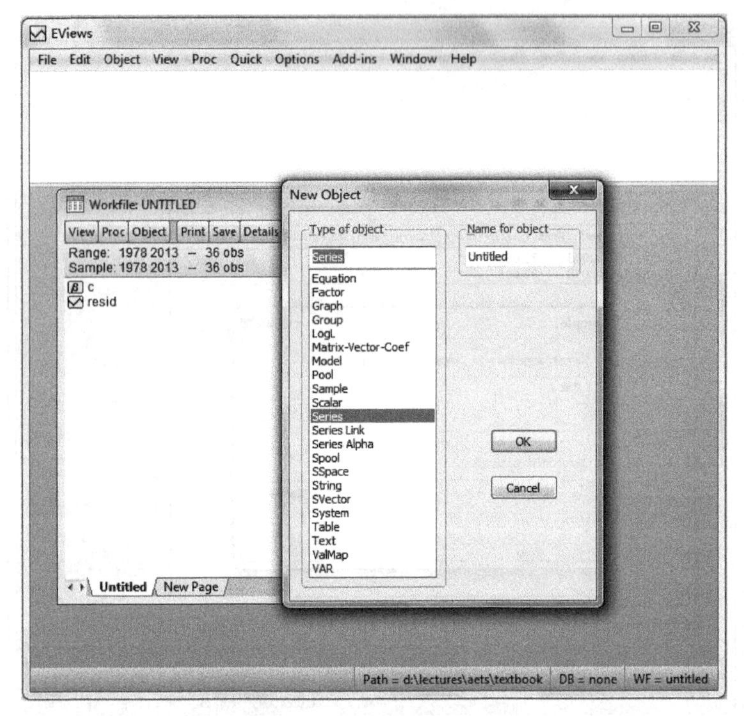

图 A-5 新对象定义窗口

A.3.1 序列

在如图 A-5 所示的新对象定义窗口中，在 Type of object 列表框中选择 Series，在 Name for object 文本框中命名，即可生成一个空的序列。

EViews 的**命名规则**是，用字母、数字和下划线为对象命名，且第一个字符只能是字母，字母不区分大小写。

假设生成一个名称为 a_1 的序列。在工作文件中则增加一个图标为☑的新序列 a_1。双击该序列，则弹出序列数据编辑窗口，如图 A-6 所示。序列中用 NA 表示空数据，可以通过单击序列编辑窗口菜单栏中的 Edit+/−命令，来实现在数据编辑状态和显示状态之间的切换。数据编辑状态下，数据编辑区显示为黑框；数据显示状态下，数据编辑区显示为灰色。序列中的数据，除了可以逐个填写输入外，还可以通过复制+粘贴命令实现多项同时输入。

序列中比较典型的视图包括如图 A-6 所示的数据编辑窗口，本书中经常用到的还包括图形窗口、自相关图窗口和单位根检验窗口等。这些视窗都是通过选择 View 子菜单中的相应命令实现。

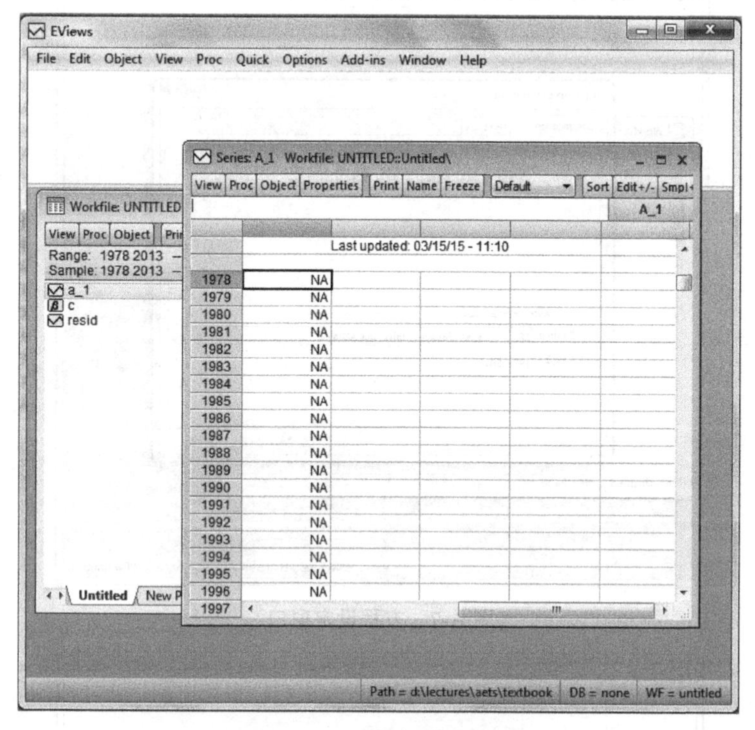

图 A-6　序列数据编辑窗口

（1）图形窗口：选择 View→Graph 命令即可打开。

（2）自相关图窗口：选择 View→Correlogram 命令即可打开。

（3）单位根检验窗口：选择 View→Unit Root Test 命令即可打开。

A.3.2　方程

在如图 A-5 所示的新对象定义窗口中，在 Type of object 列表框中选择 Equation，在 Name for object 文本框中命名，即可弹出如图 A-7 所示的方程设定窗口。在 Equation specification 文本框中输入方程设定形式，在 Method 下拉列表框中选择估计方法，即可按照方程设定形式估计方程。

假设将方程命名为 eq，方程设定形式为“a_1 c ar(1) ar(2) ar(3) ar(4) ar(5)”，估计方法以选择默认的 LS 方法，单击“确定”按钮，则显示如图 A-8 所示的方程估计结果窗口，在工作文件中则增加一个图标为的新方程 eq。

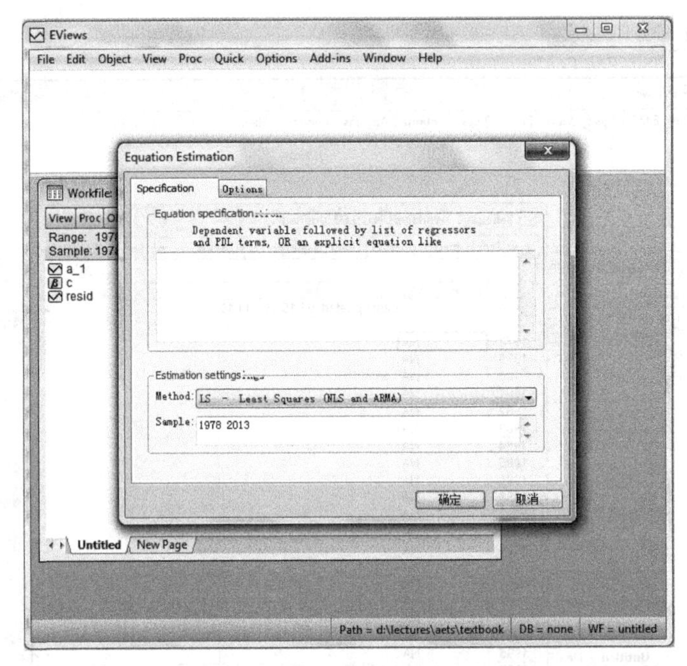

图 A-7　方程设定窗口

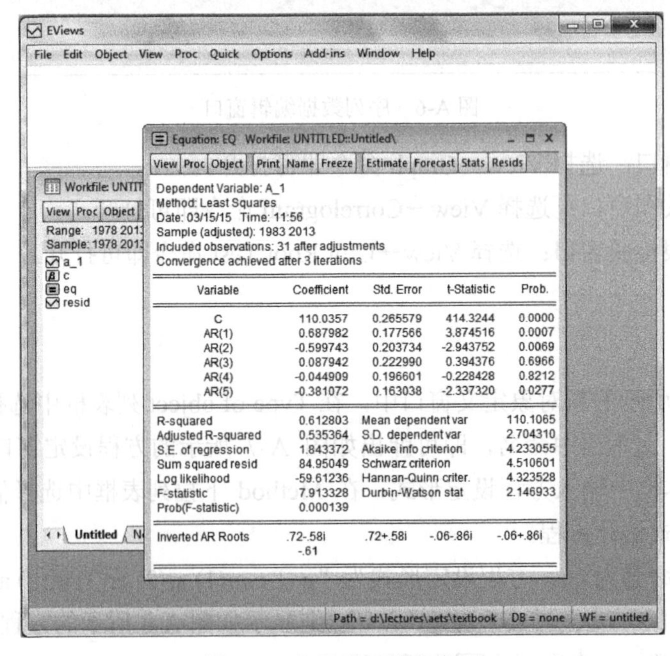

图 A-8　方程估计结果窗口

方程中比较典型的视图包括如图 A-8 所示的估计结果窗口，本书中经常用到的还包括残差的自相关图窗口、残差平方序列的自相关图窗口和预测窗口等。

（1）残差的自相关图窗口：选择 View→Residual Diagnostics→Coreelogram – Q-statistics 命令即可打开。

（2）残差平方序列的自相关图窗口：选择 View→Residual Diagnostics→Coreelogram Squared Residuals 命令即可打开。

（3）预测窗口：选择菜单栏中的 Forecast 命令即可打开。

A.3.3　组

在工作文件窗口中同时选中（可通过长按 Ctrl 键实现）两个以上的序列，再单击工作文件菜单栏中的 Show 命令，则可弹出如图 A-9 所示的组生成窗口。在组生成窗口中单击 OK 按钮则弹出如图 A-10 所示的组数据显示窗口。单击组数据显示窗口菜单栏中的 Name 命令，即可为组命名。不妨假设命名为 group01，则会在工作文件中增加一个图标为G的新组 group01。

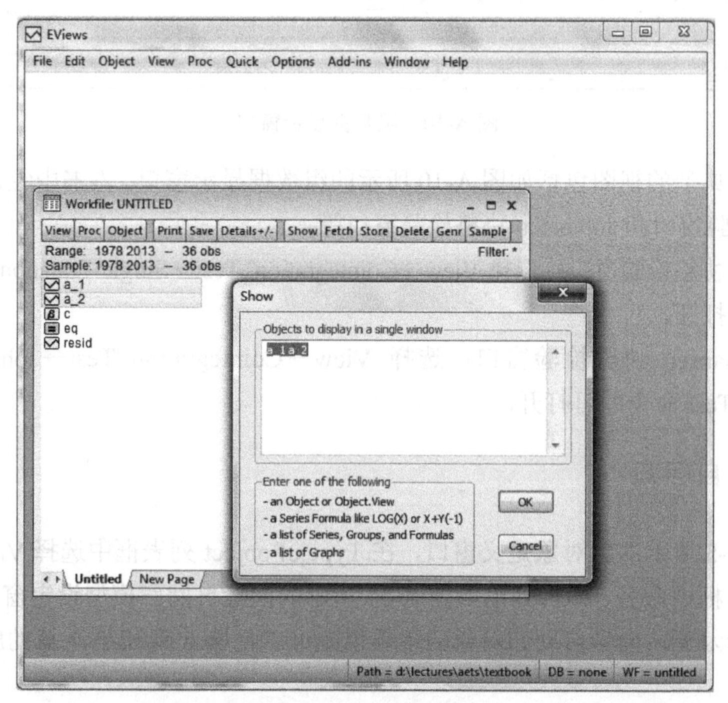

图 A-9　组生成窗口

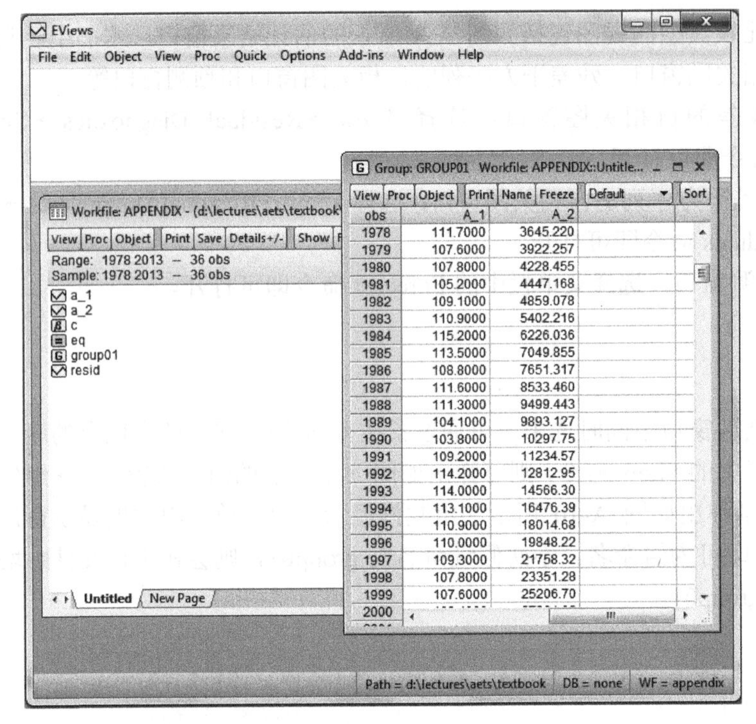

图 A-10　组数据显示窗口

组中比较典型的视图包括如图 A-10 所示的组数据显示窗口，本书中经常用到的还包括 EG 协整检验窗口和 Johansen 协整检验窗口等。

（1）EG 协整检验窗口：选择 View→Cointegration Test→Single-Equation Cointegration Test 命令即可打开。

（2）Johansen 协整检验窗口：选择 View→Cointegration Test→Johansen System Cointegration Test 命令即可打开。

A.3.4　向量自回归

在如图 A-5 所示的新对象定义窗口，在 Type of object 列表框中选择 VAR，在 Name for object 文本框中命名，即可弹出如图 A-11 所示的向量自回归模型设定窗口。向量自回归对象的图标为var。向量自回归对象的主要视图可参见第 6 章和第 7 章的应用实例中的相关示例。

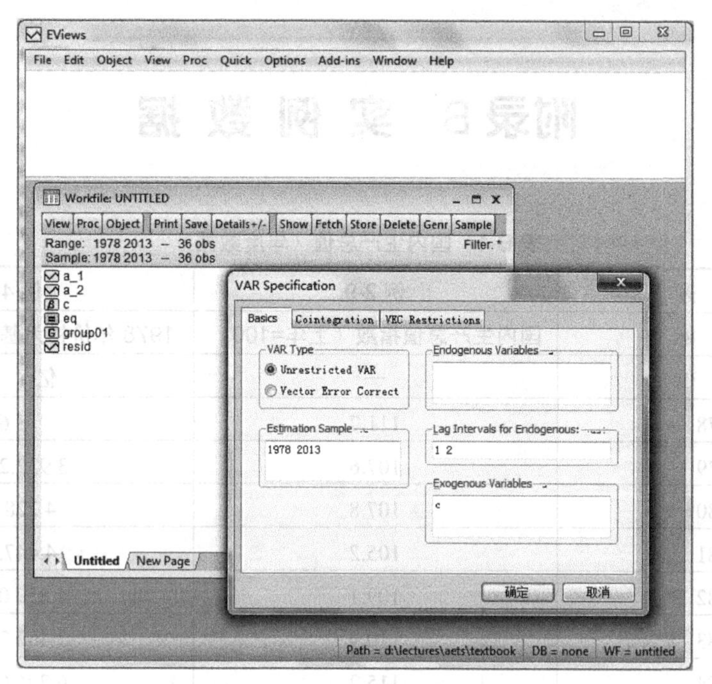

图 A-11　向量自回归模型设定窗口

附录B 实 例 数 据

表 B-1 国内生产总值（年度数据）

例　　题	例 2-9	例 4-1
指　　标	国内生产总值指数（上年=100）	1978 年价格为基准的实际 GDP
单　　位	—	亿　　元
1978	111.7	3 645.22
1979	107.6	3 922.256 72
1980	107.8	4 228.455 2
1981	105.2	4 447.168 4
1982	109.1	4 859.078 26
1983	110.9	5 402.216 04
1984	115.2	6 226.035 76
1985	113.5	7 049.855 48
1986	108.8	7 651.316 78
1987	111.6	8 533.460 02
1988	111.3	9 499.443 32
1989	104.1	9 893.127 08
1990	103.8	10 297.746 5
1991	109.2	11 234.568 04
1992	114.2	12 812.948 3
1993	114.0	14 566.299 12
1994	113.1	16 476.394 4
1995	110.9	18 014.677 24
1996	110.0	19 848.222 9
1997	109.3	21 758.318 18
1998	107.8	23 351.279 32
1999	107.6	25 206.696 3

续表

例　　题	例 2-9	例 4-1
指　　标	国内生产总值指数（上年=100）	1978 年价格为基准的实际 GDP
单　　位	—	亿　元
2000	108.4	27 361.021 32
2001	108.3	29 566.379 42
2002	109.1	32 387.779 7
2003	110.0	35 781.479 52
2004	110.1	39 532.410 9
2005	111.3	43 804.608 74
2006	112.7	49 618.734 64
2007	114.2	56 883.658 1
2008	109.6	62 617.589 16
2009	109.2	67 841.189 42
2010	110.4	74 727.01
2011	109.3	81 248.308 58
2012	107.7	88 101.322 18
2013	107.7	94 633.556 42

表 B-2　社会消费品零售总额（月度数据）

例题：例 4-2				指标：社会消费品零售总额				单位：亿元	
时　间	数　据	时　间	数　据	时　间	数　据	时　间	数　据	时　间	数　据
1990M01	657.6	1990M10	618.8	1991M07	625.0	1992M04	719.8	1993M01	1 002.1
1990M02	576.4	1990M11	644.0	1991M08	635.3	1992M05	730.0	1993M02	915.4
1990M03	576.8	1990M12	739.1	1991M09	695.7	1992M06	757.7	1993M03	966.4
1990M04	562.0	1991M01	714.4	1991M10	707.8	1992M07	740.8	1993M04	964.9
1990M05	573.2	1991M02	709.9	1991M11	737.2	1992M08	753.9	1993M05	976.6
1990M06	573.8	1991M03	647.5	1991M12	833.5	1992M09	829.8	1993M06	1 020.8
1990M07	554.3	1991M04	653.9	1992M01	806.7	1992M10	850.2	1993M07	978.4
1990M08	562.2	1991M05	639.0	1992M02	813.2	1992M11	883.3	1993M08	974.5
1990M09	612.1	1991M06	646.5	1992M03	773.6	1992M12	1 045.8	1993M09	1 039.1

续表

例题：例 4-2				指标：社会消费品零售总额				单位：亿元	
时　间	数　据	时　间	数　据	时　间	数　据	时　间	数　据	时　间	数　据
1993M10	1 067.0	1996M01	1 924.5	1998M04	2 229.7	2000M07	2 596.9	2002M10	3 661.9
1993M11	1 119.1	1996M02	1 926.7	1998M05	2 245.0	2000M08	2 636.3	2002M11	3 733.1
1993M12	1 437.8	1996M03	1 875.2	1998M06	2 304.4	2000M09	2 854.3	2002M12	4 404.4
1994M01	1 208.5	1996M04	1 869.8	1998M07	2 254.1	2000M10	3 029.3	2003M01	3 907.4
1994M02	1 178.1	1996M05	1 913.7	1998M08	2 274.4	2000M11	3 107.8	2003M02	3 706.4
1994M03	1 183.0	1996M06	1 981.9	1998M09	2 443.1	2000M12	3 680.0	2003M03	3 494.8
1994M04	1 185.9	1996M07	1 904.0	1998M10	2 536.0	2001M01	2 962.9	2003M04	3 406.9
1994M05	1 229.8	1996M08	1 931.9	1998M11	2 652.2	2001M02	3 047.1	2003M05	3 463.3
1994M06	1 298.1	1996M09	2 100.4	1998M12	3 131.4	2001M03	2 876.1	2003M06	3 576.9
1994M07	1 268.1	1996M10	2 165.7	1999M01	2 662.1	2001M04	2 820.9	2003M07	3 562.1
1994M08	1 303.1	1996M11	2 308.6	1999M02	2 538.4	2001M05	2 929.6	2003M08	3 609.6
1994M09	1 414.7	1996M12	2 871.7	1999M03	2 403.1	2001M06	2 908.7	2003M09	3 971.8
1994M10	1 463.2	1997M01	2 302.1	1999M04	2 356.8	2001M07	2 851.4	2003M10	4 204.4
1994M11	1 574.4	1997M02	2 226.6	1999M05	2 364.0	2001M08	2 889.4	2003M11	4 202.7
1994M12	1 957.8	1997M03	2 143.6	1999M06	2 428.8	2001M09	3 136.9	2003M12	4 735.7
1995M01	1 608.3	1997M04	2 113.0	1999M07	2 380.3	2001M10	3 347.3	2004M01	4 569.4
1995M02	1 505.3	1997M05	2 120.7	1999M08	2 410.9	2001M11	3 421.7	2004M02	4 211.4
1995M03	1 546.5	1997M06	2 177.6	1999M09	2 604.3	2001M12	4 033.3	2004M03	4 049.8
1995M04	1 546.5	1997M07	2 115.0	1999M10	2 743.9	2002M01	3 596.1	2004M04	4 001.8
1995M05	1 587.7	1997M08	2 116.9	1999M11	2 859.1	2002M02	3 324.4	2004M05	4 166.1
1995M06	1 649.6	1997M09	2 253.0	1999M12	3 383.0	2002M03	3 114.8	2004M06	4 250.7
1995M07	1 629.0	1997M10	2 361.9	2000M01	2 962.9	2002M04	3 052.2	2004M07	4 209.2
1995M08	1 649.6	1997M11	2 469.5	2000M02	2 804.9	2002M05	3 202.1	2004M08	4 262.7
1995M09	1 773.3	1997M12	2 899.0	2000M03	2 626.6	2002M06	3 158.8	2004M09	4 717.7
1995M10	1 814.6	1998M01	2 514.7	2000M04	2 571.5	2002M07	3 096.6	2004M10	4 983.2
1995M11	1 938.3	1998M02	2 296.1	2000M05	2 636.9	2002M08	3 143.7	2004M11	4 965.6
1995M12	2 371.3	1998M03	2 271.4	2000M06	2 645.2	2002M09	3 422.4	2004M12	5 562.5

续表

例题：例 4-2				指标：社会消费品零售总额				单位：亿元	
时　间	数　据	时　间	数　据	时　间	数　据	时　间	数　据	时　间	数　据
2005M01	5 300.9	2006M06	6 057.8	2007M11	8 104.7	2009M04	9 343.2	2010M09	13 536.5
2005M02	5 012.2	2006M07	6 012.2	2007M12	9 015.3	2009M05	10 028.4	2010M10	14 284.8
2005M03	4 799.1	2006M08	6 077.4	2008M01	9 077.3	2009M06	9 941.6	2010M11	13 910.9
2005M04	4 663.3	2006M09	6 553.6	2008M02	8 354.7	2009M07	9 936.5	2010M12	15 329.5
2005M05	4 899.2	2006M10	6 997.7	2008M03	8 123.2	2009M08	10 115.6	2011M01	15 249.0
2005M06	4 935.0	2006M11	6 821.7	2008M04	8 142.0	2009M09	10 912.8	2011M02	13 769.1
2005M07	4 934.9	2006M12	7 499.2	2008M05	8 703.5	2009M10	11 717.6	2011M03	13 588.0
2005M08	5 040.8	2007M01	7 488.3	2008M06	8 642.0	2009M11	11 339.0	2011M04	13 649.0
2005M09	5 495.2	2007M02	7 013.7	2008M07	8 628.8	2009M12	12 610.0	2011M05	14 696.8
2005M10	5 846.6	2007M03	6 685.8	2008M08	8 767.7	2010M01	12 718.1	2011M06	14 565.1
2005M11	5 909.0	2007M04	6 672.5	2008M09	9 446.5	2010M02	12 334.2	2011M07	14 408.0
2005M12	6 850.4	2007M05	7 157.5	2008M10	10 082.7	2010M03	11 321.7	2011M08	14 705.0
2006M01	6 641.6	2007M06	7 026.0	2008M11	9 790.8	2010M04	11 510.4	2011M09	15 865.1
2006M02	6 001.9	2007M07	6 998.2	2008M12	10 728.5	2010M05	12 455.1	2011M10	16 546.4
2006M03	5 796.7	2007M08	7 116.6	2009M01	10 756.6	2010M06	12 329.9	2011M11	16 128.9
2006M04	5 774.6	2007M09	7 668.4	2009M02	9 323.8	2010M07	12 252.8	2011M12	17 739.7
2006M05	6 175.6	2007M10	8 263.0	2009M03	9 317.6	2010M08	12 569.8		

表 B-3　货币和准货币（M2）供应量的同比增长率（月度数据）

例题：例 5-1				指标：M2 供应量的同比增长率				单位：%	
时　间	数　据	时　间	数　据	时　间	数　据	时　间	数　据	时　间	数　据
1999M12	14.7	2000M09	13.4	2001M06	14.3	2002M03	14.4	2002M12	16.8
2000M01	14.9	2000M10	12.3	2001M07	13.5	2002M04	14.1	2003M01	19.3
2000M02	12.8	2000M11	12.4	2001M08	13.6	2002M05	14.0	2003M02	18.1
2000M03	13.0	2000M12	12.3	2001M09	16.4	2002M06	14.7	2003M03	18.5
2000M04	13.7	2001M01	13.5	2001M10	12.9	2002M07	14.4	2003M04	19.2
2000M05	12.7	2001M02	12.0	2001M11	17.6	2002M08	15.5	2003M05	20.2
2000M06	13.7	2001M03	13.2	2001M12	14.4	2002M09	16.5	2003M06	20.8
2000M07	13.4	2001M04	12.8	2002M01	13.1	2002M10	17.0	2003M07	20.7
2000M08	13.3	2001M05	12.1	2002M02	13.0	2002M11	16.6	2003M08	21.6

续表

例题：例 5-1				指标：M2 供应量的同比增长率				单位：%	
时间	数据	时间	数据	时间	数据	时间	数据	时间	数据
2003M09	20.7	2005M12	17.6	2008M03	16.2	2010M06	18.5	2012M09	14.8
2003M10	21.0	2006M01	19.2	2008M04	16.9	2010M07	17.6	2012M10	14.1
2003M11	20.4	2006M02	18.8	2008M05	18.1	2010M08	19.2	2012M11	13.9
2003M12	19.6	2006M03	18.8	2008M06	17.4	2010M09	19.0	2012M12	13.8
2004M01	18.1	2006M04	18.9	2008M07	16.4	2010M10	19.3	2013M01	15.9
2004M02	19.4	2006M05	19.1	2008M08	16.0	2010M11	19.5	2013M02	15.2
2004M03	19.1	2006M06	18.4	2008M09	15.3	2010M12	19.7	2013M03	15.7
2004M04	19.1	2006M07	18.4	2008M10	15.0	2011M01	17.2	2013M04	16.1
2004M05	17.5	2006M08	17.9	2008M11	14.8	2011M02	15.7	2013M05	15.8
2004M06	16.2	2006M09	16.8	2008M12	17.8	2011M03	16.6	2013M06	14.0
2004M07	15.3	2006M10	17.1	2009M01	18.8	2011M04	15.3	2013M07	14.5
2004M08	13.6	2006M11	16.8	2009M02	20.5	2011M05	15.1	2013M08	14.7
2004M09	13.9	2006M12	16.9	2009M03	25.5	2011M06	15.9	2013M09	14.2
2004M10	13.5	2007M01	15.8	2009M04	26.0	2011M07	14.7	2013M10	14.3
2004M11	14.0	2007M02	17.8	2009M05	25.7	2011M08	13.6	2013M11	14.2
2004M12	14.6	2007M03	17.3	2009M06	28.5	2011M09	13.0	2013M12	13.6
2005M01	14.1	2007M04	17.1	2009M07	28.4	2011M10	12.9	2014M01	13.2
2005M02	13.9	2007M05	16.7	2009M08	28.5	2011M11	12.7	2014M02	13.3
2005M03	14.0	2007M06	17.1	2009M09	29.3	2011M12	13.6	2014M03	12.1
2005M04	14.1	2007M07	18.5	2009M10	29.4	2012M01	12.4	2014M04	13.2
2005M05	14.7	2007M08	18.1	2009M11	29.7	2012M02	13.0	2014M05	13.4
2005M06	15.7	2007M09	18.5	2009M12	27.7	2012M03	13.4	2014M06	14.7
2005M07	16.3	2007M10	18.5	2010M01	26.0	2012M04	12.8	2014M07	13.5
2005M08	17.3	2007M11	18.5	2010M02	25.5	2012M05	13.2	2014M08	12.8
2005M09	17.9	2007M12	16.7	2010M03	22.5	2012M06	13.6	2014M09	12.9
2005M10	18.0	2008M01	18.9	2010M04	21.5	2012M07	13.9	2014M10	12.6
2005M11	18.3	2008M02	17.4	2010M05	21.0	2012M08	13.5		

表 B-4 居民消费价格指数（CPI）（月度数据）

例题：例 6-2			指标：居民消费价格指数（CPI）					单位：—			
时间	数据	时间	数据	时间	数据	时间	数据	时间	数据	时间	数据
1996M10	107.0	1999M02	98.7	2001M06	101.4	2003M10	101.8	2006M02	100.9	2008M06	107.1
1996M11	106.9	1999M03	98.2	2001M07	101.5	2003M11	103.0	2006M03	100.8	2008M07	106.3
1996M12	107.0	1999M04	97.8	2001M08	101.0	2003M12	103.2	2006M04	101.2	2008M08	104.9
1997M01	105.9	1999M05	97.8	2001M09	99.9	2004M01	103.2	2006M05	101.4	2008M09	104.6
1997M02	105.6	1999M06	97.9	2001M10	100.2	2004M02	102.1	2006M06	101.5	2008M10	104.0
1997M03	104.0	1999M07	98.6	2001M11	99.7	2004M03	103.0	2006M07	101.0	2008M11	102.4
1997M04	103.2	1999M08	98.7	2001M12	99.7	2004M04	103.8	2006M08	101.3	2008M12	101.2
1997M05	102.8	1999M09	99.2	2002M01	99.0	2004M05	104.4	2006M09	101.5	2009M01	101.0
1997M06	102.8	1999M10	99.4	2002M02	100.0	2004M06	105.0	2006M10	101.4	2009M02	98.4
1997M07	102.7	1999M11	99.1	2002M03	99.2	2004M07	105.3	2006M11	101.9	2009M03	98.8
1997M08	101.9	1999M12	99.0	2002M04	98.7	2004M08	105.3	2006M12	102.8	2009M04	98.5
1997M09	101.8	2000M01	99.8	2002M05	98.9	2004M09	105.2	2007M01	102.2	2009M05	98.6
1997M10	101.5	2000M02	100.7	2002M06	99.2	2004M10	104.3	2007M02	102.7	2009M06	98.3
1997M11	101.1	2000M03	99.8	2002M07	99.1	2004M11	102.8	2007M03	103.3	2009M07	98.2
1997M12	100.4	2000M04	99.7	2002M08	99.3	2004M12	102.4	2007M04	103.0	2009M08	98.8
1998M01	100.3	2000M05	100.1	2002M09	99.3	2005M01	101.9	2007M05	103.4	2009M09	99.2
1998M02	99.9	2000M06	100.5	2002M10	99.2	2005M02	103.9	2007M06	104.4	2009M10	99.5
1998M03	100.7	2000M07	100.5	2002M11	99.3	2005M03	102.7	2007M07	105.6	2009M11	100.6
1998M04	99.7	2000M08	100.3	2002M12	99.6	2005M04	101.8	2007M08	106.5	2009M12	101.9
1998M05	99.0	2000M09	100.0	2003M01	100.4	2005M05	101.8	2007M09	106.2	2010M01	101.5
1998M06	98.7	2000M10	100.0	2003M02	100.2	2005M06	101.6	2007M10	106.5	2010M02	102.7
1998M07	98.6	2000M11	101.3	2003M03	100.9	2005M07	101.8	2007M11	106.9	2010M03	102.4
1998M08	98.6	2000M12	101.5	2003M04	101.0	2005M08	101.3	2007M12	106.5	2010M04	102.8
1998M09	98.5	2001M01	101.2	2003M05	100.7	2005M09	100.9	2008M01	107.1	2010M05	103.1
1998M10	98.9	2001M02	100.0	2003M06	100.3	2005M10	101.2	2008M02	108.7	2010M06	102.9
1998M11	98.8	2001M03	100.8	2003M07	100.5	2005M11	101.3	2008M03	108.3	2010M07	103.3
1998M12	99.0	2001M04	101.6	2003M08	100.9	2005M12	101.6	2008M04	108.5	2010M08	103.5
1999M01	98.8	2001M05	101.7	2003M09	101.1	2006M01	101.9	2008M05	107.7	2010M09	103.6

续表

例题：例 6-2			指标：居民消费价格指数（CPI）							单位：—	
时间	数据	时间	数据	时间	数据	时间	数据	时间	数据	时间	数据
2010M10	104.4	2011M07	106.5	2012M04	103.4	2013M01	102.0	2013M10	103.2	2014M07	102.3
2010M11	105.1	2011M08	106.2	2012M05	103.0	2013M02	103.2	2013M11	103.0	2014M08	102.0
2010M12	104.6	2011M09	106.1	2012M06	102.2	2013M03	102.1	2013M12	102.5	2014M09	101.6
2011M01	104.9	2011M10	105.5	2012M07	101.8	2013M04	102.4	2014M01	102.5	2014M10	101.6
2011M02	104.9	2011M11	104.2	2012M08	102.0	2013M05	102.1	2014M02	102.0	2014M11	101.4
2011M03	105.4	2011M12	104.1	2012M09	101.9	2013M06	102.7	2014M03	102.4	2014M12	101.5
2011M04	105.3	2012M01	104.5	2012M10	101.7	2013M07	102.7	2014M04	101.8		
2011M05	105.5	2012M02	103.2	2012M11	102.0	2013M08	102.6	2014M05	102.5		
2011M06	106.4	2012M03	103.6	2012M12	102.5	2013M09	103.1	2014M06	102.3		

表 B-5　工业生产者出厂价格指数（PPI）（月度数据）

例题：例 6-2			指标：工业生产者出厂价格指数（PPI）							单位：—	
时间	数据	时间	数据	时间	数据	时间	数据	时间	数据	时间	数据
1996M10	100.3	1997M11	99.4	1998M12	96.2	2000M01	100.0	2001M02	100.9	2002M03	96.0
1996M11	100.0	1997M12	99.1	1999M01	95.1	2000M02	101.0	2001M03	100.2	2002M04	96.9
1996M12	100.4	1998M01	98.7	1999M02	95.1	2000M03	101.9	2001M04	99.9	2002M05	97.4
1997M01	100.1	1998M02	97.4	1999M03	95.4	2000M04	102.6	2001M05	99.8	2002M06	97.5
1997M02	100.4	1998M03	96.8	1999M04	96.1	2000M05	102.5	2001M06	99.4	2002M07	97.7
1997M03	100.5	1998M04	96.3	1999M05	96.6	2000M06	102.9	2001M07	98.7	2002M08	98.3
1997M04	100.1	1998M05	95.5	1999M06	96.4	2000M07	104.5	2001M08	98.0	2002M09	98.6
1997M05	100.1	1998M06	95.1	1999M07	97.5	2000M08	103.9	2001M09	97.1	2002M10	99.0
1997M06	99.6	1998M07	95.0	1999M08	97.7	2000M09	103.7	2001M10	96.9	2002M11	99.6
1997M07	99.4	1998M08	94.5	1999M09	97.9	2000M10	103.6	2001M11	96.3	2002M12	100.4
1997M08	99.1	1998M09	95.8	1999M10	99.3	2000M11	103.5	2001M12	96.0	2003M01	102.4
1997M09	99.1	1998M10	94.3	1999M11	98.9	2000M12	102.8	2002M01	96.0	2003M02	104.0
1997M10	99.1	1998M11	94.6	1999M12	99.2	2001M01	101.4	2002M02	95.9	2003M03	104.6

续表

例题：例 6-2				指标：工业生产者出厂价格指数（PPI）						单位：—	
时间	数据	时间	数据	时间	数据	时间	数据	时间	数据	时间	数据
2003M04	103.6	2005M04	105.8	2007M04	102.9	2009M04	93.4	2011M04	106.8	2013M04	97.4
2003M05	102.0	2005M05	106.0	2007M05	102.8	2009M05	92.8	2011M05	106.8	2013M05	97.1
2003M06	101.3	2005M06	105.2	2007M06	102.5	2009M06	92.2	2011M06	107.1	2013M06	97.3
2003M07	101.4	2005M07	105.2	2007M07	102.4	2009M07	91.8	2011M07	107.5	2013M07	97.7
2003M08	101.4	2005M08	105.3	2007M08	102.6	2009M08	92.1	2011M08	107.3	2013M08	98.4
2003M09	101.4	2005M09	104.5	2007M09	102.7	2009M09	93.0	2011M09	106.5	2013M09	98.7
2003M10	101.2	2005M10	104.0	2007M10	103.2	2009M10	94.2	2011M10	105.0	2013M10	98.5
2003M11	101.9	2005M11	103.2	2007M11	104.6	2009M11	97.9	2011M11	102.7	2013M11	98.6
2003M12	103.0	2005M12	103.2	2007M12	105.4	2009M12	101.7	2011M12	101.7	2013M12	98.6
2004M01	103.5	2006M01	103.1	2008M01	106.1	2010M01	104.3	2012M01	100.7	2014M01	98.4
2004M02	103.5	2006M02	103.0	2008M02	106.6	2010M02	105.4	2012M02	100.0	2014M02	98.0
2004M03	104.0	2006M03	102.5	2008M03	108.0	2010M03	105.9	2012M03	99.7	2014M03	97.7
2004M04	105.0	2006M04	101.9	2008M04	108.1	2010M04	106.8	2012M04	99.3	2014M04	98.0
2004M05	105.7	2006M05	102.4	2008M05	108.2	2010M05	107.1	2012M05	98.6	2014M05	98.6
2004M06	106.4	2006M06	103.5	2008M06	108.8	2010M06	106.4	2012M06	97.9	2014M06	98.9
2004M07	106.4	2006M07	103.6	2008M07	110.0	2010M07	104.8	2012M07	97.1	2014M07	99.1
2004M08	106.8	2006M08	103.4	2008M08	110.1	2010M08	104.3	2012M08	96.5	2014M08	98.8
2004M09	108.0	2006M09	103.5	2008M09	109.1	2010M09	104.3	2012M09	96.4	2014M09	98.2
2004M10	108.4	2006M10	103.0	2008M10	106.6	2010M10	105.0	2012M10	97.2	2014M10	97.8
2004M11	108.1	2006M11	102.8	2008M11	102.0	2010M11	106.1	2012M11	97.8	2014M11	97.3
2004M12	107.1	2006M12	103.1	2008M12	98.9	2010M12	105.9	2012M12	98.1	2014M12	96.7
2005M01	105.8	2007M01	103.3	2009M01	96.7	2011M01	106.6	2013M01	98.4		
2005M02	105.4	2007M02	102.6	2009M02	95.5	2011M02	107.2	2013M02	98.4		
2005M03	105.6	2007M03	102.7	2009M03	94.0	2011M03	107.3	2013M03	98.1		

表 B-6 Z1 和 Z2 样本序列（非固定频率的数据）

例题：例 3-1、例 7-1、例 7-5						例题：例 3-2、例 7-1、例 7-5					
指标：Z1			单位：—			指标：Z2			单位：—		
序号	数据	序号	数据	序号	数据	序号	数据	序号	数据	序号	数据
1	0.80	35	6.39	69	8.79	1	0.80	35	18.75	69	30.36
2	0.61	36	7.55	70	10.72	2	0.91	36	18.39	70	31.92
3	3.17	37	7.01	71	7.78	3	2.13	37	18.80	71	30.50
4	1.10	38	7.68	72	7.98	4	2.68	38	19.63	72	28.11
5	3.26	39	6.53	73	6.85	5	1.54	39	18.95	73	27.75
6	−0.20	40	8.06	74	8.06	6	0.41	40	19.30	74	28.62
7	1.55	41	8.52	75	10.94	7	2.37	41	21.25	75	30.90
8	1.52	42	8.55	76	9.54	8	3.28	42	21.22	76	32.51
9	0.34	43	7.44	77	10.24	9	4.36	43	21.54	77	33.95
10	0.47	44	8.45	78	9.99	10	1.76	44	23.31	78	35.35
11	−0.70	45	10.41	79	9.68	11	3.40	45	22.42	79	35.36
12	−2.23	46	9.11	80	8.54	12	2.26	46	22.57	80	35.11
13	0.02	47	11.37	81	6.97	13	3.57	47	24.54	81	33.53
14	−0.42	48	10.31	82	7.09	14	3.65	48	23.80	82	32.63
15	−0.16	49	8.45	83	4.50	15	4.93	49	23.34	83	31.54
16	0.02	50	11.46	84	3.87	16	5.92	50	24.55	84	30.47
17	0.26	51	10.72	85	1.35	17	5.18	51	24.37	85	28.41
18	3.39	52	11.03	86	3.17	18	10.39	52	26.26	86	32.03
19	3.59	53	12.23	87	6.12	19	10.56	53	26.40	87	32.28
20	2.97	54	13.16	88	7.00	20	10.54	54	26.42	88	32.25
21	2.84	55	12.83	89	5.34	21	10.28	55	28.48	89	29.08
22	2.30	56	14.01	90	5.13	22	10.26	56	27.62	90	33.94
23	3.42	57	14.48	91	3.48	23	9.55	57	28.27	91	31.73
24	1.92	58	12.76	92	4.48	24	9.56	58	29.30	92	32.07
25	2.35	59	15.03	93	3.22	25	11.13	59	29.41	93	32.46
26	3.52	60	12.46	94	3.95	26	10.55	60	30.75	94	29.73
27	4.51	61	15.93	95	4.35	27	11.31	61	31.37	95	31.12
28	2.46	62	13.38	96	5.72	28	10.81	62	31.44	96	30.63
29	1.87	63	13.78	97	6.76	29	13.07	63	31.07	97	33.90
30	3.20	64	12.03	98	6.60	30	10.75	64	31.06	98	35.13
31	4.73	65	10.79	99	5.90	31	14.11	65	30.20	99	34.69
32	4.67	66	11.27	100	5.79	32	13.47	66	30.77	100	35.30
33	5.17	67	9.39			33	15.47	67	30.58		
34	6.23	68	11.65			34	15.67	68	31.96		

附录C R语言函数索引

将本书中用到的R语言中的主要函数及功能介绍列示如下。注意，R语言是区分字母大小写的。

表C-1 R语言主要函数及功能

序号	函数	功能	章节
1	acf	查看序列自相关图	2.9
2	ArchTest	进行序列异方差性的LM检验	5.7
3	arima	构建arima模型	2.9；4.4.1
4	Box.test	计算q统计量	2.9
5	c	生成一个向量	2.9
6	ca.jo	进行Johansen协整检验	7.5
7	data.frame	生成一个数据框	6.8
8	diff	进行差分运算	3.5.2
9	dwtest	对估计模型进行DW检验	4.4.1
10	eigen	计算矩阵的特征值和特征向量	2.9
11	embed	在序列前面特定列数中依次嵌入短序列	3.5.2
12	fevd	对VAR模型进行方差分解	6.8
13	granger.test	对一组序列进行Granger因果关系检验	6.8
14	irf	对VAR模型进行脉冲响应分析	6.8
15	length	计算对象的长度数值	4.4.1
16	library	加载程序包的	2.9
17	lines	向图形中添加直线	4.4.1
18	list	生成一个列表类型的对象	4.4.2
19	lm	对线性模型进行估计	3.5.2
20	log	计算自然对数	4.4.1
21	matrix	构造一个矩阵	2.9
22	Mod	计算模	2.9
23	pacf	查看序列偏自相关图	2.9
24	predict	对模型进行预测	2.9
25	read.table	读取文件中的数据表	2.9

续表

序　　号	函　　数	功　　能	章　　节
26	rep	生成特定长度的特定重复数值向量	4.4.1
27	resid	得到模型的残差序列	5.7
28	roots	计算 VAR 模型的特征根	6.8
29	setwd	修改工作目录	2.9
30	summary	显示结果	2.9
31	time	得到序列的时间趋势项	4.4.1
32	ts	将数据类型转换为时间序列形式	2.9
33	tsdiag	查看模型残差的诊断检验图形	2.9
34	plot	作图	2.9
35	twoord.plot	作双坐标图	6.8
36	ugarchfit	对已设定 ARCH 模型进行估计	5.7
37	ugarchspec	设定 ARCH 模型的形式	5.7
38	ur.df	进行 ADF 单位根检验	2.9
39	VARselect	选择 VAR 模型的滞后期	6.8
40	VAR	估计一个 VAR 模型	6.8
41	VECM	估计一个 VEC 模型	7.5